大学数学の世界 ❶
微分幾何学

今野 宏 ──［著］

東京大学出版会

Differential Geometry
(Advanced Texts for Undergraduate Mathematics 1)
Hiroshi KONNO
University of Tokyo Press, 2013
ISBN978-4-13-062971-3

はじめに

　微分幾何学は，空間の曲がり方を研究する学問である．空間の局所的な曲がり方を測る量を曲率という．多様体の位相や複素解析的な性質と曲率との関係を調べることは微分幾何学の重要なテーマである．

　空間に計量を定めると，多くの場合は計量に応じて曲率が定まる．曲率は計量の 2 階微分として与えられるので，曲率が与えられた条件を満たすという空間の性質は，多様体上で計量がある微分方程式を満たすという形で表わされる．したがって，曲率が与えられた条件を満たすような計量を求めること，あるいはそのような計量が存在するかどうかを調べることは多様体上の解析学の問題となる．さらに，計量が満たすべき微分方程式に解が存在するかどうかは，多様体の位相や複素解析的な性質と関係している．また，微分幾何学は自然界を記述する言葉を与えるので，シンプレクティック幾何学や理論物理学との関係も深い．このように，微分幾何学はさまざまな分野と関わりあいながら発展してきた．今日では，Riemann 幾何学，極小部分多様体論，Einstein 多様体の幾何学，幾何解析，複素微分幾何学，ゲージ理論，シンプレクティック幾何学など，微分幾何学の分野，あるいは微分幾何的な議論を本質的な部分で用いる分野が，それぞれ成熟した巨大な分野になっており，各分野に関する本格的な専門書が数多く出版されている．

　けれども，多様体論の初歩を学んだばかりの学生がこれらの本格的な専門書を読みこなすのは容易ではなく，その前に微分幾何学の基礎を習得しておくことが望ましい．多くの本格的な専門書にも微分幾何学の基礎知識が解説されているが，その本を読むために必要な最小限の話題に限定されているために全体像がつかみにくい．このような事情から，本書は，微分幾何学の基礎を体系的に解説すること，さまざまな周辺分野との関連を紹介することを目的として書かれた．本書がその目的を果たしているか否かは，読者からのご批判を待つことにしたい．

　本書は第 I 部（第 1 章から第 5 章）と第 II 部（第 6 章から第 11 章）から構成されている．

第 I 部では，微分幾何学の基礎を解説する．第 1 章では，多様体とベクトル束に関する基本的な概念を解説する．多様体の接空間やベクトル場などは既知とするが，微分形式，Lie 微分，またベクトル束についてはていねいに解説する．第 2 章ではベクトル束の幾何，とくにベクトル束上の接続について解説する．第 3 章では Riemann 多様体に関する基本的な概念，とくに Levi-Civita 接続と種々の曲率の概念を導入する．これらを用いて，第 4 章では Riemann 多様体の幾何を調べる．とくに，測地線の性質，位相と曲率の関係を調べる．第 5 章では Laplace 作用素を導入して，Hodge-de Rham-小平の定理を定式化する．また Weitzenböck の公式の応用を紹介する．

　第 II 部では，微分幾何学の展開編として，さまざまな周辺分野との関連を紹介する．第 6 章では，主束上の接続を導入して，接続の理論を再構成する．またホロノミー群の概念を導入して，Riemann 多様体のホロノミー群の定める幾何構造について紹介する．第 7 章ではベクトル束の特性類について解説する．第 8 章では複素多様体の微分幾何的側面について解説する．とくに Hermite 正則ベクトル束の標準接続を導入して，Hodge-de Rham-小平の定理を定式化する．第 9 章では Kähler 多様体について解説する．とくに，Hodge-de Rham-小平の定理のさまざまな応用を紹介する．第 10 章ではシンプレクティック多様体，とくに，モーメント写像の幾何学について解説する．第 11 章では多様体上の解析学の基礎を解説して，Hodge-de Rham-小平の定理を証明する．

　本書は，東京大学大学院数理科学研究科における講義の記録に加筆，修正を加えたものである．講義において，さまざまな指摘，質問をしてくれた学生の方々に感謝したい．

　最後に，東京大学出版会編集部の丹内利香さんには，本書を執筆するにあたり，たいへんお世話になった．この場を借りて，感謝の意をお伝えしたい．

2013 年 5 月

今野 宏

目次

はじめに iii

I 微分幾何学の基礎 　　　　　　　　　　　　　　　　1

第1章 多様体とベクトル束 3
1.1 微分可能多様体 3
1.2 ベクトル束 8
1.3 ベクトル束の双対, テンソル積, 引き戻し 11
1.4 微分形式 16
1.5 微分形式の積分 25
1.6 ベクトル場と Lie 微分 27

第2章 ベクトル束の幾何 34
2.1 ベクトル束の接続 34
2.2 ベクトル束の双対, テンソル積, 引き戻し上の接続 40
2.3 平行移動 46
2.4 ファイバー計量 47

第3章 Riemann 多様体 51
3.1 Riemann 計量 51
3.2 接束上の接続 55
3.3 Levi-Civita 接続 56
3.4 Euclid 空間の超曲面 64
3.5 3次元 Euclid 空間の超曲面 68

第 4 章　Riemann 多様体の幾何　　75

4.1　一般の接続に関する測地線　　75
4.2　Levi-Civita 接続に関する測地線　　78
4.3　完備 Riemann 多様体　　81
4.4　定曲率空間　　85
4.5　Gauss-Bonnet の定理　　89
4.6　位相と曲率の関係　　94

第 5 章　多様体上の微分作用素　　104

5.1　発散定理　　104
5.2　Hodge-de Rham-小平の定理　　108
5.3　Weitzenböck の公式　　116
5.4　調和写像と極小部分多様体　　123
5.5　Yang-Mills 接続　　131

II　微分幾何学の展開　　135

第 6 章　主束　　137

6.1　Lie 群　　137
6.2　主束の定義　　144
6.3　主束上の接続　　148
6.4　ホロノミー群　　155
6.5　Riemann 多様体のホロノミー群　　160

第 7 章　特性類　　167

7.1　Weil 準同型　　167
7.2　複素ベクトル束の特性類　　169
7.3　実ベクトル束の特性類　　172

第 8 章　複素多様体　　179

8.1　複素多様体と複素微分形式　　179

8.2　正則ベクトル束 183
8.3　概複素多様体 189
8.4　Hodge-de Rham-小平の定理 190

第 9 章　Kähler 多様体 196
9.1　Kähler 計量 196
9.2　Kähler 多様体上の微分作用素 200
9.3　Hodge-de Rham-小平の定理の応用 206

第 10 章　シンプレクティック多様体 212
10.1　シンプレクティック構造 212
10.2　モーメント写像 216
10.3　シンプレクティック商 222
10.4　トーリック多様体 227
10.5　ゲージ理論におけるモーメント写像 237

第 11 章　多様体上の解析学 242
11.1　Clifford 束と Dirac 作用素 242
11.2　Sobolev 空間 248
11.3　Dirac 作用素の解析的性質 253
11.4　Hodge-de Rham-小平の定理の証明 264

参考書 269

索引 272

I
微分幾何学の基礎

第1章 多様体とベクトル束

この章では多様体に関する基本事項を復習するとともに，ベクトル束の基本的な性質を調べる．さらに，微分形式，Lie 微分などの性質を調べる．本書で使用する基本的な記号を導入することもこの章の目的のひとつである．

1.1 微分可能多様体

この節では多様体の接空間と写像の微分に関する基本事項を復習する．証明の詳細は多様体に関する教科書[5], [13] を参照していただきたい．

定義 1.1.1 位相空間 M が次の (1), (2) を満たすとき，n 次元微分可能多様体 (differentiable manifold) または C^∞ 級多様体 (C^∞-manifold) という．
(1) M は Hausdorff 空間である．
(2) M の開被覆 $\{U_\alpha\}_{\alpha \in A}$ と，各 $\alpha \in A$ に対して $\mathbb{R}^n$ の開集合 V_α への同相写像 $\varphi_\alpha \colon U_\alpha \to V_\alpha$ で次の性質を満たすものが存在する：$U_\alpha \cap U_\beta \neq \emptyset$ のとき

$$\varphi_\alpha \circ \varphi_\beta^{-1}|_{\varphi_\beta(U_\alpha \cap U_\beta)} \colon \varphi_\beta(U_\alpha \cap U_\beta) \to \varphi_\alpha(U_\alpha \cap U_\beta)$$

が C^∞ 級写像である．

さらに，本書では微分可能多様体はすべて σ-コンパクト，すなわち可算個のコンパクト集合の和として表わされることを仮定する．

$\{U_\alpha, \varphi_\alpha\}_{\alpha \in A}$ を**座標近傍系** (local coordinate system)，各 $\varphi_\alpha \colon U_\alpha \to V_\alpha$ を**局所座標** (local coordinate) という．連続関数 $f \colon M \to \mathbb{R}$ が C^∞ 級関数 (C^∞-function) であるとは，任意の $\alpha \in A$ に対して $f \circ \varphi_\alpha^{-1} \colon V_\alpha \to \mathbb{R}$ が C^∞ 級関数となることをいう．M 上の実数値 C^∞ 級関数全体の集合を $C^\infty(M)$ で表わす．$C^\infty(M)$ は $\mathbb{R}$ 上のベクトル空間であるとともに，通常の関数の和，積

により環となる．

さらに N を微分可能多様体，$\{W_\lambda, \psi_\lambda\}_{\lambda \in \Lambda}$ を座標近傍系とする．連続写像 $F\colon M \to N$ に対して，$F^{-1}(W_\lambda) \cap U_\alpha \neq \emptyset$ ならば，

$$\psi_\lambda \circ F \circ \varphi_\alpha^{-1}|_{\varphi_\alpha(F^{-1}(W_\lambda) \cap U_\alpha)}\colon \varphi_\alpha(F^{-1}(W_\lambda) \cap U_\alpha) \to \psi_\lambda(W_\lambda)$$

が C^∞ 級写像であるとき，$F\colon M \to N$ を **C^∞ 級写像** (C^∞-map) という．C^∞ 級写像 $F\colon M \to N$ が全単射で，逆写像 $F^{-1}\colon N \to M$ も C^∞ 級写像であるとき，$F\colon M \to N$ を**微分同相写像** (diffeomorphism) という．

微分可能多様体 M の開集合 U は自然に微分可能多様体の構造をもち，M の**開部分多様体** (open submanifold) と呼ばれる．$\mathbb{K} = \mathbb{R}$ または $\mathbb{C}$，V を $\mathbb{K}$ 上の r 次元ベクトル空間とするとき，$\mathrm{End}(V)$ により V からそれ自身への $\mathbb{K}$ 上の線型写像全体のなす集合を表わす．$\mathrm{End}(V)$ は自然に微分可能多様体の構造をもち，$\mathbb{K}^{r^2}$ と微分同相となる．$GL(V)$ により V からそれ自身への $\mathbb{K}$ 上の線型同型写像全体のなす集合を表わすとき，$GL(V)$ は $\mathrm{End}(V)$ の開部分多様体となる．また，$GL(\mathbb{K}^r)$ は r 次正則行列全体のなす群であるが，通常これを $GL(r; \mathbb{K})$ により表わす．

n 次元微分可能多様体 M の開集合 U から $\mathbb{R}^n$ の開集合 V への微分同相写像 $\varphi\colon U \to V$ を M の局所座標とみなすことができる．M の部分集合 N が M の **d 次元部分多様体** (submanifold) であるとは，N の各点 p に対して，p の開近傍 U_p 上定義された M の局所座標 $\varphi_p\colon U_p \to V_p$ で，$\varphi_p(q) = (x^1(q), \ldots, x^n(q))$ と表わすとき，

$$N \cap U_p = \{q \in U_p \mid x^{d+1}(q) = x^{d+2}(q) = \cdots = x^n(q) = 0\}$$

を満たすものが存在することである．

定義 1.1.2 M を微分可能多様体とする．$\mathbb{R}$ 上の線形写像 $v\colon C^\infty(M) \to \mathbb{R}$ が M の $p \in M$ における**接ベクトル** (tangent vector) であるとは，Leibniz 則を満たす，すなわち，任意の $f, g \in C^\infty(M)$ に対して次が成り立つことである．

$$v(fg) = v(f)g(p) + f(p)v(g)$$

また，M の $p \in M$ における接ベクトル全体の集合を $T_p M$ と表わす．

定義より，T_pM は $\mathbb{R}$ 上のベクトル空間となる．

M を n 次元微分可能多様体，$\{U_\alpha, \varphi_\alpha\}_{\alpha \in A}$ を座標近傍系とする．$p \in U_\alpha$ に対して $\varphi_\alpha(p) = (x^1(p), \ldots, x^n(p))$ と表わす．$\left(\dfrac{\partial}{\partial x^i}\right)_p : C^\infty(M) \to \mathbb{R}$ を $f \mapsto \dfrac{\partial(f \circ \varphi_\alpha^{-1})}{\partial x^i}(\varphi_\alpha(p))$ により定めるとき，$\left(\dfrac{\partial}{\partial x^1}\right)_p, \ldots, \left(\dfrac{\partial}{\partial x^n}\right)_p$ は T_pM の基底になることが確かめられる．

$U_\alpha \cap U_\beta \neq \emptyset$ とする．$q \in U_\beta$ に対して $\varphi_\beta(q) = (y^1(q), \ldots, y^n(q))$ と表わす．$U_\alpha \cap U_\beta$ 上で座標変換を $x^i = x^i(y^1, \ldots, y^n)$ と表わすとき，$j = 1, \ldots, n$ に対して

$$\left(\frac{\partial}{\partial y^j}\right)_p = \sum_{i=1}^n \frac{\partial x^i}{\partial y^j}(p) \left(\frac{\partial}{\partial x^i}\right)_p \tag{1.1}$$

となる．記号の濫用ではあるが，(1.1) は座標変換の Jacobi 行列を用いて

$$\left(\left(\frac{\partial}{\partial y^1}\right)_p \cdots \left(\frac{\partial}{\partial y^n}\right)_p\right) = \left(\left(\frac{\partial}{\partial x^1}\right)_p \cdots \left(\frac{\partial}{\partial x^n}\right)_p\right) \begin{pmatrix} \dfrac{\partial x^1}{\partial y^1}(p) & \cdots & \dfrac{\partial x^1}{\partial y^n}(p) \\ \vdots & & \vdots \\ \dfrac{\partial x^n}{\partial y^1}(p) & \cdots & \dfrac{\partial x^n}{\partial y^n}(p) \end{pmatrix} \tag{1.2}$$

と表わされる．$p \in U_\alpha \cap U_\beta$ に対して $v \in T_pM$ を

$$v = \sum_{i=1}^n a_\alpha^i \left(\frac{\partial}{\partial x^i}\right)_p = \sum_{j=1}^n a_\beta^j \left(\frac{\partial}{\partial y^j}\right)_p$$

と表わすとき

$$\left(\left(\frac{\partial}{\partial y^1}\right)_p \cdots \left(\frac{\partial}{\partial y^n}\right)_p\right) \begin{pmatrix} a_\beta^1 \\ \vdots \\ a_\beta^n \end{pmatrix}$$

$$= \left(\left(\frac{\partial}{\partial x^1}\right)_p \cdots \left(\frac{\partial}{\partial x^n}\right)_p\right) \begin{pmatrix} \dfrac{\partial x^1}{\partial y^1}(p) & \cdots & \dfrac{\partial x^1}{\partial y^n}(p) \\ \vdots & & \vdots \\ \dfrac{\partial x^n}{\partial y^1}(p) & \cdots & \dfrac{\partial x^n}{\partial y^n}(p) \end{pmatrix} \begin{pmatrix} a_\beta^1 \\ \vdots \\ a_\beta^n \end{pmatrix}$$

である．したがって

$$\begin{pmatrix} a_\alpha^1 \\ \vdots \\ a_\alpha^n \end{pmatrix} = \begin{pmatrix} \dfrac{\partial x^1}{\partial y^1}(p) & \cdots & \dfrac{\partial x^1}{\partial y^n}(p) \\ \vdots & & \vdots \\ \dfrac{\partial x^n}{\partial y^1}(p) & \cdots & \dfrac{\partial x^n}{\partial y^n}(p) \end{pmatrix} \begin{pmatrix} a_\beta^1 \\ \vdots \\ a_\beta^n \end{pmatrix}$$

を得る．$g_{\alpha\beta}\colon U_\alpha \cap U_\beta \to GL(n;\mathbb{R})$ を $g_{\alpha\beta}(p) = \left(\dfrac{\partial x^i}{\partial y^j}(p)\right)$ により定める．このとき，$p \in U_\alpha \cap U_\beta \cap U_\gamma$ に対して

$$g_{\alpha\beta}(p)g_{\beta\gamma}(p) = g_{\alpha\gamma}(p)$$

が成り立つことが，合成関数の微分の公式より従う．

M, N を微分可能多様体，$F\colon M \to N$ を C^∞ 級写像とする．$p \in M$, $v \in T_pM$ に対して，$\mathbb{R}$ 上の線型写像 $F_{*p}v\colon C^\infty(N) \to \mathbb{R}$ を

$$(F_{*p}v)(f) = v(f \circ F) \in \mathbb{R}$$

により定めると，$F_{*p}v \in T_{F(p)}N$ である．実際 $f, g \in C^\infty(N)$ に対して

$$\begin{aligned}(F_{*p}v)(fg) &= v\{(fg) \circ F\} \\ &= v\{(f \circ F)(g \circ F)\} \\ &= v(f \circ F)\,(g \circ F)(p) + (f \circ F)(p)\,v(g \circ F) \\ &= (F_{*p}v)(f)\,g(F(p)) + f(F(p))\,(F_{*p}v)(g)\end{aligned}$$

が成り立つ．線型写像 $F_{*p}\colon T_pM \to T_{F(p)}N$ は Jacobi 行列を抽象化した概念で，写像 $F\colon M \to N$ の $p \in M$ における**微分** (differentiation) という．また，F_{*p} を $dF_p\colon T_pM \to T_{F(p)}N$ と表わすこともある．

さらに，L を微分可能多様体，$G\colon N \to L$ を C^∞ 級写像とする．このとき，$p \in M$ に対して $G_{*F(p)}F_{*p} = (G \circ F)_{*p}$ が成り立つ．実際，$v \in T_pM$, $h \in C^\infty(L)$ に対して次が成り立つ．

$$(G_{*F(p)}F_{*p}v)(h) = (F_{*p}v)(h \circ G) = v(h \circ G \circ F) = ((G \circ F)_{*p}v)(h)$$

M, N を微分可能多様体，$F\colon M \to N$ を C^∞ 級写像とする．$p \in M$ に対して，$F_{*p}\colon T_pM \to T_{F(p)}N$ が全射のとき，p を F の**正則点** (regular point) という．$q \in N$ に対して，任意の $p \in F^{-1}(q)$ が F の正則点であるとき，q を F の**正則値** (regular value) という．このとき，陰関数定理より次が成り立つ．

定理 1.1.3 M, N を微分可能多様体，$F\colon M \to N$ を C^∞ 級写像とする．$q \in N$ が F の正則値であり，かつ $F^{-1}(q) \neq \emptyset$ ならば，$F^{-1}(q)$ は M の部分多様体である．

この定理により，n 次元**球面** (sphere)
$$S^n = \{(x^1, \ldots, x^{n+1}) \in \mathbb{R}^{n+1} \mid (x^1)^2 + \cdots + (x^{n+1})^2 = 1\}$$
は $\mathbb{R}^{n+1}$ の n 次元部分多様体となることが確かめられる．

M を微分可能多様体，$\{U_\alpha, \varphi_\alpha\}_{\alpha \in A}$ を座標近傍系とし，局所座標 $\varphi_\alpha \colon U_\alpha \to V_\alpha$ を $\varphi_\alpha(p) = (x^1(p), \ldots, x^n(p))$ と表わす．$TM = \bigcup_{p \in M} T_p M$ とおく．$\pi \colon TM \to M$ を各 $p \in M$ に対して $\pi^{-1}(p) = T_p M$ となるように定める．$p \in U_\alpha$ に対して $v \in T_p M$ を $v = \sum_{i=1}^n a_\alpha^i \left(\dfrac{\partial}{\partial x^i}\right)_p$ と表わすとき，$\phi_\alpha \colon \pi^{-1}(U_\alpha) \to U_\alpha \times \mathbb{R}^n$ を $\phi_\alpha(v) = (p, \begin{pmatrix} a_\alpha^1 \\ \vdots \\ a_\alpha^n \end{pmatrix})$ により定める．このとき TM の位相を，$\pi^{-1}(U_\alpha)$ が開集合であって，しかも ϕ_α が同相写像になるように定めると，TM は Hausdorff 空間になる．$\widetilde{\phi}_\alpha \colon \pi^{-1}(U_\alpha) \to V_\alpha \times \mathbb{R}^n$ を $\widetilde{\phi}_\alpha(v) = (\varphi_\alpha(p), \begin{pmatrix} a_\alpha^1 \\ \vdots \\ a_\alpha^n \end{pmatrix})$ により定めるとき，TM は $\{\pi^{-1}(U_\alpha), \widetilde{\phi}_\alpha\}_{\alpha \in A}$ を座標近傍系とする微分可能多様体の構造をもつ．このとき $\pi \colon TM \to M$ は C^∞ 級写像となり，TM は次節で定義する実ベクトル束の構造をもつ．$\pi \colon TM \to M$ あるいは単に TM を M の**接束** (tangent bundle) という．

C^∞ 級写像 $X \colon M \to TM$ で $\pi \circ X = \mathrm{id}_M$ を満たすものを**ベクトル場** (vector field) という．ただし $\mathrm{id}_M \colon M \to M$ は恒等写像である．次節においてベクトル束の切断という概念を定義するが，ベクトル場は TM の切断のことである．M 上のベクトル場全体のなす空間を $\mathfrak{X}(M)$ により表わす．

$X \in \mathfrak{X}(M)$ を $\mathbb{R}$ 上の線型写像 $X\colon C^\infty(M) \to C^\infty(M)$ とみなすとき,任意の $f, g \in C^\infty(M)$ に対して Leibniz 則 $X(fg) = (Xf)g + f(Xg) \in C^\infty(M)$ が成り立つ.

逆に,$\mathbb{R}$ 上の線型写像 $\Phi\colon C^\infty(M) \to C^\infty(M)$ が,任意の $f, g \in C^\infty(M)$ に対して Leibniz 則 $\Phi(fg) = \{\Phi(f)\}g + f\{\Phi(g)\}$ を満たすとする.このとき,ある $X \in \mathfrak{X}(M)$ で,任意の $f \in C^\infty(M)$ に対して $\Phi(f) = Xf$ を満たすものが存在する.このようにベクトル場 $X \in \mathfrak{X}(M)$ を,Leibniz 則を満たす $\mathbb{R}$ 上の線型写像 $X\colon C^\infty(M) \to C^\infty(M)$ とみなすことができる.

$X, Y \in \mathfrak{X}(M)$ に対して $[X, Y]f = X(Yf) - Y(Xf)$ と定める.このとき,Leibniz 則 $[X, Y](fg) = ([X, Y]f)g + f([X, Y]g)$ が成り立つ.よって $[X, Y] \in \mathfrak{X}(M)$ とみなすことができる.すなわち,ベクトル場の**括弧積** (bracket) $[\cdot, \cdot]\colon \mathfrak{X}(M) \times \mathfrak{X}(M) \to \mathfrak{X}(M)$ が定義される.このとき,$X, Y, Z \in \mathfrak{X}(M)$ に対して,次が成り立つ.

(1) $[X, Y] = -[Y, X]$.
(2) $[[X, Y], Z] + [[Y, Z], X] + [[Z, X], Y] = 0$.

1.2 ベクトル束

この節ではベクトル束を導入する.以下 $\mathbb{K} = \mathbb{R}$ または $\mathbb{C}$ とする.

定義 1.2.1 E, M を微分可能多様体とする.C^∞ 級写像 $\pi\colon E \to M$ が階数 r の**ベクトル束** (vector bundle) であるとは以下の性質を満たすことである.
(1) 各 $x \in M$ に対して $E_x = \pi^{-1}(x)$ とするとき,E_x は $\mathbb{K}$ 上の r 次元ベクトル空間である.
(2) M の開被覆 $\{U_\alpha\}_{\alpha \in A}$ と微分同相写像 $\phi_\alpha\colon \pi^{-1}(U_\alpha) \to U_\alpha \times \mathbb{K}^r$ が存在して次を満たす.
(2 − 1) $p_1\colon U_\alpha \times \mathbb{K}^r \to U_\alpha$ を射影とするとき,$\pi|_{\pi^{-1}(U_\alpha)} = p_1 \circ \phi_\alpha$ が成り立つ.すなわち,次の図式は可換になる.

$$\begin{array}{ccc} \pi^{-1}(U_\alpha) & \xrightarrow{\phi_\alpha} & U_\alpha \times \mathbb{K}^r \\ \pi \downarrow & & \downarrow p_1 \\ U_\alpha & = & U_\alpha \end{array} \qquad (1.3)$$

(2 − 2) $p_2\colon U_\alpha \times \mathbb{K}^r \to \mathbb{K}^r$ を射影とするとき,各 $x \in U_\alpha$ に対して

$p_2 \circ \phi_\alpha|_{E_x} \colon E_x \to \mathbb{K}^r$ はベクトル空間としての同型写像である.

注意 1.2.2 定義 1.2.1 において $\mathbb{K} = \mathbb{R}$ のときを**実ベクトル束** (real vector bundle), $\mathbb{K} = \mathbb{C}$ のときを**複素ベクトル束** (complex vector bundle) という.

また, 階数が 1 のベクトル束を**直線束** (line bundle) という.

M の開集合 U に対して $\pi^{-1}(U)$ をしばしば $E|_U$ により表わす. $x \in M$ に対して $E_x = \pi^{-1}(x)$ を x における E の**ファイバー** (fiber) という. 定義 1.2.1 (2) の微分同相写像 $\phi_\alpha \colon E|_{U_\alpha} \to U_\alpha \times \mathbb{K}^r$ を**局所自明化** (local trivialization) という. また, $g_{\alpha\beta} \colon U_\alpha \cap U_\beta \to GL(r; \mathbb{K})$ を

$$g_{\alpha\beta}(x) = (p_2 \circ \phi_\alpha|_{E_x}) \circ (p_2 \circ \phi_\beta|_{E_x})^{-1}$$

により定義し, これをベクトル束 $\pi \colon E \to M$ の**変換関数** (transition function) という. すなわち, $v \in \pi^{-1}(U_\alpha \cap U_\beta)$ に対して, $\phi_\alpha(v) = (x, v_\alpha)$ かつ $\phi_\beta(v) = (x, v_\beta)$ ならば $v_\alpha = g_{\alpha\beta}(x) v_\beta$ が成り立つ.

また, 任意の $x \in U_\alpha \cap U_\beta \cap U_\gamma$ に対して

$$g_{\alpha\beta}(x) g_{\beta\gamma}(x) = g_{\alpha\gamma}(x) \tag{1.4}$$

が成り立つ. とくに, $E_r \in GL(r; \mathbb{K})$ を単位行列とするとき $g_{\alpha\alpha}(x) = E_r$, $g_{\alpha\beta}(x) g_{\beta\alpha}(x) = E_r$ が成り立つ.

逆に M の開被覆 $\{U_\alpha\}_{\alpha \in A}$ と $\{g_{\alpha\beta} \colon U_\alpha \cap U_\beta \to GL(r; \mathbb{K}); \alpha, \beta \in A\}$ が与えられていて (1.4) が成立しているとき, ベクトル束 $\pi \colon E \to M$ は $E = (\bigsqcup_{\alpha \in A} U_\alpha \times \mathbb{K}^r)/\sim$ により復元される. ただし $(x_\alpha, v_\alpha) \in U_\alpha \times \mathbb{K}^r$, $(x_\beta, v_\beta) \in U_\beta \times \mathbb{K}^r$ に対して $(x_\alpha, v_\alpha) \sim (x_\beta, v_\beta)$ とは $x_\alpha = x_\beta$ かつ $v_\alpha = g_{\alpha\beta}(x_\beta) v_\beta$ のことである. (1.4) より $\sim$ は同値関係である. $\rho \colon \bigsqcup_{\alpha \in A} U_\alpha \times \mathbb{K}^r \to E$ を自然な射影とするとき, $\pi \colon E \to M$ を $(x_\alpha, v_\alpha) \in U_\alpha \times \mathbb{K}^r$ に対して $\pi(\rho(x_\alpha, v_\alpha)) = x_\alpha$ と定めると, これは well-defined となる. E に商位相を入れると, E は Hausdorff 空間で, $\rho|_{U_\alpha \times \mathbb{K}^r} \colon U_\alpha \times \mathbb{K}^r \to \pi^{-1}(U_\alpha)$ は同相写像となる. したがって E は微分可能多様体の構造をもつ. さらに E の局所自明化 $\phi_\alpha \colon \pi^{-1}(U_\alpha) \to U_\alpha \times \mathbb{K}^r$ を $\phi_\alpha = (\rho|_{U_\alpha \times \mathbb{K}^r})^{-1}$ により定めると, $\pi \colon E \to M$ はベクトル束となる. このとき $g_{\alpha\beta} \colon U_\alpha \cap U_\beta \to GL(r; \mathbb{K})$ は E の変換関数となる.

C^∞ 級写像 $s \colon M \to E$ が $\pi \circ s = \mathrm{id}_M$ を満たすとき, s を**切断** (section) という. $\Gamma(E)$ によりベクトル束 $\pi \colon E \to M$ の切断全体の空間を表わす. $\Gamma(E)$

は $C^\infty(M)$-加群の構造をもつ.

M の開集合 U 上で定義された切断の組 $e_1,\ldots,e_r \in \Gamma(E|_U)$ で,各 $x \in U$ に対して $e_1(x),\ldots,e_r(x)$ が E_x の基底となっているものを $E|_U$ の**枠場** (frame field) という.

$\phi_\alpha\colon E|_{U_\alpha} \to U_\alpha \times \mathbb{K}^r$ を局所自明化とする.$\varepsilon_1,\ldots,\varepsilon_r$ を $\mathbb{K}^r$ の標準基底とする.$p_2\colon U_\alpha \times \mathbb{K}^r \to \mathbb{K}^r$ を射影とするとき,$e_1,\ldots,e_r \in \Gamma(E|_{U_\alpha})$ を $p_2 \circ \phi_\alpha \circ e_i(x) = \varepsilon_i$ を満たすように定める.すなわち局所自明化 $\phi_\alpha\colon E|_{U_\alpha} \to U_\alpha \times \mathbb{K}^r$ は U_α 上の枠場 $e_1,\ldots,e_r \in \Gamma(E|_{U_\alpha})$ を定める.逆に枠場 $e_1,\ldots,e_r \in \Gamma(E|_U)$ は局所自明化 $\phi\colon E|_U \to U \times \mathbb{K}^r$ を与えるので,局所自明化を定めることと,枠場を定めることは同値である.

$s \in \Gamma(E)$ の U_α への制限 $s|_{U_\alpha} \in \Gamma(E|_{U_\alpha})$ は $s|_{U_\alpha} = \sum_{i=1}^r s_\alpha^i e_i$ と表わされる.$s_\alpha \in \Gamma(U_\alpha; \mathbb{K}^r)$ を $s_\alpha = \begin{pmatrix} s_\alpha^1 \\ \vdots \\ s_\alpha^r \end{pmatrix}$ により定めるとき,記号の濫用ではあるが

$$s|_{U_\alpha} = \begin{pmatrix} e_1 \ldots e_r \end{pmatrix} s_\alpha = \begin{pmatrix} e_1 \ldots e_r \end{pmatrix} \begin{pmatrix} s_\alpha^1 \\ \vdots \\ s_\alpha^r \end{pmatrix} \tag{1.5}$$

などのように表わす.このとき,局所自明化 $\phi_\alpha\colon E|_{U_\alpha} \to U_\alpha \times \mathbb{K}^r$ に関して $s|_{U_\alpha} = s_\alpha$ と表わす.

さらに,局所自明化 $\phi_\beta\colon E|_{U_\beta} \to U_\beta \times \mathbb{K}^r$ の定める枠場を $f_1,\ldots,f_r \in \Gamma(E|_{U_\beta})$ とし,ϕ_β に関して $s|_{U_\beta} = s_\beta$ とすると,$U_\alpha \cap U_\beta$ 上で $s_\alpha = g_{\alpha\beta} s_\beta$ である.よって,$U_\alpha \cap U_\beta$ 上で

$$\begin{pmatrix} f_1 \ldots f_r \end{pmatrix} s_\beta = s|_{U_\alpha \cap U_\beta} = \begin{pmatrix} e_1 \ldots e_r \end{pmatrix} s_\alpha = \begin{pmatrix} e_1 \ldots e_r \end{pmatrix} g_{\alpha\beta} s_\beta$$

であるから,$U_\alpha \cap U_\beta$ 上で次が成り立つ.

$$\begin{pmatrix} f_1 \ldots f_r \end{pmatrix} = \begin{pmatrix} e_1 \ldots e_r \end{pmatrix} g_{\alpha\beta} \tag{1.6}$$

定義 1.2.3 $\pi_E\colon E \to M, \pi_F\colon F \to M$ をベクトル束とする.
(1) C^∞ 級写像 $f\colon E \to F$ がベクトル束の同型写像であるとは次の $(1-1)$,

$(1-2)$ を満たすことである.
$(1-1)$ $\pi_F \circ f = \pi_E$ が成り立つ.
$(1-2)$ 任意の $p \in M$ に対して $f|_{E_p} \colon E_p \to F_p$ は線型同型写像である.
(2) ベクトル束の同型写像 $f \colon E \to F$ が存在するとき, ベクトル束 $\pi_E \colon E \to M$ と $\pi_F \colon F \to M$ は**同型**であるという.

例 1.2.4 M を微分可能多様体とする. $E = M \times \mathbb{K}^r$ とし, $\pi \colon E \to M$ を第 1 成分への射影とすると, これはベクトル束となる. $\pi \colon E \to M$ と同型なベクトル束を**自明束** (trivial bundle) という.

$\pi \colon E \to M$ を階数 r のベクトル束とする. E の部分集合 F に対して, M の開被覆 $\{U_\alpha\}_{\alpha \in A}$ と E の局所自明化の族 $\{\phi_\alpha \colon E|_{U_\alpha} \to U_\alpha \times \mathbb{K}^r\}_{\alpha \in A}$ で, $F|_{U_\alpha} = \phi_\alpha^{-1}(U_\alpha \times \mathbb{K}^s)$ を満たすものが存在するとき, $\pi|_F \colon F \to M$ はベクトル束となる. このとき F を E の**部分ベクトル束** (subbundle) という. ただし $\mathbb{K}^s = \{\begin{pmatrix} x_1 \\ \vdots \\ x_r \end{pmatrix} \in \mathbb{K}^r \mid x_{s+1} = \cdots = x_r = 0\}$ である. このとき, E の変換関数 $g_{\alpha\beta} \colon U_\alpha \cap U_\beta \to GL(r; \mathbb{K})$ は $g_{\alpha\beta}(p) = \begin{pmatrix} h_{\alpha\beta}(p) & * \\ 0 & k_{\alpha\beta}(p) \end{pmatrix}$ と表わされ, $h_{\alpha\beta} \colon U_\alpha \cap U_\beta \to GL(s; \mathbb{K})$ は F の変換関数となる. また, E/F は $k_{\alpha\beta} \colon U_\alpha \cap U_\beta \to GL(r-s; \mathbb{K})$ を変換関数とするベクトル束となり, E の F による**商束** (quotient bundle) という.

1.3 ベクトル束の双対, テンソル積, 引き戻し

この節では, ベクトル束が与えられると, それを基に新たなベクトル束が構成されることを解説する.

$\pi \colon E \to M$ をベクトル束とする. $\{\phi_\alpha \colon E|_{U_\alpha} \to U_\alpha \times \mathbb{K}^r\}_{\alpha \in A}$ を E の局所自明化の族とする. W をベクトル空間, $GL(W)$ を W からそれ自身への線型同型写像全体のなす群とする. 群の準同型写像 $\rho_W \colon GL(r; \mathbb{K}) \to GL(W)$ で C^∞ 級写像であるものを考える. E の変換関数の族 $\{g_{\alpha\beta} \colon U_\alpha \cap U_\beta \to GL(r; \mathbb{K}); \alpha, \beta \in A\}$ は (1.4) を満たすから,

$$\{\rho_W(g_{\alpha\beta})\colon U_\alpha \cap U_\beta \to GL(W); \alpha, \beta \in A\}$$

も (1.4) を満たす．したがって，これらを変換関数の族とするベクトル束 $\pi_{E_W}\colon E_W \to M$ が構成される．各 $p \in M$ に対して $(E_W)_p \cong W$ である．

以後，いくつかの具体的な準同型写像 $\rho_W\colon GL(r; \mathbb{K}) \to GL(W)$ から構成されるベクトル束の性質を調べる．

例 1.3.1（双対ベクトル束 E^*） 一般に $\mathbb{K}$ 上のベクトル空間 V に対して，V から $\mathbb{K}$ への線型写像全体のなすベクトル空間 $V^* = \operatorname{Hom}(V, \mathbb{K})$ を V の双対空間という．ペアリング $\langle \cdot, \cdot \rangle \colon V \times V^* \to \mathbb{K}$ が $\langle v, \xi \rangle = \xi(v)$ により定まる．$\varepsilon_1, \ldots, \varepsilon_r$ を V の基底とするとき，$\varepsilon^j \in V^*$ を $\langle \varepsilon_i, \varepsilon^j \rangle = \delta_i^j$ により定める．ここで δ_i^j は Kronecker のデルタ，すなわち $i = j$ のとき $\delta_i^j = 1$，$i \neq j$ のとき $\delta_i^j = 0$ である．このとき $\varepsilon^1, \ldots, \varepsilon^r$ は V^* の基底となり，$\varepsilon_1, \ldots, \varepsilon_r$ の双対基底と呼ばれる．

$\rho_{V^*}\colon GL(V) \to GL(V^*)$ を，$v \in V, \xi \in V^*$ に対して $\langle v, \rho_{V^*}(g)\xi \rangle = \langle g^{-1}v, \xi \rangle$ により定める．このとき

$$\langle v, \rho_{V^*}(g_1)\rho_{V^*}(g_2)\xi \rangle = \langle (g_1)^{-1}v, \rho_{V^*}(g_2)\xi \rangle$$
$$= \langle (g_2)^{-1}(g_1)^{-1}v, \xi \rangle = \langle (g_1 g_2)^{-1}v, \xi \rangle = \langle v, \rho_{V^*}(g_1 g_2)\xi \rangle$$

となるから，ρ_{V^*} は準同型写像である．$g \in GL(V)$ の基底 $\varepsilon_1, \ldots, \varepsilon_r$ に関する行列表示を $A_g \in GL(r; \mathbb{K})$ と表わすとき，$\rho_{V^*}(g)$ の双対基底 $\varepsilon^1, \ldots, \varepsilon^r$ に関する行列表示は ${}^t(A_g)^{-1} \in GL(r; \mathbb{K})$ である．ただし，行列 A の転置行列を ${}^tA$ により表わす．

$\pi\colon E \to M$ をベクトル束とする．$\{\phi_\alpha \colon E|_{U_\alpha} \to U_\alpha \times \mathbb{K}^r\}_{\alpha \in A}$ を E の局所自明化の族とする．$V = \mathbb{K}^r$ とおく．E の変換関数の族を $\{g_{\alpha\beta}\colon U_\alpha \cap U_\beta \to GL(V); \alpha, \beta \in A\}$ とする．このとき

$$\{\rho_{V^*}(g_{\alpha\beta})\colon U_\alpha \cap U_\beta \to GL(V^*); \alpha, \beta \in A\}$$

を変換関数の族とするベクトル束 $\pi_{E^*}\colon E^* \to M$ を $\pi\colon E \to M$ の**双対ベクトル束** (dual vector bundle) という．$\{\phi_\alpha^{E^*}\colon E^*|_{U_\alpha} \to U_\alpha \times V^*\}_{\alpha \in A}$ を E^* の局所自明化の族とする．

$p \in U_\alpha, \xi \in E_p^*, v \in E_p$ に対して，ペアリング $\langle \cdot, \cdot \rangle \colon E_p \times E_p^* \to \mathbb{K}$ を

$\langle v, \xi \rangle = \langle v_\alpha, \xi_\alpha \rangle$ により定める．ただし $\phi_\alpha(v) = (p, v_\alpha)$, $\phi_\alpha^{E^*}(\xi) = (p, \xi_\alpha)$ とする．$p \in U_\alpha \cap U_\beta$ とするとき

$$\langle v_\alpha, \xi_\alpha \rangle = \langle g_{\alpha\beta}(p) v_\beta,\ \rho_{V^*}(g_{\alpha\beta}(p)) \xi_\beta \rangle = \langle g_{\alpha\beta}(p)^{-1} g_{\alpha\beta}(p) v_\beta,\ \xi_\beta \rangle = \langle v_\beta, \xi_\beta \rangle$$

であるから $\langle \cdot, \cdot \rangle \colon E_p \times E_p^* \to \mathbb{K}$ は well-defined である．よってペアリング

$$\langle \cdot, \cdot \rangle \colon \Gamma(E) \times \Gamma(E^*) \to C^\infty(M)$$

が定義される．

局所自明化 $\phi_\alpha \colon E|_{U_\alpha} \to U_\alpha \times \mathbb{K}^r$ の定める枠場を $e_1, \dots, e_r \in \Gamma(E|_{U_\alpha})$ とする．$V^* = (\mathbb{K}^r)^*$ の基底として，$\mathbb{K}^r$ の標準基底の双対基底を考え，これにより V^* と $\mathbb{K}^r$ を同一視する．また局所自明化 $\phi_\alpha^{E^*} \colon E^*|_{U_\alpha} \to U_\alpha \times \mathbb{K}^r$ の定める枠場を $e^1, \dots, e^r \in \Gamma(E^*|_{U_\alpha})$ とする．このとき U_α 上 $\langle e_i, e^j \rangle = \delta_i^j$ が成り立つ．すなわち $e^1, \dots, e^r \in \Gamma(E^*|_{U_\alpha})$ は $e_1, \dots, e_r \in \Gamma(E|_{U_\alpha})$ の双対枠場である．

例 1.3.2 ($F_1 \oplus F_2$ と $F_1 \otimes F_2$) $\pi_{F_i} \colon F_i \to M$ ($i = 1, 2$) をベクトル束とする．$\{\phi_\alpha^{F_i} \colon F_i|_{U_\alpha} \to U_\alpha \times W_i\}_{\alpha \in A}$ を F_i の局所自明化の族とする．$\{g_{\alpha\beta}^{F_i} \colon U_\alpha \cap U_\beta \to GL(W_i); \alpha, \beta \in A\}$ を F_i の変換関数の族とする．ここで M の開被覆 $\{U_\alpha\}_{\alpha \in A}$ を F_1, F_2 に共通にとっているが，これは本質的な仮定ではない．実際，F_1, F_2 の局所自明化がそれぞれ M の開被覆 $\{U_\alpha\}_{\alpha \in A}$, $\{V_\beta\}_{\beta \in B}$ に関して与えられていたとする．このとき M の開被覆 $\{U_\alpha \cap V_\beta \mid (\alpha, \beta) \in A \times B,\ U_\alpha \cap V_\beta \neq \emptyset\}$ を考えれば，各 $U_\alpha \cap V_\beta$ 上で F_1, F_2 両方の自明化が得られる．

なめらかな準同型写像

$$\tilde{\rho}_{W_1 \oplus W_2} \colon GL(W_1) \times GL(W_2) \to GL(W_1 \oplus W_2),$$
$$\tilde{\rho}_{W_1 \otimes W_2} \colon GL(W_1) \times GL(W_2) \to GL(W_1 \otimes W_2)$$

をそれぞれ $\{\tilde{\rho}_{V \oplus W}(g, h)\}(v \oplus w) = gv \oplus hw$, $\{\tilde{\rho}_{V \otimes W}(g, h)\}(v \otimes w) = gv \otimes hw$ により定める．このとき，

$$\{\tilde{\rho}_{W_1 \oplus W_2}(g_{\alpha\beta}^{F_1}, g_{\alpha\beta}^{F_2}) \colon U_\alpha \cap U_\beta \to GL(W_1 \oplus W_2); \alpha, \beta \in A\}, \tag{1.7}$$

$$\{\tilde{\rho}_{W_1 \otimes W_2}(g_{\alpha\beta}^{F_1}, g_{\alpha\beta}^{F_2}) \colon U_\alpha \cap U_\beta \to GL(W_1 \otimes W_2); \alpha, \beta \in A\} \tag{1.8}$$

は (1.4) を満たす．したがって，ベクトル束 $\pi_{F_1 \oplus F_2} \colon F_1 \oplus F_2 \to M$, $\pi_{F_1 \otimes F_2} \colon F_1 \otimes F_2 \to M$ が定義され，それぞれ F_1 と F_2 の**直和** (direct sum), **テンソル積** (tensor product) という．直和はしばしば **Whitney 和** (Whitney sum) と呼ばれる．各 $p \in M$ に対して $(F_1 \oplus F_2)_p = (F_1)_p \oplus (F_2)_p$, $(F_1 \otimes F_2)_p = (F_1)_p \otimes (F_2)_p$ である．

$\pi_{F_i} \colon F_i \to M\ (i = 1, 2)$ が，ベクトル束 $\pi \colon E \to M$ となめらかな準同型写像 $\rho_{W_i} \colon GL(r; \mathbb{K}) \to GL(W_i)$ から構成されたものとする．すなわち $F_i = E_{W_i}$ の場合を考える．一方，なめらかな準同型写像

$$\rho_{W_1 \oplus W_2} \colon GL(r; \mathbb{R}) \to GL(W_1 \oplus W_2),$$
$$\rho_{W_1 \otimes W_2} \colon GL(r; \mathbb{R}) \to GL(W_1 \otimes W_2)$$

をそれぞれ $\{\rho_{V \oplus W}(g)\}(v \oplus w) = \rho_{W_1}(g)v \oplus \rho_{W_2}(g)w$, $\{\rho_{V \otimes W}(g)\}(v \otimes w) = \rho_{W_1}(g)v \otimes \rho_{W_2}(g)w$ により定める．E の変換関数の族を $\{g_{\alpha\beta} \colon U_\alpha \cap U_\beta \to GL(r; \mathbb{K}); \alpha, \beta \in A\}$ とするとき，

$$\{\rho_{W_1 \oplus W_2}(g_{\alpha\beta}) \colon U_\alpha \cap U_\beta \to GL(W_1 \oplus W_2); \alpha, \beta \in A\}, \tag{1.9}$$

$$\{\rho_{W_1 \otimes W_2}(g_{\alpha\beta}) \colon U_\alpha \cap U_\beta \to GL(W_1 \otimes W_2); \alpha, \beta \in A\} \tag{1.10}$$

を変換関数の族とするベクトル束

$$\pi_{W_1 \oplus W_2} \colon E_{W_1 \oplus W_2} \to M, \quad \pi_{W_1 \otimes W_2} \colon E_{W_1 \otimes W_2} \to M$$

が得られる．このとき (1.7) と (1.9) は同じだから，$F_1 \oplus F_2$ と $E_{W_1 \oplus W_2}$ は同一のベクトル束である．同様に (1.8) と (1.10) は同じだから，$F_1 \otimes F_2$ と $E_{W_1 \otimes W_2}$ も同一のベクトル束である．

ベクトル空間 V に対して $\mathcal{V}_q^p = \underbrace{V \otimes \cdots \otimes V}_{p\text{ 個}} \otimes \underbrace{V^* \otimes \cdots \otimes V^*}_{q\text{ 個}}$ とおく．$1 \le i \le p, 1 \le j \le q$ に対して $C_j^i \colon \mathcal{V}_q^p \to \mathcal{V}_{q-1}^{p-1}$ を i 番目の V の成分と j 番目の V^* の成分のペアリングをとる写像とする．この操作を**縮約** (contraction) という．

ベクトル束 E に対して $\mathcal{E}_q^p = \underbrace{E \otimes \cdots \otimes E}_{p\text{ 個}} \otimes \underbrace{E^* \otimes \cdots \otimes E^*}_{q\text{ 個}}$ とおく．同様に，$1 \le i \le p, 1 \le j \le q$ に対して，i 番目の E の成分と j 番目の E^* の成分との縮約 $C_j^i \colon \Gamma(\mathcal{E}_q^p) \to \Gamma(\mathcal{E}_{q-1}^{p-1})$ が定義される．

例 1.3.3 $s_1, s_2 \in \Gamma(E), \xi \in \Gamma(E^*)$ に対して $s_1 \otimes s_2 \otimes \xi \in \Gamma(\mathcal{E}_1^2)$ であり，$C_1^1(s_1 \otimes s_2 \otimes \xi) = \langle s_1, \xi \rangle s_2 \in \Gamma(E)$ となる．

例 1.3.4 $\mathrm{End}\, E = E \otimes E^*$ であり，縮約 $C_1^1 \colon \Gamma(\mathrm{End}\, E) \to C^\infty(M)$ はファイバーごとのトレースをとる写像である．$\varphi \in \Gamma(\mathrm{End}\, E)$ に対して $C_1^1 \varphi \in C^\infty(M)$ を $\mathrm{Tr}\, \varphi$ と表わすこともある．また，$s \in \Gamma(E)$, $\varphi \in \Gamma(\mathrm{End}\, E)$ に対して $\varphi(s) = C_1^1(s \otimes \varphi) \in \Gamma(E)$ である．

例 1.3.5（**引き戻し** f^*E） $\pi \colon E \to M$ をベクトル束とする．$\{\phi_\alpha^E \colon E|_{U_\alpha} \to U_\alpha \times \mathbb{K}^r\}_{\alpha \in A}$ を E の局所自明化の族とする．$\{g_{\alpha\beta}^E \colon U_\alpha \cap U_\beta \to GL(r; \mathbb{K}); \alpha, \beta \in A\}$ を E の変換関数の族とする．$p_2^E \colon U_\alpha \times \mathbb{K}^r \to \mathbb{K}^r$ を射影とする．

C^∞ 級写像 $f \colon N \to M$ によるベクトル束 $\pi_E \colon E \to M$ の**引き戻し** (pull-back) とは以下のように定義されるベクトル束 $\pi_{f^*E} \colon f^*E \to N$ のことである．まず
$$f^*E = \{(x, v) \in N \times E \mid f(x) = \pi_E(v)\}$$
とおき，$\pi_{f^*E} \colon f^*E \to N$ は射影とする．$\{V_\alpha = f^{-1}(U_\alpha)\}_{\alpha \in A}$ は N の開被覆であり，局所自明化 $\phi_\alpha^{f^*E} \colon (f^*E)|_{V_\alpha} \to V_\alpha \times \mathbb{K}^r$ は
$$\phi_\alpha^{f^*E}(x, v) = (x, p_2^E \circ \phi_\alpha^E(v))$$
で与えられる．以上により，$\pi_{f^*E} \colon f^*E \to N$ はベクトル束となる．このとき，変換関数 $g_{\alpha\beta}^{f^*E} \colon V_\alpha \cap V_\beta \to GL(r; \mathbb{K})$ は次で与えられる．
$$g_{\alpha\beta}^{f^*E} = g_{\alpha\beta}^E \circ f|_{V_\alpha \cap V_\beta}$$

切断 $s \in \Gamma(E)$ の引き戻し $f^*s \in \Gamma(f^*E)$ が次で定められる．
$$(f^*s)(x) = (x, s \circ f(x)) \in f^*E$$

$s \in \Gamma(E)$ が局所自明化 ϕ_α に関して $s|_{U_\alpha} = s_\alpha \in C^\infty(U_\alpha; \mathbb{K}^r)$ と表わされるとき，$f^*s \in \Gamma(f^*E)$ は局所自明化 $\phi_\alpha^{f^*E}$ に関して $(f|_{V_\alpha})^* s_\alpha \in C^\infty(V_\alpha; \mathbb{K}^r)$ と表わされることが容易に確かめられる．

1.4 微分形式

この節では微分形式および外微分作用素を定義する．外微分作用素を局所座標を用いて具体的に定義して，その後，定義が局所座標のとり方によらないことを示す方法がある．この定義は具体的で理解しやすいが，well-definedness を示すのに多くの労力が必要となる．一方，外微分作用素を抽象的に定義して，その後，局所座標を用いた具体的な表示を与える方法がある．この定義は理解しやすいとはいえないが，well-definedness は少ない労力で示される．本書では後者の方法で外微分作用素を定義する．次章では，この後者と類似の方法で，ベクトル束の接続に対する共変外微分作用素を導入する．微分形式に関するより詳しい解説は[6], [13], [14] を参照していただきたい．

定義 1.4.1 V を n 次元実ベクトル空間とする．$V^{\otimes k}$ を V の k 個のテンソル積とするとき，$A(V) = \bigoplus_{k=0}^{\infty} V^{\otimes k}$ に自然な環構造を定める．すなわち，$u_1 \otimes \cdots \otimes u_k \in V^{\otimes k}$ と $v_1 \otimes \cdots \otimes v_l \in V^{\otimes l}$ との積を $u_1 \otimes \cdots \otimes u_k \otimes v_1 \otimes \cdots \otimes v_l \in V^{\otimes k+l}$ と定める．$I(V)$ を $\{u \otimes v + v \otimes u \mid u, v \in V\}$ で生成される $A(V)$ のイデアルとする．$\mathbb{R}$ 上の代数 $\Lambda^*V = A(V)/I(V)$ を**外積代数** (exterior algebra) または **Grassmann 代数** (Grassmann algebra) といい，積を $\wedge$ で表わす．

$e_1, \ldots, e_n$ を V の基底とする．このとき Λ^*V の元として $i = 1, \ldots, n$ に対して $e_i \wedge e_i = 0$, また $i \neq j$ のとき，$e_i \wedge e_j + e_j \wedge e_i = 0$ である．したがって $\mathbb{R}$ 上のベクトル空間として Λ^*V は $e_{i_1} \wedge \cdots \wedge e_{i_k}$ $(i_1 < \cdots < i_k, 0 \leq k \leq n)$ によって張られる．すなわち

$$\Lambda^*V = \mathrm{span}_{\mathbb{R}}\{e_{i_1} \wedge \cdots \wedge e_{i_k} \mid i_1 < \cdots < i_k, 0 \leq k \leq n\}$$

となる．また $0 \leq k \leq n$ に対して

$$\Lambda^k V = \mathrm{span}_{\mathbb{R}}\{e_{i_1} \wedge \cdots \wedge e_{i_k} \mid i_1 < \cdots < i_k\}$$

とおくと $\Lambda^*V = \bigoplus_{0 \leq k \leq n} \Lambda^k V$ となる．

定義 1.4.2 V を n 次元実ベクトル空間とする．写像 $\phi\colon \underbrace{V \times \cdots \times V}_{k \text{ 個}} \to \mathbb{R}$

が，任意の $i = 1, \ldots, k, v_1, \ldots, v_{i-1}, v_{i+1}, \ldots, v_k \in V$ を固定するとき

$$V \ni w \mapsto \phi(v_1, \ldots, v_{i-1}, w, v_{i+1}, \ldots, v_k) \in \mathbb{R}$$

が線型写像であるとき，ϕ を V 上の k 重線型写像，あるいは**多重線型写像** (multilinear map) という．

V 上の k 重線型写像全体の空間は自然に $(V^*)^{\otimes k}$ と同一視される．k 文字 $1, 2, \ldots, k$ の置換全体のなす群を S_k で表わす．

定義 1.4.3 V を n 次元実ベクトル空間とする．$\phi \in (V^*)^{\otimes k}$ とする．
(1) ϕ が V 上の k 次**対称形式** (symmetric form) であるとは，任意の置換 $\sigma \in S_k$ に対して次が成り立つことである．

$$\phi(v_{\sigma(1)}, \ldots, v_{\sigma(k)}) = \phi(v_1, \ldots, v_k)$$

V 上の k 次対称形式全体のなすベクトル空間を $S^k(V^*)$ で表わす．
(2) ϕ が V 上の k 次**交代形式** (alternating form) であるとは，任意の置換 $\sigma \in S_k$ に対して次が成り立つことである．

$$\phi(v_{\sigma(1)}, \ldots, v_{\sigma(k)}) = (\operatorname{sgn} \sigma) \phi(v_1, \ldots, v_k)$$

ただし $\operatorname{sgn} \sigma$ は σ の符号である．V 上の k 次交代形式全体のなすベクトル空間を $A^k(V^*)$ で表わす．

$e_1, \ldots, e_n$ を V の基底とするとき，$\phi \in A^k(V^*)$ は $\phi(e_{i_1}, \ldots, e_{i_k})$ ($i_1 < \cdots < i_k$) により完全に決定される．したがって $k > n$ のとき $A^k(V^*) = \{0\}$ となる．

線型写像 $\iota_k \colon \Lambda^k V^* \to A^k(V^*)$ を，$\xi_1, \ldots, \xi_k \in V^*$, $v_1, \ldots, v_k \in V$ に対して

$$\{\iota_k(\xi_1 \wedge \cdots \wedge \xi_k)\}(v_1, \ldots, v_k) = \det(\langle v_i, \xi_j \rangle)$$

により定め，線型に拡張すると well-defined になる．このとき $\iota_k \colon \Lambda^k V^* \to A^k(V^*)$ は同型写像になることが容易に確かめられる．以後 ι_k により $\Lambda^k V^*$ と $A^k(V^*)$ を自然に同一視する．

注意 1.4.4 $\{\iota'_k(\xi_1 \wedge \cdots \wedge \xi_k)\}(v_1, \ldots, v_k) = \dfrac{1}{k!} \det(\langle v_i, \xi_j \rangle)$ によって $\Lambda^k V^*$ と $A^k(V^*)$ を同一視する流儀もある．この流儀では，命題 1.4.5 (2)，命題 1.4.8

(2) の右辺の係数を $\dfrac{1}{(k+l)!}$ にとりかえる，定義 1.4.9 の右辺全体を $\dfrac{1}{k+1}$ 倍する，などの違いが生じる．

命題 1.4.5 $\phi \in \Lambda^k V^*, \psi \in \Lambda^l V^*$ とするとき，次が成り立つ．
(1) $\phi \wedge \psi = (-1)^{kl} \psi \wedge \phi \in \Lambda^{k+l} V^*$．
(2) $v_1, \ldots, v_{k+l} \in V$ とするとき，

$$(\phi \wedge \psi)(v_1, \ldots, v_{k+l})$$
$$= \frac{1}{k!l!} \sum_{\sigma \in S_{k+l}} (\operatorname{sgn} \sigma) \phi(v_{\sigma(1)}, \ldots, v_{\sigma(k)}) \psi(v_{\sigma(k+1)}, \ldots, v_{\sigma(k+l)})$$

証明 (1) $e_1, \ldots, e_n$ を V の基底，$e^1, \ldots, e^n$ をその双対基底とする．$i_1 < \cdots < i_k, j_1 < \cdots < j_l$ として $\phi = e^{i_1} \wedge \cdots \wedge e^{i_k}, \psi = e^{j_1} \wedge \cdots \wedge e^{j_l}$ の場合に示せばよい．

$i_1, \ldots, i_k, j_1, \ldots j_l$ の中に重複するものがあるとき，両辺は 0 で等しくなる．

$i_1, \ldots, i_k, j_1, \ldots j_l$ の中に重複するものがないとき，$a \neq b$ のとき $e^a \wedge e^b = -e^b \wedge e^a$ だから，両辺は等しくなる．

(2) (1) と同様に $\phi = e^{i_1} \wedge \cdots \wedge e^{i_k}, \psi = e^{j_1} \wedge \cdots \wedge e^{j_l}$ で，さらに $m_1 < \cdots < m_{k+l}$ として $v_a = e_{m_a}$ $(a = 1, \ldots, k+l)$ の場合に示せばよい．

$i_1, \ldots, i_k$ と $j_1, \ldots j_l$ の中に共通なものがあるとき，両辺は 0 で等しくなる．

次に，$i_1, \ldots, i_k$ と $j_1, \ldots j_l$ の中に共通なものがないときを考える．$\{i_1, \ldots, i_k, j_1, \ldots j_l\} \neq \{m_1, \ldots, m_{k+l}\}$ のとき，両辺は 0 で等しくなる．$\{i_1, \ldots, i_k, j_1, \ldots j_l\} = \{m_1, \ldots, m_{k+l}\}$ のとき，ある $\tau \in S_{k+l}$ により，$1 \leq a \leq k$ のとき $e_{m_{\tau(a)}} = e_{i_a}$, $k+1 \leq a \leq k+l$ のとき $e_{m_{\tau(a)}} = e_{j_{a-k}}$ となる．このとき，両辺は $\operatorname{sgn} \tau$ で等しくなることが容易に確かめられる． □

M を n 次元微分可能多様体，$\{U_\alpha, \varphi_\alpha\}_{\alpha \in A}$ を座標近傍系とする．$V = \mathbb{R}^n$ とする．1.1 節において接束 TM をベクトル束として定義した．すなわち，$p \in U_\alpha$ に対して $\varphi_\alpha(p) = (x^1(p), \ldots, x^n(p))$ とするとき，枠場 $\dfrac{\partial}{\partial x^1}, \ldots, \dfrac{\partial}{\partial x^n}$ は局所自明化 $\phi_\alpha \colon \pi^{-1}(U_\alpha) \to U_\alpha \times V$ を定めた．$q \in U_\beta$ に対して $\varphi_\beta(q) = (y^1(q), \ldots, y^n(q))$ とするとき，$g_{\alpha\beta} = \left(\dfrac{\partial x^i}{\partial y^j}\right) \colon U_\alpha \cap U_\beta \to GL(V)$ が変換関数であった．例 1.3.1 のように，同型写像 $\rho_{V^*} \colon GL(V) \to GL(V^*)$ は変換

関数の族 $\{\rho_{V^*}(g_{\alpha\beta})\colon U_\alpha \cap U_\beta \to GL(V^*); \alpha,\beta \in A\}$ を定め，TM の双対束 $\pi_{T^*M}\colon T^*M \to M$ が構成される．T^*M を**余接束** (cotangent bundle) という．各 $p \in M$ に対して T_p^*M は T_pM の双対空間である．

さらに $0 \leq k \leq n$ に対して準同型写像 $\rho_{\Lambda^k V^*}\colon GL(V) \to GL(\Lambda^k V^*)$ が $\{\rho_{\Lambda^k V^*}(g)\}(v_1 \wedge \cdots \wedge v_k) = \rho_{V^*}(g)v_1 \wedge \cdots \wedge \rho_{V^*}(g)v_k$ により定まる．$\rho_{\Lambda^k V^*}$ は変換関数の族 $\{\rho_{\Lambda^k V^*}(g_{\alpha\beta})\colon U_\alpha \cap U_\beta \to GL(\Lambda^k V^*); \alpha,\beta \in A\}$ を定め，ベクトル束 $\pi_{\Lambda^k T^*M}\colon \Lambda^k T^*M \to M$ が構成される．また $\Lambda^* T^*M = \bigoplus_{0 \leq k \leq n} \Lambda^k T^*M$ と定める．各 $p \in M$ に対して $(\Lambda^k T^*M)_p$ は $\Lambda^k(T_p^*M)$ である．

定義 1.4.6 $\Lambda^k T^*M$ の C^∞ 級切断を k 次**微分形式** (differential form) あるいは k 形式という．k 次微分形式全体のなす $C^\infty(M)$-加群 $\Gamma(\Lambda^k T^*M)$ をしばしば $\Omega^k(M)$ により表わす．$\Omega^0(M) = C^\infty(M)$ である．

$\phi \in \Omega^k(M)$ は $C^\infty(M)$ 上の交代的な多重線型写像

$$\phi\colon \underbrace{\mathfrak{X}(M) \times \cdots \times \mathfrak{X}(M)}_{k\text{ 個}} \to C^\infty(M)$$

を定める．すなわち，任意の $i = 1,\ldots,k$, $X_1,\ldots,X_{i-1},X_{i+1},\ldots,X_k \in \mathfrak{X}(M)$ を固定するとき

$$\mathfrak{X}(M) \ni Y \mapsto \phi(X_1,\ldots,X_{i-1},Y,X_{i+1},\ldots,X_k) \in C^\infty(M)$$

が $C^\infty(M)$ 上の線型写像であり，しかも任意の置換 $\sigma \in S_k$ に対して

$$\phi(X_{\sigma(1)},\ldots,X_{\sigma(k)}) = (\operatorname{sgn} \sigma)\phi(X_1,\ldots,X_k)$$

を満たす．逆に次が成り立つ．

補題 1.4.7 (1) 任意の $C^\infty(M)$ 上の交代的な多重線型写像

$$\underline{\phi}\colon \underbrace{\mathfrak{X}(M) \times \cdots \times \mathfrak{X}(M)}_{k\text{ 個}} \to C^\infty(M)$$

に対して，$\phi \in \Omega^k(M)$ で ϕ が定める $C^\infty(M)$ 上の交代的な多重線型写像 $\phi\colon \mathfrak{X}(M) \times \cdots \times \mathfrak{X}(M) \to C^\infty(M)$ が $\underline{\phi}$ と等しくなるものが存在する．
(2) 任意の $C^\infty(M)$ 上の線型写像 $\underline{X}\colon \Omega^1(M) \to C^\infty(M)$ に対して，$X \in \mathfrak{X}(M)$

で X が定める $C^\infty(M)$ 上の線型写像 $X\colon \Omega^1(M) \to C^\infty(M)$ が $\underline{X}$ と等しくなるものが存在する．

(3) 任意の $C^\infty(M)$ 上の線型写像 $\psi\colon \mathfrak{X}(M) \to \mathfrak{X}(M)$ に対して, $\psi \in \Omega^1(TM) = \Gamma(\mathrm{End}\,TM)$ で ψ が定める $C^\infty(M)$ 上の線型写像 $\psi\colon \mathfrak{X}(M) \to \mathfrak{X}(M)$ が $\underline{\psi}$ と等しくなるものが存在する．

証明は容易なので省略する．また命題 1.4.5 の直接の帰結として次が成り立つ．

命題 1.4.8 $\phi \in \Omega^k(M), \psi \in \Omega^l(M)$ とするとき，次が成り立つ．
(1) $\phi \wedge \psi = (-1)^{kl} \psi \wedge \phi \in \Omega^{k+l}(M)$.
(2) $X_1, \ldots, X_{k+l} \in \mathfrak{X}(M)$ とするとき，

$$(\phi \wedge \psi)(X_1, \ldots, X_{k+l})$$
$$= \frac{1}{k!l!} \sum_{\sigma \in S_{k+l}} (\mathrm{sgn}\,\sigma) \phi(X_{\sigma(1)}, \ldots, X_{\sigma(k)}) \psi(X_{\sigma(k+1)}, \ldots, X_{\sigma(k+l)})$$

k 次微分形式を局所的に表示することを考える．$f \in C^\infty(M)$ に対して，線型写像 $(df)_p\colon T_pM \to \mathbb{R}$ が $(df)_p(v) = v(f)$ により定まる．すなわち $(df)_p \in T_p^*M$ となる．局所座標 $(U_\alpha, \varphi_\alpha)$ を $\varphi_\alpha(p) = (x^1(p), \ldots, x^n(p))$ と表わすとき，同様に $(dx^i)_p \in T_p^*M$ が定まる．このとき $\left\langle \left(\frac{\partial}{\partial x^j}\right)_p, (dx^i)_p \right\rangle = \delta^i_j$ であるから, $dx^1, \ldots, dx^n \in \Gamma(T^*M|_{U_\alpha})$ は $\frac{\partial}{\partial x^1}, \ldots, \frac{\partial}{\partial x^n} \in \Gamma(TM|_{U_\alpha})$ の双対枠場である．また，次が成り立つ．

$$(df)_p = \sum_{i=1}^n \frac{\partial f}{\partial x^i}(p) (dx^i)_p \in T_p^*M$$

$\frac{\partial f}{\partial x^i} \in C^\infty(U_\alpha)$ であるから $df \in \Omega^1(M)$ となる．$C^\infty(M)$ 上の線型写像 $df\colon \mathfrak{X}(M) \to C^\infty(M)$ は $df(X) = Xf$ で与えられる．

さらに $\Lambda^k T^*M|_{U_\alpha}$ の枠場は

$$dx^{i_1} \wedge \cdots \wedge dx^{i_k} \quad (1 \leq i_1 < \cdots < i_k \leq n)$$

によって与えられる．したがって $\phi \in \Omega^k(M)$ は

$$\phi|_{U_\alpha} = \sum_{1 \leq i_1 < \cdots < i_k \leq n} a_{i_1 \ldots i_k} dx^{i_1} \wedge \cdots \wedge dx^{i_k}$$

と表わされる．ただし $a_{i_1\ldots i_k} \in C^\infty(U_\alpha)$ である．

定義 1.4.9 $d: \Omega^k(M) \to \Omega^{k+1}(M)$ を，$X_1,\ldots,X_{k+1} \in \mathfrak{X}(M)$ に対して，

$$(d\phi)(X_1,\ldots,X_{k+1}) = \sum_{i=1}^{k+1}(-1)^{i+1}X_i\phi(X_1,\ldots,\widehat{X_i},\ldots,X_{k+1})$$
$$+ \sum_{i<j}(-1)^{i+j}\phi([X_i,X_j],X_1,\ldots,\widehat{X_i},\ldots,\widehat{X_j},\ldots,X_{k+1})$$

により定める．$d\phi$ を ϕ の**外微分** (exterior differentiation) という．ただし $\widehat{X_i}$ は「X_i を除く」という意味である．また，関数 $f \in \Omega^0(M) = C^\infty(M)$ に対しては $df(X) = Xf$ と定め，df を f の微分という．

注意 1.4.10 定義 1.4.9 が well-defined であることを示すために，定義 1.4.9 において $d\phi \in \Omega^{k+1}(M)$ を確かめる．任意の置換 $\sigma \in S_{k+1}$ に対して

$$d\phi(X_{\sigma(1)},\ldots,X_{\sigma(k+1)}) = (\text{sgn }\sigma)d\phi(X_1,\ldots,X_{k+1})$$

が成り立つことは，$d\phi$ の定義より容易に従う．

次に $d\phi: \mathfrak{X}(M) \times \cdots \times \mathfrak{X}(M) \to C^\infty(M)$ が $C^\infty(M)$ 上の多重線型写像であることを示す．そのためには，任意の $f \in C^\infty(M)$ に対して

$$d\phi(fX_1,\ldots,X_{k+1}) = fd\phi(X_1,\ldots,X_{k+1})$$

が成り立つことを示せば十分である．実際 $[fX_1,X_j] = f[X_1,X_j] - (X_jf)X_1$ に注意すると次を得る．

$$d\phi(fX_1,\ldots,X_{k+1})$$
$$= fX_1\{\phi(X_2,\ldots,X_{k+1})\} + \sum_{i=2}^{k+1}(-1)^{i+1}X_i\{f\phi(X_1,\ldots,\widehat{X_i},\ldots,X_{k+1})\}$$
$$+ \sum_{j=2}^{k+1}(-1)^{1+j}\phi([fX_1,X_j],X_2,\ldots,\widehat{X_j},\ldots,X_{k+1})$$
$$+ \sum_{2\le i<j}(-1)^{i+j}f\phi([X_i,X_j],X_1,\ldots,\widehat{X_i},\ldots,\widehat{X_j},\ldots,X_{k+1})$$
$$= fd\phi(X_1,\ldots,X_{k+1})$$

U を M の開集合とするとき，U 自身を微分可能多様体とみなすことにより，$\psi \in \Omega^k(U)$ に対しても $d\psi \in \Omega^{k+1}(U)$ が定義 1.4.9 と同様に定義される．$\phi \in \Omega^k(M)$ のときは $d(\phi|_U) = (d\phi)|_U$ が成り立つ．このように，定義 1.4.9 は局所的に意味をもつ．次の命題は $d\phi$ の具体的な表示を与える．

命題 1.4.11 $(x^1, \ldots, x^n)$ を微分可能多様体 M の開集合 U 上の局所座標，$f \in C^\infty(U)$ とするとき，次が成り立つ．

$$d(f dx^{i_1} \wedge \cdots \wedge dx^{i_k}) = df \wedge dx^{i_1} \wedge \cdots \wedge dx^{i_k}$$
$$= \Big(\sum_{j=1}^n \frac{\partial f}{\partial x^j} dx^j\Big) \wedge dx^{i_1} \wedge \cdots \wedge dx^{i_k}$$

証明 $i_1 < \cdots < i_k$ としてよい．$j_1 < \cdots < j_{k+1}$ とするとき，外微分作用素の定義より次を得る．

$$\{d(f dx^{i_1} \wedge \cdots \wedge dx^{i_k})\}\Big(\frac{\partial}{\partial x^{j_1}}, \ldots, \frac{\partial}{\partial x^{j_{k+1}}}\Big)$$
$$= \sum_{l=1}^{k+1} (-1)^{l+1} \frac{\partial}{\partial x^{j_l}} \{(f dx^{i_1} \wedge \cdots \wedge dx^{i_k})\Big(\frac{\partial}{\partial x^{j_1}}, \ldots, \widehat{\frac{\partial}{\partial x^{j_l}}}, \ldots, \frac{\partial}{\partial x^{j_{k+1}}}\Big)\}$$
$$= \begin{cases} (-1)^{m+1} \dfrac{\partial f}{\partial x^{j_m}}, & \{j_1, \ldots, j_{k+1}\} = \{i_1, \ldots, i_k\} \cup \{j_m\} \text{ のとき} \\ 0, & \text{それ以外のとき} \end{cases}$$

一方 $(df \wedge dx^{i_1} \wedge \cdots \wedge dx^{i_k})\Big(\frac{\partial}{\partial x^{j_1}}, \ldots, \frac{\partial}{\partial x^{j_{k+1}}}\Big)$ を求めると，上と等しいことが容易に確かめられる． □

系 1.4.12 (1) $d \circ d = 0$.
(2) $\phi \in \Omega^k(M)$, $\psi \in \Omega^l(M)$ に対して次が成り立つ．

$$d(\phi \wedge \psi) = d\phi \wedge \psi + (-1)^k \phi \wedge d\psi$$

証明 (1) 命題 1.4.11 より

$$d \circ d(f dx^{i_1} \wedge \cdots \wedge dx^{i_k}) = d\Big(\sum_{j=1}^n \frac{\partial f}{\partial x^j} dx^j \wedge dx^{i_1} \wedge \cdots \wedge dx^{i_k}\Big)$$
$$= \sum_{j,l} \frac{\partial^2 f}{\partial x^l \partial x^j} dx^l \wedge dx^j \wedge dx^{i_1} \wedge \cdots \wedge dx^{i_k}$$

である．$\dfrac{\partial^2 f}{\partial x^j \partial x^l}$ は j, l について対称だが，$dx^l \wedge dx^j$ は j, l については反対称なので $d \circ d(f dx^{i_1} \wedge \cdots \wedge dx^{i_k}) = 0$ を得る．

(2) $\phi = f dx^{i_1} \wedge \cdots \wedge dx^{i_k}, \psi = g dx^{j_1} \wedge \cdots \wedge dx^{j_l}$ の場合に示せばよいが，命題 1.4.11 より容易に確かめられる． □

定義 1.4.13 M, N を微分可能多様体，$F \colon M \to N$ を C^∞ 級写像とする．$\phi \in \Omega^k(N)$ の F による引き戻し $F^*\phi \in \Omega^k(M)$ を次で定める．

(1) $k = 0$ のとき

$$\phi \in \Omega^0(N) = C^\infty(N) \text{ のとき } F^*\phi = \phi \circ F \in C^\infty(M) = \Omega^0(M)$$

(2) $k \geq 1$ のとき

$p \in M, v_1, \ldots, v_k \in T_p M$ に対して
$$(F^*\phi)_p(v_1, \ldots, v_k) = \phi_{F(p)}(F_{*p}v_1, \ldots, F_{*p}v_k)$$

M, N, L を微分可能多様体，$F \colon M \to N, G \colon N \to L$ を C^∞ 級写像とする．このとき，$p \in M$ に対して $G_{*F(p)} F_{*p} = (G \circ F)_{*p}$ であるから，$\psi \in \Omega^k(L)$ に対して $F^*(G^*\psi) = (G \circ F)^*\psi \in \Omega^k(M)$ が成り立つ．

定理 1.4.14 M, N を微分可能多様体，$F \colon M \to N$ を C^∞ 級写像とする．$\phi \in \Omega^k(N), \psi \in \Omega^l(N)$ とする．このとき次が成り立つ．

(1) $F^*(\phi \wedge \psi) = F^*\phi \wedge F^*\psi$.

(2) $F^* d\phi = d F^*\phi$，すなわち $F^* \circ d = d \circ F^*$.

証明 (1) $k = 0$ とする．$p \in M, v_1, \ldots, v_l \in T_p M$ に対して

$$\begin{aligned}
\{F^*(\phi\psi)\}_p(v_1, \ldots, v_l) &= (\phi\psi)_{F(p)}(F_{*p}v_1, \ldots, F_{*p}v_l) \\
&= \phi(F(p))\, \psi_{F(p)}(F_{*p}v_1, \ldots, F_{*p}v_l) \\
&= (F^*\phi)(p)\, (F^*\psi)_p(v_1, \ldots, v_l)
\end{aligned}$$

であるから $F^*(\phi\psi) = (F^*\phi)(F^*\psi)$ を得る．$l = 0$ のときも同様に示される．

$k > 0$ かつ $l > 0$ とする．$p \in M, v_1, \ldots, v_{k+l} \in T_p M$ に対して

$$\begin{aligned}
\{F^*(\phi \wedge \psi)\}_p(v_1, \ldots, v_{k+l}) &= (\phi \wedge \psi)_{F(p)}(F_{*p}v_1, \ldots, F_{*p}v_{k+l}) \\
&= \frac{1}{k!l!} \sum_{\sigma \in S_{k+l}} (\mathrm{sgn}\sigma) \phi_{F(p)}(F_{*p}v_{\sigma(1)}, \ldots, F_{*p}v_{\sigma(k)}) \\
&\qquad \times \psi_{F(p)}(F_{*p}v_{\sigma(k+1)}, \ldots, F_{*p}v_{\sigma(k+l)})
\end{aligned}$$

$$= \frac{1}{k!l!} \sum_{\sigma \in S_{k+l}} (\mathrm{sgn}\sigma)(F^*\phi)_p(v_{\sigma(1)}, \ldots, v_{\sigma(k)}) \ (F^*\psi)_p(v_{\sigma(k+1)}, \ldots, v_{\sigma(k+l)})$$
$$= \{(F^*\phi) \wedge (F^*\psi)\}_p(v_1, \ldots, v_{k+l})$$

であるから $F^*(\phi \wedge \psi) = (F^*\phi) \wedge (F^*\psi)$ を得る．

(2) $k = 0$ とする．$p \in M, v \in T_pM$ に対して

$$(F^*d\phi)_p(v) = (d\phi)_{F(p)}(F_{*p}v) = (F_{*p}v)\phi$$
$$= v(\phi \circ F) = v(F^*\phi) = \{d(F^*\phi)\}_p(v)$$

であるから $F^*d\phi = d(F^*\phi)$ を得る．

$k > 0$ とする．$p \in M$ を固定するとき，$F(p) \in N$ の近傍 U 上の局所座標を $(y^1, \ldots, y^n)$ とする．$\phi|_U = fdy^{i_1} \wedge \cdots \wedge dy^{i_k} \in \Omega^k(U)$ の場合に示せばよい．このとき，$F^{-1}(U)$ 上で

$$F^*(fdy^{i_1} \wedge \cdots \wedge dy^{i_k}) = (F^*f)(F^*dy^{i_1}) \wedge \cdots \wedge (F^*dy^{i_k})$$
$$= (F^*f)d(F^*y^{i_1}) \wedge \cdots \wedge d(F^*y^{i_k}) \tag{1.11}$$

となる．ただし 1 番目の等号は (1) を，2 番目の等号は上で示した $k = 0$ の場合を用いた．したがって

$$dF^*(fdy^{i_1} \wedge \cdots \wedge dy^{i_k}) = d(F^*f) \wedge d(F^*y^{i_1}) \wedge \cdots \wedge d(F^*y^{i_k})$$
$$= (F^*df) \wedge (F^*dy^{i_1}) \wedge \cdots \wedge (F^*dy^{i_k})$$
$$= F^*(df \wedge dy^{i_1} \wedge \cdots \wedge dy^{i_k})$$
$$= F^*d(fdy^{i_1} \wedge \cdots \wedge dy^{i_k})$$

を得る．ただし 1 番目の等号は (1.11) と本質的に命題 1.4.11 を，2 番目の等号は上で示した $k = 0$ の場合を，3 番目の等号は (1) を，4 番目の等号は命題 1.4.11 をそれぞれ用いた． $\square$

注意 1.4.15 (1.11) は引き戻し $F^*(fdy^{i_1} \wedge \cdots \wedge dy^{i_k})$ の具体的な表示を与える．

$\phi \in \Omega^p(M)$ で $d\phi = 0$ を満たすものを**閉形式** (closed form) という．また，$\phi \in \Omega^p(M)$ で，ある $\psi \in \Omega^{p-1}(M)$ により $\phi = d\psi$ と表わされるものを**完全形**

式 (exact form) という．系 1.4.12 より $d \circ d = 0$ であるから，完全形式は閉形式である．したがって p 次 **de Rham** コホモロジー群 (de Rham cohomology group)

$$H_{dR}^p(M) = \frac{\operatorname{Ker}\{d \colon \Omega^p(M) \to \Omega^{p+1}(M)\}}{\operatorname{Im}\{d \colon \Omega^{p-1}(M) \to \Omega^p(M)\}}$$

が定義される．ただし，線型写像 $F \colon V \to W$ の核と像をそれぞれ $\operatorname{Ker}\{F \colon V \to W\}$, $\operatorname{Im}\{F \colon V \to W\}$ により表わす．de Rham の定理により，$H_{dR}^p(M)$ は通常の $\mathbb{R}$ 係数のコホモロジー群 $H^p(M; \mathbb{R})$（単体複体のコホモロジー群，特異コホモロジー群など）と同型になる．また，定理 1.4.14 より，C^∞ 級写像 $F \colon M \to N$ は写像 $F^* \colon H_{dR}^p(N) \to H_{dR}^p(M)$ を誘導する．

1.5 微分形式の積分

n 次元微分可能多様体 M において $\Lambda^n M$ は階数 1 の実ベクトル束である．$\Lambda^n M$ が自明束であるとき，すなわち $\Lambda^n M$ は $M \times \mathbb{R}$ と同型であるとき，n 次元微分可能多様体 M は**向き付け可能** (orientable) であるという．M が向き付け可能であるとき，各 $p \in M$ に対して $(\Lambda^n M)_p \cong \mathbb{R}$ の正の向きを，$p \in M$ に関して連続に選ぶことができる．これを M の向きといい，向きを固定された多様体を向き付けられた多様体という．向き付けられた多様体 M の開集合 U 上の局所座標 $(x^1, \ldots, x^n)$ が正の座標系であるとは，$dx^1 \wedge \cdots \wedge dx^n \in \Gamma(\Lambda^n M|_U) \cong \Gamma(U \times \mathbb{R})$ が正であることである．

M を向き付けられたコンパクト n 次元微分可能多様体，$\{U_\alpha, \varphi_\alpha\}_{\alpha \in A}$ を座標近傍系とする．A は有限集合，任意の $\alpha \in A$ に対して U_α 上の局所座標 $(x_\alpha^1, \ldots, x_\alpha^n)$ は正の座標系であると仮定する．$\{\rho_\alpha\}_{\alpha \in A}$ を開被覆 $\{U_\alpha\}_{\alpha \in A}$ に従属した **1 の分解** (partition of unity) とする．すなわち，
(1) $\rho_\alpha \in C^\infty(M)$, $\operatorname{supp} \rho_\alpha \subset U_\alpha$ であり $\rho_\alpha \geq 0$,
(2) M 上 $\sum_{\alpha \in A} \rho_\alpha = 1$

を満たすとする．このとき n 形式 $\phi \in \Omega^n(M)$ の積分 $\int_M \phi$ を以下のように定義する．まず，1 の分解を用いて

$$\int_M \phi = \sum_{\alpha \in A} \int_{U_\alpha} \rho_\alpha \phi$$

と M 上の積分を各座標近傍上の積分の和に分解する．次に，

$$\rho_\alpha \phi|_{U_\alpha} = f_\alpha(x_\alpha^1, \ldots, x_\alpha^n) dx_\alpha^1 \wedge \cdots \wedge dx_\alpha^n$$

と表わされるとき，座標近傍上の積分 $\int_{U_\alpha} \rho_\alpha \phi$ を次で定める．

$$\int_{U_\alpha} \rho_\alpha \phi = \int_{U_\alpha} f_\alpha(x_\alpha^1, \ldots, x_\alpha^n) dx_\alpha^1 \ldots dx_\alpha^n$$

ただし右辺は通常の Riemann 積分である．

積分 $\int_M \phi$ が well-defined であることを確かめるために，まず $\int_{U_\alpha} \rho_\alpha \phi$ が局所座標 $(x_\alpha^1, \ldots, x_\alpha^n)$ のとり方によらないことを示す．$(y_\alpha^1, \ldots, y_\alpha^n)$ を U_α 上の正の座標系とする．このとき

$$dx_\alpha^1 \wedge \cdots \wedge dx_\alpha^n = \det\Big(\frac{\partial x_\alpha^i}{\partial y_\alpha^j}\Big) dy_\alpha^1 \wedge \cdots \wedge dy_\alpha^n$$

と表わされる．したがって

$$\begin{aligned}\rho_\alpha \phi|_{U_\alpha} &= f_\alpha(x_\alpha^1, \ldots, x_\alpha^n) dx_\alpha^1 \wedge \cdots \wedge dx_\alpha^n \\ &= f_\alpha(x_\alpha^1(y_\alpha^1, \ldots, y_\alpha^n), \ldots, x_\alpha^n(y_\alpha^1, \ldots, y_\alpha^n)) \det\Big(\frac{\partial x_\alpha^i}{\partial y_\alpha^j}\Big) dy_\alpha^1 \wedge \cdots \wedge dy_\alpha^n\end{aligned}$$

である．さらに $(x_\alpha^1, \ldots, x_\alpha^n)$, $(y_\alpha^1, \ldots, y_\alpha^n)$ はともに正の座標系であるから $\det\Big(\frac{\partial x_\alpha^i}{\partial y_\alpha^j}\Big) > 0$ を満たす．したがって，積分の変数変換の公式より

$$\begin{aligned}&\int_{U_\alpha} f_\alpha(x_\alpha^1, \ldots, x_\alpha^n) dx_\alpha^1 \ldots dx_\alpha^n \\ &= \int_{U_\alpha} f_\alpha(x_\alpha^1(y_\alpha^1, \ldots, y_\alpha^n), \ldots, x_\alpha^n(y_\alpha^1, \ldots, y_\alpha^n)) \det\Big(\frac{\partial x_\alpha^i}{\partial y_\alpha^j}\Big) dy_\alpha^1 \ldots dy_\alpha^n\end{aligned}$$

となり，$\int_{U_\alpha} \rho_\alpha \phi$ は局所座標のとり方によらないことが確かめられた．$\int_M \phi$ が 1 の分解のとり方によらないことは容易に確かめられるので，積分 $\int_M \phi$ は well-defined である．

次に境界がある場合の積分を考える．

補題 1.5.1 $\varepsilon > \delta > 0$, $D = (-\varepsilon, 0] \times (-\varepsilon, \varepsilon)^{n-1} \subset \mathbb{R}^n$ とする．$(x^1, \ldots, x^n)$ が正の座標系となるように D に向きを定める．$(x^2, \ldots, x^n)$ が正の座標系となるように $\partial D = \{(x^1, \ldots, x^n) \in D \mid x^1 = 0\}$ に向きを定める．$\iota\colon \partial D \to D$ を埋め込みとする．$\phi \in \Omega^{n-1}(D)$ が $\mathrm{supp}\phi \subset [-\delta, 0] \times [-\delta, \delta]^{n-1}$ を満たして

いるとする．このとき次が成り立つ．
$$\int_D d\phi = \int_{\partial D} \iota^*\phi$$

証明　$\phi = \sum_{j=1}^{n}(-1)^{j-1} f_j(x^1,\ldots,x^n)dx^1 \wedge \cdots \wedge \widehat{dx^j} \wedge \cdots \wedge dx^n$ とするとき

$$\begin{aligned}
\int_D d\phi &= \int_D \sum_{j=1}^{n} \frac{\partial f_j}{\partial x_j}(x^1,\ldots,x^n)dx^1 \wedge \cdots \wedge dx^n \\
&= \int_{-\delta}^{\delta}\cdots\int_{-\delta}^{\delta}\{f_1(0,x^2,\ldots,x^n) - f_1(-\delta,x^2,\ldots,x^n)\}dx^2\ldots dx^n \\
&+ \sum_{j=2}^{n}\int_{-\delta}^{0}\int_{-\delta}^{\delta}\cdots\int_{-\delta}^{\delta}\{f_j(x^1,\ldots,\delta,\ldots,x^n) - f_j(x^1,\ldots,-\delta,\ldots,x^n)\}dx^1 dx^2\ldots\widehat{dx^j}\ldots dx^n \\
&= \int_{-\delta}^{\delta}\cdots\int_{-\delta}^{\delta}\{f_1(0,x^2,\ldots,x^n)\}dx^2\ldots dx^n \\
&= \int_{\partial D} \iota^*\phi
\end{aligned}$$

を得る．　　　　　　　　　　　　　　　　　　　　　　　　　　　　　□

定義 1.5.2　M を向き付けられた境界付き微分可能多様体とする．M の向きから誘導される境界 ∂M の向きを補題 1.5.1 のように定める．

補題 1.5.1 よりただちに次を得る．

定理 1.5.3（Stokes の定理 (Stokes theorem)）　M を向き付けられたコンパクト境界付き n 次元微分可能多様体とする．境界 ∂M に M の向きから誘導される向きを与える．$\iota\colon \partial M \to M$ を埋め込みとする．このとき，任意の $\phi \in \Omega^{n-1}(M)$ に対して
$$\int_M d\phi = \int_{\partial M} \iota^*\phi$$
が成り立つ．とくに，$\partial M = \emptyset$ のときは $\int_M d\phi = 0$ である．

1.6　ベクトル場と Lie 微分

ベクトル場 $X \in \mathfrak{X}(M)$ が与えられたとき，曲線 $c\colon (a,b) \to M$ が X の積分曲線 (integral curve) であるとは，任意の $t \in (a,b)$ に対して常微分方程式

$\dfrac{dc}{dt}(t) = X_{c(t)}$ を満たすことである．次の定理 1.6.1 より，$c_p(0) = p$ を満たす X の積分曲線 $c_p(t)$ は $t = 0$ の近傍で存在することは保証されるが，$\mathbb{R}$ 全体で定義されるとは限らない．

定理 1.6.1 U を $\mathbb{R}^n$ の開集合とする．連続写像 $X\colon (a,b) \times U \to \mathbb{R}^n$ が次の意味で Lipschitz 連続とする．すなわち，ある定数 $L > 0$ が存在して，任意の $t \in (a,b)$，$\boldsymbol{x}, \boldsymbol{y} \in U$ に対して次を満たすとする．

$$\|X(t,\boldsymbol{x}) - X(t,\boldsymbol{y})\| \leq L\|\boldsymbol{x} - \boldsymbol{y}\|$$

ただし $\boldsymbol{x} = (x_1, \cdots, x_n) \in \mathbb{R}^n$ に対して $\|\boldsymbol{x}\| = \sqrt{x_1^2 + \cdots + x_n^2}$ とする．このとき，次が成り立つ．

(1) 任意の $t_0 \in (a,b)$ と任意のコンパクト集合 $K \subset U$ に対して，$(t,\boldsymbol{x})$ について連続，t について微分可能な関数 $F\colon (t_0 - \varepsilon_0, t_0 + \varepsilon_0) \times K \to U$ で次を満たすものが一意に存在する．ただし ε_0 は t_0 と K に応じて定まる正の数である．

$$\dfrac{dF}{dt}(t,\boldsymbol{x}) = X(t, F(t,\boldsymbol{x})), \qquad F(t_0, \boldsymbol{x}) = \boldsymbol{x}$$

(2) X が $(t,\boldsymbol{x})$ について C^∞ 級ならば，F も $(t,\boldsymbol{x})$ について C^∞ 級である．

この定理の証明は，[5] あるいは常微分方程式の教科書を参照していただきたい．

定義 1.6.2 $\{\varphi_t\colon M \to M\}_{t \in \mathbb{R}}$ が **1 パラメータ変換群** (one-parameter group of transformations，または**フロー** (flow)) であるとは，次の (1)，(2)，(3) を満たすことである．
(1) $\varphi(p,t) = \varphi_t(p)$ とするとき $\varphi\colon M \times \mathbb{R} \to M$ が C^∞ 級写像となる．
(2) $\varphi_0 = \mathrm{id}_M$ を満たす．
(3) 任意の $s,t \in \mathbb{R}$ に対して $\varphi_s \circ \varphi_t = \varphi_{s+t}$ を満たす．

1 パラメータ変換群 $\{\varphi_t\}_{t \in \mathbb{R}}$ は

$$X_p = \left.\dfrac{d}{dt}\right|_{t=0} \varphi_t(p) \in T_p M$$

によりベクトル場 $X \in \mathfrak{X}(M)$ を定める．このとき，曲線 $t \mapsto \varphi_t(p)$ は $t = 0$ で p を通る X の積分曲線になっている．

逆に $X \in \mathfrak{X}(M)$ が与えられたときに，任意の $p \in M$ に対して $c_p(0) = p$ を満たす X の積分曲線 $c_p(t)$ が $\mathbb{R}$ 全体で定義されていれば，$\varphi_t(p) = c_p(t)$ とおくと，$\{\varphi_t\}_{t\in\mathbb{R}}$ は 1 パラメータ変換群となる．これをベクトル場 X が生成する 1 パラメータ変換群という．M がコンパクトのとき，任意のベクトル場 $X \in \mathfrak{X}(M)$ は 1 パラメータ変換群 $\{\varphi_t\}_{t\in\mathbb{R}}$ を生成することが知られている．ところが，M が非コンパクトのとき，積分曲線 $c_p(t)$ が $\mathbb{R}$ 全体で定義されるとは限らないため，$X \in \mathfrak{X}(M)$ の 1 パラメータ変換群が存在するとは限らない．けれども各 $p \in M$ ごとに，$t = 0$ の近傍で積分曲線 $c_p(t)$ が存在するので，$\varphi_t(p) = c_p(t)$ により $\{\varphi_t\}$ を定める．すなわち各 $t \in \mathbb{R}$ に対して φ_t は M の開集合 U_t 上定義されている写像 $\varphi_t : U_t \to M$ であり，定義 1.6.2 の (1), (2), (3) と類似の性質を満たす．この $\{\varphi_t\}$ を X が生成する 1 パラメータ局所変換群という．

定義 1.6.3 $X \in \mathfrak{X}(M)$ とする．$\{\varphi_t\}$ を X が生成する 1 パラメータ局所変換群とする．
(1) $Y \in \mathfrak{X}(M)$ の X による **Lie 微分** (Lie derivative) $L_X Y \in \mathfrak{X}(M)$ を次で定める．
$$L_X Y = \lim_{t \to 0} \frac{(\varphi_{-t})_* Y - Y}{t}$$

(2) $\phi \in \Omega^k(M)$ の X による Lie 微分 $L_X \phi \in \Omega^k(M)$ を次で定める．
$$L_X \phi = \lim_{t \to 0} \frac{(\varphi_t)^* \phi - \phi}{t}$$

このとき，次が成り立つ．証明は[5] を参照していただきたい．

定理 1.6.4 (1) $X, Y \in \mathfrak{X}(M)$ に対して $L_X Y = [X, Y]$ が成り立つ．
(2) $F : \widetilde{M} \to M$ を (全射とも単射とも限らない) C^∞ 級写像とする．$\widetilde{X} \in \mathfrak{X}(\widetilde{M})$ と $X \in \mathfrak{X}(M)$ が F-関係にあるとは，任意の $\widetilde{p} \in \widetilde{M}$ に対して $F_{*\widetilde{p}} \widetilde{X}_{\widetilde{p}} = X_{F(\widetilde{p})}$ を満たすことをいう．$\widetilde{X}, \widetilde{Y} \in \mathfrak{X}(\widetilde{M})$, $X, Y \in \mathfrak{X}(M)$ とする．このとき $\widetilde{X}$ と X, $\widetilde{Y}$ と Y がそれぞれ F-関係にあるならば，$[\widetilde{X}, \widetilde{Y}]$ と $[X, Y]$ も F-関係にある．

微分形式の Lie 微分は次で記述される．

命題 1.6.5　$\phi \in \Omega^k(M)$, $X, Y_1, \ldots, Y_k \in \mathfrak{X}(M)$ に対して次が成り立つ.

$$(L_X\phi)(Y_1,\ldots,Y_k) = X\{\phi(Y_1,\ldots,Y_k)\} - \sum_{i=1}^k \phi(Y_1,\ldots,[X,Y_i],\ldots,Y_k)$$

証明

$$\begin{aligned}
(L_X\phi)_p(Y_1,\ldots,Y_k) &= \lim_{t\to 0} \frac{(\varphi_t^*\phi)_p - \phi_p}{t}(Y_1,\ldots,Y_k) \\
&= \lim_{t\to 0} \frac{1}{t}\{\phi_{\varphi_t(p)}(\varphi_{t*}Y_1,\ldots,\varphi_{t*}Y_k) - \phi_p(Y_1,\ldots,Y_k)\} \\
&= \lim_{t\to 0} \frac{1}{t}\{\phi_{\varphi_t(p)}(Y_1,\ldots,Y_k) - \phi_p(Y_1,\ldots,Y_k)\} \\
&\quad + \lim_{t\to 0} \frac{1}{t}\{\phi_{\varphi_t(p)}(\varphi_{t*}Y_1,\ldots,\varphi_{t*}Y_k) - \phi_{\varphi_t(p)}(Y_1,\ldots,Y_k)\} \\
&= X_p\{\phi(Y_1,\ldots,Y_k)\} + \text{第 2 項}
\end{aligned}$$

となる. ただし

$$\begin{aligned}
\text{第 2 項} &= \sum_{i=1}^k \lim_{t\to 0} \frac{1}{t}\{\phi_{\varphi_t(p)}(\varphi_{t*}Y_1,\ldots,\varphi_{t*}Y_i,Y_{i+1},\ldots,Y_k) \\
&\qquad\qquad\qquad - \phi_{\varphi_t(p)}(\varphi_{t*}Y_1,\ldots,\varphi_{t*}Y_{i-1},Y_i,\ldots,Y_k)\} \\
&= \sum_{i=1}^k \lim_{t\to 0} \phi_{\varphi_t(p)}(\varphi_{t*}Y_1,\ldots,\varphi_{t*}Y_{i-1},\frac{\varphi_{t*}Y_i - Y_i}{t},Y_{i+1},\ldots,Y_k) \\
&= \sum_{i=1}^k \phi_p(Y_1,\ldots,Y_{i-1},\lim_{t\to 0}\frac{\varphi_{t*}Y_i - Y_i}{t},Y_{i+1},\ldots,Y_k)
\end{aligned}$$

となる. さらに

$$\lim_{t\to 0} \frac{\varphi_{t*}Y_i - Y_i}{t} = -\lim_{t\to 0}\varphi_{t*}\frac{\varphi_{-t*}Y_i - Y_i}{t} = -L_X Y_i = -[X,Y_i]$$

であるから, 主張が示された. $\square$

$$\mathcal{T}_q^p M = \underbrace{TM \otimes \cdots \otimes TM}_{p\text{ 個}} \otimes \underbrace{T^*M \otimes \cdots \otimes T^*M}_{q\text{ 個}}$$

とおく. $\Gamma(\mathcal{T}_q^p M)$ の元をテンソル場 (tensor field) という. $X \in \mathfrak{X}(M)$ とする. $\{\varphi_t\}_{t\in\mathbb{R}}$ を X が生成する 1 パラメータ局所変換群とする. $\Phi = X_1 \otimes \cdots \otimes X_p \otimes \phi_1 \otimes \cdots \otimes \phi_q \in \Gamma(\mathcal{T}_q^p M)$ の X による Lie 微分 $L_X\Phi \in \Gamma(\mathcal{T}_q^p M)$ を次で定める.

$$L_X\Phi = \lim_{t\to 0} \frac{(\varphi_{-t})_*X_1 \otimes \cdots \otimes (\varphi_{-t})_*X_p \otimes (\varphi_t)^*\phi_1 \otimes \cdots \otimes (\varphi_t)^*\phi_q - \Phi}{t}$$

このとき $\Phi \in \Gamma(\mathcal{T}_q^p M), \Psi \in \Gamma(\mathcal{T}_s^r M)$ に対して，Leibniz 則

$$L_X(\Phi \otimes \Psi) = (L_X \Phi) \otimes \Psi + \Phi \otimes (L_X \Psi) \in \Gamma(\mathcal{T}_{q+s}^{p+r} M)$$

を満たすことが容易に示される．また，$f \in C^\infty(M), \Phi \in \Gamma(\mathcal{T}_q^p M)$ に対して

$$L_X(f\Phi) = (Xf)\Phi + f L_X \Phi$$

が成り立つことも容易に示される．さらに次が成り立つ．

命題 1.6.6 Lie 微分 L_X と縮約 $C_j^i \colon \Gamma(\mathcal{T}_q^p M) \to \Gamma(\mathcal{T}_{q-1}^{p-1} M)$ は可換である．すなわち，任意の $\Phi \in \Gamma(\mathcal{T}_q^p M)$ に対して $C_j^i(L_X \Phi) = L_X(C_j^i \Phi)$ が成り立つ．

証明 $i = j = 1$ の場合に示せばよい．まず $p = q = 1$ の場合に証明する．命題 1.6.5 で $\phi \in \Omega^1(M)$ とすると

$$X\langle Y, \phi \rangle = \langle L_X Y, \phi \rangle + \langle Y, L_X \phi \rangle$$

を得る．左辺は $X\{C_1^1(Y \otimes \phi)\}$ であり，右辺は $C_1^1 L_X(Y \otimes \phi)$ であるから，$X\{C_1^1(Y \otimes \phi)\} = C_1^1 L_X(Y \otimes \phi)$ を得る．よって $p = q = 1$ の場合が証明された．

次に一般の p, q に対して証明する．$\Phi \in \Gamma(TM \otimes T^*M), \Psi \in \Gamma(\mathcal{T}_{q-1}^{p-1} M)$ に対して $\Phi \otimes \Psi \in \Gamma(\mathcal{T}_q^p M)$ を考えると，

$$C_1^1\{L_X(\Phi \otimes \Psi)\} = C_1^1(L_X \Phi \otimes \Psi + \Phi \otimes L_X \Psi) = (C_1^1 L_X \Phi)\Psi + (C_1^1 \Phi) L_X \Psi$$
$$= X(C_1^1 \Phi)\Psi + (C_1^1 \Phi) L_X \Psi = L_X\{(C_1^1 \Phi)\Psi\} = L_X\{C_1^1(\Phi \otimes \Psi)\}$$

となり，一般の p, q に対して証明された． $\square$

定義 1.6.7 $X \in \mathfrak{X}(M)$ とする．写像 $i(X) \colon \Omega^k(M) \to \Omega^{k-1}(M)$ を，$\phi \in \Omega^k(M), Y_1, \ldots, Y_{k-1} \in \mathfrak{X}(M)$ に対して，次で定める．

$$\{i(X)\phi\}(Y_1, \ldots, Y_{k-1}) = \phi(X, Y_1, \ldots, Y_{k-1})$$

$i(X)\phi$ を ϕ の X による**内部積** (interior product) という．

定理 1.6.8 $X \in \mathfrak{X}(M), \phi \in \Omega^k(M), \psi \in \Omega^l(M)$ に対して次が成り立つ．
(1) $i(X)(\phi \wedge \psi) = (i(X)\phi) \wedge \psi + (-1)^k \phi \wedge (i(X)\psi)$.
(2) （**Cartan の公式** (Cartan's formula)） $L_X \phi = i(X)d\phi + di(X)\phi$.

証明 (1) $(x^1,\ldots,x^n)$ を M の開集合 U 上の座標とするとき, U 上で成り立つことを示せばよい. しかも $X = \dfrac{\partial}{\partial x^m}, \phi = dx^{i_1} \wedge \cdots \wedge dx^{i_k}, \psi = dx^{j_1} \wedge \cdots \wedge dx^{j_l}$ の場合に示せばよいが, これは容易に確かめられる.

(2) $Y_1,\ldots,Y_k \in \mathfrak{X}(M)$ に対して,

$$
\begin{aligned}
(i(X)d\phi)(Y_1,\ldots,Y_k) &= (d\phi)(X,Y_1,\ldots,Y_k)\\
&= X\{\phi(Y_1,\ldots,Y_k)\} + \sum_{i=1}^{k}(-1)^i Y_i\{\phi(X,Y_1,\ldots,\widehat{Y_i},\ldots,Y_k)\}\\
&\quad + \sum_{i=1}^{k}(-1)^i \phi([X,Y_i],Y_1,\ldots,\widehat{Y_i},\ldots,Y_k)\\
&\quad + \sum_{i<j}(-1)^{i+j}\phi([Y_i,Y_j],X,Y_1,\ldots,\widehat{Y_i},\ldots,\widehat{Y_j},\ldots,Y_k)
\end{aligned}
$$

となる. また

$$
\begin{aligned}
(di(X)\phi)(Y_1,\ldots,Y_k) &= \sum_{i=1}^{k}(-1)^{i+1}Y_i\{(i(X)\phi)(Y_1,\ldots,\widehat{Y_i},\ldots,Y_k)\}\\
&\quad + \sum_{i<j}(-1)^{i+j}(i(X)\phi)([Y_i,Y_j],Y_1,\ldots,\widehat{Y_i},\ldots,\widehat{Y_j},\ldots,Y_k)
\end{aligned}
$$

であるから, 命題 1.6.5 より

$$
\begin{aligned}
(i(X)d\phi + di(X)\phi)(Y_1,\ldots,Y_k) &= X\phi(Y_1,\ldots,Y_k) + \sum_{i=1}^{k}(-1)^i \phi([X,Y_i],Y_1,\ldots,\widehat{Y_i},\ldots,Y_k)\\
&= (L_X \phi)(Y_1,\ldots,Y_k)
\end{aligned}
$$

を得る. □

最後に積分可能性について述べる.

定義 1.6.9 M を微分可能多様体とする.

(1) $\mathcal{D}$ が M 上の r 次元の**分布** (distribution) であるとは, 対応 $M \ni p \mapsto \mathcal{D}_p \subset T_pM$ で, 次の $(1-1)$, $(1-2)$ を満たすもののことである.

$(1-1)$ 任意の $p \in M$ に対して $\mathcal{D}_p$ は T_pM の r 次元部分空間である.

(1 − 2) 任意の $p \in M$ に対して p の開近傍 U と $X_1, \ldots, X_r \in \mathfrak{X}(U)$ で，各 $q \in U$ に対して $X_{1q}, \ldots, X_{rq}$ が $\mathcal{D}_q$ の基底となるものが存在する．
(2) M 上の r 次元の分布 $\mathcal{D}$ が**完全積分可能** (completely integrable) であるとは，任意の $p \in M$ に対して，p を通る M の部分多様体 N で，各 $q \in N$ に対して $T_q N = \mathcal{D}_q$ を満たすものが存在することである．
(3) $X \in \mathfrak{X}(M)$ が M 上の分布 $\mathcal{D}$ に属するとは，任意の $p \in M$ に対して $X_p \in \mathcal{D}_p$ を満たすことをいう．
(4) M 上の分布 $\mathcal{D}$ が**包合的** (involutive) であるとは，$\mathcal{D}$ に属する任意の $X, Y \in \mathfrak{X}(M)$ に対して $[X, Y]$ も $\mathcal{D}$ に属することをいう．

このとき，次が成り立つ．証明は[6], [14] などを参照していただきたい．

定理 1.6.10（Frobenius の定理 (Frobenius theorem)**）** 微分可能多様体 M 上の分布 $\mathcal{D}$ が完全積分可能であることと包合的であることは同値である．

第2章 ベクトル束の幾何

ベクトル束の幾何は，接続と呼ばれる 1 階の微分作用素によって定められる．この章ではベクトル束の接続の基本的性質を調べる．

2.1 ベクトル束の接続

$\mathbb{K} = \mathbb{R}$ または $\mathbb{C}$ とする．これに応じて $\pi\colon E \to M$ を実または複素ベクトル束とする．$\Gamma(E \otimes \bigwedge^p T^*M)$ をしばしば $\Omega^p(E)$ で表わす．

定義 2.1.1 $\mathbb{K}$ 上の線型写像 $\nabla\colon \Omega^0(E) \to \Omega^1(E)$ がベクトル束 E の**接続** (connection) あるいは**共変微分** (covariant differentiation) であるとは，任意の $s \in \Gamma(E), f \in C^\infty(M)$ に対して，Leibniz 則

$$\nabla(fs) = f\nabla s + s \otimes df \tag{2.1}$$

が成り立つことである．また $X \in \mathfrak{X}(M)$ に対して $(\nabla s)(X) \in \Omega^0(E)$ を $\nabla_X s$ で表わし，X による s の共変微分 (covariant derivative) という．

補題 2.1.2 ∇ をベクトル束 $\pi\colon E \to M$ 上の接続とする．U を M の開集合とする．切断 $s, s' \in \Gamma(E)$ が $s|_U = s'|_U$ を満たすならば，$(\nabla s)|_U = (\nabla s')|_U$ が成り立つ．すなわち，接続 ∇ の開集合 U への制限 $\nabla|_U\colon \Omega^0(E|_U) \to \Omega^1(E|_U)$ が定まる．

証明 任意の点 $p \in U$ を固定する．p の開近傍 V でその閉包 $\overline{V}$ が U に含まれるものを固定する．さらに $f \in C^\infty(M)$ で，$f|_V = 1$ かつ $\mathrm{supp} f \subset U$ を満たすものを固定する．M 上 $f(s - s') = 0$ であるから，

$$0 = \nabla\{f(s - s')\} = f(\nabla s - \nabla s') + (s - s') \otimes df$$

を得る．$f|_V = 1, (df)|_V = 0$ であるから，$(\nabla s)|_V = (\nabla' s)|_V$ を得る．すなわち，p の近傍 V 上で ∇s と $\nabla' s$ は等しい．$p \in U$ は任意であったから主張が従う． $\square$

∇ をベクトル束 $\pi \colon E \to M$ 上の接続とする．局所自明化 $\phi_\alpha \colon E|_{U_\alpha} \to U_\alpha \times \mathbb{K}^r$ に関して $\nabla|_{U_\alpha}$ を具体的に表わそう．この局所自明化の定める枠場を $e_1, \ldots, e_r \in \Gamma(E|_{U_\alpha})$ とする．$j = 1, \ldots, r$ に対して $\nabla e_j = \sum_{i=1}^r e_i \otimes A_{\alpha j}^{\ i}$ と表わすとき，

$$\begin{pmatrix} \nabla e_1 & \ldots & \nabla e_r \end{pmatrix} = \begin{pmatrix} e_1 & \ldots & e_r \end{pmatrix} \begin{pmatrix} A_{\alpha 1}^1 & \ldots & A_{\alpha r}^1 \\ \vdots & & \vdots \\ A_{\alpha 1}^r & \ldots & A_{\alpha r}^r \end{pmatrix} \qquad (2.2)$$

となり，U_α 上定義された $\mathrm{End}(\mathbb{K}^r)$-値 1 形式 $A_\alpha = (A_{\alpha j}^{\ i}) \in \Omega^1(U_\alpha; \mathrm{End}(\mathbb{K}^r))$ が定まる．また $s \in \Gamma(E)$ を $s|_{U_\alpha} = \sum_{j=1}^r s_\alpha^j e_j$ と表わすとき

$$\begin{aligned} (\nabla s)|_{U_\alpha} &= \nabla \Big(\sum_{j=1}^r s_\alpha^j e_j \Big) \\ &= \sum_{j=1}^r s_\alpha^j \nabla e_j + \sum_{j=1}^r e_j \otimes ds_\alpha^j \\ &= \begin{pmatrix} \nabla e_1 & \ldots & \nabla e_r \end{pmatrix} \begin{pmatrix} s_\alpha^1 \\ \vdots \\ s_\alpha^r \end{pmatrix} + \begin{pmatrix} e_1 & \ldots & e_r \end{pmatrix} \begin{pmatrix} ds_\alpha^1 \\ \vdots \\ ds_\alpha^r \end{pmatrix} \\ &= \begin{pmatrix} e_1 & \ldots & e_r \end{pmatrix} \{ (d + A_\alpha) s_\alpha \}, \quad \text{ただし } s_\alpha = \begin{pmatrix} s_\alpha^1 \\ \vdots \\ s_\alpha^r \end{pmatrix} \end{aligned}$$

となる．したがって次を得る．

命題 2.1.3 局所自明化 $\phi_\alpha \colon E|_{U_\alpha} \to U_\alpha \times \mathbb{K}^r$ に関して

$$(\nabla s)|_{U_\alpha} = (d + A_\alpha) s_\alpha, \quad \nabla|_{U_\alpha} = d + A_\alpha$$

と表わされる．

$A_\alpha \in \Omega^1(U_\alpha; \mathrm{End}(\mathbb{K}^r))$ を（局所）**接続形式** ((local) connection form) と呼ぶ．
$g_{\alpha\beta}\colon U_\alpha \cap U_\beta \to GL(r;\mathbb{K})$ を変換関数とするとき，$U_\alpha \cap U_\beta$ 上で次が成り立つ．

$$d + A_\beta = g_{\alpha\beta}^{-1} \circ (d + A_\alpha) \circ g_{\alpha\beta}$$

$d \circ g_{\alpha\beta} = g_{\alpha\beta} \circ d + dg_{\alpha\beta}$ に注意すると，$U_\alpha \cap U_\beta$ 上で次が成り立つ．

$$A_\beta = g_{\alpha\beta}^{-1} A_\alpha g_{\alpha\beta} + g_{\alpha\beta}^{-1} dg_{\alpha\beta} \tag{2.3}$$

逆に (2.3) を満たす $\{A_\alpha \in \Omega^1(U_\alpha; \mathrm{End}(\mathbb{K}^r))\}_{\alpha \in A}$ は，ベクトル束 $\pi\colon E \to M$ 上の接続 ∇ を定めることが容易に確かめられる．

定義 2.1.4 ∇ をベクトル束 $\pi\colon E \to M$ 上の接続とする．このとき $d^\nabla \colon \Omega^p(E) \to \Omega^{p+1}(E)$ を，$s \in \Omega^p(E)$, $X_1, \ldots, X_{p+1} \in \mathfrak{X}(M)$ に対して

$$(d^\nabla s)(X_1, \ldots, X_{p+1}) = \sum_{i=1}^{p+1} (-1)^{i+1} \nabla_{X_i}\{s(X_1, \ldots, \widehat{X_i}, \ldots, X_{p+1})\}$$
$$+ \sum_{i<j} (-1)^{i+j} s([X_i, X_j], X_1, \ldots, \widehat{X_i}, \ldots, \widehat{X_j}, \ldots, X_{p+1})$$

により定める．$d^\nabla s$ を s の**共変外微分** (exterior covariant differentiation) という．ただし $s \in \Omega^0(E)$ のとき $d^\nabla s = \nabla s$ と定める．

実際に $d^\nabla s \in \Omega^{p+1}(E)$ であることが注意 1.4.10 と同様に確かめられる．

例 2.1.5 $\varphi \in \Omega^1(E)$ に対して

$$(d^\nabla \varphi)(X, Y) = \nabla_X \{\varphi(Y)\} - \nabla_Y \{\varphi(X)\} - \varphi([X, Y]) \tag{2.4}$$

である．この式はしばしば用いられる．

命題 2.1.6 (1) 局所自明化 $\phi_\alpha\colon E|_{U_\alpha} \to U_\alpha \times \mathbb{K}^r$ に関して $\nabla|_{U_\alpha} = d + A_\alpha$ とするとき次が成り立つ．

$$d^\nabla|_{U_\alpha} = d + A_\alpha \wedge$$

(2) $s \in \Omega^p(E), \omega \in \Omega^q(M)$ に対して次が成り立つ．

$$d^\nabla(s \wedge \omega) = (d^\nabla s) \wedge \omega + (-1)^p s \wedge d\omega$$

証明 (1) $t \in \Gamma(E)$, $\phi \in \Omega^p(M)$ として $s = t \otimes \phi$ のときに示せばよい．$X_1, \ldots, X_{p+1} \in \mathfrak{X}(M)$ に対して

$$\begin{aligned}(d^\nabla s)&(X_1, \ldots, X_{p+1}) \\ &= \sum_{i=1}^{p+1} (-1)^{i+1} \nabla_{X_i} \{\phi(X_1, \ldots, \widehat{X_i}, \ldots, X_{p+1}) t\} \\ &\quad + \sum_{i<j} (-1)^{i+j} \phi([X_i, X_j], X_1, \ldots, \widehat{X_i}, \ldots, \widehat{X_j}, \ldots, X_{p+1}) t \\ &= \sum_{i=1}^{p+1} (-1)^{i+1} \phi(X_1, \ldots, \widehat{X_i}, \ldots, X_{p+1}) \nabla_{X_i} t + \{d\phi(X_1, \ldots, X_{p+1})\} t \\ &= \{\nabla t \wedge \phi + t \otimes d\phi\}(X_1, \ldots, X_{p+1})\end{aligned}$$

より $d^\nabla s = \nabla t \wedge \phi + t \otimes d\phi$ を得る．したがって ϕ_α に関して $t|_{U_\alpha} = t_\alpha$ とするとき次を得る．

$$d^\nabla s|_{U_\alpha} = \{(d + A_\alpha) t_\alpha\} \wedge \phi + t_\alpha \otimes d\phi = (d + A_\alpha \wedge)(t_\alpha \otimes \phi)$$

(2) は (1) より従う． □

∇ をベクトル束 $\pi \colon E \to M$ 上の接続とする．このとき $s \in \Gamma(E)$, $f \in C^\infty(M)$ に対して次が成り立つ．

$$\begin{aligned}(d^\nabla \circ d^\nabla)(fs) &= d^\nabla (f d^\nabla s + s \otimes df) \\ &= f d^\nabla \circ d^\nabla s + df \wedge d^\nabla s + d^\nabla s \wedge df \\ &= f d^\nabla \circ d^\nabla s \in \Omega^2(E)\end{aligned}$$

すなわち $d^\nabla \circ d^\nabla \colon \Omega^0(E) \to \Omega^2(E)$ は $C^\infty(M)$ 上の線型写像となる．したがって補題 1.4.7 と同様に $d^\nabla \circ d^\nabla$ はもはや微分作用素ではなく，$\Omega^2(\text{End} E)$ の元となる．

定義 2.1.7 $\pi \colon E \to M$ をベクトル束，∇ を E 上の接続とする．$R^\nabla = d^\nabla \circ d^\nabla \in \Omega^2(\text{End} E)$ を接続 ∇ の**曲率** (curvature) という．

命題 2.1.8 $R^\nabla(X, Y) = \nabla_X \nabla_Y - \nabla_Y \nabla_X - \nabla_{[X,Y]} \in \Gamma(\text{End} E)$ が成り立つ．

証明 $s \in \Gamma(E)$ とするとき，(2.4) に $\varphi = \nabla s$ を代入すればよい． □

命題 2.1.9 局所自明化 $\phi_\alpha: E|_{U_\alpha} \to U_\alpha \times \mathbb{K}^r$ に関して $\nabla|_{U_\alpha} = d + A_\alpha$, $R^\nabla|_{U_\alpha} = R_\alpha$ とする．このとき，次が成り立つ．
(1) $R_\alpha = dA_\alpha + A_\alpha \wedge A_\alpha$.
(2) $U_\alpha \cap U_\beta$ 上 $R_\beta = g_{\alpha\beta}^{-1} R_\alpha g_{\alpha\beta}$.

証明 (1) A_α は行列に値をとる 1 次微分形式だから，$d \circ A_\alpha = dA_\alpha - A_\alpha \circ d$ となる．したがって次を得る．

$$\begin{aligned} R_\alpha &= (d + A_\alpha) \circ (d + A_\alpha) \\ &= d \circ d + (dA_\alpha - A_\alpha \circ d) + A_\alpha \circ d + A_\alpha \wedge A_\alpha \\ &= dA_\alpha + A_\alpha \wedge A_\alpha \end{aligned}$$

(2) $d + A_\beta = g_{\alpha\beta}^{-1} \circ (d + A_\alpha) \circ g_{\alpha\beta}$ に注意すれば，

$$\begin{aligned} R_\beta &= (d + A_\beta) \circ (d + A_\beta) \\ &= \{g_{\alpha\beta}^{-1} \circ (d + A_\alpha) \circ g_{\alpha\beta}\} \circ \{g_{\alpha\beta}^{-1} \circ (d + A_\alpha) \circ g_{\alpha\beta}\} \\ &= g_{\alpha\beta}^{-1} \circ (d + A_\alpha) \circ (d + A_\alpha) \circ g_{\alpha\beta} \\ &= g_{\alpha\beta}^{-1} R_\alpha g_{\alpha\beta} \end{aligned}$$

を得る． □

$\varphi \in \Omega^k(E)$ に対して，次が成り立つことが容易に確かめられる．

$$d^\nabla(d^\nabla \varphi) = R^\nabla \wedge \varphi \in \Omega^{k+2}(E) \tag{2.5}$$

ただし，$R^\nabla \wedge \varphi \in \Omega^{k+2}(E)$ は，$\mathrm{End}\,E$ と E については縮約をとり，微分形式の部分については $\wedge$ をとったものを表わす．

曲率 R^∇ は接続が与えられたベクトル束 (E, ∇) の曲がり具合を表わす．たとえば $R^\nabla = 0 \in \Omega^2(\mathrm{End}\,E)$ であることは，「(E, ∇) が曲がっていない」ことを意味する．これらは 6.3 節で調べられる．

$R^\nabla \in \Omega^2(\mathrm{End}\,E)$ であるから，各 $p \in M$ ごとに $\mathrm{End}\,E_p$ のトレースをとることにより $\mathrm{Tr}\,R^\nabla \in \Omega^2(M)$ が得られる．

$$c_1(R^\nabla) = \frac{\sqrt{-1}}{2\pi} \mathrm{Tr}\,R^\nabla \in \Omega^2(M)$$

を**第 1 Chern 形式** (1st Chern form) という．命題 2.1.9 より $c_1(R^\nabla)$ が閉形式であることがわかるが，さらに $[c_1(R^\nabla)] \in H^2_{dR}(M;\mathbb{C})$ は ∇ のとり方によらず E のみで定まる（定理 7.1.2 参照）．$c_1(E) = [c_1(R^\nabla)]$ を**第 1 Chern 類** (1st Chern class) という．第 7 章では，高次の Chern 類などを含むベクトル束の特性類を調べる．

ベクトル束 $\pi\colon E \to M$ に対して E 上の接続全体の空間 $\mathcal{A}(E)$, E のゲージ変換群 (gauge transformation group) $\mathcal{G}(E)$ を次で定める．

$$\mathcal{A}(E) = \{\nabla\colon \Omega^0(E) \to \Omega^1(E) \mid \nabla \text{ は接続}\},$$
$$\mathcal{G}(E) = \{\varphi \in \Omega^0(\mathrm{End}E) \mid \text{各 } p \in M \text{ に対して } \varphi_p \in GL(E_p)\}$$

また，$\varphi \in \mathcal{G}(E)$ を**ゲージ変換** (gauge transformation) という．このとき次が成り立つ．

命題 2.1.10 ∇ をベクトル束 $\pi\colon E \to M$ 上の接続とする．$\mathbb{K}$ 上の線型写像 $\nabla'\colon \Omega^0(E) \to \Omega^1(E)$ に対して $\nabla' \in \mathcal{A}(E)$ であるための必要十分条件は $\nabla' - \nabla \in \Omega^1(\mathrm{End}E)$ が成り立つことである．すなわち，$\mathcal{A}(E) = \nabla + \Omega^1(\mathrm{End}E)$ が成り立つ．

証明 任意の $s \in \Gamma(E)$ と $f \in C^\infty(M)$ に対して，(2.1) に注意すると

$$\nabla'(fs) - f\nabla's - s \otimes df = (\nabla' - \nabla)(fs) - f(\nabla' - \nabla)(s)$$

を得る．左辺 $= 0$ は $\nabla' \in \mathcal{A}(E)$ を意味し，右辺 $= 0$ は $\nabla' - \nabla \in \Omega^1(\mathrm{End}E)$ を意味するから，主張が従う． □

命題 2.1.11 $\pi\colon E \to M$ をベクトル束とする．$\nabla \in \mathcal{A}(E), \varphi \in \mathcal{G}(E)$ に対して $\varphi^*\nabla = \varphi^{-1} \circ \nabla \circ \varphi\colon \Omega^0(E) \to \Omega^1(E)$ と定めるとき，次が成り立つ．
(1) $\varphi^*\nabla \in \mathcal{A}(E)$.
(2) $\varphi_1, \varphi_2 \in \mathcal{G}(E)$ に対して $\varphi_2^*(\varphi_1^*\nabla) = (\varphi_1 \circ \varphi_2)^*\nabla$.
(3) $R^{\varphi^*\nabla} = \varphi^{-1} \circ R^\nabla \circ \varphi$.
(4) 局所自明化 $\phi_\alpha\colon E|_{U_\alpha} \to U_\alpha \times \mathbb{K}^r$ に関して $\nabla|_{U_\alpha} = d + A_\alpha$, $\varphi|_{U_\alpha} = \varphi_\alpha \in \Omega^0(U_\alpha; GL(r;\mathbb{K}))$ とするとき，

$$(\varphi^*\nabla)|_{U_\alpha} = d + \varphi_\alpha^{-1} A_\alpha \varphi_\alpha + \varphi_\alpha^{-1} d\varphi_\alpha$$

証明 (1) $s \in \Omega^0(E)$, $f \in C^\infty(M)$ に対して次が成り立つ.

$$(\varphi^*\nabla)(fs) = \varphi^{-1}\nabla(f\varphi s) = \varphi^{-1}\{df \otimes \varphi s + f\nabla(\varphi s)\} = df \otimes s + f(\varphi^*\nabla)s$$

(2) は明らか.

(3) $R^{\varphi^*\nabla} = d^{\varphi^*\nabla} \circ d^{\varphi^*\nabla} = (\varphi^{-1} \circ d^\nabla \circ \varphi) \circ (\varphi^{-1} \circ d^\nabla \circ \varphi) = \varphi^{-1} \circ R^\nabla \circ \varphi$.

(4) $d \circ \varphi_\alpha = \varphi_\alpha \circ d + d\varphi_\alpha$ に注意すると

$$\begin{aligned}(\varphi^*\nabla)|_{U_\alpha} &= (\varphi^{-1} \circ \nabla \circ \varphi)|_{U_\alpha} = \varphi_\alpha^{-1} \circ (d + A_\alpha) \circ \varphi_\alpha \\ &= d + \varphi_\alpha^{-1} A_\alpha \varphi_\alpha + \varphi_\alpha^{-1} d\varphi_\alpha\end{aligned}$$

を得る. □

2.2 ベクトル束の双対, テンソル積, 引き戻し上の接続

$\pi\colon E \to M$ をベクトル束とする. $\{\phi_\alpha\colon E|_{U_\alpha} \to U_\alpha \times \mathbb{K}^r\}_{\alpha \in A}$ を局所自明化の族, $\{g_{\alpha\beta}\colon U_\alpha \cap U_\beta \to GL(r;\mathbb{K}); \alpha, \beta \in A\}$ を変換関数の族とする. 1.3 節において, なめらかな準同型写像 $\rho_W\colon GL(r;\mathbb{K}) \to GL(W)$ に対して $\{\rho_W(g_{\alpha\beta})\colon U_\alpha \cap U_\beta \to GL(W); \alpha, \beta \in A\}$ を変換関数の族とするベクトル束 $\pi_{E_W}\colon E_W \to M$ が構成された.

$GL(r;\mathbb{K})$ の単位元 E_r における接空間は $\mathrm{End}(\mathbb{K}^r)$ であり, $GL(W)$ の単位元 id_W における接空間は $\mathrm{End}(W)$ である. $\rho_W\colon GL(r;\mathbb{K}) \to GL(W)$ の E_r における微分を $\rho_{W*}\colon \mathrm{End}(\mathbb{K}^r) \to \mathrm{End}(W)$ で表わす.

補題 2.2.1 (1) $A \in \mathrm{End}(\mathbb{K}^r)$, $g \in GL(r;\mathbb{K})$ に対して次が成り立つ.

$$\rho_{W*}(g^{-1}Ag) = \rho_W(g)^{-1}\rho_{W*}(A)\rho_W(g) \in \mathrm{End}(W)$$

(2) U を $\mathbb{R}^n$ の開集合, $f\colon U \to GL(r;\mathbb{K})$ を C^∞ 級写像とするとき, 次が成り立つ.

$$\rho_{W*}(f^{-1}df) = \rho_W(f)^{-1}d\rho_W(f) \in \Omega^1(U;\mathrm{End}(W))$$

証明 (1) $A \in \mathrm{End}(\mathbb{K}^r)$ に対して C^∞ 級曲線 $c\colon (-\varepsilon, \varepsilon) \to GL(r;\mathbb{K})$ で $c(0) = E_r$, $\left.\dfrac{d}{dt}\right|_{t=0} c(t) = A$ を満たすものがとれる. このとき

$$\rho_{W*}(g^{-1}Ag) = \rho_{W*}\Big(\frac{d}{dt}\Big|_{t=0} g^{-1}c(t)g\Big) = \frac{d}{dt}\Big|_{t=0}\rho_W(g^{-1}c(t)g)$$
$$= \frac{d}{dt}\Big|_{t=0}\rho_W(g)^{-1}\rho_W(c(t))\rho_W(g) = \rho_W(g)^{-1}\rho_{W*}(A)\rho_W(g)$$

より，主張が従う．

(2) $p \in U$, $v \in T_pU$ に対して C^∞ 級曲線 $c\colon (-\varepsilon,\varepsilon) \to U$ で $c(0) = p$, $\frac{d}{dt}\Big|_{t=0}c(t) = v$ を満たすものがとれる．$f^{-1}df \in \Omega^1(U;\mathrm{End}(\mathbb{K}^r))$ の定義は

$$(f^{-1}df)_p(v) = \frac{d}{dt}\Big|_{t=0} f(p)^{-1}f(c(t)) \in \mathrm{End}(\mathbb{K}^r)$$

であるから，

$$\{\rho_{W*}(f^{-1}df)\}_p(v) = \rho_{W*}((f^{-1}df)_p(v)) = \rho_{W*}\Big(\frac{d}{dt}\Big|_{t=0} f(p)^{-1}f(c(t))\Big)$$
$$= \frac{d}{dt}\Big|_{t=0}\rho_W(f(p))^{-1}\rho_W(f(c(t))) = \{\rho_W(f)^{-1}d\rho_W(f)\}_p(v)$$

を得る． $\square$

次の命題により，E 上の接続 ∇^E は自然に E_W 上の接続 ∇^{E_W} を定める．

命題 2.2.2 E 上の接続 ∇^E が局所自明化 $\phi_\alpha\colon E|_{U_\alpha} \to U_\alpha \times \mathbb{K}^r$ に関して $\nabla^E|_{U_\alpha} = d + A_\alpha$ と表わされているとする．このとき E_W の局所自明化 $\phi_\alpha^{E_W}\colon E^W|_{U_\alpha} \to U_\alpha \times W$ に関して $d + \rho_{W*}(A_\alpha)$ と表わされる微分作用素は M 全体で貼り合わさって E_W 上の接続 ∇^{E_W} を定める．

証明 $\{A_\alpha \in \Omega^1(U_\alpha;\mathrm{End}(\mathbb{K}^r))\}_{\alpha \in A}$ は (2.3) を満たすから，補題 2.2.1 に注意すると，$U_\alpha \cap U_\beta$ 上

$$\rho_{W*}(A_\beta) = \rho_{W*}(g_{\alpha\beta}^{-1}A_\alpha g_{\alpha\beta} + g_{\alpha\beta}^{-1}dg_{\alpha\beta})$$
$$= \rho_W(g_{\alpha\beta})^{-1}\rho_{W*}(A_\alpha)\rho_W(g_{\alpha\beta}) + \rho_W(g_{\alpha\beta})^{-1}d\rho_W(g_{\alpha\beta})$$

を満たす．すなわち $\{\rho_{W*}(A_\alpha) \in \Omega^1(U_\alpha;\mathrm{End}(W))\}_{\alpha \in A}$ も (2.3) を満たす．これは $U_\alpha \cap U_\beta$ 上

$$d + \rho_{W*}(A_\beta) = \rho_W(g_{\alpha\beta})^{-1} \circ (d + \rho_{W*}(A_\alpha)) \circ \rho_W(g_{\alpha\beta})$$

を意味する．したがって，各 U_α 上で定義された $d + \rho_{W*}(A_\alpha)$ は M 全体で貼り合わさって E_W 上の接続 ∇^{E_W} を定める． $\square$

例 2.2.3（E^* 上の接続） $\pi_E: E \to M$ をベクトル束，∇^E を E 上の接続とする．局所自明化 $\phi_\alpha: E|_{U_\alpha} \to U_\alpha \times \mathbb{K}^r$ に関して $\nabla^E|_{U_\alpha} = d + A_\alpha$, $R^{\nabla^E}|_{U_\alpha} = R_\alpha$ と表わされるとする．

$V = \mathbb{K}^r$ とする．双対基底を考えることにより自然に $V^* = \mathbb{K}^r$ とみなす．例 1.3.1 において，準同型写像 $\rho_{V^*}: GL(V) \to GL(V^*)$ を用いて双対ベクトル束 $\pi_{E^*}: E^* \to M$ が構成された．さらに，命題 2.2.2 によって E^* 上の接続 ∇^{E^*} が構成される．ρ_{V^*} の単位元における微分写像 $\rho_{V^**}: \mathrm{End}(V) \to \mathrm{End}(V^*)$ は $A \in \mathrm{End}(V)$ に対して $\rho_{V^**}(A) = -{}^tA$ で与えられる．また，$A_\alpha \in \Omega^1(U_\alpha; \mathrm{End}(V^*))$ であるから，${}^tA_\alpha \wedge {}^tA_\alpha = -{}^t(A_\alpha \wedge A_\alpha)$ となることに注意すると，ϕ_α が誘導する E^* の局所自明化 $\phi_\alpha^{E^*}: E^*|_{U_\alpha} \to U_\alpha \times \mathbb{K}^r$ に関して

$$\nabla^{E^*}|_{U_\alpha} = d + \rho_{V^**}(A_\alpha) = d - {}^tA_\alpha, \tag{2.6}$$

$$R^{\nabla^{E^*}}|_{U_\alpha} = d(-{}^tA_\alpha) + (-{}^tA_\alpha) \wedge (-{}^tA_\alpha) = \rho_{V^**}(R_\alpha) \tag{2.7}$$

となる．さらに次が成り立つ．

命題 2.2.4 (1) 任意の $s \in \Gamma(E)$, $u \in \Gamma(E^*)$ に対して次が成り立つ．

$$d\langle s, u \rangle = \langle \nabla^E s, u \rangle + \langle s, \nabla^{E^*} u \rangle \in \Omega^1(M)$$

(2) 任意の $\varphi \in \Omega^k(E)$, $\psi \in \Omega^l(E^*)$ に対して，$\langle \varphi \wedge \psi \rangle \in \Omega^{k+l}(M)$ で，E と E^* についてはペアリングをとり，微分形式については $\wedge$ をとったものを表わす．このとき次が成り立つ．

$$d\langle \varphi \wedge \psi \rangle = \langle d^{\nabla^E} \varphi \wedge \psi \rangle + (-1)^k \langle \varphi \wedge d^{\nabla^{E^*}} \psi \rangle \in \Omega^{k+l+1}(M)$$

証明 (1) ϕ_α に関して $s|_{U_\alpha} = s_\alpha$, $\phi_\alpha^{E^*}$ に関して $u|_{U_\alpha} = u_\alpha$ と表わすとき，$\langle s, u \rangle|_{U_\alpha} = {}^ts_\alpha u_\alpha$ に注意すると，次を得る．

$$\begin{aligned}
\langle \nabla^E s, u \rangle|_{U_\alpha} + \langle s, \nabla^{E^*} u \rangle|_{U_\alpha} &= {}^t(ds_\alpha + A_\alpha s_\alpha) u_\alpha + {}^ts_\alpha (du_\alpha - {}^tA_\alpha u_\alpha) \\
&= {}^t(ds_\alpha) u_\alpha + {}^ts_\alpha du_\alpha = d({}^ts_\alpha u_\alpha) = d\langle s, u \rangle|_{U_\alpha}
\end{aligned}$$

(2) (1) と同様に示される． □

例 2.2.5（$F_1 \otimes F_2$ 上の接続） $\pi_{F_i}: F_i \to M$ $(i = 1, 2)$ をベクトル束，

∇^{F_i} を F_i 上の接続とする．局所自明化 $\phi_\alpha^{F_i}\colon F_i|_{U_\alpha} \to U_\alpha \times W_i$ に関して $\nabla^{F_i}|_{U_\alpha} = d + A_\alpha^{F_i}$ と表わされるとする．

例 1.3.2 において，準同型写像 $\tilde{\rho}_{W_1 \otimes W_2}\colon GL(W_1) \times GL(W_2) \to GL(W_1 \otimes W_2)$ から F_1 と F_2 のテンソル積 $\pi_{F_1 \otimes F_2}\colon F_1 \otimes F_2 \to M$ が構成された．$\tilde{\rho}_{W_1 \otimes W_2}$ の単位元における微分写像 $\tilde{\rho}_{W_1 \otimes W_2 *}\colon \mathrm{End}(W_1) \times \mathrm{End}(W_2) \to \mathrm{End}(W_1 \otimes W_2)$ は $(A_1, A_2) \in \mathrm{End}(W_1) \times \mathrm{End}(W_2)$ に対して次で与えられる．

$$\tilde{\rho}_{W_1 \otimes W_2 *}(A_1, A_2) = A_1 \otimes \mathrm{id}_{W_2} + \mathrm{id}_{W_1} \otimes A_2$$

このとき，局所自明化 $\phi_\alpha^{F_1 \otimes F_2}\colon (F_1 \otimes F_2)|_{U_\alpha} \to U_\alpha \times (W_1 \otimes W_2)$ に関して

$$d + \tilde{\rho}_{W_1 \otimes W_2 *}(A_\alpha^{F_1}, A_\alpha^{F_2}) = d + A_\alpha^{F_1} \otimes \mathrm{id}_{W_2} + \mathrm{id}_{W_1} \otimes A_\alpha^{F_2}$$

と表わされる微分作用素は，M 上貼り合わさって $F_1 \otimes F_2$ 上の接続 $\nabla^{F_1 \otimes F_2}$ を定めることが，命題 2.2.2 の証明と同様に示される．さらに次が成り立つことが容易に確かめられる．

命題 2.2.6 $i = 1, 2$ に対して ∇^{F_i} をベクトル束 $\pi_i\colon F_i \to M$ 上の接続とする．このとき次が成り立つ．
(1) $\nabla^{F_1 \otimes F_2} = \nabla^{F_1} \otimes \mathrm{id}_{F_2} + \mathrm{id}_{F_1} \otimes \nabla^{F_2}$.
(2) $R^{\nabla^{F_1 \otimes F_2}} = R^{\nabla^{F_1}} \otimes \mathrm{id}_{F_2} + \mathrm{id}_{F_1} \otimes R^{\nabla^{F_2}}$.

E 上の接続 ∇^E は E^* 上の接続 ∇^{E^*} を定め，さらにこれらのテンソル積 $\mathcal{E}_q^p$ 上の接続 $\nabla^{\mathcal{E}_q^p}$ を定める．また縮約 $C_j^i\colon \Gamma(\mathcal{E}_q^p) \to \Gamma(\mathcal{E}_{q-1}^{p-1})$ は $C_j^i\colon \Omega^r(\mathcal{E}_q^p) \to \Omega^r(\mathcal{E}_{q-1}^{p-1})$ などに自然に拡張される．このとき次が成り立つ．

命題 2.2.7 任意の $u \in \Gamma(\mathcal{E}_q^p)$ に対して $C_j^i(\nabla^{\mathcal{E}_q^p} u) = \nabla^{\mathcal{E}_{q-1}^{p-1}}(C_j^i u)$ が成り立つ．すなわち，接続と縮約は可換である．

証明 $i = j = 1$ の場合に示せばよい．まず $p = q = 1$ の場合に証明する．$s \in \Gamma(E), \xi \in \Gamma(E^*)$ に対して $u = s \otimes \xi \in \Gamma(E \otimes E^*)$ とおくとき，命題 2.2.4 より

$$\begin{aligned}
C_1^1(\nabla^{E \otimes E^*}(s \otimes \xi)) &= C_1^1(\nabla^E s \otimes \xi + s \otimes \nabla^{E^*} \xi) \\
&= \langle \nabla^E s, \xi \rangle + \langle s, \nabla^{E^*} \xi \rangle = d\langle s, \xi \rangle = d(C_1^1(s \otimes \xi))
\end{aligned}$$

となる．したがって $p = q = 1$ の場合が証明された．

次に一般の p, q に対して証明する．$\Phi \in \Gamma(E \otimes E^*), \Psi \in \Gamma(\mathcal{E}_{q-1}^{p-1})$ に対して

$$C_1^1(\nabla^{\mathcal{E}_q^p}(\Phi \otimes \Psi)) = C_1^1(\nabla^{E \otimes E^*}\Phi \otimes \Psi + \Phi \otimes \nabla^{\mathcal{E}_{q-1}^{p-1}}\Psi)$$
$$= (C_1^1 \nabla^{E \otimes E^*}\Phi)\Psi + (C_1^1 \Phi)\nabla^{\mathcal{E}_{q-1}^{p-1}}\Psi = d(C_1^1 \Phi)\Psi + (C_1^1 \Phi)\nabla^{\mathcal{E}_{q-1}^{p-1}}\Psi$$
$$= \nabla^{\mathcal{E}_{q-1}^{p-1}}((C_1^1 \Phi)\Psi) = \nabla^{\mathcal{E}_{q-1}^{p-1}}(C_1^1(\Phi \otimes \Psi))$$

となり，一般の p, q に対して証明された． □

例 2.2.8 接続と縮約は可換だから，$\varphi \in \Gamma(\mathrm{End}E), s \in \Gamma(E)$ に対して

$$(\nabla^{\mathrm{End}E}\varphi)(s) = \nabla^E(\varphi(s)) - \varphi(\nabla^E s)$$

である．これは次のように表わすこともできる．

$$\nabla^{\mathrm{End}E}\varphi = \nabla^E \circ \varphi - \varphi \circ \nabla^E \tag{2.8}$$

局所自明化 $\phi_\alpha \colon E|_{U_\alpha} \to U_\alpha \times \mathbb{K}^r$ に関して $\varphi|_{U_\alpha} = \varphi_\alpha \in \Omega^0(U_\alpha; \mathrm{End}(\mathbb{K}^r))$，$\nabla^E|_{U_\alpha} = d + A_\alpha$ とするとき

$$(\nabla^{\mathrm{End}E}\varphi)|_{U_\alpha} = (\nabla^E|_{U_\alpha}) \circ (\varphi|_{U_\alpha}) - (\varphi|_{U_\alpha}) \circ (\nabla^E|_{U_\alpha})$$
$$= (d + A_\alpha) \circ \varphi_\alpha - \varphi_\alpha \circ (d + A_\alpha)$$

となる．$d \circ \varphi_\alpha = d\varphi_\alpha + \varphi_\alpha \circ d$ に注意すれば次を得る．

$$(\nabla^{\mathrm{End}E}\varphi)|_{U_\alpha} = d\varphi_\alpha + A_\alpha \varphi_\alpha - \varphi_\alpha A_\alpha \tag{2.9}$$

命題 2.2.9（Bianchi の恒等式 (Bianchi identity)） $\pi \colon E \to M$ をベクトル束とする．∇ を E 上の接続，$R^\nabla \in \Omega^2(\mathrm{End}E)$ を曲率とするとき，$d^\nabla R^\nabla = 0 \in \Omega^3(\mathrm{End}E)$ が成り立つ．

証明 (2.8) より $d^\nabla R^\nabla = d^\nabla \circ R^\nabla - R^\nabla \circ d^\nabla = (d^\nabla)^3 - (d^\nabla)^3 = 0$ を得る． □

注意 2.2.10 命題 2.2.9 は以下のような単純な計算でも証明される．実際 (2.9) より，

$$(d^\nabla R^\nabla)|_{U_\alpha} = dR_\alpha + A_\alpha \wedge R_\alpha - R_\alpha \wedge A_\alpha$$

が成り立つ．右辺に $R_\alpha = dA_\alpha + A_\alpha \wedge A_\alpha$ を代入すれば 0 となる．

例 2.2.11 (f^*E 上の接続) 例 1.3.5 の記号を引き続き用いる. $\pi_E \colon E \to M$ 上の接続 ∇^E が局所自明化 $\phi_\alpha \colon E|_{U_\alpha} \to U_\alpha \times \mathbb{K}^r$ に関して $\nabla^E|_{U_\alpha} = d + A_\alpha^E$ と表わされるとする. このとき, ∇^E の C^∞ 級写像 $f \colon N \to M$ による引き戻し ∇^{f^*E} を以下のように定める.

$V_\alpha = f^{-1}(U_\alpha)$ 上の局所接続形式を $A_\alpha^{f^*E} = (f|_{V_\alpha})^* A_\alpha^E \in \Omega^1(V_\alpha; \operatorname{End}(\mathbb{K}^r))$ と定めるとき, $V_\alpha \cap V_\beta$ 上で

$$\begin{aligned}
A_\beta^{f^*E} &= (f|_{V_\alpha \cap V_\beta})^* A_\beta^E \\
&= (f|_{V_\alpha \cap V_\beta})^* ((g_{\alpha\beta}^E)^{-1} A_\alpha^E g_{\alpha\beta}^E + (g_{\alpha\beta}^E)^{-1} dg_{\alpha\beta}^E) \\
&= ((f|_{V_\alpha \cap V_\beta})^* g_{\alpha\beta}^E)^{-1} ((f|_{V_\alpha \cap V_\beta})^* A_\alpha^E)((f|_{V_\alpha \cap V_\beta})^* g_{\alpha\beta}^E) \\
&\qquad\qquad + ((f|_{V_\alpha \cap V_\beta})^* g_{\alpha\beta}^E)^{-1}((f|_{V_\alpha \cap V_\beta})^* dg_{\alpha\beta}^E) \\
&= (g_{\alpha\beta}^{f^*E})^{-1} A_\alpha^{f^*E} g_{\alpha\beta}^{f^*E} + (g_{\alpha\beta}^{f^*E})^{-1} dg_{\alpha\beta}^{f^*E}
\end{aligned}$$

を満たす. したがって, 局所自明化 $\phi_\alpha^{f^*E}$ に関して $\nabla^{f^*E}|_{V_\alpha} = d + A_\alpha^{f^*E}$ と表わされる f^*E 上の接続 ∇^{f^*E} が定義される. さらに次が成り立つ.

命題 2.2.12 任意の $s \in \Omega^p(E)$ に対して次が成り立つ.

$$d^{\nabla^{f^*E}}(f^*s) = f^*(d^{\nabla^E} s) \in \Omega^{p+1}(f^*E)$$

とくに, 任意の $s \in \Gamma(E)$ に対して $\nabla^{f^*E}(f^*s) = f^*(\nabla^E s)$ が成り立つ.

証明 局所自明化 ϕ_α に関して $s|_{U_\alpha} = s_\alpha$ と表わされるとすると,

$$\begin{aligned}
(d^{\nabla^{f^*E}}(f^*s))|_{f^{-1}(U_\alpha)} &= (d + (f|_{f^{-1}(U_\alpha)})^* A_\alpha^E \wedge)((f|_{f^{-1}(U_\alpha)})^* s_\alpha) \\
&= (f|_{f^{-1}(U_\alpha)})^*((d + A_\alpha^E \wedge) s_\alpha) \\
&= (f^*(d^{\nabla^E} s))|_{f^{-1}(U_\alpha)}
\end{aligned}$$

となり, $d^{\nabla^{f^*E}}(f^*s) = f^*(d^{\nabla^E} s)$ を得る. □

注意 2.2.13 $\operatorname{End}(f^*E)$ と $f^*(\operatorname{End} E)$ は自然に同一視される. このとき, $R^{\nabla^{f^*E}} \in \Omega^2(\operatorname{End}(f^*E))$ と $f^* R^{\nabla^E} \in \Omega^2(f^*(\operatorname{End} E))$ も自然に同一視される.

2.3 平行移動

∇^E をベクトル束 $\pi\colon E \to M$ 上の接続とする．$c\colon [a,b] \to M$ を C^∞ 級曲線とする．このとき，$\gamma \in \Gamma(c^*E)$ を未知関数とする次のような微分方程式の初期値問題を考える．

$$\nabla^{c^*E}_{\frac{d}{dt}}\gamma = 0 \in \Gamma(c^*E), \qquad \gamma(a) = \xi \in E_{c(a)} \tag{2.10}$$

E の局所自明化 $\phi_\alpha\colon E|_{U_\alpha} \to U_\alpha \times \mathbb{K}^r$ に関して $\nabla^E|_{U_\alpha} = d + A^E_\alpha$ と表わされるとする．ϕ_α の定める c^*E の $c^{-1}(U_\alpha)$ 上の局所自明化に関して，微分方程式 $\nabla^{c^*E}_{\frac{d}{dt}}\gamma = 0$ は次のように表わされる．

$$\frac{d}{dt}\begin{pmatrix}\gamma_\alpha^1 \\ \vdots \\ \gamma_\alpha^r\end{pmatrix} + \left\{(c^*A_\alpha)\left(\frac{d}{dt}\right)\right\}\begin{pmatrix}\gamma_\alpha^1 \\ \vdots \\ \gamma_\alpha^r\end{pmatrix} = 0$$

これは 1 階線型常微分方程式だから，(2.10) の解は一意に存在し，しかも解は初期値に対して線型に依存する．したがって，$\gamma \in \Gamma(c^*E)$ を (2.10) の解とするとき，線型写像 $P_c\colon E_{c(a)} \to E_{c(b)}$ が $P_c(\xi) = \gamma(b)$ により定まる．これを曲線 $c\colon [a,b] \to M$ に沿った**平行移動** (parallel transport) という．平行移動 $P_c\colon E_{c(a)} \to E_{c(b)}$ は，曲線 c の始点と終点のみだけでなく，c 全体に依存する．

平行移動と接続は以下の意味で同等な概念である．ベクトル束 $\pi\colon E \to M$ が与えられたとき，一般に M の異なる点における E のファイバーを自然に同一視することはできない．ところが，E に接続 ∇ をひとつ固定すると，曲線 $c\colon [a,b] \to M$ に対して，平行移動によってその曲線上にある E のファイバーを同一視することができる．曲線上のファイバーを同一視すると，$s \in \Gamma(E)$ に対して c^*s を $[a,b]$ からひとつのベクトル空間への写像とみなすことができるので，c^*s を微分することができる．これが共変微分である．すなわち $P_{c,t}\colon E_{c(a)} \to E_{c(t)}$ を $c|_{[a,t]}$ に沿った平行移動とするとき，次が成り立つ．

$$\lim_{t \to a}\frac{(P_{c,t})^{-1}((c^*s)(t)) - (c^*s)(a)}{t-a} = \nabla^{c^*E}_{\frac{d}{dt}}(c^*s)\Big|_{t=a} \in E_{c(a)} \tag{2.11}$$

実際, $\varepsilon_1,\ldots,\varepsilon_r$ を $E_{c(a)}$ の基底とし, $\widetilde{\varepsilon}_i \in \Gamma(c^*E)$ を $\widetilde{\varepsilon}_i(t) = P_{c,t}(\varepsilon_i) \in E_{c(t)}$ により定める. $(c^*s)(t) = \sum_{i=1}^{r} s_i(t)\widetilde{\varepsilon}_i(t)$ と表わすとき, (2.11) の両辺は $\sum_{i=1}^{r} \dfrac{ds_i}{dt}(a)\varepsilon_i$ に等しい. 接続は平行移動を定めるが, 上でみたように平行移動は接続を定める. このように, 接続と平行移動は同等な概念である.

2.4 ファイバー計量

この節ではベクトル束のファイバー計量を導入する. まず, 実ベクトル束の場合を考える.

定義 2.4.1 $\pi\colon E \to M$ を実ベクトル束とする.
(1) $h \in \Gamma(E^* \otimes E^*)$ が E のファイバー計量であるとは, 各 $x \in M$ に対して $h_x \in E_x^* \otimes E_x^*$ が E_x の内積となっていることである. すなわち, 各 $x \in M$ ごとに $v, w \in E_x$ に対して次の $(1-1)$, $(1-2)$ が成り立つことである.
$(1-1)$ $h_x(v,w) = h_x(w,v)$.
$(1-2)$ $h_x(v,v) \geq 0$. 等号成立は $v=0$ の場合に限る.
(2) E 上の接続 ∇ が h を保つとは, 任意の $s_1, s_2 \in \Gamma(E)$ に対して次が成り立つことである.

$$dh(s_1, s_2) = h(\nabla s_1, s_2) + h(s_1, \nabla s_2) \in \Omega^1(M) \tag{2.12}$$

$\varphi \in \Omega^k(E), \psi \in \Omega^l(E)$ とする. $h(\varphi \wedge \psi) \in \Omega^{k+l}(M)$ により, E については h をとり, 微分形式の部分については $\wedge$ をとったものを表わす. ∇ が h を保つとき次が成り立つことが容易に確かめられる.

$$dh(\varphi \wedge \psi) = h(d^\nabla \varphi \wedge \psi) + (-1)^k h(\varphi \wedge d^\nabla \psi) \in \Omega^{k+l+1}(M) \tag{2.13}$$

命題 2.4.2 ∇^E を実ベクトル束 E 上の接続, h をファイバー計量とする. ∇^E の誘導する $E^* \otimes E^*$ 上の接続を $\nabla^{E^* \otimes E^*}$ とする. このとき, ∇^E が h を保つことと $\nabla^{E^* \otimes E^*} h = 0 \in \Omega^1(E^* \otimes E^*)$ であることは同値である.

証明 $s_1, s_2 \in \Gamma(E)$ に対して $h(s_1, s_2) = C_1^1 C_2^2(s_1 \otimes s_2 \otimes h)$ であるから, 命題 2.2.7 に注意すると, 次を得る.

$$(\nabla^{E^*\otimes E^*}h)(s_1,s_2) = C_1^1 C_2^2\{(s_1\otimes s_2\otimes \nabla^{E^*\otimes E^*}h)\}$$
$$= C_1^1 C_2^2\{\nabla^{\mathcal{E}_2^2}(s_1\otimes s_2\otimes h) - \nabla^E s_1\otimes s_2\otimes h - s_1\otimes \nabla^E s_2\otimes h\}$$
$$= d\{C_1^1 C_2^2(s_1\otimes s_2\otimes h)\} - C_1^1 C_2^2(\nabla^E s_1\otimes s_2\otimes h) - C_1^1 C_2^2(s_1\otimes \nabla^E s_2\otimes h)$$
$$= dh(s_1,s_2) - h(\nabla^E s_1,s_2) - h(s_1,\nabla^E s_2)$$

主張はこれより従う． □

次に，複素ベクトル束のファイバー計量を導入する．

定義 2.4.3 $\pi\colon E\to M$ を複素ベクトル束とする．
(1) h が E の **Hermite 計量** (Hermitian metric) であるとは，次の $(1-1)$，$(1-2)$ を満たすものである．
$(1-1)$ 各 $p\in M$ において E_p の Hermite 計量 $h_p\colon E_p\times E_p\to \mathbb{C}$ が定まっている．すなわち，任意の $v,w\in E_p$ に対して次の (a), (b), (c) が成り立つ．
  (a) $E_p\ni v\mapsto h_p(v,w)\in \mathbb{C}$ は $\mathbb{C}$ 上の線型写像である．
  (b) $h_p(w,v) = \overline{h_p(v,w)}$．
  (c) $h_p(v,v)\geq 0$. 等号成立は $v=0$ の場合に限る．
$(1-2)$ 任意の $s,t\in\Gamma(E)$ に対して $h(s,t)\in C^\infty(M)\otimes_\mathbb{R}\mathbb{C}$ が成り立つ．
組 (E,h) を Hermite **ベクトル束** (Hermitian vector bundle) という．
(2) E の接続 ∇ が h を保つとは，任意の $X\in\Gamma(TM\otimes_\mathbb{R}\mathbb{C})$, $s,t\in\Gamma(E)$ に対して次が成り立つことである．

$$Xh(s,t) = h(\nabla_X s,t) + h(s,\nabla_{\bar{X}} t)$$

注意 2.4.4 定義 2.4.3 より Hermite 計量は第 1 成分については $\mathbb{C}$ 上線型，第 2 成分については $\mathbb{C}$ 上反線型である．すなわち $a,b\in\mathbb{C}, u,v\in E_p$ に対して $h_p(au,bv) = a\bar{b}h_p(u,v)$ が成り立つ．

$\mathbb{K}=\mathbb{R}$ または $\mathbb{C}$ に応じて $\pi\colon E\to M$ を実または複素ベクトル束とする．2.1 節において，E 上の接続全体の空間 $\mathcal{A}(E)$ と E のゲージ変換群 $\mathcal{G}(E)$ を定義した．h をファイバー計量とするとき，(E,h) 上の h を保つ接続全体の空間 $\mathcal{A}(E,h)$, (E,h) のゲージ変換群 $\mathcal{G}(E,h)$ を次で定める．

$$\mathcal{A}(E,h) = \{\nabla \in \mathcal{A}(E) \mid \nabla \text{ は } h \text{ を保つ }\},$$

$$\mathcal{G}(E,h) = \{\varphi \in \mathcal{G}(E) \mid \text{各 } p \in M \text{ に対して } \varphi_p \text{ は } h_p \text{ を保つ }\}$$

また，$\varphi \in \mathcal{G}(E,h)$ を (E,h) の**ゲージ変換**という．

各 $p \in M$, $\varphi_p \in \mathrm{End}(E_p)$ に対して，$\varphi_p^* \in \mathrm{End}(E_p)$ で，任意の $s_p, t_p \in E_p$ に対して $h_p(\varphi_p s_p, t_p) = h_p(s_p, \varphi_p^* t_p)$ を満たすものがただひとつ存在する．すなわち，E_p の正規直交基底に関して行列表示すると，$\mathbb{K} = \mathbb{R}$ の場合は φ_p^* は φ_p の転置行列，$\mathbb{K} = \mathbb{C}$ の場合は φ_p^* は φ_p の複素共役の転置行列となる．

$$(\mathrm{End}_{\mathrm{skew}} E)_p = \{\varphi_p \in \mathrm{End}(E_p) \mid \varphi_p^* = -\varphi_p\}$$

とおくと，$\mathrm{End} E$ の実部分ベクトル束 $\mathrm{End}_{\mathrm{skew}} E$ が定まる．

命題 2.4.5 $\pi\colon E \to M$ をベクトル束，h をファイバー計量とする．
(1) $\nabla \in \mathcal{A}(E)$ とする．$\nabla \in \mathcal{A}(E,h)$ であるための必要十分条件は，正規直交枠場の定める局所自明化 $\phi_\alpha\colon E_{U_\alpha} \to U_\alpha \times \mathbb{K}^r$ に関して $\nabla|_{U_\alpha} = d + A_\alpha$ とするとき，${}^t\overline{A_\alpha} + A_\alpha = 0 \in \Omega^1(U; \mathrm{End}(\mathbb{K}^r))$ が成り立つことである．ここで $\overline{A_\alpha}$ は A_α の複素共役である（したがって $\mathbb{K} = \mathbb{R}$ の場合は $\overline{A_\alpha} = A_\alpha$ である）．
(2) $\nabla \in \mathcal{A}(E,h)$ とする．$\mathbb{K}$ 上の線型写像 $\nabla'\colon \Omega^0(E) \to \Omega^1(E)$ に対して $\nabla' \in \mathcal{A}(E,h)$ であるための必要十分条件は $\nabla' - \nabla \in \Omega^1(\mathrm{End}_{\mathrm{skew}} E)$ が成り立つことである．すなわち，$\mathcal{A}(E,h) = \nabla + \Omega^1(\mathrm{End}_{\mathrm{skew}} E)$ が成り立つ．
(3) $\nabla \in \mathcal{A}(E,h)$, $\varphi \in \Omega^k(E)$, $\psi \in \Omega^l(E)$ に対して次が成り立つ．

$$h((R^\nabla \wedge \varphi) \wedge \psi) + h(\varphi \wedge (R^\nabla \wedge \psi)) = 0 \in \Omega^{k+l+2}(M)$$

とくに，$R^\nabla \in \Omega^2(\mathrm{End}_{\mathrm{skew}} E)$ が成り立つ．
(4) $\nabla \in \mathcal{A}(E,h)$, $\varphi \in \mathcal{G}(E,h)$ に対して $\varphi^* \nabla = \varphi^{-1} \circ \nabla \circ \varphi\colon \Omega^0(E) \to \Omega^1(E)$ と定めるとき，$\varphi^* \nabla \in \mathcal{A}(E,h)$ が成り立つ．

証明 (1) $s, t \in \Gamma(E)$ は ϕ_α に関して $s|_{U_\alpha} = s_\alpha$, $t|_{U_\alpha} = t_\alpha$ とする．$\mathbb{K}^r$ の標準内積を $(\cdot, \cdot)_0$ で表わす．このとき U_α 上で次が成り立つ．

$$h(\nabla s, t) + h(s, \nabla t) - dh(s,t)|_{U_\alpha}$$
$$= ((d + A_\alpha) s_\alpha, t_\alpha)_0 + (s_\alpha, (d + A_\alpha) t_\alpha)_0 - d(s_\alpha, t_\alpha)_0$$
$$= (A_\alpha s_\alpha, t_\alpha)_0 + (s_\alpha, A_\alpha t_\alpha)_0 = (({}^t\overline{A_\alpha} + A_\alpha) s_\alpha, t_\alpha)_0$$

これより主張は従う．

(2) (1) および命題 2.1.10 より従う．

(3) (2.13) の両辺に外微分作用素 d をほどこせば，(2.5) より次を得る．

$$\begin{aligned} 0 &= h((R^\nabla \wedge \varphi) \wedge \psi) + (-1)^{k+1} h(d^\nabla \varphi \wedge d^\nabla \psi) \\ &\quad + (-1)^k h(d^\nabla \varphi \wedge d^\nabla \psi) + (-1)^{2k} h(\varphi \wedge (R^\nabla \wedge \psi)) \\ &= h((R^\nabla \wedge \varphi) \wedge \psi) + h(\varphi \wedge (R^\nabla \wedge \psi)) \end{aligned}$$

(4) 命題 2.1.11 より $\varphi^* \nabla \in \mathcal{A}(E)$ が成り立つ．さらに $s, t \in \Omega^0(E)$ に対して

$$\begin{aligned} h((\varphi^* \nabla)s, t) + h(s, (\varphi^* \nabla)t) &= h(\nabla(\varphi s), \varphi t) + h(\varphi s, \nabla(\varphi t)) \\ &= dh(\varphi s, \varphi t) = dh(s, t) \end{aligned}$$

が成り立つから，$\varphi^* \nabla \in \mathcal{A}(E, h)$ を得る． □

定義 2.4.6 X を集合，G を群，$e \in G$ を単位元とする．次の (1), (2) を満たす写像 $X \times G \ni (x, g) \mapsto xg \in X$ を G の X への**右作用** (right action) という．このとき，G は X に右から作用するという．

(1) 任意の $x \in X$ に対して $xe = x$ が成り立つ．

(2) 任意の $x \in X, g, h \in G$ に対して $(xg)h = x(gh)$ が成り立つ．

G が X に右から作用しているとする．$x, y \in X$ に対して $y = xg$ を満たす $g \in G$ が存在するとき，$x \sim y$ と定める．このとき，$\sim$ は X の同値関係になり，同値類の集合を X/G で表わす．

命題 2.1.11 より $\mathcal{G}(E)$ は $\mathcal{A}(E)$ に右から作用する．さらに命題 2.4.5 より $\mathcal{G}(E, h)$ は $\mathcal{A}(E, h)$ に右から作用する．したがって，ゲージ同値類の集合 $\mathcal{A}(E)/\mathcal{G}(E), \mathcal{A}(E, h)/\mathcal{G}(E, h)$ が得られる．

第3章 Riemann多様体

微分可能多様体であって，その接束のファイバー計量が与えられたものを Riemann 多様体という．この章では，Riemann 多様体に関する基本的な概念，とくに，Levi-Civita 接続と呼ばれる接束上の標準的な接続を導入する．これにより，空間の曲がり方を表わす種々の曲率の概念が定式化される．

3.1 Riemann計量

定義 3.1.1 M を微分可能多様体とする．M の接束 TM 上のファイバー計量を **Riemann 計量** (Riemannian metric) という．また，M と Riemann 計量 g との組 (M,g) を **Riemann 多様体** (Riemannian manifold) という．

Riemann 計量 $g \in \Gamma(T^*M \otimes T^*M)$ は正定値対称形式である．すなわち，U を M の座標近傍, $(x^1,\ldots,x^n)$ を U 上の局所座標, $g_{ij} = g\left(\dfrac{\partial}{\partial x^i}, \dfrac{\partial}{\partial x^j}\right) \in C^\infty(U)$ とする．このとき

$$g|_U = \sum_{i,j=1}^n g_{ij} dx^i \otimes dx^j$$

と表わされるが，行列 (g_{ij}) は U の各点で正定値対称行列となる．

上の表記において，添え字 i,j が上付きか下付きかは重要である．上では $dx^1,\ldots,dx^n$ の添え字は上付きである．また，$\dfrac{\partial}{\partial x^1},\ldots,\dfrac{\partial}{\partial x^n}$ の添え字は下付きとみなす．さらに，上付きの添え字をもつベクトルの係数の添え字は下付きで，下付きの添え字をもつベクトルの係数の添え字は上付きとする．たとえば $u = \sum_{i=1}^n a_i dx^i$, $v = \sum_{j=1}^n b^j \dfrac{\partial}{\partial x^j}$ のように表わす．さらに上付きの添え字と下付きの添え字に対して和をとる場合，シグマ記号はしばしば省略される．これを **Einstein の規約** (Einstein summation convention) と呼ぶ．上の u, v

は $u = a_i dx^i$, $v = b^j \dfrac{\partial}{\partial x^j}$ と表わされる．この表記法で Riemann 計量 g は $g|_U = g_{ij} dx^i \otimes dx^j$ と表わされる．

定義 3.1.2 (M, g), (N, h) を Riemann 多様体とする．微分同相写像 $f \colon M \to N$ が $f^*h = g$ を満たすとき，$f \colon (M, g) \to (N, h)$ は**等長写像** (isometry) であるという．ただし $v, w \in T_p M$ に対して $(f^*h)_p(v, w) = h_{f(p)}(f_{*p}v, f_{*p}w)$ と定める．

等長写像 $f \colon (M, g) \to (N, h)$ が存在するとき，(M, g) と (N, h) は**等長的** (isometric) であるという．

等長写像 $f \colon (M, g) \to (M, g)$ を (M, g) の**等長変換** (isometry) という．また，(M, g) の等長変換全体のなす群を**等長変換群** (isometry group) という．

Riemann 多様体では，以下のように曲線の長さが定義される．$c \colon [a, b] \to M$ が**区分的 C^∞ 級曲線** (piecewise smooth curve) であるとは，c は連続写像で，かつ $[a, b]$ の有限個の分割 $a = t_0 < t_1 < \cdots < t_{l-1} < t_l = b$ が存在して，各 $c|_{[t_{i-1}, t_i]}$ が C^∞ 級となることである．また $c(a), c(b)$ をそれぞれ c の始点，終点という．

定義 3.1.3 (M, g) を Riemann 多様体とする．区分的 C^∞ 級曲線 $c \colon [a, b] \to M$ に対して c の**長さ** (length) $L(c)$ が次で定義される．

$$L(c) = \int_a^b \sqrt{g\left(\frac{dc}{dt}, \frac{dc}{dt}\right)} dt$$

注意 3.1.4 曲線 c の長さ $L(c)$ は曲線のパラメータ付けによらない．すなわち，$\psi \colon [\alpha, \beta] \to [a, b]$ を $\psi(\alpha) = a$, $\psi(\beta) = b$ で $[\alpha, \beta]$ 上 $\dfrac{d\psi}{ds}(s) > 0$ を満たす C^∞ 級写像とするとき，$L(c \circ \psi) = L(c)$ が容易に確かめられる．また，区分的 C^∞ 級曲線 c が $\left|\dfrac{dc}{dt}\right| = 1$ を満たすとき，弧長によりパラメータ付けされている，という．任意の $t \in [a, b]$ において $\dfrac{dc}{dt}(t) \neq 0$ である C^∞ 級曲線 $c \colon [a, b] \to M$ は，弧長によりパラメータ付けすることができる．

曲線の長さを用いて Riemann 多様体上に距離が次のように定義される．

命題 3.1.5 (M, g) を Riemann 多様体とする．$d_g \colon M \times M \to \mathbb{R}$ を

$$d_g(p, q) = \inf\{L(c) \mid c \text{ は始点 } p, \text{ 終点 } q \text{ の区分的 } C^\infty \text{ 級曲線}\}$$

により定める．このとき次が成り立つ．

(1) d_g は M 上の距離となる．すなわち任意の $p, q, r \in M$ に対して次が成り立つ．

(1 - 1) $d_g(p, q) \geq 0$ が成り立つ．ただし等号成立は $p = q$ の場合に限る．

(1 - 2) $d_g(p, q) = d_g(q, p)$.

(1 - 3) $d_g(p, q) + d_g(q, r) \geq d_g(p, r)$.

(2) 距離 d_g の定める M の位相は，M の多様体としての位相と一致する．

証明 $(1-1)$ $d_g(p, q) \geq 0$ は明らか．また $p = q$ ならば等号成立も明らか．よって $p \neq q$ ならば $d_g(p, q) > 0$ を示せばよい．任意の点 $p \in M$ を固定する．$(x^1, \ldots, x^n)$ を p の周りの座標近傍 U 上の座標とし，U 上で（g とは別の）Riemann 計量 g_0 を $g_0 = \sum_{i=1}^n dx^i \otimes dx^i$ により定める．また $\delta > 0$ に対して $B_\delta^0(p) = \left\{ q \in U \ \Big| \ \sum_{i=1}^n \{x^i(q) - x^i(p)\}^2 < \delta^2 \right\}$ とおく．$\delta > 0$ を十分小さくとり，$B_{2\delta}^0(p)$ の M における閉包が U に含まれるとしてよい．このとき，ある $\lambda > 0$ が存在して，任意の $q \in B_\delta^0(p), v \in T_q M$ に対して次を満たす．

$$\lambda^2 g_0(v, v) \leq g(v, v) \leq \lambda^{-2} g_0(v, v)$$

主張 3.1.6 $d_0 \colon B_\delta^0(p) \times B_\delta^0(p) \to \mathbb{R}$ を $B_\delta^0(p)$ 内の 2 点の g_0 で測った距離とする．このとき，任意の $q \in B_\delta^0(p)$ に対して次が成り立つ．

$$\lambda d_0(p, q) \leq d_g(p, q) \leq \lambda^{-1} d_0(p, q)$$

証明 $c_0 \subset B_\delta^0(p)$ を p と q を結ぶ（g_0 に関する）直線とする．c_0 の g_0 で測った長さを $L^0(c_0)$ により表わすと，$\lambda^{-1} d_0(p, q) = \lambda^{-1} L^0(c^0) \geq L(c^0) \geq d_g(p, q)$ を得る．

一方，任意の $\varepsilon > 0$ を固定するとき，p と q を結ぶ区分的 C^∞ 級曲線 $c \colon [a, b] \to M$ で $d_g(p, q) + \varepsilon \geq L(c)$ を満たすものがとれる．c が $B_\delta^0(p)$ 内にあれば，$d_g(p, q) + \varepsilon \geq L(c) \geq \lambda L^0(c) \geq \lambda d_0(p, q)$ が成り立つ．c が $B_\delta^0(p)$ の外に出るときは，$T = \min\{t \in [a, b] \mid c(t) \notin B_\delta^0(p)\}$ とするとき，$d_g(p, q) + \varepsilon \geq L(c) \geq L(c|_{[a,T]}) \geq \lambda L^0(c|_{[a,T]}) \geq \lambda \delta \geq \lambda d_0(p, q)$ が成り立つ．$\varepsilon > 0$ は任意だから，いずれの場合も $d_g(p, q) \geq \lambda d_0(p, q)$ が成り立つ． □

主張 3.1.6 より，$p \neq q$ ならば $d_g(p,q) > 0$ であることはただちに従う．
$(1-2)$ 曲線のパラメータの向きを変えても曲線の長さは変わらないことから従う．
$(1-3)$ 任意の $\varepsilon > 0$ を固定する．このとき，p と q を結ぶ区分的 C^∞ 級曲線 c_1 で $L(c_1) \leq d_g(p,q) + \dfrac{\varepsilon}{2}$ を満たすものが存在する．同様に，q と r を結ぶ区分的 C^∞ 級曲線 c_2 で $L(c_2) \leq d_g(q,r) + \dfrac{\varepsilon}{2}$ を満たすものが存在する．c_1 と c_2 をつないだ曲線 c は p と r を結ぶ区分的 C^∞ 級曲線である．したがって

$$d_g(p,r) \leq L(c) = L(c_1) + L(c_2) \leq \left(d_g(p,q) + \frac{\varepsilon}{2}\right) + \left(d_g(q,r) + \frac{\varepsilon}{2}\right)$$
$$\leq d_g(p,q) + d_g(q,r) + \varepsilon$$

が成り立つ．$\varepsilon > 0$ は任意だから，$(1-3)$ が示された．
(2) $(1-1)$ の証明の記号を用いる．このとき，$\{B^0_\varepsilon(p) \mid \delta \geq \varepsilon > 0\}$ は多様体としての位相に関する $p \in M$ の基本近傍系である．一方 $B_\varepsilon(p) = \{q \in M \mid d_g(p,q) < \varepsilon\}$ とするとき，$\{B_\varepsilon(p) \mid \delta \geq \varepsilon > 0\}$ は距離 d_g の定める距離空間としての位相に関する $p \in M$ の基本近傍系である．主張 3.1.6 からこの 2 つの位相が等しいことがわかる． $\square$

向き付けられた Riemann 多様体は以下のように自然な測度をもつ．

定義 3.1.7 (M,g) を向き付けられた n 次元 Riemann 多様体とする．このとき n 次微分形式 $\mathrm{vol}_g \in \Omega^n(M)$ で，任意の $p \in M$ における向きと整合的な正規直交基底 $v_1, \ldots, v_n \in T_pM$ に対して $\mathrm{vol}_g(v_1, \ldots, v_n) = 1$ を満たすものが存在する．これを Riemann 多様体 (M,g) の**体積要素** (volume element) という．また $\mathrm{Vol}(M,g) = \displaystyle\int_M \mathrm{vol}_g \in \mathbb{R}_{\geq 0} \cup \{\infty\}$ を Riemann 多様体 (M,g) の**体積** (volume) という．

命題 3.1.8 (M,g) を向き付けられた n 次元 Riemann 多様体とする．U を M の開集合とする．$e_1, \ldots, e_n \in \Gamma(TM|_U)$ を M の向きと整合的な $TM|_U$ の（正規直交とは限らない）枠場，$e^1, \ldots, e^n \in \Gamma(TM^*|_U)$ をその双対枠場とする．$g|_U = g_{ij} e^i \otimes e^j$ と表わす．$(g_{ij}) \in C^\infty(U; GL(n;\mathbb{R}))$ の行列式を $\det(g_{ij}) \in C^\infty(U)$ により表わすとき，次が成り立つ．

$$\mathrm{vol}_g|_U = \sqrt{\det(g_{ij})}\, e^1 \wedge \cdots \wedge e^n \in \Omega^n(U)$$

証明 M の向きと整合的な正規直交枠場 $v_1, \ldots, v_n \in \Gamma(TM|_U)$ を固定する. $e_j = \sum_{i=1}^n a_{ij} v_i$ $(j = 1, \ldots, n)$ とする. $A = (a_{ij})$ とするとき $\mathrm{vol}_g(e_1, \ldots, e_n) = \det A$ を得る. すなわち $\mathrm{vol}_g = (\det A) e^1 \wedge \cdots \wedge e^n$ となる. 一方, ${}^t A A = \left(\sum_{k=1}^n a_{ki} a_{kj} \right) = (g_{ij})$ であるから $\det A = \sqrt{\det(g_{ij})}$ を得る. □

3.2 接束上の接続

この節では, 微分可能多様体の接束上の接続の一般的な性質を調べる. この節では, Riemann 計量はいっさい用いない.

∇ を微分可能多様体 M の接束 TM 上の接続とする. U を M の開集合とする. $e_1, \ldots, e_n \in \Gamma(TM|_U)$ を枠場, $e^1, \ldots, e^n \in \Gamma(TM^*|_U)$ をその双対枠場とする. このとき

$$\nabla_{e_i} e_j = \sum_{k=1}^n \Gamma_{ij}^k e_k$$

により $\Gamma_{ij}^k \in C^\infty(U)$ を定め, **Christoffel 記号** (Christoffel symbol) という. このとき接続形式 $A = (A_j^k) \in C^\infty(U; \mathrm{End}(\mathbb{R}^n))$ は以下のように表わされる.

$$\nabla e_j = \sum_{k=1}^n e_k \otimes A_j^k, \quad \text{ただし } A_j^k = \sum_{i=1}^n \Gamma_{ij}^k e^i \in \Omega^1(U)$$

一般のベクトル束 $\pi\colon E \to M$ に対して $\mathrm{id}_E \in \Gamma(\mathrm{End} E) = \Gamma(E \otimes E^*)$ が定義される. ところが, E が M の接束 TM の場合には, $\mathrm{id}_{TM} \in \Omega^1(TM)$ とみなすことができ, これを M の**標準 1 形式** (canonical 1-form) と呼ぶ.

定義 3.2.1 TM 上の接続 ∇ の**トーション** (torsion) $T^\nabla \in \Omega^2(TM)$ を次で定める.

$$T^\nabla = d^\nabla \mathrm{id}_{TM} \in \Omega^2(TM)$$

命題 3.2.2 ∇ を TM 上の接続, $T^\nabla \in \Omega^2(TM)$, $R^\nabla \in \Omega^2(\mathrm{End}(TM))$ をそれぞれ ∇ のトーション, 曲率とする. このとき, M 上のベクトル場 X, Y, Z に対して次が成り立つ.

(1) $T^\nabla(X, Y) = \nabla_X Y - \nabla_Y X - [X, Y] \in \Gamma(TM)$.

(2) $R^\nabla(X, Y)Z = \nabla_X \nabla_Y Z - \nabla_Y \nabla_X Z - \nabla_{[X,Y]} Z \in \Gamma(TM)$.

(3) (**Bianchi の第 1 恒等式** (first Bianchi identity))

$$(d^\nabla T^\nabla)(X, Y, Z) = R^\nabla(X,Y)Z + R^\nabla(Y,Z)X + R^\nabla(Z,X)Y \in \Gamma(TM).$$

(4)（**Bianchi の第 2 恒等式** (second Bianchi identity)）

$$0 = (d^\nabla R^\nabla)(X, Y, Z) \in \Gamma(\mathrm{End}(TM))$$
$$= (\nabla_X R^\nabla)(Y, Z) + (\nabla_Y R^\nabla)(Z, X) + (\nabla_Z R^\nabla)(X, Y)$$
$$+ R^\nabla(T^\nabla(X,Y), Z) + R^\nabla(T^\nabla(Y,Z), X) + R^\nabla(T^\nabla(Z,X), Y).$$

証明 (1) 例 2.1.5 において $E = TM$ の場合を考える．このとき (2.4) に $\varphi = \mathrm{id}_{TM} \in \Omega^1(TM)$ を代入すればよい．

(2) 命題 2.1.8 で $E = TM$ の場合である．

(3) $X_1 = X$, $X_2 = Y$, $X_3 = Z$ とおくとき

$$(d^\nabla T^\nabla)(X_1, X_2, X_3) = \{d^\nabla(d^\nabla \mathrm{id}_{TM})\}(X_1, X_2, X_3)$$
$$= (R^\nabla \wedge \mathrm{id}_{TM})(X_1, X_2, X_3)$$
$$= \frac{1}{2!1!} \sum_{\sigma \in S_3} (\mathrm{sign}\,\sigma) R^\nabla(X_{\sigma(1)}, X_{\sigma(2)})(\mathrm{id}_{TM}(X_{\sigma(3)}))$$
$$= R^\nabla(X_1, X_2)X_3 + R^\nabla(X_2, X_3)X_1 + R^\nabla(X_3, X_1)X_2$$

(4) 命題 2.2.9 より $d^\nabla R^\nabla = 0$ である．共変外微分の定義より

$$(d^\nabla R^\nabla)(X_1, X_2, X_3)$$
$$= \nabla_{X_1}\{R^\nabla(X_2, X_3)\} - \nabla_{X_2}\{R^\nabla(X_1, X_3)\} + \nabla_{X_3}\{R^\nabla(X_1, X_2)\}$$
$$- R^\nabla([X_1, X_2], X_3) + R^\nabla([X_1, X_3], X_2) - R^\nabla([X_2, X_3], X_1)$$

である．この式に

$$\nabla_{X_1}\{R^\nabla(X_2, X_3)\}$$
$$= (\nabla_{X_1} R^\nabla)(X_2, X_3) + R^\nabla(\nabla_{X_1} X_2, X_3) + R^\nabla(X_2, \nabla_{X_1} X_3)$$

および $\nabla_{X_2}\{R^\nabla(X_1, X_3)\}$, $\nabla_{X_3}\{R^\nabla(X_1, X_2)\}$ の対応する式を代入すればよい． □

3.3 Levi-Civita 接続

命題 2.1.10 で示したように，ベクトル束上の接続は無数にある．したがっ

て Riemann 多様体の接束上にも無数の接続が存在する．ところが，次の定理より，Riemann 計量は接束上の無数の接続の中から特別な接続をひとつ定める．この意味で，次の定理は Riemann 多様体の幾何の出発点というべき重要な定理である．

定理 3.3.1 (M, g) を Riemann 多様体とする．このとき，TM 上の接続 ∇ で $\nabla g = 0, T^\nabla = 0$ を満たすものがただひとつ存在する．

証明 まず，$\nabla g = 0, T^\nabla = 0$ を満たす TM 上の接続 ∇ が存在すれば，一意であることを示す．TM 上の接続 ∇ が $\nabla g = 0, T^\nabla = 0$ を満たすと仮定する．このとき $\nabla g = 0$ より，M 上のベクトル場 X, Y, Z に対して次が成り立つ．

$$Xg(Y, Z) = g(\nabla_X Y, Z) + g(Y, \nabla_X Z), \tag{3.1}$$

$$Yg(Z, X) = g(\nabla_Y Z, X) + g(Z, \nabla_Y X), \tag{3.2}$$

$$Zg(X, Y) = g(\nabla_Z X, Y) + g(X, \nabla_Z Y) \tag{3.3}$$

$T^\nabla = 0$ に注意して，両辺について (3.1)+(3.2)−(3.3) を計算すると次を得る．

$$Xg(Y, Z) + Yg(Z, X) - Zg(X, Y)$$
$$= 2g(\nabla_X Y, Z) - g([X, Y], Z) + g([Y, Z], X) + g([X, Z], Y)$$

したがって，次を得る．

$$g(\nabla_X Y, Z) = \frac{1}{2}\{Xg(Y, Z) + Yg(Z, X) - Zg(X, Y)$$
$$+ g([X, Y], Z) - g([Y, Z], X) - g([X, Z], Y)\} \tag{3.4}$$

(3.4) の右辺は ∇ によらないから，この式から $\nabla_X Y$ が一意的に決定されることがわかる．

次に $\nabla g = 0, T^\nabla = 0$ を満たす TM 上の接続 ∇ が存在することを示す．$\nabla_X Y$ を (3.4) により定義することを考える．$X, Y \in \mathfrak{X}(M)$ を固定し，写像 $F_{X,Y} \colon \mathfrak{X}(M) \to C^\infty(M)$ を

$$F_{X,Y}(Z) = (3.4) \text{ の右辺}$$

によって定義すると，$F_{X,Y}$ は $C^\infty(M)$ 上線型であることが確かめられる．補題 1.4.7 (1) より $F_{X,Y}(Z) = g(\nabla_X Y, Z)$ を満たすベクトル場 $\nabla_X Y$ が一意的に存在することがわかる．こうして $\nabla_X Y \in \mathfrak{X}(M)$ が定義された．

次に $Y \in \mathfrak{X}(M)$ を固定し，写像 $F_Y \colon \mathfrak{X}(M) \to \mathfrak{X}(M)$ を $F_Y(X) = \nabla_X Y$ によって定義すると，F_Y は $C^\infty(M)$ 上線型であることが確かめられる．補題 1.4.7 (3) より $\nabla Y \in \Omega^1(TM)$ が定義される．したがって $\nabla \colon \mathfrak{X}(M) \to \Omega^1(TM)$ が定義された．

さらに，任意の $Z \in \mathfrak{X}(M)$ に対して $g(\nabla_X(fY) - f\nabla_X Y - (Xf)Y, Z) = 0$ であることが確かめられる．したがって ∇ は接続であることがわかる．同様に $\nabla g = 0, T^\nabla = 0$ を満たすことが示される． $\square$

定義 3.3.2 定理 3.3.1 の（すなわち (3.4) で与えられる）接続 ∇ を Riemann 多様体 (M, g) の **Levi-Civita 接続** (Levi-Civita connection) という．

定義 3.3.3 (M, g) を Riemann 多様体とする．
(1) ベクトル束の同型写像 $\iota_g \colon TM \to T^*M$ を，$p \in M, u, v \in T_pM$ に対して $\langle u, \iota_g(v) \rangle = g(u, v)$ により定める．
(2) T^*M のファイバー計量 $g^* \in \Gamma(TM \otimes TM)$ を，$p \in M, \xi, \eta \in T_p^*M$ に対して次で定める．
$$g^*(\xi, \eta) = g(\iota_g^{-1}(\eta), \iota_g^{-1}(\xi))$$

補題 3.3.4 (1) ベクトル束の同型写像 $\iota_{g^*} \colon T^*M \to TM$ を，$p \in M, \xi, \eta \in T_p^*M$ に対して $\langle \iota_{g^*}(\eta), \xi \rangle = g^*(\xi, \eta)$ により定めるとき，$\iota_{g^*} = (\iota_g)^{-1}$ が成り立つ．
(2) U を M の開集合とする．$e_1, \ldots, e_n \in \Gamma(TM|_U)$ を $TM|_U$ の（正規直交とは限らない）枠場，$e^1, \ldots, e^n \in \Gamma(TM^*|_U)$ をその双対枠場とする．

$$g|_U = g_{ij} e^i \otimes e^j, \quad \text{すなわち} \quad g_{ij} = g(e_i, e_j),$$
$$g^*|_U = g^{ij} e_i \otimes e_j, \quad \text{すなわち} \quad g^{ij} = g^*(e^i, e^j)$$

とするとき次が成り立つ．

$$\iota_g(e_i) = g_{ij} e^j, \quad \iota_{g^*}(e^j) = g^{jk} e_k, \quad (g^{ij}) = (g_{ij})^{-1}$$

証明 (1) 任意の $p \in M, \xi, \eta \in T_p^*M$ に対して次が成り立つ．

$$\langle \iota_{g^*}(\eta), \xi \rangle = g^*(\xi, \eta) = g(\iota_g^{-1}(\eta), \iota_g^{-1}(\xi)) = \langle \iota_g^{-1}(\eta), \xi \rangle$$

したがって $\iota_{g^*} = (\iota_g)^{-1}$ を得る．

(2) $\iota_g(e_i) = \langle e_j, \iota_g(e_i) \rangle e^j = g(e_j, e_i) e^j = g_{ij} e^j$ である．$\iota_{g^*}(e^j)$ についても同様である．また $e_i = \iota_{g^*}(\iota_g(e_i)) = \iota_{g^*}(g_{ij} e^j) = g_{ij} g^{jk} e_k$ より $g_{ij} g^{jk} = \delta_i^k$ が従う． □

注意 3.3.5 縮約を用いれば，$X \in \mathfrak{X}(M)$ に対して $\iota_g(X) = C_1^1 X \otimes g \in \Omega^1(M)$ となる．$g \in \Gamma(T^*M \otimes T^*M)$ は対称形式であるから $C_1^1 X \otimes g = C_2^1 X \otimes g$ が成り立つ．このため，以後単に $C_1^1 X \otimes g$ を $CX \otimes g$ としばしば表わす．$g^* \in \Gamma(TM \otimes TM)$ も対称形式であるから同様の表記により，$\phi \in \Omega^1(M)$ に対して $\iota_{g^*}(\phi) = Cg^* \otimes \phi \in \mathfrak{X}(M)$ が成り立つ．

注意 3.3.6 U を M の開集合とする．$e_1, \ldots, e_n \in \Gamma(TM|_U)$ を $TM|_U$ の（正規直交とは限らない）枠場，$e^1, \ldots, e^n \in \Gamma(TM^*|_U)$ をその双対枠場とする．$X|_U = X^i e_i, \phi|_U = \phi_j e^j$ と表わすとき，補題 3.3.4 より，$\iota_g(X)|_U = X^i g_{ij} e^j$, $\iota_{g^*}(\phi)|_U = \phi_j g^{jk} e_k$ である．テンソル解析において $X^i g_{ij}$ を X_j と表わして「指数を下げる」，または $\phi_j g^{jk}$ を ϕ^k と表わして「指数を上げる」などということがあるが，これは ι_g や ι_{g^*} をほどこすことに対応している．

命題 3.3.7 (M, g) を Riemann 多様体，∇ を Levi-Civita 接続，あるいは Levi-Civita 接続 ∇ の誘導する接続とする．このとき $\nabla g^* = 0$ が成り立つ．また $X, Y \in \mathfrak{X}(M), \phi \in \Omega^1(M)$ に対して次が成り立つ．

$$\iota_g(\nabla_X Y) = \nabla_X \{\iota_g(Y)\}, \quad \iota_{g^*}(\nabla_X \phi) = \nabla_X \{\iota_{g^*}(\phi)\}$$

証明 命題 2.2.7 と $\nabla g = 0$ に注意すると

$$\nabla_X \{\iota_g(Y)\} = \nabla_X \{C(Y \otimes g)\} = C\{\nabla_X (Y \otimes g)\} = C(\nabla_X Y \otimes g) = \iota_g(\nabla_X Y)$$

を得る．すなわち $\nabla_X \circ \iota_g = \iota_g \circ \nabla_X$ が成り立つ．この両辺に $\iota_{g^*} \circ$ と $\circ \iota_{g^*}$ をほどこすと，$\iota_{g^*} = \iota_g^{-1}$ より $\iota_{g^*} \circ \nabla_X = \nabla_X \circ \iota_{g^*}$ を得る．これより $\nabla g^* = 0$ を得る．$\nabla g^* = 0$ から $\iota_{g^*}(\nabla_X \phi) = \nabla_X \{\iota_{g^*}(\phi)\}$ も従う． □

$(x^1, \ldots, x^n)$ を M の開集合 U 上の座標とするとき，Riemann 多様体 (M, g) の Levi-Civita 接続 ∇ を

$$\nabla_{\frac{\partial}{\partial x^i}} \frac{\partial}{\partial x^j} = \sum_{k=1}^{n} \Gamma_{ij}^k \frac{\partial}{\partial x^k}$$

と表わす．また $g|_U = g_{ij} dx^i \otimes dx^j$, $(g^{ij}) = (g_{ij})^{-1}$ と表わす．このとき，$\Gamma_{ij}^k \in C^\infty(U)$ を $g_{ij} \in C^\infty(U)$ を用いて表わすことを考える．

(3.4) において $X = \frac{\partial}{\partial x^i}, Y = \frac{\partial}{\partial x^j}, Z = \frac{\partial}{\partial x^l}$ とおくと次を得る．

$$g\Big(\Gamma_{ij}^m \frac{\partial}{\partial x^m}, \frac{\partial}{\partial x^l}\Big) = \frac{1}{2}\Big(\frac{\partial g_{jl}}{\partial x^i} + \frac{\partial g_{il}}{\partial x^j} - \frac{\partial g_{ij}}{\partial x^l}\Big)$$

左辺 $= g_{ml} \Gamma_{ij}^m$ であるから，両辺に g^{kl} をかけて，l について和をとると

$$\Gamma_{ij}^k = \frac{1}{2} g^{kl} \Big(\frac{\partial g_{jl}}{\partial x^i} + \frac{\partial g_{il}}{\partial x^j} - \frac{\partial g_{ij}}{\partial x^l}\Big) \tag{3.5}$$

を得る．(3.5) から $\Gamma_{ij}^k = \Gamma_{ji}^k$ がわかる．これは

$$0 = T^\nabla\Big(\frac{\partial}{\partial x^i}, \frac{\partial}{\partial x^j}\Big) = \nabla_{\frac{\partial}{\partial x^i}} \frac{\partial}{\partial x^j} - \nabla_{\frac{\partial}{\partial x^j}} \frac{\partial}{\partial x^i} - \Big[\frac{\partial}{\partial x^i}, \frac{\partial}{\partial x^j}\Big] = (\Gamma_{ij}^k - \Gamma_{ji}^k) \frac{\partial}{\partial x^k}$$

からも導かれるように，$T^\nabla = 0$ と $\Big[\frac{\partial}{\partial x^i}, \frac{\partial}{\partial x^j}\Big] = 0$ からの帰結である．

定理 3.3.8 (M, g) を Riemann 多様体，∇ を Levi-Civita 接続とする．X, Y, Z, W を M 上のベクトル場とするとき，次が成り立つ．

(1) (**Bianchi の第 1 恒等式**)

$R^\nabla(X, Y)Z + R^\nabla(Y, Z)X + R^\nabla(Z, X)Y = 0$.

(2) $g(R^\nabla(X, Y)Z, W) + g(Z, R^\nabla(X, Y)W) = 0$.

(3) $g(R^\nabla(X, Y)Z, W) = g(R^\nabla(Z, W)X, Y)$.

(4) (**Bianchi の第 2 恒等式**)

$(\nabla_X R^\nabla)(Y, Z) + (\nabla_Y R^\nabla)(Z, X) + (\nabla_Z R^\nabla)(X, Y) = 0$.

証明 (1) 命題 3.2.2 (3) と $T^\nabla = 0$ から得られる．

(2) $\nabla g = 0$ と命題 2.4.5 (3) から得られる．

(3) $2g(R^\nabla(X, Y)Z, W)$

$$= g(R^\nabla(X, Y)Z, W) + g(Z, R^\nabla(Y, X)W)$$
$$= -g(R^\nabla(Y, Z)X, W) - g(R^\nabla(Z, X)Y, W)$$
$$\quad - g(Z, R^\nabla(X, W)Y) - g(Z, R^\nabla(W, Y)X)$$
$$= -g(X, R^\nabla(Z, Y)W) - g(Y, R^\nabla(X, Z)W)$$
$$\quad - g(R^\nabla(W, X)Z, Y) - g(R^\nabla(Y, W)Z, X)$$

$$= g(X, R^\nabla(W,Z)Y) + g(Y, R^\nabla(Z,W)X)$$
$$= 2g(R^\nabla(Z,W)X, Y)$$

上の第 1, 3, 5 番目の等号は (2) を，第 2, 4 番目の等号は (1) を用いた．
(4) 命題 3.2.2 (4) と $T^\nabla = 0$ から得られる． □

$(x^1, \ldots, x^n)$ を M の開集合 U 上の座標とする．

$$R^\nabla\Big(\frac{\partial}{\partial x^k}, \frac{\partial}{\partial x^l}\Big)\frac{\partial}{\partial x^j} = R^i{}_{jkl}\frac{\partial}{\partial x^i} \tag{3.6}$$

により $R^i{}_{jkl}$ を定義すると，$R^\nabla|_U = R^i{}_{jkl}\dfrac{\partial}{\partial x^i} \otimes dx^j \otimes dx^k \otimes dx^l$ となる．Einstein の規約が用いられていることに注意せよ．また

$$R_{ijkl} = g\Big(\frac{\partial}{\partial x^i}, R^\nabla\Big(\frac{\partial}{\partial x^k}, \frac{\partial}{\partial x^l}\Big)\frac{\partial}{\partial x^j}\Big) = g_{im}R^m{}_{jkl} \tag{3.7}$$

により R_{ijkl} を定義する．ただし，文献によりこれらの記号の定義が異なることがあるので，注意を要する．定義より

$$R^i{}_{jkl} + R^i{}_{jlk} = 0, \qquad R_{ijkl} + R_{ijlk} = 0 \tag{3.8}$$

が成り立つ．また

$$g^{ni}R_{ijkl} = g^{ni}g_{im}R^m{}_{jkl} = R^n{}_{jkl}$$

である．さらに

$$\Big\{(\nabla_{\frac{\partial}{\partial x^m}}R^\nabla)\Big(\frac{\partial}{\partial x^k}, \frac{\partial}{\partial x^l}\Big)\Big\}\frac{\partial}{\partial x^j} = R^i{}_{jkl,m}\frac{\partial}{\partial x^i} \tag{3.9}$$

により，$R^i{}_{jkl,m}$ を定義すると，これらの記号を用いて定理 3.3.8 は次のように言い換えられる．

系 3.3.9 次が成り立つ．
(1) $R^i{}_{jkl} + R^i{}_{klj} + R^i{}_{ljk} = 0$.
(2) $R_{ijkl} + R_{jikl} = 0$.
(3) $R_{ijkl} = R_{klij}$.
(4) $R^i{}_{jkl,m} + R^i{}_{jlm,k} + R^i{}_{jmk,l} = 0$.

R^∇ は Riemann 多様体 (M,g) の曲がり方に関する多くの情報をもっているが，その中から部分的な情報を取り出したほうが都合のよい場合がある．以下のようなさまざまな曲率の概念がある．

定義 3.3.10 (M,g) を Riemann 多様体，∇ を Levi-Civita 接続とする．
(1) σ を M の点 p における接空間 T_pM の 2 次元部分空間とするとき，

$$K_p(\sigma) = g(R^\nabla(v,w)w,v), \quad \text{ただし } v,w \text{ は } \sigma \text{ の正規直交基底}$$

を σ における**断面曲率** (sectional curvature) という．$K_p(\sigma)$ は σ の正規直交基底のとり方によらないことが容易に確かめられる．
(2) $v,w \in T_pM$ に対して線型写像 $R^\nabla(\,\cdot\,,w)v \colon T_pM \to T_pM$ を $u \mapsto R^\nabla(u,w)v$ により定め，そのトレースを $\mathrm{Tr}\{R^\nabla(\,\cdot\,,w)v\}$ と表わす．$\mathrm{Ric} \in \Gamma(T^*M \otimes T^*M)$ を

$$\mathrm{Ric}_p(v,w) = \mathrm{Tr}\{R^\nabla(\,\cdot\,,w)v\}$$

により定義して，これを **Ricci 曲率** (Ricci curvature) という．
(3) $S = C_1^1 C_2^2 (g^* \otimes \mathrm{Ric}) \in C^\infty(M)$ を**スカラー曲率** (scalar curvature) という．

注意 3.3.11 $(x^1,\ldots,x^n)$ を M の開集合 U 上の座標とする．$R_{jl} = \mathrm{Ric}\left(\dfrac{\partial}{\partial x^j}, \dfrac{\partial}{\partial x^l}\right)$ とおくとき，$\mathrm{Ric}|_U = R_{jl} dx^j \otimes dx^l$ と表わされる．また Ricci 曲率の定義より $R_{jl} = R^i{}_{jil} = g^{ik} R_{ijkl}$ が成り立つ．すなわち Ricci 曲率は曲率テンソルの第 1 成分と第 3 成分の縮約である．一方，(3.8), 系 3.3.9 より $R_{ijkl} = R_{jilk}$ であるから，Ricci 曲率は曲率テンソルの第 2 成分と第 4 成分の縮約と考えることもできる．

また $S = g^{jl} R_{jl} = g^{ik} g^{jl} R_{ijkl} \in C^\infty(M)$ と表わされる．

注意 3.3.12 $e_1,\ldots,e_n$ を T_pM の正規直交基底とするとき，定理 3.3.8 より次が成り立つ．

$$\mathrm{Ric}_p(v,w) = \sum_{i=1}^n g(R^\nabla(e_i,w)v, e_i) = \sum_{i=1}^n g(R^\nabla(e_i,v)w, e_i) = \mathrm{Ric}_p(w,v)$$

したがって，$\mathrm{Ric} \in \Gamma(T^*M \otimes T^*M)$ は対称形式であり，Riemann 計量 g と比較することができる．

定義 3.3.13　Riemann 多様体 (M,g) において，$\mathrm{Ric} = kg$ を満たす定数 $k \in \mathbb{R}$ が存在するとき，(M,g) を **Einstein 多様体** (Einstein manifold) という．また，任意の $v \in TM$ に対して $\mathrm{Ric}(v,v) \geq kg(v,v)$ を満たすような定数 $k \in \mathbb{R}$ が存在するとき，$\mathrm{Ric} \geq kg$ と表わす．

次の補題はしばしば用いられる．

補題 3.3.14　(M, g_M) を Riemann 多様体，∇^{TM} を Levi-Civita 接続とする．
(1) N を微分可能多様体，$F\colon N \to M$ を C^∞ 級写像とする．このとき，写像の微分 $dF \in \Gamma(F^*TM \otimes T^*N) = \Omega^1(F^*TM)$ は次を満たす．

$$d^{\nabla^{F^*TM}}(dF) = 0 \in \Omega^2(F^*TM)$$

(2) $X, Y \in \mathfrak{X}(N)$ に対して次が成り立つ．

$$\nabla_X^{F^*TM}\{dF(Y)\} - \nabla_Y^{F^*TM}\{dF(X)\} - dF([X,Y]) = 0 \in \Gamma(F^*TM),$$
$$R^{\nabla^{F^*TM}}(X,Y) = R^{\nabla^{TM}}(dF(X), dF(Y)) \in \Gamma(F^*\mathrm{End}(TM))$$

(3) (2) において $N = \mathbb{R}^2$，(t,s) をその座標とするとき，$V \in \Gamma(F^*TM)$ に対して，次が成り立つ．

$$\nabla_{\frac{\partial}{\partial t}}^{F^*TM}\frac{\partial F}{\partial s} = \nabla_{\frac{\partial}{\partial s}}^{F^*TM}\frac{\partial F}{\partial t} \in \Gamma(F^*TM),$$
$$\nabla_{\frac{\partial}{\partial t}}^{F^*TM}\nabla_{\frac{\partial}{\partial s}}^{F^*TM}V - \nabla_{\frac{\partial}{\partial s}}^{F^*TM}\nabla_{\frac{\partial}{\partial t}}^{F^*TM}V = R^{\nabla^{TM}}\left(\frac{\partial F}{\partial t}, \frac{\partial F}{\partial s}\right)V \in \Gamma(F^*TM)$$

(4) さらに g_N を N の Riemann 計量，∇^{TN} を Levi-Civita 接続とする．このとき $\nabla^{F^*TM \otimes T^*N}dF \in \Gamma(F^*TM \otimes T^*N \otimes T^*N)$ は F^*TM に値をもつ対称形式である．

証明　(1) $dF = F^*\mathrm{id}_{TM}$ であるから，命題 2.2.12 より次を得る．

$$d^{\nabla^{F^*TM}}(dF) = d^{\nabla^{F^*TM}}F^*\mathrm{id}_{TM} = F^*d^{\nabla^{TM}}\mathrm{id}_{TM} = F^*T^{\nabla^{TM}} = 0$$

(2) 第 1 式の左辺は $\{d^{\nabla^{F^*TM}}(dF)\}(X,Y)$ であるから，(1) より 0 に等しい．注意 2.2.13 より $R^{\nabla^{F^*TM}}(X,Y) = (F^*R^{\nabla^{TM}})(X,Y)$ であるから，第 2 式が従う．
(3) $dF\left(\frac{\partial}{\partial s}\right) = \frac{\partial F}{\partial s}$, $dF\left(\frac{\partial}{\partial t}\right) = \frac{\partial F}{\partial t}$, $\left[\frac{\partial}{\partial t}, \frac{\partial}{\partial s}\right] = 0$ に注意すれば，(2) より従う．

(4) $X, Y \in \mathfrak{X}(N)$ とするとき

$$(\nabla^{F^*TM \otimes T^*N} dF)(X, Y) = (\nabla_X^{F^*TM \otimes T^*N} dF)(Y)$$
$$= \nabla_X^{F^*TM}\{dF(Y)\} - dF(\nabla_X^{TN} Y)$$

であるから (2) より $(\nabla^{F^*TM \otimes T^*N} dF)(X, Y) - (\nabla^{F^*TM \otimes T^*N} dF)(Y, X) = 0$ を得る. □

3.4 Euclid 空間の超曲面

この節では Riemann 多様体の例として Euclid 空間の超曲面を扱い,その Levi-Civita 接続を記述する.$\mathbb{R}^n$ 上の標準的な座標を $(x^1, \ldots, x^n)$ とする.$\mathbb{R}^n$ 上の標準的な Riemann 計量 g_E を

$$g_E = \delta_{ij} dx^i \otimes dx^j = \sum_{i=1}^n dx^i \otimes dx^i$$

により定義し,**Euclid 計量** (Euclidean metric) と呼ぶ.Riemann 多様体 $(\mathbb{R}^n, g_E)$ を **Euclid 空間** (Euclidean space) と呼ぶ.Euclid 空間 $(\mathbb{R}^n, g_E)$ の Levi-Civita 接続を D とするとき, (3.5) より

$$D_{\frac{\partial}{\partial x^i}} \frac{\partial}{\partial x^j} = 0$$

を得る.よって D の曲率 R^D も恒等的に 0 となる.すなわち,Euclid 空間は**平坦** (flat) である.

M を $(\mathbb{R}^n, g_E)$ の超曲面,すなわち $n-1$ 次元部分多様体とする.さらに M は向き付けられているとする.これは,$i \colon M \to \mathbb{R}^n$ を埋め込みとするとき,M 上に**単位法ベクトル場** (unit normal vector field) $\xi \in \Gamma(i^*T\mathbb{R}^n)$,すなわち,各 $p \in M$ に対して $\xi_p \perp T_p M$ かつ $|\xi_p| = 1$ を満たすものが定まっていることと同値である.組 (M, ξ) を Euclid 空間 $(\mathbb{R}^n, g_E)$ の**向き付けられた超曲面** (oriented hypersurface) と呼ぶ.このとき M 上の自然な Riemann 計量 g は誘導計量 $i^* g_E$ である.すなわち $X, Y \in \mathfrak{X}(M)$ に対して $g(X, Y) = g_E(i_* X, i_* Y)$ である.

(M, g) の Levi-Civita 接続を記述しよう.D から誘導される $i^*T\mathbb{R}^n$ 上の接

続を $D^{i^*T\mathbb{R}^n}$ により表わす．$Y \in \mathfrak{X}(M)$ を自然に $Y \in \Gamma(i^*T\mathbb{R}^n)$ とみなす．$X, Y \in \mathfrak{X}(M)$ に対して $\nabla_X Y \in \mathfrak{X}(M)$ と $h\colon \mathfrak{X}(M) \times \mathfrak{X}(M) \to C^\infty(M)$ を

$$D_X^{i^*T\mathbb{R}^n} Y = \nabla_X Y + h(X,Y)\xi \in \Gamma(i^*T\mathbb{R}^n) \tag{3.10}$$

により定義する．すなわち，$D_X^{i^*T\mathbb{R}^n} Y$ の TM-方向成分が $\nabla_X Y$ で，ξ-方向成分が $h(X,Y)\xi$ である．このとき，次が成り立つ．

定理 3.4.1 (M, ξ) を $(\mathbb{R}^n, g_E)$ の向き付けられた超曲面とする．
(1) ∇ は (M,g) の Levi-Civita 接続である．
(2) $h\colon \mathfrak{X}(M) \times \mathfrak{X}(M) \to C^\infty(M)$ は $C^\infty(M)$ 上の対称形式である．
(3) $X \in \mathfrak{X}(M)$ に対して $D_X^{i^*T\mathbb{R}^n} \xi \in \mathfrak{X}(M)$ が成り立つ．$A \in \Omega^1(TM)$ を $A(X) = -D_X^{i^*T\mathbb{R}^n} \xi \in \mathfrak{X}(M)$ により定めるとき，$X, Y \in \mathfrak{X}(M)$ に対して $h(X,Y) = g(A(X), Y)$ が成り立つ．

定義 3.4.2 $(\mathbb{R}^n, g_E)$ の向き付けられた超曲面 (M, ξ) に対して，誘導計量 g を**第 1 基本形式** (first fundamental form)，$h\colon \mathfrak{X}(M) \times \mathfrak{X}(M) \to C^\infty(M)$ を**第 2 基本形式** (second fundamental form) と呼ぶ．また，$A \in \Omega^1(TM)$ を**型作用素** (shape operator) と呼ぶ．

定理 3.4.1 の証明 (1) $X, Y \in \mathfrak{X}(M)$ に対し

$$h(X,Y) = g_E(D_X^{i^*T\mathbb{R}^n} Y, \xi), \tag{3.11}$$

$$\nabla_X Y = D_X^{i^*T\mathbb{R}^n} Y - g_E(D_X^{i^*T\mathbb{R}^n} Y, \xi)\xi \tag{3.12}$$

である．まず，(3.12) より $\nabla Y \in \Omega^1(TM)$ であることがわかる．さらに (3.12) より $\nabla_X(fY) = f\nabla_X Y + (Xf)Y$ であることも従い，$\nabla\colon \Gamma(TM) \to \Omega^1(TM)$ が TM 上の接続であることがわかる．

$di(X) = X \in \Gamma(i^*T\mathbb{R}^n)$ に注意すれば，補題 3.3.14 (2) より次を得る．

$$\begin{aligned}
0 &= D_X^{i^*T\mathbb{R}^n} Y - D_Y^{i^*T\mathbb{R}^n} X - [X, Y] \\
&= (\nabla_X Y + h(X,Y)\xi) - (\nabla_Y X + h(Y,X)\xi) - [X,Y] \\
&= (\nabla_X Y - \nabla_Y X - [X,Y]) + (h(X,Y) - h(Y,X))\xi
\end{aligned}$$

したがって $T^\nabla = 0$ と h は対称であることがわかる．さらに $X, Y, Z \in \mathfrak{X}(M)$

に対して

$$Zg(X,Y) = Zg_E(X,Y)$$
$$= g_E(D_Z^{i^*T\mathbb{R}^n}X,Y) + g_E(X, D_Z^{i^*T\mathbb{R}^n}Y)$$
$$= g(\nabla_Z X,Y) + g(X, \nabla_Z Y)$$

であるから，∇ は (M,g) の Levi-Civita 接続である．

(2) (3.11) より h は第 1 成分に関して $C^\infty(M)$ 上の線型写像である．さらに，(1) の証明において h は対称であることが示されていたから，h は $C^\infty(M)$ 上の対称形式となる．

(3) M 上 $g_E(\xi,\xi) = 1$ であるから，$0 = Xg_E(\xi,\xi) = 2g_E(D_X^{i^*T\mathbb{R}^n}\xi,\xi)$ となり，$D_X^{i^*T\mathbb{R}^n}\xi \in \mathfrak{X}(M)$ を得る．また (3.11) より

$$h(X,Y) = g_E(D_X^{i^*T\mathbb{R}^n}Y,\xi) = Xg_E(Y,\xi) - g(Y, D_X^{i^*T\mathbb{R}^n}\xi) = g(A(X),Y)$$

が成り立つ． □

定理 3.4.1 (3) により，第 2 基本形式と型作用素は実質的に同じ情報をもっている．第 2 基本形式の幾何学的意味は次の通りである．

命題 3.4.3 (M,ξ) を $(\mathbb{R}^n, g_E)$ の向き付けられた超曲面とする．M の局所座標 $u = (u^1,\ldots,u^{n-1})$ により，第 2 基本形式 h を $h = h_{ij}(u)du^i \otimes du^j$ と表わす．また，$x(u) \in \mathbb{R}^n$ により，$u \in M$ の $\mathbb{R}^n$ における座標を表わす．v が $0 \in \mathbb{R}^{n-1}$ に十分近いとき次が成り立つ．

$$g_E(x(u+v) - x(u), \xi(u)) = \frac{1}{2}\sum_{i,j=1}^{n-1} h_{ij}(u)v^i v^j + o(|v|^2)$$

すなわち，第 2 基本形式 h は M の各点 u における $\xi(u)$ 方向の高さ関数 $z_u(v) = g_E(x(u+v) - x(u), \xi(u))$ の Hesse 行列である．

証明 $x(u+v) \in \mathbb{R}^n$ を $v = 0$ で Taylor 展開すると，

$$x(u+v) = x(u) + \sum_{i=1}^{n-1} v^i \frac{\partial x}{\partial u^i} + \frac{1}{2}\sum_{i,j=1}^{n-1} v^i v^j \frac{\partial^2 x}{\partial u^i \partial u^j} + o(|v|^2) \in \mathbb{R}^n$$

となる．したがって $g_E\left(\dfrac{\partial x}{\partial u^i}, \xi(u)\right) = 0$ $(i = 1,\ldots,n-1)$ に注意すると，

$$g_E(x(u+v) - x(u), \xi(u)) = \frac{1}{2}\sum_{i,j=1}^{n-1} g_E\Big(v^i v^j \frac{\partial^2 x}{\partial u^i \partial u^j}, \xi(u)\Big) + o(|v|^2) \in \mathbb{R}$$

を得る．ところで (3.11) より

$$g_E\Big(\frac{\partial^2 x}{\partial u^i \partial u^j}, \xi(u)\Big) = g_E\Big(D^{i^*T\mathbb{R}^n}_{\frac{\partial}{\partial u^i}} \frac{\partial x}{\partial u^j}, \xi(u)\Big) = h\Big(\frac{\partial}{\partial u^i}, \frac{\partial}{\partial u^j}\Big) = h_{ij}(u)$$

となり，命題は示された． □

超曲面の曲率は次のように表わされる．

定理 3.4.4 (M, ξ) を $(\mathbb{R}^n, g_E)$ の向き付けられた超曲面とする．∇ を M の Levi-Civita 接続，$A \in \Omega^1(TM)$ を型作用素とするとき，次が成り立つ．
(1) (**Gauss の方程式** (Gauss equation)) $X, Y, Z \in \mathfrak{X}(M)$ に対して

$$R^\nabla(X, Y)Z = g(A(Y), Z)A(X) - g(A(X), Z)A(Y)$$

(2) (**Codazzi の方程式** (Codazzi equation))

$$d^\nabla A = 0 \in \Omega^2(TM)$$

証明 (1), (2) 同時に示す．注意 2.2.13 より $R^{D^{i^*T\mathbb{R}^n}} = i^* R^D = 0 \in \Omega^2(\mathrm{End}(i^*T\mathbb{R}^n))$ が成り立つから，次を得る．

$$\begin{aligned}
0 &= R^{D^{i^*T\mathbb{R}^n}}(X,Y)Z \\
&= D_X^{i^*T\mathbb{R}^n} D_Y^{i^*T\mathbb{R}^n} Z - D_Y^{i^*T\mathbb{R}^n} D_X^{i^*T\mathbb{R}^n} Z - D_{[X,Y]}^{i^*T\mathbb{R}^n} Z \\
&= D_X^{i^*T\mathbb{R}^n}(\nabla_Y Z + h(Y,Z)\xi) - D_Y^{i^*T\mathbb{R}^n}(\nabla_X Z + h(X,Z)\xi) \\
&\quad - \nabla_{[X,Y]} Z - h([X,Y], Z)\xi
\end{aligned}$$

したがって，この TM-方向成分，ξ-方向成分ともに 0 となり，前者が Gauss の方程式，後者が Codazzi の方程式となる．実際，

$$\begin{aligned}
TM\text{-方向成分} &= (\nabla_X \nabla_Y Z + h(Y,Z) D_X^{i^*T\mathbb{R}^n} \xi) \\
&\quad - (\nabla_Y \nabla_X Z + h(X,Z) D_Y^{i^*T\mathbb{R}^n} \xi) - \nabla_{[X,Y]} Z \\
&= R^\nabla(X,Y)Z + h(Y,Z) D_X^{i^*T\mathbb{R}^n} \xi - h(X,Z) D_Y^{i^*T\mathbb{R}^n} \xi \quad (3.13) \\
&= R^\nabla(X,Y)Z - g(A(Y),Z)A(X) + g(A(X),Z)A(Y), \\
&\quad\quad\quad\quad\quad\quad\quad\quad\quad\quad\quad\quad\quad\quad\quad\quad\quad\quad (3.14)
\end{aligned}$$

ξ-方向成分 $= (h(X, \nabla_Y Z) + Xh(Y,Z))$
$$\quad -(h(Y, \nabla_X Z) + Yh(X,Z)) - h([X,Y], Z)$$
$$= (g(A(X), \nabla_Y Z) + Xg(A(Y), Z))$$
$$\quad -(g(A(Y), \nabla_X Z) + Yg(A(X), Z)) - g(A([X,Y]), Z)$$
$$= g(\nabla_X \{A(Y)\}, Z) - g(\nabla_Y \{A(X)\}, Z) - g(A([X,Y]), Z)$$
$$= g((d^\nabla A)(X,Y), Z) \tag{3.15}$$

となり，定理は証明された． □

次の定理は，5.4 節において定理 5.4.7 からの帰結として証明される．

定理 3.4.5 (M, ξ) を $(\mathbb{R}^n, g_E)$ のコンパクトな向き付けられた超曲面とする．$i\colon M \to \mathbb{R}^n$ を埋め込み，$g = i^* g_E$ とする．$A \in \Omega^1(TM)$ を型作用素とする．$\iota\colon M \times (-\varepsilon, \varepsilon) \to \mathbb{R}^n$ を C^∞ 級写像とする．$s \in (-\varepsilon, \varepsilon)$ に対して $\iota_s \colon M \to \mathbb{R}^n$ を $\iota_s(x) = \iota(x,s)$ により定めると，$i = \iota_0$ であり，かつ各 ι_s は埋め込みであるとする．$V \in \Gamma(i^* T\mathbb{R}^n)$ を $V = \left.\dfrac{\partial \iota}{\partial s}\right|_{s=0}$ により定める．このとき次が成り立つ．

$$\left.\frac{d}{ds}\right|_{s=0} \mathrm{Vol}(M, \iota_s^* g_E) = \int_M g_E(V, -(\mathrm{Tr}A)\xi)\mathrm{vol}_g$$

定義 3.4.6 $(\mathbb{R}^n, g_E)$ の向き付けられた超曲面 (M, ξ), $A \in \Omega^1(TM)$ を型作用素とする．このとき $K_M = \det A \in C^\infty(M)$ を **Gauss 曲率** (Gauss curvature) という．また $H_M = \dfrac{1}{n-1} \mathrm{Tr} A \in C^\infty(M)$ を**平均曲率** (mean curvature) という．また $H_M = 0 \in C^\infty(M)$ のとき，M を極小超曲面，あるいは単に**極小曲面** (minimal surface) という．

定理 3.4.5 より，M を $H_M \xi$ 方向に動かすと M の体積を最も効率よく減らすことがわかる．$H_M \in C^\infty(M)$ は M の $\mathbb{R}^n$ への埋め込み方の曲がり具合を表わす量と考えられる．

3.5　3 次元 Euclid 空間の超曲面

前節の結果を，より具体的な対象である 3 次元 Euclid 空間の超曲面に適用する．これにより，断面曲率の正負の意味が明確になる．

定理 3.5.1 (M, ξ) を $(\mathbb{R}^3, g_E)$ の向き付けられた超曲面とする. ∇ を M の Levi-Civita 接続, $K_M \in C^\infty(M)$ を断面曲率とする. また, h を第 2 基本形式, $A \in \Omega^1(M) = \Gamma(\text{End}(TM))$ を型作用素とする. このとき次が成り立つ.
(1) $K_M = \det A$. したがって, Gauss 曲率は断面曲率に等しい.
(2) $K_M(p) > 0$ であることは $h_p : T_pM \times T_pM \to \mathbb{R}$ が定値であることと同値である. $K_M(p) < 0$ であることは $h_p : T_pM \times T_pM \to \mathbb{R}$ が不定値であることと同値である.

証明 (1) U を M の開集合とする. $X, Y \in \Gamma(TM|_U)$ を $TM|_U$ の正規直交枠場とするとき, Gauss の方程式から次がわかる.

$$\begin{aligned}K_M &= g(R^\nabla(X, Y)Y, X) \\ &= g(g(A(Y), Y)A(X) - g(A(X), Y)A(Y), X) \\ &= g(A(X), X)g(A(Y), Y) - g(A(X), Y)g(A(Y), X) \\ &= \det A\end{aligned}$$

(2) (1) と定理 3.4.1 (3) から導かれる. □

$\mathbb{R}^3$ 内の曲面において, 型作用素 $A \in \Gamma(\text{End}(TM))$ は 2 次正方行列に値をもつ関数であるから, 行列式とトレースが重要な量となる. $\det A \in C^\infty(M)$ が Gauss 曲率, $H_M = \dfrac{\text{Tr}\,A}{2} \in C^\infty(M)$ が平均曲率であった. 定理 3.4.5 より, H_M は M の $\mathbb{R}^3$ への埋め込み方の曲がり具合, すなわち曲面の外在的な曲がり方を表わす. 一方, 定理 3.5.1 (1) より, Gauss 曲率は断面曲率であり, これは曲面の内在的な曲がり方を表わす.

(M, ξ) を $(\mathbb{R}^3, g_E)$ の向き付けられた超曲面とする. U を M の開集合, V を $\mathbb{R}^2$ の開集合として, $\phi : U \to V$ を局所座標とする. 別の言い方をすれば, $p = \phi^{-1} : V \to U$ は曲面のパラメータ付けである. (u, v) を $V \subset \mathbb{R}^2$ の座標とする. このとき, ξ は U 上

$$\xi|_U = \frac{\dfrac{\partial p}{\partial u} \times \dfrac{\partial p}{\partial v}}{\left|\dfrac{\partial p}{\partial u} \times \dfrac{\partial p}{\partial v}\right|} \tag{3.16}$$

と表わされる. 第 1 基本形式 $g = p^* g_E$ の局所座標による表示

$$g|_U = E du \otimes du + F(du \otimes dv + dv \otimes du) + G dv \otimes dv$$

により $E, F, G \in C^\infty(V)$ を定義する．このとき

$$E = g_E\Big(\frac{\partial p}{\partial u}, \frac{\partial p}{\partial u}\Big),\ F = g_E\Big(\frac{\partial p}{\partial u}, \frac{\partial p}{\partial v}\Big),\ G = g_E\Big(\frac{\partial p}{\partial v}, \frac{\partial p}{\partial v}\Big) \tag{3.17}$$

である．第 2 基本形式 h の局所座標による表示

$$h|_U = L du \otimes du + M(du \otimes dv + dv \otimes du) + N dv \otimes dv$$

により $L, M, N \in C^\infty(V)$ を定義する．このとき $h(X, Y) = g(A(X), Y)$ より

$$\begin{aligned}
L &= h\Big(\frac{\partial}{\partial u}, \frac{\partial}{\partial u}\Big) = g\Big(A\Big(\frac{\partial}{\partial u}\Big), \frac{\partial}{\partial u}\Big) = g_E\Big(-\frac{\partial \xi}{\partial u}, \frac{\partial p}{\partial u}\Big) = g_E\Big(\xi, \frac{\partial^2 p}{\partial u^2}\Big), \\
M &= h\Big(\frac{\partial}{\partial u}, \frac{\partial}{\partial v}\Big) = g\Big(A\Big(\frac{\partial}{\partial u}\Big), \frac{\partial}{\partial v}\Big) = g_E\Big(-\frac{\partial \xi}{\partial u}, \frac{\partial p}{\partial v}\Big) = g_E\Big(\xi, \frac{\partial^2 p}{\partial u \partial v}\Big), \\
N &= h\Big(\frac{\partial}{\partial v}, \frac{\partial}{\partial v}\Big) = g\Big(A\Big(\frac{\partial}{\partial v}\Big), \frac{\partial}{\partial v}\Big) = g_E\Big(-\frac{\partial \xi}{\partial v}, \frac{\partial p}{\partial v}\Big) = g_E\Big(\xi, \frac{\partial^2 p}{\partial v^2}\Big)
\end{aligned} \tag{3.18}$$

と表わされる．したがって，曲面のパラメータ付け $p = \phi^{-1}\colon V \to U$ が具体的に与えられれば，$E, F, G, L, M, N \in C^\infty(V)$ は計算できる．さらに (M, g) の Gauss 曲率 K_M，平均曲率 H_M はそれぞれ以下のように $E, F, G, L, M, N \in C^\infty(V)$ を用いて表わされる．

命題 3.5.2 $K_M = \dfrac{LN - M^2}{EG - F^2},\ H_M = \dfrac{EN + GL - 2FM}{2(EG - F^2)}$.

証明 $A\Big(\dfrac{\partial}{\partial u}\Big) = a\dfrac{\partial}{\partial u} + c\dfrac{\partial}{\partial v}$, $A\Big(\dfrac{\partial}{\partial v}\Big) = b\dfrac{\partial}{\partial u} + d\dfrac{\partial}{\partial v}$ により $a, b, c, d \in C^\infty(V)$ を定める．すなわち $\begin{pmatrix} a & b \\ c & d \end{pmatrix}$ は型作用素 A の基底 $\dfrac{\partial}{\partial u}, \dfrac{\partial}{\partial v}$ に関する行列表示である．このとき

$$\begin{aligned}
\begin{pmatrix} L & M \\ M & N \end{pmatrix} &= \begin{pmatrix} g\Big(A\Big(\frac{\partial}{\partial u}\Big), \frac{\partial}{\partial u}\Big) & g\Big(A\Big(\frac{\partial}{\partial v}\Big), \frac{\partial}{\partial u}\Big) \\ g\Big(A\Big(\frac{\partial}{\partial u}\Big), \frac{\partial}{\partial v}\Big) & g\Big(A\Big(\frac{\partial}{\partial v}\Big), \frac{\partial}{\partial v}\Big) \end{pmatrix} \\
&= \begin{pmatrix} aE + cF & bE + dF \\ aF + cG & bF + dG \end{pmatrix} = \begin{pmatrix} E & F \\ F & G \end{pmatrix} \begin{pmatrix} a & b \\ c & d \end{pmatrix}
\end{aligned}$$

であるから

$$\begin{pmatrix} a & b \\ c & d \end{pmatrix} = \begin{pmatrix} E & F \\ F & G \end{pmatrix}^{-1} \begin{pmatrix} L & M \\ M & N \end{pmatrix} = \frac{1}{EG-F^2} \begin{pmatrix} G & -F \\ -F & E \end{pmatrix} \begin{pmatrix} L & M \\ M & N \end{pmatrix}$$

を得る．$K_M = ad - bc$, $H_M = \dfrac{a+d}{2}$ より，命題は証明された． □

例 3.5.3　曲面のパラメータ付け $p\colon \mathbb{R}^2 \to \mathbb{R}^3$ を

$$p(u,v) = (u, v, f(u,v)), \quad \text{ただし } f(u,v) = \frac{1}{2}au^2 + \frac{1}{2}bv^2$$

により定義する．$M = \{p(u,v) \in \mathbb{R}^3 \mid (u,v) \in \mathbb{R}^2\}$ とおく．このとき

$$\frac{\partial p}{\partial u} = \begin{pmatrix} 1 \\ 0 \\ au \end{pmatrix},\ \frac{\partial p}{\partial v} = \begin{pmatrix} 0 \\ 1 \\ bv \end{pmatrix},\ \frac{\partial p}{\partial u} \times \frac{\partial p}{\partial v} = \begin{pmatrix} -au \\ -bv \\ 1 \end{pmatrix},\ \xi = \begin{pmatrix} -au\psi^{-1} \\ -bv\psi^{-1} \\ \psi^{-1} \end{pmatrix}$$

である．ただし，$\psi = \sqrt{1 + (au)^2 + (bv)^2}$ とおく．さらに (3.17), (3.18) より，

$$E = 1 + (au)^2,\ \ F = (au)(bv),\ \ G = 1 + (bv)^2,$$
$$L = a\psi^{-1},\ \ M = 0,\ \ N = b\psi^{-1}$$

となる．したがって命題 3.5.2 より Gauss 曲率，平均曲率はそれぞれ

$$K_M(u,v) = \frac{ab}{\{1+(au)^2+(bv)^2\}^2},\ H_M(u,v) = \frac{a\{1+(bv)^2\} + b\{1+(au)^2\}}{2\{1+(au)^2+(bv)^2\}^{\frac{3}{2}}}$$

となる．

$ab > 0$ のとき M はいたるところで凸である．これは，$ab > 0$ のとき $K_M > 0$ であることに対応している．また，$ab < 0$ のとき M はいたるところで鞍点（馬の鞍型をしている点）である．これは，$ab < 0$ のとき $K_M < 0$ であることに対応している（図 3.1）．

さらに $a = b = 0$ のときは M は超平面であるから $K_M = 0$ であるのは当然であるが，$a = 0, b \neq 0$ であっても $K_M = 0$ である．この超曲面は超平面と等長的であるが，Euclid 空間への埋め込み方が曲がっているので平均曲率 H_M は 0 でない．このことを次の例で観察しよう．

$K_M > 0$　　　　　　$K_M < 0$　　　　　　$K_M = 0$

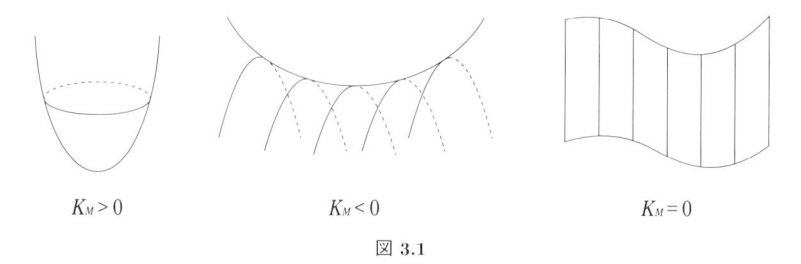

図 3.1

例 3.5.4 $c \colon \mathbb{R} \to \mathbb{R}^2$ を弧長によりパラメータ付けされた曲線とする．すなわち $c(v) = (y(v), z(v))$ と表わすとき，任意の $v \in \mathbb{R}$ に対して $\dfrac{dy}{dv}(v)^2 + \dfrac{dz}{dv}(v)^2 = 1$ を満たす．また $c \colon \mathbb{R} \to \mathbb{R}^2$ を埋め込みとする．このとき $p \colon \mathbb{R}^2 \to \mathbb{R}^3$ を $p(u,v) = (u, y(v), z(v))$ と定めると

$$M = \{(u, y(v), z(v)) \in \mathbb{R}^3 \mid u, v \in \mathbb{R}\}$$

は $\mathbb{R}^3$ の部分多様体となる．また

$$\frac{\partial p}{\partial u} = \begin{pmatrix} 1 \\ 0 \\ 0 \end{pmatrix}, \ \frac{\partial p}{\partial v} = \begin{pmatrix} 0 \\ \frac{dy}{dv}(v) \\ \frac{dz}{dv}(v) \end{pmatrix}, \ \frac{\partial p}{\partial u} \times \frac{\partial p}{\partial v} = \begin{pmatrix} 0 \\ -\frac{dz}{dv}(v) \\ \frac{dy}{dv}(v) \end{pmatrix} = \xi$$

である．したがって (3.17) より，

$$E = 1, \quad F = 0, \quad G = 1$$

を得る．したがって，M の第 1 基本形式を g，2 次元 Euclid 空間 $(\mathbb{R}^2, g_E)$ から (M, g) への写像 $f \colon \mathbb{R}^2 \to M$ を $f(s,t) = (s, y(t), z(t))$ と定めると，$f \colon (\mathbb{R}^2, g_E) \to (M, g)$ は等長写像となる．また (3.18) より

$$L = 0, \quad M = 0, \quad N = -\frac{d^2 y}{dv^2}(v)\frac{dz}{dv}(v) + \frac{d^2 z}{dv^2}(v)\frac{dy}{dv}(v)$$

となる．したがって命題 3.5.2 より Gauss 曲率，平均曲率はそれぞれ

$$K_M(u,v) = 0, \ H_M(u,v) = \frac{1}{2}\Big(-\frac{d^2 y}{dv^2}(v)\frac{dz}{dv}(v) + \frac{d^2 z}{dv^2}(v)\frac{dy}{dv}(v)\Big)$$

となる．(M, g) の Gauss 曲率は $(\mathbb{R}^2, g_E)$ の断面曲率と同じで 0 となり，曲線 c のとり方に依存しない．一方，(M, g) の平均曲率は曲線 c のとり方に依存する．これは，Gauss 曲率が (M, g) の内在的曲がり方，平均曲率が外在的曲がり方を表わすことに対応している．

1827 年に Gauss は曲面論に関する研究を発表した．命題 3.4.3 で述べたように，第 2 基本形式（あるいはそれと同じ情報をもつ型作用素）は曲面の曲がり方の情報をもっている．型作用素の行列式の値 $\det A$ が第 1 基本形式のみを用いて表わされる量である，という事実は Gauss によって発見され，「Gauss の驚きの定理」として知られている．本書のように，初めに Riemann 多様体を導入して曲率などの概念を整備すれば，定理 3.5.1 (1) より $\det A$ が第 1 基本形式のみを用いて表わされることは容易にわかる．けれども Gauss の時代には Riemann 多様体の概念はまだ発見されていない．この時期は Euclid の平行線の公理を否定した非 Euclid 幾何が発見されて，幾何学の基礎が揺らぎ始めた時期であった．Gauss の驚きの定理が発見された意義を考えてみよう．

曲面が曲がっている，というのは素朴に考えると，曲面の Euclid 空間への埋め込み方が曲がっている，と考えることができるだろう．すなわち，曲面の曲がり方は，曲面と Euclid 空間との相互関係から定まるものであって，曲面固有のものでないのではないかという疑問を抱かせる．もちろん第 1 基本形式も曲面と Euclid 空間との相互関係から定まるものであるから，その意味では曲面固有のものではない．けれども，例 3.5.4 でもみたように，3 次元 Euclid 空間内の曲面でも，見かけは異なるが第 1 基本形式が同じ（等長写像で移りあう）であることはしばしば起こる．しかも第 1 基本形式は曲面上の量として表わされるから，第 1 基本形式は曲面のもつ内在的な性質と考えられる．$\det A$ が第 1 基本形式のみを用いて表わされることは，曲面の曲がり方を表わす量 $\det A$ も曲面の内在的な性質であることを意味する．Gauss はこのような曲面の内在的な曲がり方を発見して驚いたのである．

Gauss 以前は，幾何学の研究対象として Euclid 空間内の図形や曲面を考えていた．この Gauss の発見が，空間としてより広い対象の上で幾何が展開されることを示唆している，ということを見抜いたのは Riemann である．Riemann は 1854 年に「n 重に広がる空間」上の十分近い 2 点間の距離が与えられれば，その「n 重に広がる空間」上で幾何が展開できることを提唱した．これが Riemann 多様体の概念の原型である．その後，Ricci, Levi-Civita らにより，曲がった空間上の解析が研究され，共変微分などの概念が整備されていった．また，Riemann の「n 重に広がる空間」の概念は Weyl らにより，多様体の概念として整備されていった．そして，発見当初はなかなか受け入れられなかった非 Euclid 幾何は，これらの新しい幾何の枠組みで理解される

ことが明らかになった．これらを経て，20世紀になってようやくRiemann幾何が現代的に定式化されたのである．そしてEinsteinが一般相対性理論をRiemann幾何の枠組みを用いて記述して，Riemann幾何の有効性が広く認識されるようになった．Gaussの驚きの定理の発見は，非Euclid幾何の発見とともに，このような空間概念の変革の発端となったという点できわめて重要である．

第4章 Riemann多様体の幾何

前章では Riemann 多様体に関する基本的な概念が導入された．この章では，それらを用いて Riemann 多様体の幾何を調べる．まず，Euclid 幾何の直線に相当する概念である測地線を導入する．さらに，Riemann 多様体の曲率と位相の関係を調べる．

4.1 一般の接続に関する測地線

この節では，M の Riemann 計量は考えず，TM 上の接続 ∇ をひとつ固定して，∇ に対する測地線の性質を調べる．

定義 4.1.1 ∇ を (Levi-Civita とは限らない) TM 上の接続とする．C^∞ 級曲線 $c\colon (a,b) \to M$ が

$$\nabla^{c^*TM}_{\frac{d}{dt}} \frac{dc}{dt} = 0 \in \Gamma(c^*TM) \tag{4.1}$$

を満たすとき，c は ∇ に関する**測地線** (geodesic) であるという．

(4.1) は測地線が ∇ に関して「曲がっていない」ことを意味している．測地線は，曲線の M における像だけでなく，曲線のパラメータ付けまで含めた概念である．次に測地線が満たす微分方程式 (4.1) を具体的に表示する．

補題 4.1.2 $(x^1,\ldots,x^n)$ を M の開集合 U 上の座標とする．TM 上の接続を $\nabla_{\frac{\partial}{\partial x^i}} \frac{\partial}{\partial x^j} = \sum_{k=1}^n \Gamma_{ij}^k \frac{\partial}{\partial x^k}$ により表わす．C^∞ 級曲線 $c\colon (a,b) \to U$ を $c(t) = (c^1(t),\ldots,c^n(t))$ と表わすとき，曲線 c が測地線であるための必要十分条件は次の連立微分方程式を満たすことである．

$$\frac{d^2c^k}{dt^2} + \sum_{i,j=1}^{n} (\Gamma_{ij}^k \circ c) \frac{dc^i}{dt} \frac{dc^j}{dt} = 0 \quad (k=1,\ldots,n) \tag{4.2}$$

証明 $\dfrac{dc}{dt} = \sum_{j=1}^{n} \dfrac{dc^j}{dt} c^* \dfrac{\partial}{\partial x^j} \in \Gamma(c^*TM)$ であるから，命題 2.2.12 より

$$\nabla_{\frac{d}{dt}}^{c^*TM}\Big(c^*\frac{\partial}{\partial x^i}\Big) = \sum_{i=1}^{n} \frac{dc^i}{dt} c^*\Big(\nabla_{\frac{\partial}{\partial x^i}} \frac{\partial}{\partial x^j}\Big) = \sum_{i=1}^{n} \frac{dc^i}{dt} c^*\Big(\sum_{k=1}^{n} \Gamma_{ij}^k \frac{\partial}{\partial x^k}\Big)$$

を得る．したがって

$$\begin{aligned}
\nabla_{\frac{d}{dt}}^{c^*TM} \frac{dc}{dt} &= \nabla_{\frac{d}{dt}}^{c^*TM} \Big(\sum_{j=1}^{n} \frac{dc^j}{dt} c^* \frac{\partial}{\partial x^j}\Big) \\
&= \sum_{j=1}^{n} \frac{d^2c^j}{dt^2} c^* \frac{\partial}{\partial x^j} + \sum_{j=1}^{n} \frac{dc^j}{dt} \nabla_{\frac{d}{dt}}^{c^*TM}\Big(c^* \frac{\partial}{\partial x^j}\Big) \\
&= \sum_{k=1}^{n} \Big\{ \frac{d^2c^k}{dt^2} + \sum_{i,j=1}^{n} (\Gamma_{ij}^k \circ c) \frac{dc^i}{dt} \frac{dc^j}{dt} \Big\} c^* \frac{\partial}{\partial x^k}
\end{aligned}$$

となり，補題が示された． $\square$

次の定理は，測地線が局所的には存在することを保証する．

定理 4.1.3 ∇ を (Levi-Civita とは限らない) TM 上の接続とする．このとき，任意の点 $p \in M$ に対して，次の性質をもつ $(p,0) \in TM$ の開近傍 $\widetilde{V}_{(p,0)} \subset TM$ が存在する：任意の $(q,v) \in \widetilde{V}_{(p,0)}$ に対して $c_{(q,v)}(0) = q$, $\dfrac{dc_{(q,v)}}{dt}(0) = v$ を満たす測地線 $c_{(q,v)} \colon (-2,2) \to M$ がただひとつ存在する．

証明 (4.2) は $c^1,\ldots,c^n$ を未知関数とする連立 2 階常微分方程式であるが，未知関数 $u^1,\ldots,u^n$ を付け加えて，次のような連立 1 階常微分方程式に書き換える．

$$\frac{du^k}{dt} = -\sum_{i,j=1}^{n} (\Gamma_{ij}^k \circ c) u^i u^j, \quad \frac{dc^k}{dt} = u^k \quad (k=1,\ldots,n) \tag{4.3}$$

これに定理 1.6.1 を適用すれば，次の主張が得られる．

主張 4.1.4 任意の点 $p \in M$ に対して，次の性質をもつ $\varepsilon > 0$ と $(p,0) \in TM$ の開近傍 $\widetilde{V}'_{(p,0)} \subset TM$ が存在する：任意の $(q,v) \in \widetilde{V}'_{(p,0)}$ に対して $c_{(q,v)}(0) = q$, $u_{(q,v)}(0) = v$ を満たす測地線 $c_{(q,v)} \colon (-\varepsilon,\varepsilon) \to M$ がただひとつ存在する．

一方，$c(t) = c_{(q,v)}(at)$ は (4.2) と $c(0) = q$, $\dfrac{dc}{dt}(0) = av$ を満たす．したがって $c_{(q,av)}(t) = c_{(q,v)}(at)$ を得る．よって $\widetilde{V}_{(p,0)} = \left\{ (q,v) \in TM \mid \left(q, \dfrac{2}{\varepsilon}v\right) \in \widetilde{V}'_{(p,0)} \right\}$ とすれば，任意の $(q,v) \in \widetilde{V}_{(p,0)}$ に対して $c_{(q,v)}$ が $(-2,2)$ 上で定義される． □

定義 4.1.5 ∇ を (Levi-Civita とは限らない) TM 上の接続とする．任意の点 $q \in M$ に対して $0 \in T_q M$ のある開近傍 V_q 上定義される写像 $\mathrm{Exp}_q : V_q \to M$ を $\mathrm{Exp}_q(v) = c_{(q,v)}(1)$ により定義し，**指数写像** (exponential map) と呼ぶ．ただし，$c_{(q,v)} : (-2, 2) \to M$ を定理 4.1.3 で定められた ∇ に関する測地線とする．

常微分方程式では初期値に対して解は C^∞ に従属するから，指数写像は C^∞ 級写像である．$c_{(q,v)}(t) = c_{(q,tv)}(1) = \mathrm{Exp}_q(tv)$ であるから，以後，測地線 $c_{(q,v)}(t)$ を $\mathrm{Exp}_q(tv)$ により表わす．指数写像は以下のように標準的な局所座標を与える．

定理 4.1.6 ∇ を (Levi-Civita とは限らない) TM 上の接続とする．
(1) 任意の点 $q \in M$ に対して，q の開近傍 $U_q \subset M$ と $0 \in T_q M$ の開近傍 V_q で $\mathrm{Exp}_q|_{V_q} : V_q \to U_q$ が微分同相写像となるものが存在する．
(2) 任意の点 $p \in M$ に対して，$(p,p) \in M \times M$ の開近傍 $\widetilde{U}_{(p,p)}$ と $(p,0) \in TM$ の開近傍 $\widetilde{V}_{(p,0)}$ で，$F : \widetilde{V}_{(p,0)} \to \widetilde{U}_{(p,p)}$ を $F(q,v) = (q, \mathrm{Exp}_q v)$ により定めるとき，F が微分同相写像となるものが存在する．

証明 (1) Exp_q の $0 \in T_q M$ における微分 $(\mathrm{Exp}_q)_{*0} : T_q M \to T_q M$ は
$$(\mathrm{Exp}_q)_{*0}(v) = \dfrac{d}{dt}\Big|_{t=0} \mathrm{Exp}_q(tv) = \dfrac{d}{dt}\Big|_{t=0} c_{(q,v)}(t) = v$$
であるから，$(\mathrm{Exp}_q)_{*0} = \mathrm{id}_{T_q M}$ を得る．よって逆写像定理より主張は従う．
(2) F の $(p,0) \in TM$ における微分 $F_{*(p,0)} : T_p M \times T_p M \to T_p M \times T_p M$ は $F_{*(p,0)} = \begin{pmatrix} \mathrm{id}_{T_p M} & 0 \\ \mathrm{id}_{T_p M} & (\mathrm{Exp}_p)_{*0} \end{pmatrix}$ となる．(1) の証明より $(\mathrm{Exp}_p)_{*0} = \mathrm{id}_{T_p M}$ であるから $F_{*(p,0)}$ は同型写像である．よって逆写像定理より主張は従う．□

定理 4.1.6 において，$T_q M$ の基底をひとつ固定すると，V_q 上に座標が定まる．したがって，定理 4.1.6 により，指数写像は U_q 上の座標を定める．このよ

うに指数写像により定められる M の局所座標を**正規座標** (normal coordinate) と呼ぶ．$T^\nabla = 0$ をみたすとき，正規座標で Christoffel 記号を表わすと原点 ($= q$) で 0 となる．このように正規座標ではさまざまな計算が簡易化され，たいへん便利である．

4.2 Levi-Civita 接続に関する測地線

以後 Riemann 計量をひとつ固定して，Levi-Civita 接続に対する測地線の性質を調べる．測地線は接束の接続に関して「曲がっていない線」として定義された．次の定理は「Riemann 多様体においては，Levi-Civita 接続に関する十分短い測地線は端点を結ぶただひとつの最短線となる」ことを主張している．すなわち，Riemann 多様体において，Levi-Civita 接続に関して「曲がっていない」線と 2 点を結ぶ最短線が一致する．これは，Levi-Civita 接続が Riemann 多様体 (M, g) において自然な接続であることを意味している．

定理 4.2.1 (M, g) を Riemann 多様体，∇ を Levi-Civita 接続とする．$p \in M$, $r > 0$ に対して $V_r(p) = \{v \in T_pM \mid |v| < r\}$ と定める．ただし $|v| = \sqrt{g(v,v)}$ とする．このとき次が成り立つ．
(1) $c_{(p,v)}(t) = \mathrm{Exp}_p(tv)$ とするとき $\left|\dfrac{dc_{(p,v)}}{dt}(t)\right| = |v|$ を満たす．
(2) 任意の $p \in M$ に対して，ある $\delta > 0$ で，$\mathrm{Exp}_p(V_\delta(p))$ は M の開集合であり，かつ $\mathrm{Exp}_p|_{V_\delta(p)} : V_\delta(p) \to \mathrm{Exp}_p(V_\delta(p))$ が微分同相写像となるものが存在する．
(3) K を M のコンパクトな部分集合とする．(2) の $\delta > 0$ は，任意の $p \in K$ に対して共通にとることができる．
(4) 任意の $p \in M$ に対して，(2) の $\delta > 0$ をとり，$v \in V_\delta(p)$, $q = \mathrm{Exp}_p v \in M$ とする．このとき曲線 $c_{(p,v)}(t) = \mathrm{Exp}_p(tv)$ ($t \in [0,1]$) は p と q を結ぶ最短線である．また，p と q を結ぶ最短線はパラメータのとりかえを除いて一意的である．
(5) $p \in M$ を中心とする半径 $r > 0$ の球を $B_r(p)$ で表わす．すなわち $B_r(p) = \{q \in M \mid d_g(p, q) < r\}$ とする．$p \in M$ に対して (2) の $\delta > 0$ をとるとき，$\delta > r > 0$ に対して $B_r(p) = \mathrm{Exp}_p V_r(p)$ が成り立つ．

証明 (1) $\nabla^{c^*TM}_{\frac{d}{dt}} \frac{dc_{(p,v)}}{dt} = 0$ に注意すれば,

$$\frac{d}{dt}\left|\frac{dc_{(p,v)}}{dt}(t)\right|^2 = g\left(\nabla^{c^*TM}_{\frac{d}{dt}} \frac{dc_{(p,v)}}{dt}, \frac{dc_{(p,v)}}{dt}\right) + g\left(\frac{dc_{(p,v)}}{dt}, \nabla^{c^*TM}_{\frac{d}{dt}} \frac{dc_{(p,v)}}{dt}\right) = 0$$

となる. したがって $\left|\frac{dc_{(p,v)}}{dt}(t)\right| = \left|\frac{dc_{(p,v)}}{dt}(0)\right| = |v|$ を得る.

(2) 定理 4.1.6 (1) よりただちに導かれる.

(3) 定理 4.1.6 (2) よりただちに導かれる.

(4) 任意の $v \in V_\delta(p)$ を固定する. $|v| < \delta' < \delta$ を満たす δ' を固定し, $U' = \mathrm{Exp}_p(V_{\delta'}(p))$ とおく. 区分的 C^∞ 級曲線 $c\colon [0,1] \to M$ が $c(0) = p$, $c(1) = \mathrm{Exp}_p v$ を満たすとき $L(c) \geq L(c_{(p,v)})$ を (a), (b) 2 つの場合分けにより示す.

(a) $c([0,1]) \subset U'$ の場合. 任意の $t \in (0,1]$ に対して $c(t) \neq p$ を仮定してよい. このとき $t \in (0,1]$ に対して $c(t) = \mathrm{Exp}_p(r(t)v(t))$, ただし $0 < r(t) \leq \delta', |v(t)| = 1$, と表わされる. また $r(1) = |v|, \lim_{t \to 0} r(t) = 0$ である. 写像 $f\colon [0,\delta] \times (0,1] \to M$ を $f(r,t) = \mathrm{Exp}_p(rv(t))$ により定義する. このとき, $\frac{\partial f}{\partial r}, \frac{\partial f}{\partial t} \in \Gamma(f^*TM)$ に注意せよ.

主張 4.2.2（Gauss の補題 (Gauss lemma)） $(r,t) \in [0,\delta] \times (0,1]$ に対して次が成り立つ.

$$(f^*g)_{(r,t)}\left(\frac{\partial f}{\partial r}, \frac{\partial f}{\partial t}\right) = 0$$

証明 補題 3.3.14 より $\nabla^{f^*TM}_{\frac{\partial}{\partial r}} \frac{\partial f}{\partial t} = \nabla^{f^*TM}_{\frac{\partial}{\partial t}} \frac{\partial f}{\partial r}$ であるから, $\nabla^{f^*TM}_{\frac{\partial}{\partial r}} \frac{\partial f}{\partial r} = 0$ に注意すれば次を得る.

$$\begin{aligned}
\frac{\partial}{\partial r}\left\{(f^*g)\left(\frac{\partial f}{\partial r}, \frac{\partial f}{\partial t}\right)\right\} &= (f^*g)\left(\nabla^{f^*TM}_{\frac{\partial}{\partial r}} \frac{\partial f}{\partial r}, \frac{\partial f}{\partial t}\right) + (f^*g)\left(\frac{\partial f}{\partial r}, \nabla^{f^*TM}_{\frac{\partial}{\partial r}} \frac{\partial f}{\partial t}\right) \\
&= (f^*g)\left(\frac{\partial f}{\partial r}, \nabla^{f^*TM}_{\frac{\partial}{\partial t}} \frac{\partial f}{\partial r}\right) \\
&= \frac{1}{2}\frac{\partial}{\partial t}(f^*g)\left(\frac{\partial f}{\partial r}, \frac{\partial f}{\partial r}\right)
\end{aligned}$$

(1) より $(f^*g)\left(\frac{\partial f}{\partial r}, \frac{\partial f}{\partial r}\right) = |v(t)| = 1$ だから, $\frac{\partial}{\partial r}\left\{(f^*g)\left(\frac{\partial f}{\partial r}, \frac{\partial f}{\partial t}\right)\right\} = 0$ を得る. 一方 $f(0,t) = p$ だから $\frac{\partial f}{\partial t}(0,t) = 0$ となる. 以上より

$$(f^*g)_{(r,t)}\left(\frac{\partial f}{\partial r}, \frac{\partial f}{\partial t}\right) = (f^*g)_{(0,t)}\left(\frac{\partial f}{\partial r}, \frac{\partial f}{\partial t}\right) = 0$$

を得る． □

$c(t) = f(r(t), t)$ と表わされるから

$$\frac{dc}{dt}(t) = \frac{dr}{dt}(t)\frac{\partial f}{\partial r}(r(t), t) + \frac{\partial f}{\partial t}(r(t), t)$$

となる．$\left|\frac{df}{dr}\right| = 1$ に注意すると，主張 4.2.2 より，$\left|\frac{dc}{dt}\right| \geq \left|\frac{dr}{dt}\right|\left|\frac{\partial f}{\partial r}\right| = \left|\frac{dr}{dt}\right|$ を得る．したがって $r(1) = |v|$, $\lim_{t \to 0} r(t) = 0$ に注意すれば，

$$L(c) = \int_0^1 \left|\frac{dc}{dt}\right| dt \geq \int_0^1 \left|\frac{dr}{dt}\right| dt$$
$$\geq \left|r(1) - \lim_{t \to 0} r(t)\right| = |v| = \int_0^1 \left|\frac{dc_{(p,v)}}{dt}\right| dt = L(c_{(p,v)})$$

を得る．さらに等号成立のための必要十分条件は，

$$\frac{dr}{dt} \geq 0, \quad \frac{\partial f}{\partial t}(r(t), t) = 0 \tag{4.4}$$

であることがわかる．第 2 式は $v(t) = \dfrac{v}{|v|}$ と t によらず一定であることを意味するから，(4.4) が成り立つための必要十分条件は，$\dfrac{dr}{dt} \geq 0$ を満たす $r(t)$ によって $c(t) = c_{(p,v)}\left(\dfrac{1}{|v|}r(t)\right)$ と表わされることとなる．したがって $L(c) = L(c_{(p,v)})$ が成り立つための必要十分条件は，曲線 c が曲線 $c_{(p,v)}$ のパラメータ付けをとりかえたものとなることである．

(b) $c([0,1]) \not\subset U'$ の場合．$t_0 = \inf\{t \in [0,1] \mid c(t) \notin U'\}$ とするとき，(a) より，$L(c|_{[0,t_0]}) \geq \delta'$ を得る．したがって次を得る．

$$L(c) \geq L(c|_{[0,t_0]}) \geq \delta' > |v| = L(c_{(p,v)})$$

(5) (4) よりただちに導かれる． □

補題 4.2.3 (M, g) を Riemann 多様体とする．弧長によりパラメータ付けされた区分的 C^∞ 級曲線 $c\colon [a, b] \to M$ が $L(c) = d_g(c(a), c(b))$ を満たすとする．このとき，c は Levi-Civita 接続に対する測地線である．とくに，c は（区分的にではなく，全体で）C^∞ 級曲線である．

証明 $p = c(t)$ $(t \in [a, b])$ に対して，定理 4.2.1 (2) の $\delta > 0$ をとる．このとき $\delta > 0$ は，定理 4.2.1 (3) から，$t \in [a, b]$ によらずに一様にとることができ

る．定理 4.2.1 (4) より，任意の $q \in U = \mathrm{Exp}_p(V_\delta(p))$ に対して，p と q を結ぶ最短線はパラメータのとりかえを除いて一意に定まる．しかも，弧長でパラメータ付けされているときには Levi-Civita 接続に関する測地線となる．

任意の $t \in (a,b)$ を固定する．$a \le t_1 < t < t_2 \le b$ を $t_2 - t_1 < \delta$ を満たすようにとる．このとき $L(c) = d_g(c(a), c(b))$ より，$c|_{[t_1,t_2]}$ は長さが δ 未満の $c(t_1)$ と $c(t_2)$ を結ぶ最短線であることがわかる．しかも $c|_{[t_1,t_2]}$ は弧長でパラメータ付けされているから，Levi-Civita 接続に関する測地線となる．とくに t において C^∞ 級である．$t \in (a,b)$ は任意であるから主張が従う． □

4.3 完備 Riemann 多様体

(M,g) を Riemann 多様体とする．この節以後，何も断らないときには，TM 上の接続 ∇ は Levi-Civita 接続とする．

定義 4.3.1 Riemann 多様体 (M,g) が**完備** (complete) であるとは，Riemann 計量 g の定める M 上の距離を d_g とするとき，(M, d_g) が距離空間として完備なこと，すなわち (M, d_g) 内の任意の Cauchy 列が収束することである．

次の定理により，Riemann 多様体が完備であることは，すべての測地線がいくらでも延ばせることと同値である．

定理 4.3.2（Hopf-Rinow の定理 (Hopf-Rinow theorem)**）** (M,g) を連結 Riemann 多様体とする．
(1) 次の (a) から (d) は同値である．
 (a) 指数写像 Exp_p が T_pM 全体で定義される点 $p \in M$ が存在する．
 (b) (M, d_g) のすべての有界閉集合はコンパクトである．
 (c) Riemann 多様体 (M,g) は完備である．
 (d) 任意の点 $p \in M$ において，指数写像 Exp_p が T_pM 全体で定義される．
(2) (1) の (a) から (d) のいずれかひとつ（よって，全部）が成り立つならば，M の任意の 2 点 $p, q \in M$ に対して，p と q を結ぶ最短測地線が存在する．

この定理の証明の鍵となるのは次の補題である．

補題 4.3.3 (M,g) を連結 Riemann 多様体とする．ある $p \in M$ において，

指数写像 Exp_p が T_pM 全体で定義されているとする.このとき,任意の点 $q \in M$ に対して,ある $v \in T_pM$ で $c_{(p,v)}(t) = \mathrm{Exp}_p(tv)$ $(t \in [0,1])$ が p と q を結ぶ最短測地線となるものが存在する.

証明 任意の点 $q \in M$ を固定する.十分小さい $\delta_0 > 0$ を固定する.定理 4.2.1 (5) より,$S_{\delta_0}(p) = \{y \in M \mid d_g(p,y) = \delta_0\}$ は Exp_p のコンパクト集合の像であるから,$S_{\delta_0}(p)$ もコンパクトである.したがって,ある $x_0 \in S_{\delta_0}(p)$ で $d_g(x_0,q) = \min\{d_g(y,q) \mid y \in S_{\delta_0}(p)\}$ を満たすものが存在する.すると $x_0 = \mathrm{Exp}_p(\delta_0 v_0)$ $(v_0 \in T_pM, |v_0| = 1)$ と表わされる.このとき $c_0(t) = \mathrm{Exp}_p(tv_0)$ $(t \in [0, d_g(p,q)])$ が p と q を結ぶ最短測地線となることを示す.$I = \{t \in [0, d_g(p,q)] \mid t + d_g(c_0(t),q) = d_g(p,q)\}$ とおく.補題 4.3.3 を示すためには,$d_g(p,q) \in I$ を示せばよい.まず,次が成り立つ.

主張 4.3.4 $\delta_0 + d_g(x_0,q) = d_g(p,q)$ が成り立つ.すなわち $\delta_0 \in I$ である.

証明 $d_g(p,x_0) + d_g(x_0,q) \geq d_g(p,q)$ より,次を得る.

$$\delta_0 + d_g(x_0,q) \geq d_g(p,q) \tag{4.5}$$

一方,任意の $\varepsilon > 0$ に対して,p と q を結ぶなめらかな曲線 $c\colon [a,b] \to M$ で $d_g(p,q) + \varepsilon \geq L(c)$ を満たすものが存在する.曲線 c と $S_{\delta_0}(p)$ の交点(のひとつ)を y_0 とするとき,$L(c) \geq d_g(p,y_0) + d_g(y_0,q)$ を満たす.$d_g(p,y_0) = \delta_0$,$d_g(y_0,q) \geq d_g(x_0,q)$ であるから,

$$d_g(p,q) + \varepsilon \geq L(c) \geq d_g(p,y_0) + d_g(y_0,q) \geq \delta_0 + d_g(x_0,q)$$

が成り立つ.$\varepsilon > 0$ は任意だから,$d_g(p,q) \geq \delta_0 + d_g(x_0,q)$ を得る.(4.5) と合わせて $\delta_0 + d_g(x_0,q) = d_g(p,q)$ を得る. □

以後,$d_g(p,q) \notin I$ を仮定して矛盾を導く.$t_\infty = \sup I$ とおく.このとき,ある単調増大列 $\{t_1, t_2, \ldots\}$ で t_∞ に収束するものが存在する.このとき,$t_n + d_g(c_0(t_n),q) = d_g(p,q)$ $(n = 1, 2, \ldots)$ であり,$n \to \infty$ とすると,$t_\infty \in I$ となる.したがって,$d_g(p,q) \notin I$ を仮定しているから,$\delta_0 \leq t_\infty < d_g(p,q)$ となる.

$p_1 = c_0(t_\infty)$ とおく.十分小さい $\delta_1 > 0$ を固定する.$S_{\delta_1}(p_1) = \{y \in M \mid d_g(p_1,y) = \delta_1\}$ はコンパクトだから,ある $x_1 \in S_{\delta_1}(p_1)$ で

$d_g(x_1, q) = \min\{d_g(y, q) \mid y \in S_{\delta_1}(p_1)\}$ を満たすものが存在する．すると $x_1 = \operatorname{Exp}_{p_1}(\delta_1 v_1)$ $(v_1 \in T_{p_1}M, |v_1| = 1)$ と表わされる．このとき，主張 4.3.4 と同様に $\delta_1 + d_g(x_1, q) = d_g(p_1, q)$ が成り立つ．したがって，$c_1(t) = \operatorname{Exp}_{p_1}(tv_1)$ とおくと次が成り立つ．

$$L(c_1|_{[0, \delta_1]}) = \delta_1 = d_g(p_1, q) - d_g(x_1, q)$$

一方，$t_\infty \in I$ であったから，

$$L(c_0|_{[0, t_\infty]}) = t_\infty = d_g(p, q) - d_g(p_1, q)$$

である．$c_0|_{[0, t_\infty]}$ と $c_1|_{[0, \delta_1]}$ を $c_0(t_\infty) = p_1 = c_1(0)$ でつないだ曲線 c_2 は，p と x_1 を結ぶ曲線となるから，次を得る．

$$d_g(p, x_1) \leq L(c_2) = L(c_0|_{[0, t_\infty]}) + L(c_1|_{[0, \delta_1]}) = d_g(p, q) - d_g(x_1, q)$$

一方，三角不等式より $d_g(p, x_1) \geq d_g(p, q) - d_g(x_1, q)$ であるから，

$$d_g(p, x_1) = d_g(p, q) - d_g(x_1, q) = L(c_2) \tag{4.6}$$

を得る．したがって，c_2 は p と x_1 を結ぶ最短線であることがわかる．また，c_2 は弧長でパラメータ付けされているから，補題 4.2.3 より，c_2 は測地線であることがわかる．よって，$L(c_2) = L(c_0|_{[0, t_\infty]}) + L(c_1|_{[0, \delta_1]}) = t_\infty + \delta_1$ であることに注意すれば，$x_1 = c_0(t_\infty + \delta_1)$ を得る．よって (4.6) より

$$t_\infty + \delta_1 = L(c_2) = d_g(p, q) - d_g(c_0(t_\infty + \delta_1), q)$$

を得る．したがって $t_\infty + \delta_1 \in I$ となり，$t_\infty = \sup I$ に矛盾する．この矛盾は $d_g(p, q) \notin I$ を仮定したために生じたので，$d_g(p, q) \in I$ が示された． □

定理 4.3.2 の証明 (1) (a) $\Rightarrow$ (b)：M の任意の有界閉集合 K を固定する．K は有界だから，$r = \sup\{d_g(p, q) \mid q \in K\} < \infty$ となる．$\overline{V_r(p)} = \{v \in T_pM \mid |v| \leq r\}$ とするとき，補題 4.3.3 より，$K \subset \operatorname{Exp}_p(\overline{V_r(p)})$ を得る．$\overline{V_r(p)}$ はコンパクトであり，$\operatorname{Exp}_p : T_pM \to M$ はなめらか，とくに連続な写像であるから，$\operatorname{Exp}_p(\overline{V_r(p)})$ はコンパクトである．よって，K はコンパクト集合の閉部分集合であるから，コンパクトである．

(b) ⇒ (c)：$\{p_n\}_{n=1}^{\infty}$ を M 内の Cauchy 列とする．$\{p_n\}_{n=1}^{\infty}$ が収束することを示す．このとき，$K = \{p_n \mid n = 1, 2, \dots\}$ は有界であるから，仮定より $\overline{K}$ はコンパクトである．

主張 4.3.5 次の性質をもつ $q \in \overline{K}$ が存在する：q を含む M の任意の開集合 U に対して $\{n \mid p_n \in U\}$ は無限集合である．

証明 結論否定，すなわち，任意の $q \in \overline{K}$ に対して，q を含む M の開集合 U_q で，$\{n \mid p_n \in U_q\}$ が有限集合となるものが存在すると仮定する．このとき，開被覆 $\overline{K} \subset \bigcup_{q \in \overline{K}} U_q$ を得るが，$\overline{K}$ はコンパクトなので，$\overline{K} \subset U_{q_1} \cup \cdots \cup U_{q_l}$ を満たす有限個の $q_1, \dots, q_l$ が存在する．これは，$\{p_n\}_{n=1}^{\infty}$ が無限列であることに矛盾する． □

主張 4.3.5 の q に対して，ある $\{p_n\}_{n=1}^{\infty}$ の部分列 $\{p_{n_j}\}$ で q に収束するものが存在する．ところが $\{p_n\}_{n=1}^{\infty}$ 自身が Cauchy 列だから，$\{p_n\}_{n=1}^{\infty}$ が q に収束する．

(c) ⇒ (d)：任意の $p \in M$, $v \in T_p M$ で $|v| = 1$ を満たすものを固定する．$I = \{t > 0 \mid c(t) = \mathrm{Ext}_p tv\ \text{が}\ [0, t]\ \text{上定義されている}\}$, $t_\infty = \sup I$ とする．$t_\infty = \infty$ を示す．

以後，$t_\infty < \infty$ を仮定して矛盾を導く．このとき，ある単調増大列 $\{t_1, t_2, \dots\} \subset I$ で t_∞ に収束するものが存在する．$d_g(c(t_m), c(t_n)) \leq |t_m - t_n|$ だから $\{c(t_n)\}$ は Cauchy 列である．仮定より，$q = \lim_{n \to \infty} c(t_n) \in M$ が存在する．定理 4.2.1 (3) より，ある $\delta > 0$ と q の開近傍 $U \subset M$ で，任意の $q' \in U$ に対して $\mathrm{Exp}_{q'}$ が $V_\delta(q') = \{v \in T_{q'}M \mid |v| < \delta\}$ 上定義されるものが存在する．$t_\infty - \dfrac{\delta}{2} < t_n < t_\infty$ かつ $c(t_n) \in U$ を満たす t_n をひとつ固定すると，$c(t) = \mathrm{Ext}_p tv$ が $\left[0, t_n + \dfrac{\delta}{2}\right]$ 上定義されている．すなわち $t_n + \dfrac{\delta}{2} \in I$ である．一方 $t_n + \dfrac{\delta}{2} > t_\infty$ であるが，これは $t_\infty = \sup I$ に矛盾する．

(d) ⇒ (a)：これは自明である．よって，(1) の証明は完了した．

(2) (d) と補題 4.3.3 から導かれる． □

4.4 定曲率空間

3.4 節でみたように，Euclid 空間 $(\mathbb{R}^n, g_E)$ の Levi-Civita 接続 D の曲率 R^D は恒等的に 0 であった．したがって，その断面曲率はいたるところ 0 になる．この節では，断面曲率がいたるところ一定な Riemann 多様体を調べる．とくに，その測地線を具体的に決定する．

まず，半径 $r > 0$ の球面 $S^m(r) = \{x \in \mathbb{R}^{m+1} \mid g_E(x,x) = r^2\}$ を考える．$i \colon S^m(r) \to \mathbb{R}^{m+1}$ を埋め込みとする．単位法ベクトル場 $\xi \in \Gamma(i^*T\mathbb{R}^{m+1})$ は $x \in S^m(r)$ に対して $\xi_x = \dfrac{1}{r}x$ で与えられ，$(S^m(r), \xi)$ は $(\mathbb{R}^{m+1}, g_E)$ の向き付けられた超曲面となる．

$S^m(r)$ の Riemann 計量 $g_{S^m(r)}$ を $g_{S^m(r)} = i^* g_E$ により定める．D を $(\mathbb{R}^{m+1}, g_E)$ の Levi-Civita 接続とするとき，定理 3.4.1 (1) より $(S^m(r), g_{S^m(r)})$ の Levi-Civita 接続 ∇，第 2 基本形式 h は $X, Y \in \mathfrak{X}(S^m(r))$ に対して次で与えられた．

$$D_X^{i^*T\mathbb{R}^{m+1}}Y = \nabla_X Y + h(X,Y)\xi$$

$A(X) = -D_X^{i^*T\mathbb{R}^{m+1}}\xi = -\dfrac{1}{r}X$ に注意すると，定理 3.4.1 (3) より

$$h(X,Y) = g_{S^m(r)}(A(X), Y) = -\dfrac{1}{r}g_{S^m(r)}(X,Y)$$

を得る．さらに Gauss の方程式（定理 3.4.4 (1)）より

$$\begin{aligned}R^\nabla(X,Y)Z &= g_{S^m(r)}(A(Y), Z)A(X) - g_{S^m(r)}(A(X), Z)A(Y) \\ &= \dfrac{1}{r^2}\{g_{S^m(r)}(Y,Z)X - g_{S^m(r)}(X,Z)Y\}\end{aligned}$$

となり，断面曲率がいたるところ $\dfrac{1}{r^2}$ で一定であることがわかる．

次に，測地線 $\gamma \colon \mathbb{R} \to S^m(r)$ で $\gamma(0) = x \in S^m(r)$, $\dfrac{d\gamma}{dt}(0) = v \in T_x S^m(r)$ を満たすものを具体的に求める．$g_{S^m(r)}\left(\dfrac{d\gamma}{dt}, \dfrac{d\gamma}{dt}\right) = |v|^2$ と t によらず一定であることに注意すると

$$0 = \nabla^{c^*TS^m(r)}_{\frac{d}{dt}}\dfrac{d\gamma}{dt} = D^{c^*T\mathbb{R}^{m+1}}_{\frac{d}{dt}}\dfrac{d\gamma}{dt}(t) - h\left(\dfrac{d\gamma}{dt}, \dfrac{d\gamma}{dt}\right)\xi_{\gamma(t)} = \dfrac{d^2\gamma}{dt^2}(t) + \dfrac{|v|^2}{r^2}\gamma(t)$$

であるから

$$\gamma(t) = \left\{\cos\left(\frac{|v|}{r}t\right)\right\}C_1 + \left\{\sin\left(\frac{|v|}{r}t\right)\right\}C_2, \quad C_1, C_2 \in \mathbb{R}^{m+1} \text{ は任意定数}$$

を得る．$x = \gamma(0) = C_1$, $v = \dfrac{d\gamma}{dt}(0) = \dfrac{|v|}{r}C_2$ であるから

$$\gamma(t) = \left\{\cos\left(\frac{|v|}{r}t\right)\right\}x + \left\{\sin\left(\frac{|v|}{r}t\right)\right\}r\frac{v}{|v|}$$

を得る．したがって $(S^m(r), g)$ の任意の測地線は大円であることがわかる．

次に断面曲率がいたるところ負の定数になるものを考える．まず $\mathbb{R}^{m+1}$ の不定値計量 g_L を

$$g_L(x, y) = x^1 y^1 + \cdots + x^m y^m - x^{m+1} y^{m+1}$$

により定め，**Lorentz 計量** (Lorentzian metric) という．$(\mathbb{R}^{m+1}, g_E)$ の Levi-Civita 接続を D とするとき，$Dg_L = 0$ を満たす．

$H^m(r) = \{x \in \mathbb{R}^{m+1} \mid g_L(x, x) = -r^2, \ x^{m+1} > 0\}$ とする．

命題 4.4.1　$i\colon H^m(r) \to \mathbb{R}^{m+1}$ を埋め込みとする．ベクトル場 $\xi \in \Gamma(i^*T\mathbb{R}^{m+1})$ を $x \in H^m(r)$ に対して $\xi_x = \dfrac{1}{r}x$ と定めると次が成り立つ．
(1) 任意の $x \in H^m(r)$ に対して $g_L(\xi_x, \xi_x) = -1$.
(2) 任意の $x \in H^m(r)$, $v \in T_x\mathbb{R}^{m+1}$ に対して $g_L(v, \xi_x) = 0$ と $v \in T_xH^m(r)$ とは同値である．
(3) $g_{H^m(r)} = i^*g_L$ とおくと $g_{H^m(r)}$ は $H^m(r)$ の Riemann 計量となる．
(4) $\nabla\colon \mathfrak{X}(H^m(r)) \times \mathfrak{X}(H^m(r)) \to \mathfrak{X}(H^m(r))$ および $h\colon \mathfrak{X}(H^m(r)) \times \mathfrak{X}(H^m(r)) \to C^\infty(H^m(r))$ を

$$D_X^{i^*T\mathbb{R}^{m+1}} Y = \nabla_X Y + h(X, Y)\xi$$

により定めると，∇ は $(H^m(r), g_{H^m(r)})$ の Levi-Civita 接続，h は $C^\infty(H^m(r))$ 上の対称形式である．
(5) $X, Y \in \mathfrak{X}(H^m(r))$ に対して $h(X, Y) = \dfrac{1}{r} g_{H^m(r)}(X, Y)$ となる．
(6) $X, Y, Z \in \mathfrak{X}(H^m(r))$ に対して

$$R^\nabla(X, Y)Z = -\frac{1}{r^2}\{g_{H^m(r)}(Y, Z)X - g_{H^m(r)}(X, Z)Y\}$$

したがって断面曲率はいたるところ $-\dfrac{1}{r^2}$ で一定である．

証明 (1) は自明である.

(2) $\dfrac{d}{dt}\Big|_{t=0} g_L(x+tv, x+tv) = 2g_L(v,x) = 2rg_L(v,\xi_x)$ より従う.

(3) 各 $T_x\mathbb{R}^{n+1}$ において g_L が負定値である部分空間は 1 次元だから, (1), (2) より, g_L の $T_xH^m(r)$ への制限は正定値となる.

(4) 定理 3.4.1 の証明と同様にできる.

(5) $D_X^{i^*T\mathbb{R}^{m+1}}\xi = \dfrac{1}{r}X$ に注意すると, (1), (2) より次を得る.

$$h(X,Y) = -g_L(D_X^{i^*T\mathbb{R}^{m+1}}Y, \xi)$$
$$= -Xg_L(Y,\xi) + g_L(Y, D_X^{i^*T\mathbb{R}^{m+1}}\xi) = \frac{1}{r}g_{H^m(r)}(X,Y)$$

(6) 式 (3.13) を導く議論は, 現在の状況でも適用できることに注意する. $D_X^{i^*T\mathbb{R}^{m+1}}\xi = \dfrac{1}{r}X$ に注意すると, (3.13), (5) より

$$R^\nabla(X,Y)Z = -h(Y,Z)D_X^{i^*T\mathbb{R}^{m+1}}\xi + h(X,Z)D_Y^{i^*T\mathbb{R}^{m+1}}\xi$$
$$= -\frac{1}{r}g_{H^m(r)}(Y,Z)\frac{1}{r}X + \frac{1}{r}g_{H^m(r)}(X,Z)\frac{1}{r}Y$$

を得る. □

定義 4.4.2 Riemann 多様体 $(H^m(1), g_{H^m(1)})$ を**双曲空間** (hyperbolic space), $g_{H^m(1)}$ を**双曲計量** (hyperbolic metric) という.

次に, 測地線 $\gamma\colon \mathbb{R} \to H^m(r)$ で $\gamma(0) = x \in H^m(r)$, $\dfrac{d\gamma}{dt}(0) = v \in T_xH^m(r)$ を満たすものを具体的に求める. $g_L\left(\dfrac{d\gamma}{dt}, \dfrac{d\gamma}{dt}\right) = |v|^2$ と t によらず一定であることに注意すると

$$0 = \nabla_{\frac{d}{dt}}^{i^*TH^m(1)}\frac{d\gamma}{dt} = D_{\frac{d}{dt}}^{i^*T\mathbb{R}^{m+1}}\frac{d\gamma}{dt}(t) - h\left(\frac{d\gamma}{dt}, \frac{d\gamma}{dt}\right)\xi_{\gamma(t)} = \frac{d^2\gamma}{dt^2}(t) - \frac{|v|^2}{r^2}\gamma(t)$$

であるから, $\cosh s = \dfrac{e^s + e^{-s}}{2}$, $\sinh s = \dfrac{e^s - e^{-s}}{2}$ とするとき

$$\gamma(t) = \left\{\cosh\left(\frac{|v|}{r}t\right)\right\}C_1 + \left\{\sinh\left(\frac{|v|}{r}t\right)\right\}C_2, \quad C_1, C_2 \in \mathbb{R}^{m+1} \text{ は任意定数}$$

を得る. $x = \gamma(0) = C_1$, $v = \dfrac{d\gamma}{dt}(0) = \dfrac{|v|}{r}C_2$ であるから

$$\gamma(t) = \left\{\cosh\left(\frac{|v|}{r}t\right)\right\}x + \left\{\sinh\left(\frac{|v|}{r}t\right)\right\}r\frac{v}{|v|}$$

を得る.

双曲計量 $g_{H^m(1)}$ を具体的に表示する.

$$B^m = \{y \in \mathbb{R}^m \mid \|y\|_E < 1\}, \quad \text{ただし } \|y\|_E = \sqrt{g_E(y,y)}$$

とする. $y \in B^m$ に対して $P_y = (y,0) \in \mathbb{R}^{m+1}$ と定める. $S = (0,\ldots,0,-1) \in \mathbb{R}^{m+1}$ とする. $\phi\colon B^m \to H^m(1)$ を (Euclid 幾何の意味での) 直線 SP_y と $H^m(1)$ との交点により定めると

$$\phi(y) = \Big(\frac{2y}{1-\|y\|_E^2}, \frac{2}{1-\|y\|_E^2} - 1\Big) \in \mathbb{R}^{m+1}$$

と表わされる. 実際, 直線 SP_y 上の点 $x(t)$ ($t \in \mathbb{R}$) は次で与えられる.

$$x(t) = S + t(P_y - S) = (0,\ldots,0,-1) + t(y,1) = (ty, t-1)$$

$g_L(x(t),x(t)) = t^2 \|y\|_E^2 - (t-1)^2 = 2t - (1-\|y\|_E^2)t^2 - 1$ に注意すると

$$x(t) \in H^m(1) \iff g_L(x(t),x(t)) = -1 \text{ かつ } t > 1 \iff t = \frac{2}{1-\|y\|_E^2}$$

を得る. このとき次のように双曲計量 $g_{H^m(1)}$ を B^m 上の Riemann 計量として具体的に表示することができる.

命題 4.4.3 (1) $\phi\colon B^m \to H^m(1)$ は微分同相写像である.
(2) $\phi^* g_{H^m(1)} = \dfrac{4}{(1-\|y\|_E^2)^2}(dy^1 \otimes dy^1 + \cdots + dy^m \otimes dy^m)$ が成り立つ.

証明 (1) $H^m(1)$ の点を $x = (\xi, x^{m+1})$ ($\xi \in \mathbb{R}^m$) のように表わす. $x = \phi(y)$ とするとき $(\xi, x^{m+1}) = (ty, t-1)$ であるから $y = \dfrac{\xi}{1+x^{m+1}}$ を得る. ところで

$$\|\phi^{-1}(x)\|_E^2 = \Big\|\frac{\xi}{1+x^{m+1}}\Big\|_E^2 = \frac{g_L(x,x) + (x^{m+1})^2}{(1+x^{m+1})^2} = \frac{-1+x^{m+1}}{1+x^{m+1}} < 1$$

であるから $\phi^{-1}\colon H^m(1) \to B^m$ も well-defined である.
(2) $V = 1 - \|y\|_E^2$ とおく. $\phi\colon B^m \to H^m(1)$ は $\phi(y) = \Big(\dfrac{2}{V}y^1,\ldots,\dfrac{2}{V}y^m, \dfrac{2}{V}-1\Big)$ と表わされるから

$$\phi_{*y}\Big(\frac{\partial}{\partial y^i}\Big) = \sum_{k=1}^{m+1} \frac{\partial x^k}{\partial y^i} \frac{\partial}{\partial x^k} = \frac{2}{V}\frac{\partial}{\partial x^i} + \sum_{k=1}^m \Big(\frac{4}{V^2}y^iy^k\Big)\frac{\partial}{\partial x^k} + \frac{4}{V^2}y^i\frac{\partial}{\partial x^{m+1}}$$

となる．したがって
$$\phi^* g_{H^m(1)}\Big(\frac{\partial}{\partial y^i}, \frac{\partial}{\partial y^j}\Big) = g_{H^m(1)}\Big(\phi_{*y}\Big(\frac{\partial}{\partial y^i}\Big), \phi_{*y}\Big(\frac{\partial}{\partial y^j}\Big)\Big) = \frac{4}{V^2}\delta^{ij}$$
を得る． □

$\mathbb{H}^m_+ = \{z \in \mathbb{R}^m \mid z^m > 0\}$ を**上半空間** (upper half-plane) という．$\mathbb{H}^m_+$ の点を $z = (\zeta, z^m)$ $(\zeta \in \mathbb{R}^{m-1})$ のように表わす．C^∞ 級写像 $\psi \colon \mathbb{H}^m_+ \to B^m$ を
$$\psi(z) = \Big(\frac{2\zeta}{\|\zeta\|_E^2 + (z^m+1)^2}, \frac{1 - \|\zeta\|_E^2 - (z^m)^2}{\|\zeta\|_E^2 + (z^m+1)^2}\Big)$$
により定める．$W = \|\zeta\|_E^2 + (z^m+1)^2$ とおく．$\|z\|_E^2 = \|\zeta\|_E^2 + (z^m)^2$，$W = \|z\|_E^2 + 2z^m + 1$ に注意すると，
$$\begin{aligned}
\|\psi(z)\|_E^2 &= \Big\|\Big(\frac{2\zeta}{W}, \frac{1-\|z\|_E^2}{W}\Big)\Big\|_E^2 \\
&= \frac{1}{W^2}\{4(\|z\|_E^2 - (z^m)^2) + (1-\|z\|_E^2)^2\} \\
&= \frac{1}{W^2}\{(1+\|z\|_E^2)^2 - (2z^m)^2\} = \frac{1 + \|z\|_E^2 - 2z^m}{W} = 1 - \frac{4z^m}{W} < 1
\end{aligned}$$
を得る．したがって $\psi \colon \mathbb{H}^m_+ \to B^m$ は well-defined である．このとき次のように双曲計量 $g_{H^m(1)}$ を $\mathbb{H}^m_+$ 上の Riemann 計量として具体的に表示することができる．証明は，命題 4.4.3 と同様に直接計算により示されるので省略する．

命題 4.4.4 (1) $\psi \colon \mathbb{H}^m_+ \to B^m$ は微分同相写像である．
(2) $\psi^*(\phi^* g_{H^m(1)}) = \dfrac{1}{(z^m)^2}(dz^1 \otimes dz^1 + \cdots + dz^m \otimes dz^m)$ が成り立つ．

以上により，$(S^m(r), g_{S^m(r)})$，$(\mathbb{R}^m, g_E)$，$(H^m(r), g_{H^m(r)})$ は断面曲率が一定な空間で，その値はそれぞれ $\dfrac{1}{r^2}, 0, -\dfrac{1}{r^2}$ であった．逆に次が成り立つことが知られている．証明は[4] を参照していただきたい．

定理 4.4.5 断面曲率が一定で連結かつ単連結な m 次元完備 Riemann 多様体は，$(S^m(r), g_{S^m(r)})$，$(\mathbb{R}^m, g_E)$，$(H^m(r), g_{H^m(r)})$ のいずれかに等長的である．

4.5 Gauss-Bonnet の定理

この節では，曲面の位相と曲率の関係に関する最も古典的な定理である Gauss-Bonnet の定理を証明する．

定理 4.5.1（Gauss-Bonnet の定理（局所版）(Gauss-Bonnet theorem))
(M,g) を向き付けられた 2 次元 Riemann 多様体とする．D は M の開集合で，その閉包 $\overline{D}$ がコンパクトかつ可縮で，境界 ∂D がひとつの区分的 C^∞ 級曲線 $\gamma\colon [a,b] \to M$ でパラメータ付けされており，以下の (1) から (3) を満たすとする．
(1) γ は反時計まわりである．すなわち γ の進行方向を向いたときに，領域 D はつねに左側にある．
(2) ∂D は $\gamma(a) = \gamma(b)$ においてなめらかである．
(3) $a = t_0 < t_1 < \cdots < t_k < t_{k+1} = b$ が存在して，$\dfrac{d\gamma}{dt}$ は $t \neq t_i$ $(i=1,\ldots,k)$ においてなめらかで $\left|\dfrac{d\gamma}{dt}(t)\right| = 1$ を満たす．
$\nu \in \Gamma(\gamma^*TM)$ を ∂D の内向き単位法ベクトル場，$-\pi < \alpha_i < \pi$ $(i=1,\ldots,k)$ を $\gamma(t_i)$ における外角とする（図 4.1）．また，∇ を Levi-Civita 接続，$K \in C^\infty(M)$ を断面曲率とする．このとき次が成り立つ．

$$\int_D K\mathrm{vol}_g + \sum_{i=1}^k \alpha_i + \int_a^b g\Big(\nabla^{\gamma^*TM}_{\frac{d}{dt}}\frac{d\gamma}{dt},\nu\Big)dt = 2\pi$$

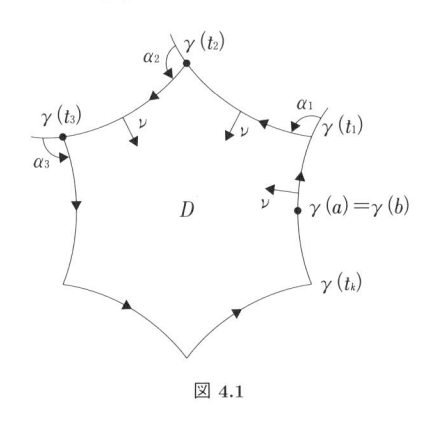

図 4.1

証明 $\overline{D}$ は可縮だから，U を M の可縮な開集合で $\overline{D} \subset U$ を満たすものがとれる．U は可縮だから，$TM|_U$ の正規直交枠場 $X, Y \in \mathfrak{X}(U)$ が存在する．

主張 4.5.2 (1) $\psi \in \Omega^1(U)$ で $\nabla X = -Y \otimes \psi$, $\nabla Y = X \otimes \psi$ を満たすものが存在する．
(2) U 上 $K\mathrm{vol}_g = d\psi$ が成り立つ．

証明 (1) $g(\nabla X, X) = \frac{1}{2}dg(X,X) = 0$ だから，$\phi = g(\nabla X, Y) \in \Omega^1(U)$ と定めると，$\nabla X = Y \otimes \phi$ を得る．$g(\nabla Y, Y) = \frac{1}{2}dg(Y,Y) = 0$ だから，$\psi = g(\nabla Y, X) \in \Omega^1(U)$ と定めると，$\nabla Y = X \otimes \psi$ を得る．さらに $\phi = g(\nabla X, Y) = dg(X, Y) - g(X, \nabla Y) = -\psi$ を得る．

(2) (1) より，∇ の曲率テンソル R は次を満たす．

$$\begin{aligned}
R(X,Y)Y &= \nabla_X \nabla_Y Y - \nabla_Y \nabla_X Y - \nabla_{[X,Y]}Y \\
&= \nabla_X \{\psi(Y)X\} - \nabla_Y \{\psi(X)X\} - \{\psi([X,Y])X\} \\
&= \psi(Y)\nabla_X X - \psi(X)\nabla_Y X + \{X\psi(Y) - Y\psi(X) - \psi([X,Y])\}X \\
&= \psi(Y)\{-\psi(X)Y\} - \psi(X)\{-\psi(Y)Y\} + \{(d\psi)(X,Y)\}X \\
&= \{(d\psi)(X,Y)\}X
\end{aligned}$$

したがって $K = g(R(X,Y)Y, X) = (d\psi)(X,Y)$ となり，主張が従う． □

$\left|\frac{d\gamma}{dt}(t)\right| = 1$ であるから，次を満たす関数 $\theta\colon [a,b] \to \mathbb{R}$ が存在する．
(a) θ は $t \neq t_1, \ldots, t_k$ でなめらか．
(b) $\frac{d\gamma}{dt}(t) = \cos\theta(t) X_{\gamma(t)} + \sin\theta(t) Y_{\gamma(t)}$．
(c) $\alpha_i = \lim_{t \to t_i + 0} \theta(t) - \lim_{t \to t_i - 0} \theta(t)$．

このとき，ある $l \in \mathbb{Z}$ が存在して $\theta(b) = \theta(a) + 2\pi l$ を満たす．主張 4.5.2(1) より

$$(\nabla^{\gamma^*TM}_{\frac{d}{dt}} X)_{\gamma(t)} = -\psi\Big(\frac{d\gamma}{dt}\Big) Y_{\gamma(t)}, \ (\nabla^{\gamma^*TM}_{\frac{d}{dt}} Y)_{\gamma(t)} = \psi\Big(\frac{d\gamma}{dt}\Big) X_{\gamma(t)}$$

である．したがって，$t \in (t_{i-1}, t_i)$ に対して

$$\begin{aligned}
\nabla^{\gamma^*TM}_{\frac{d}{dt}} \frac{d\gamma}{dt} &= \nabla^{\gamma^*TM}_{\frac{d}{dt}} \{\cos\theta(t) X_{\gamma(t)} + \sin\theta(t) Y_{\gamma(t)}\} \\
&= -\frac{d\theta}{dt}(t) \sin\theta(t) X_{\gamma(t)} + \cos\theta(t) (\nabla^{\gamma^*TM}_{\frac{d}{dt}} X)_{\gamma(t)} \\
&\quad + \frac{d\theta}{dt}(t) \cos\theta(t) Y_{\gamma(t)} + \sin\theta(t) (\nabla^{\gamma^*TM}_{\frac{d}{dt}} Y)_{\gamma(t)} \\
&= \Big\{\frac{d\theta}{dt}(t) - \psi\Big(\frac{d\gamma}{dt}\Big)\Big\}(-\sin\theta(t) X_{\gamma(t)} + \cos\theta(t) Y_{\gamma(t)}) \\
&= \Big\{\frac{d\theta}{dt}(t) - \psi\Big(\frac{d\gamma}{dt}\Big)\Big\}\nu(t)
\end{aligned}$$

を得る．よって

$$\int_{t_{i-1}}^{t_i} g\Big(\nabla_{\frac{d}{dt}}\frac{d\gamma}{dt},\nu\Big)dt = \int_{t_{i-1}}^{t_i}\Big\{\frac{d\theta}{dt}(t)-\psi\Big(\frac{d\gamma}{dt}\Big)\Big\}dt$$
$$= \lim_{t\to t_i-0}\theta(t) - \lim_{t\to t_{i-1}+0}\theta(t) - \int_{t_{i-1}}^{t_i}\gamma^*\psi$$

となる．$\int_a^b \gamma^*\psi = \int_D d\psi = \int_D K\mathrm{vol}_g$ に注意すると

$$\int_a^b g\Big(\nabla_{\frac{d}{dt}}\frac{d\gamma}{dt},\nu\Big)dt = \theta(b)-\theta(a)-\sum_{i=1}^k\alpha_i - \int_a^b\gamma^*\psi$$
$$= 2\pi l - \sum_{i=1}^k \alpha_i - \int_D K\mathrm{vol}_g$$

を得る．以上まとめて次を得る．

$$\int_D K\mathrm{vol}_g + \sum_{i=1}^k \alpha_i + \int_a^b g\Big(\nabla_{\frac{d}{dt}}^{\gamma^*TM}\frac{d\gamma}{dt},\nu\Big)dt = 2\pi l \tag{4.7}$$

(4.7) において $l=1$ を示せば定理は証明される．$l \in \mathbb{Z}$ であるから，右辺は離散的な値しかとることができない．よって図 4.2 のように $\overline{D}$ を連続的に細くして C^∞ 級の線分 γ_∞ に収束させても，左辺の値は変わらない．このとき，領域上の積分 $\int_D K\mathrm{vol}_g$ は 0 に収束する．また，線積分 $\int_a^b g\Big(\nabla_{\frac{d}{dt}}^{\gamma^*TM}\frac{d\gamma}{dt},\nu\Big)dt$ は γ_∞ 上の線積分とその逆向きの線分上の線積分との和に収束するが，この 2 つの線積分は打ち消し合って和は 0 である．さらに外角の和は 2π に収束する．したがって図 4.2 のように $\overline{D}$ を連続的に細くして C^∞ 級の線分 γ_∞ に収束させると，左辺の値は 2π に近づくことがわかる．ところが，左辺の値は $\overline{D}$ を変形しても不変であるから，左辺の値は 2π であることがわかる．すなわち $l=1$ である． □

局所版の Gauss-Bonnet の定理を用いて定曲率空間の三角形を調べる．(M,g) を 2 次元 Riemann 多様体，$K \in C^\infty(M)$ を断面曲率とする．3 辺を測地線と

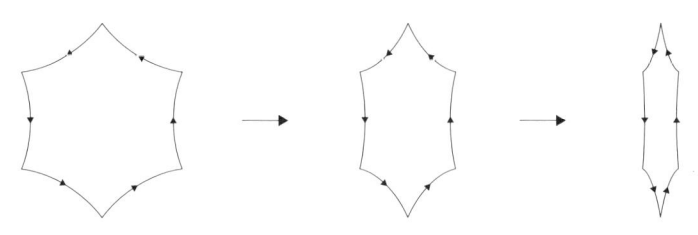

図 4.2

する三角形 D の 3 つの角の大きさを α_i $(i = 1, 2, 3)$ とする．定理 4.5.1 より

$$\int_D K \mathrm{vol}_g + \sum_{i=1}^{3}(\pi - \alpha_i) = 2\pi$$

が成り立つ．したがって
(1) $K \equiv 1$ のとき $0 \leq \mathrm{Vol}(D) = \alpha_1 + \alpha_2 + \alpha_3 - \pi$,
(2) $K \equiv 0$ のとき $\alpha_1 + \alpha_2 + \alpha_3 = \pi$,
(3) $K \equiv -1$ のとき $0 \leq \mathrm{Vol}(D) = \pi - \alpha_1 - \alpha_2 - \alpha_3$

が成り立つ．このことから，3 辺を測地線とする三角形は，$K \equiv 1$ のとき「太った」形，$K \equiv -1$ のとき「痩せた」形をしていることがわかる（図 4.3）．

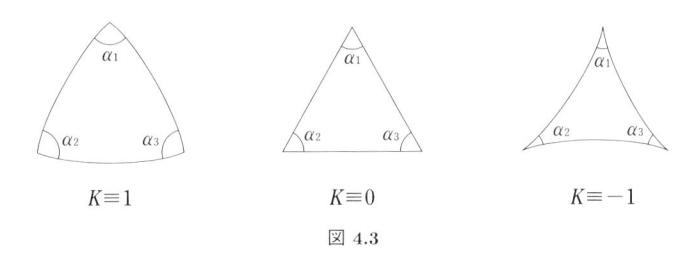

図 4.3

　一般の Riemann 多様体の幾何と定曲率空間の幾何とを比較することにより，Riemann 多様体の幾何を具体的に記述することが可能になる．たとえば，断面曲率が定数 k 以上の Riemann 多様体と，断面曲率が k で一定な定曲率空間との間で，測地線で囲まれた三角形の形を比較することができる．同様に，ある Ricci 曲率の大小関係の下で，半径が同じ大きさの球の体積などが比較される．これらの一連の結果は比較定理と呼ばれ，さまざまな曲率の概念の幾何学的な意味を明確にするだけでなく，曲率と位相の関係を調べる基本的な道具になる．詳しいことは[3], [4], [43] などを参照していただきたい．

　次に，大域版の Gauss-Bonnet の定理を導こう．そのために閉曲面の Euler 数を思い出す．閉曲面 M を三角形分割するとき，$i = 0, 1, 2$ に対して i-単体の個数を n_i とする．このとき $n_0 - n_1 + n_2$ は三角形分割のしかたによらず M の位相不変量であることが知られている．この数を閉曲面 M の **Euler 数** (Euler number) という．

定理 4.5.3 (Gauss-Bonnet の定理 (大域版)) (M,g) を向き付けられたコンパクト 2 次元 Riemann 多様体とする．$K \in C^\infty(M)$ を断面曲率，$e(M)$ を M の Euler 数とする．このとき次が成り立つ．

$$\frac{1}{2\pi}\int_M K\mathrm{vol}_g = e(M)$$

証明 M のなめらかな三角形分割をひとつ固定する．$n_i\ (i=0,1,2)$ を i-単体の個数とする．$D_\lambda\ (1 \le \lambda \le n_2)$ を 2-単体，$\gamma_\lambda : [a_\lambda, b_\lambda] \to M$ を ∂D_λ のパラメータ付けとする．$\left|\frac{d\gamma_\lambda}{dt}\right|=1$ を仮定する．$\nu_\lambda \in \Gamma(\gamma_\lambda^* TM)$ を ∂D_λ の内向き単位法ベクトル場とする．

$$D_\lambda \text{ の外角の和} = 3\pi - D_\lambda \text{ の内角の和}$$

に注意すると，定理 4.5.1 より

$$\int_{D_\lambda} K\mathrm{vol}_g + (\,3\pi - D_\lambda \text{ の内角の和}\,) + \int_{a_\lambda}^{b_\lambda} g\Big(\nabla^{\gamma_\lambda^* TM}_{\frac{d}{dt}}\frac{d\gamma_\lambda}{dt},\nu_\lambda\Big)dt = 2\pi$$

を得る．したがって $\lambda = 1$ から n_2 までの和をとって

$$\sum_{\lambda=1}^{n_2}\int_{D_\lambda} K\mathrm{vol}_g + 3\pi n_2 - 2\pi n_0 + \sum_{\lambda=1}^{n_2}\int_{a_\lambda}^{b_\lambda} g\Big(\nabla^{\gamma_\lambda^* TM}_{\frac{d}{dt}}\frac{d\gamma_\lambda}{dt},\nu_\lambda\Big)dt = 2\pi n_2$$

であるが，左辺の第 4 項は各辺ごとに打ち消しあうので 0 となる．したがって，$n_1 = \frac{3}{2}n_2$ に注意すると

$$\int_M K\mathrm{vol}_g = 2\pi n_0 - \pi n_2 = 2\pi\Big(n_0 - \frac{1}{2}n_2\Big) = 2\pi(n_0 - n_1 + n_2) = 2\pi e(M)$$

を得る． □

大域版の Gauss-Bonnet の定理は，高次元の向き付け可能なコンパクト多様体に対して拡張されている．さらに，高次元に一般化された Gauss-Bonnet の定理は，Atiyah-Singer の指数定理の特別な場合と考えることができる．これらのことについては 11.4 節を参照していただきたい．

4.6 位相と曲率の関係

Riemann 幾何の重要なテーマのひとつが，位相と曲率の関係を調べることである．その方法にはいくつかあるが，この節では曲線の変分を用いる方法

を解説する．その他の方法に Weitzenböck の公式が知られているが，これについては 5.3 節で解説する．

定義 4.6.1 (M,g) を Riemann 多様体とする．C^∞ 級曲線 $c\colon [a,b]\to M$ の**エネルギー** (energy) $E(c)$ を次で定める．

$$E(c)=\frac{1}{2}\int_a^b g\Big(\frac{dc}{dt},\frac{dc}{dt}\Big)dt$$

定義 4.6.2 M を微分可能多様体とする．$c\colon [a,b]\to M$ を C^∞ 級曲線とする．c の C^∞ 級**変分** (variation) とは，C^∞ 級写像 $F\colon [a,b]\times(-\varepsilon,\varepsilon)\to M$ であって，曲線 $c_s\colon [a,b]\to M$ $(-\varepsilon<s<\varepsilon)$ を $c_s(t)=F(t,s)$ により定めるとき，$c=c_0$ を満たすことをいう．$V=\dfrac{\partial F}{\partial s}\Big|_{s=0}\in\Gamma(c^*TM)$ を**変分ベクトル場** (variational vector field) という．また，任意の $s\in(-\varepsilon,\varepsilon)$ に対して $c_s(a)=c(a)$ かつ $c_s(b)=c(b)$ が成り立つとき，F を端点を固定した変分という．

C^∞ 級曲線 $c\colon [a,b]\to M$ と $V\in\Gamma(c^*TM)$ が与えられたとき，$F\colon [a,b]\times(-\varepsilon,\varepsilon)\to M$ を $F(t,s)=\mathrm{Exp}_{c(t)}sV_t$ により定めると，F は V を変分ベクトル場とする c の C^∞ 級変分である．さらに $V_a=0$ かつ $V_b=0$ のとき，F は端点を固定した変分となる．

命題 4.6.3（**第 1 変分公式** (first variational formula)） (M,g) を Riemann 多様体，∇ を Levi-Civita 接続とする．$c\colon [a,b]\to M$ を C^∞ 級曲線とする．$F\colon [a,b]\times(-\varepsilon,\varepsilon)\to M$ を c の C^∞ 級変分，$V\in\Gamma(c^*TM)$ を変分ベクトル場とする．このとき次が成り立つ．

$$\frac{dE(c_s)}{ds}\Big|_{s=0}=\int_a^b g\Big(\nabla^{c^*TM}_{\frac{d}{dt}}V,\frac{dc}{dt}\Big)dt=\Big[g\Big(V,\frac{dc}{dt}\Big)\Big]_a^b-\int_a^b g\Big(V,\nabla^{c^*TM}_{\frac{d}{dt}}\frac{dc}{dt}\Big)dt$$

証明 補題 3.3.14 より $\nabla^{F^*TM}_{\frac{\partial}{\partial s}}\dfrac{\partial F}{\partial t}=\nabla^{F^*TM}_{\frac{\partial}{\partial t}}\dfrac{\partial F}{\partial s}$ であるから

$$\begin{aligned}\frac{dE(c_s)}{ds}\Big|_{s=0}&=\int_a^b g\Big(\nabla^{F^*TM}_{\frac{\partial}{\partial s}}\frac{\partial F}{\partial t},\frac{\partial F}{\partial t}\Big)\Big|_{s=0}dt\\&=\int_a^b g\Big(\nabla^{F^*TM}_{\frac{\partial}{\partial t}}\frac{\partial F}{\partial s},\frac{\partial F}{\partial t}\Big)\Big|_{s=0}dt=\int_a^b g\Big(\nabla^{c^*TM}_{\frac{d}{dt}}V,\frac{dc}{dt}\Big)dt\end{aligned}$$

となり，主張の第 1 の等号を得る．主張の第 2 の等号は部分積分である． □

したがって，測地線は（端点を固定する変分を考える場合には）エネルギー汎関数の臨界点になる．次の定理は，この臨界点における Hesse 行列を計算したものである．

命題 4.6.4（**第 2 変分公式** (second variational formula)）　(M,g) を Riemann 多様体，∇ を Levi-Civita 接続とする．$c\colon [a,b] \to M$ を測地線とする．$F\colon [a,b]\times(-\varepsilon,\varepsilon)\times(-\varepsilon,\varepsilon)\to M$ を c の 2 パラメータの C^∞ 級変分とし，$c_{s_1,s_2}\colon [a,b]\to M$ を $c_{s_1,s_2}(t)=F(t,s_1,s_2)$ と定める．$V_i=\left.\dfrac{\partial F}{\partial s_i}\right|_{s_1=s_2=0}\in\Gamma(c^*TM)$ $(i=1,2)$ とする．このとき次が成り立つ．

$$\begin{aligned}\left.\frac{\partial^2 E(c_{s_1,s_2})}{\partial s_1\partial s_2}\right|_{s_1=s_2=0}&=\int_a^b g(\nabla^{c^*TM}_{\frac{d}{dt}}V_2,\nabla^{c^*TM}_{\frac{d}{dt}}V_1)dt\\&\quad-\int_a^b g\Big(V_2,R^{\nabla^{TM}}\Big(V_1,\frac{dc}{dt}\Big)\frac{dc}{dt}\Big)dt+\Big[g\Big(\Big(\nabla^{F^*TM}_{\frac{\partial}{\partial s_1}}\frac{\partial F}{\partial s_2}\Big)\Big|_{s_1=s_2=0},\frac{dc}{dt}\Big)\Big]_a^b\\&=-\int_a^b g\Big(V_2,\nabla^{c^*TM}_{\frac{d}{dt}}\nabla^{c^*TM}_{\frac{d}{dt}}V_1+R^{\nabla^{TM}}\Big(V_1,\frac{dc}{dt}\Big)\frac{dc}{dt}\Big)dt\\&\quad+\Big[g\Big(V_2,\nabla^{c^*TM}_{\frac{d}{dt}}V_1\Big)\Big]_a^b+\Big[g\Big(\Big(\nabla^{F^*TM}_{\frac{\partial}{\partial s_1}}\frac{\partial F}{\partial s_2}\Big)\Big|_{s_1=s_2=0},\frac{dc}{dt}\Big)\Big]_a^b\end{aligned}$$

証明　命題 4.6.3 より $\dfrac{\partial E(c_{s_1,s_2})}{\partial s_2}=\displaystyle\int_a^b g\Big(\nabla^{F^*TM}_{\frac{\partial}{\partial t}}\frac{\partial F}{\partial s_2},\frac{\partial F}{\partial t}\Big)dt$ であるから，補題 3.3.14 (3) に注意すると

$$\begin{aligned}&\frac{\partial^2 E(c_{s_1,s_2})}{\partial s_1\partial s_2}\\&=\int_a^b g\Big(\nabla^{F^*TM}_{\frac{\partial}{\partial t}}\frac{\partial F}{\partial s_2},\nabla^{F^*TM}_{\frac{\partial}{\partial s_1}}\frac{\partial F}{\partial t}\Big)dt+\int_a^b g\Big(\nabla^{F^*TM}_{\frac{\partial}{\partial s_1}}\nabla^{F^*TM}_{\frac{\partial}{\partial t}}\frac{\partial F}{\partial s_2},\frac{\partial F}{\partial t}\Big)dt\\&=\int_a^b g\Big(\nabla^{F^*TM}_{\frac{\partial}{\partial t}}\frac{\partial F}{\partial s_2},\nabla^{F^*TM}_{\frac{\partial}{\partial t}}\frac{\partial F}{\partial s_1}\Big)dt\\&\quad+\int_a^b g\Big(\nabla^{F^*TM}_{\frac{\partial}{\partial t}}\nabla^{F^*TM}_{\frac{\partial}{\partial s_1}}\frac{\partial F}{\partial s_2}+R^{\nabla^{TM}}\Big(\frac{\partial F}{\partial s_1},\frac{\partial F}{\partial t}\Big)\frac{\partial F}{\partial s_2},\frac{\partial F}{\partial t}\Big)dt\end{aligned}$$

を得る．したがって，$s_1=s_2=0$ とするとき，$\nabla^{c^*TM}_{\frac{d}{dt}}\dfrac{dc}{dt}=0$ に注意すると

$$\begin{aligned}\left.\frac{\partial^2 E(c_{s_1,s_2})}{\partial s_1\partial s_2}\right|_{s_1=s_2=0}&=\int_a^b g(\nabla^{c^*TM}_{\frac{d}{dt}}V_2,\nabla^{c^*TM}_{\frac{d}{dt}}V_1)dt\\&\quad+\int_a^b g\Big(\nabla^{c^*TM}_{\frac{d}{dt}}\nabla^{F^*TM}_{\frac{\partial}{\partial s_1}}\frac{\partial F}{\partial s_2}+R^{\nabla^{TM}}\Big(V_1,\frac{dc}{dt}\Big)V_2,\frac{dc}{dt}\Big)dt\end{aligned}$$

$$
\begin{aligned}
&= \int_a^b g(\nabla^{c^*TM}_{\frac{d}{dt}} V_2, \nabla^{c^*TM}_{\frac{d}{dt}} V_1) dt \\
&\qquad - \int_a^b g\Big(V_2, R^{\nabla^{TM}}\Big(V_1, \frac{dc}{dt}\Big)\frac{dc}{dt}\Big) dt + \Big[g\Big(\nabla^{F^*TM}_{\frac{\partial}{\partial s_1}} \frac{\partial F}{\partial s_2}, \frac{dc}{dt}\Big)\Big]_a^b \\
&= -\int_a^b g\Big(V_2, \nabla^{c^*TM}_{\frac{d}{dt}} \nabla^{c^*TM}_{\frac{d}{dt}} V_1\Big) dt + \Big[g\Big(V_2, \nabla^{c^*TM}_{\frac{d}{dt}} V_1\Big)\Big]_a^b \\
&\qquad - \int_a^b g\Big(V_2, R^{\nabla^{TM}}\Big(V_1, \frac{dc}{dt}\Big)\frac{dc}{dt}\Big) dt + \Big[g\Big(\nabla^{F^*TM}_{\frac{\partial}{\partial s_1}} \frac{\partial F}{\partial s_2}, \frac{dc}{dt}\Big)\Big]_a^b
\end{aligned}
$$

を得る. □

補題 4.6.5 (M,g) を Riemann 多様体とする. $c\colon [a,b] \to M$ を端点を結ぶ最短測地線とする. $F\colon [a,b]\times(-\varepsilon,\varepsilon)\to M$ を c の端点を固定した C^∞ 級変分, $V\in\Gamma(c^*TM)$ を変分ベクトル場とするとき, 次が成り立つ.

$$\frac{d^2 E(c_s)}{ds^2}\Big|_{s=0} \geq 0$$

証明 各 $s\in(-\varepsilon,\varepsilon)$ に対して, Cauchy-Schwarz の不等式より次を得る.

$$L(c_s) = \int_a^b \Big|\frac{dc_s}{dt}\Big| dt \leq \sqrt{\int_a^b 1^2 dt}\sqrt{\int_a^b \Big|\frac{dc_s}{dt}\Big|^2 dt} = \sqrt{b-a}\sqrt{2E(c_s)} \quad (4.8)$$

ただし等号成立は, $\big|\frac{dc_s}{dt}\big|$ が t によらず一定となるときである. よって

$$\sqrt{b-a}\sqrt{2E(c)} = L(c) \leq L(c_s) \leq \sqrt{b-a}\sqrt{2E(c_s)} \quad (4.9)$$

を得る. したがって $E(c) \leq E(c_s)$ となり, これより主張は従う. □

曲線のエネルギーの第 2 変分公式を用いて, 位相と曲率の関係を調べる. Riemann 多様体 (M,g) に対して $d(M,g) = \sup\{d_g(p,q) \mid p,q\in M\}$ を (M,g) の**直径** (diameter) という.

定理 4.6.6 (Myers の定理 (Myers theorem)) (M,g) を n 次元完備連結 Riemann 多様体とする. $\mathrm{Ric} \geq (n-1)kg$ (定義 3.3.13 参照) を満たす定数 $k>0$ が存在すると仮定する. このとき M はコンパクトで $d(M,g) \leq \frac{\pi}{\sqrt{k}}$ を満たす. さらに基本群 $\pi_1(M)$ は有限群である.

証明 測地線 $c\colon[0,1]\to M$ で $L(c) = L > \frac{\pi}{\sqrt{k}}$ を満たすものを固定する. $e_1,\ldots,e_n \in T_{c(0)}M$ を正規直交基底とする. ただし $e_n = \frac{1}{L}\frac{dc}{dt}(0)$ と

する．$c|_{[0,t]}$ に沿った平行移動を $P_t\colon T_{c(0)}M \to T_{c(t)}M$ で表わす．$E_i, V_i \in \Gamma(c^*TM)$ $(i=1,\ldots,n)$ をそれぞれ $E_i(t) = P_t(e_i)$, $V_i(t) = (\sin \pi t)E_i(t)$ により定める．また $F_i\colon [0,1] \times (-\varepsilon, \varepsilon) \to M$ $(i = 1, \ldots, n-1)$ を $F_i(t,s) = \mathrm{Exp}_{c(t)}\{sV_i(t)\}$ とすると，F_i は V_i を変分ベクトル場とする端点を固定した c の C^∞ 級変分となる．$c_s^{(i)}(t) = F_i(t,s)$ とおく．このとき，命題 4.6.4 より，$i = 1, \ldots, n-1$ に対して次が成り立つ．

$$\frac{d^2 E(c_s^{(i)})}{ds^2}\Big|_{s=0} = -\int_0^1 g\Big(V_i, \nabla^{c^*TM}_{\frac{d}{dt}} \nabla^{c^*TM}_{\frac{d}{dt}} V_i + R^{\nabla^{TM}}\Big(V_i, \frac{dc}{dt}\Big)\frac{dc}{dt}\Big) dt$$

$$= -\int_0^1 g((\sin \pi t)E_i(t), -\pi^2 (\sin \pi t)E_i(t) + R^{\nabla^{TM}}((\sin \pi t)E_i(t), LE_n(t))LE_n(t)) dt$$

$$= \int_0^1 (\sin \pi t)^2 \{\pi^2 - L^2 g(R^{\nabla^{TM}}(E_i(t), E_n(t))E_n(t), E_i(t))\} dt$$

したがって

$$\sum_{i=1}^{n-1} \frac{d^2 E(c_s^{(i)})}{ds^2}\Big|_{s=0} = \int_0^1 (\sin \pi t)^2 \{(n-1)\pi^2 - L^2 \mathrm{Ric}(E_n(t), E_n(t))\} dt$$

$$\leq \int_0^1 (\sin \pi t)^2 \{(n-1)\pi^2 - L^2(n-1)k\} dt$$

$$\leq (n-1)k\Big(\frac{\pi^2}{k} - L^2\Big) \int_0^1 (\sin \pi t)^2 dt < 0$$

が成り立つ．補題 4.6.5 より c は端点 $c(0), c(1)$ を結ぶ最短線ではない．よって $d(M,g) \leq \dfrac{\pi}{\sqrt{k}}$ が従い，M がコンパクトであることもわかる．さらに M の普遍被覆空間も定理の仮定を満たすのでコンパクトである．したがって $\pi_1(M)$ は有限群である． □

定理 4.6.7（**Synge の定理** (Synge theorem)）　(M, g) を偶数次元の向き付け可能なコンパクト連結 Riemann 多様体とする．(M, g) の断面曲率がいたるところ正であれば，M は単連結である．

証明　背理法で証明する．M が単連結でないと仮定する．可縮でない閉曲線 $c\colon \mathbb{R}/\mathbb{Z} \to M$ をひとつ固定し，Ω_c を c の属する自由ホモトピー類とする．すなわち，曲線 $\gamma\colon \mathbb{R}/\mathbb{Z} \to M$ が $\gamma \in \Omega_c$ であるとは，ある連続写像 $H\colon \mathbb{R}/\mathbb{Z} \times [0,1] \to M$ で，任意の $t \in \mathbb{R}/\mathbb{Z}$ に対して $c(t) = H(t,0)$ かつ $\gamma(t) = H(t,1)$ が成り立つものが存在することである．また，Ω_c に属する区分的 C^∞ 級曲線全体のなす集合を Ω_c^{ps} で表わす．

主張 4.6.8 $c_0 \in \Omega_c^{ps}$ で,任意の $\gamma \in \Omega_c^{ps}$ に対して $L(c_0) \leq L(\gamma)$ を満たすものが存在する.さらに $c_0 \colon \mathbb{R}/\mathbb{Z} \to M$ は閉測地線である.

証明 M はコンパクトだから,$L_c = \inf\limits_{\gamma \in \Omega_c^{ps}} L(\gamma) > 0$ とすれば,$L_c > 0$ となる.$\{c_n\}_{n=1}^{\infty} \subset \Omega_c^{ps}$ を $\lim\limits_{n \to \infty} L(c_n) = L_c$ を満たすようにとる.このとき,各 n に対して $L(c_n) \leq 2L_c$ を仮定してよい.さらに,各 n に対して $\left|\dfrac{dc_n}{dt}\right|$ は $t \in \mathbb{R}/\mathbb{Z}$ によらず一定,よって $\left|\dfrac{dc_n}{dt}(t)\right| = L(c_n)$ を満たすと仮定してよい.

M はコンパクトで,各 n に対して $\left|\dfrac{dc_n}{dt}\right| = L(c_n) \leq 2L_c$ であるから,$\{c_n \colon \mathbb{R}/\mathbb{Z} \to M\}_{n=1}^{\infty}$ は一様有界かつ同程度連続である.Ascoli-Arzela の定理より,必要なら部分列をとることにより,$\{c_n\}_{n=1}^{\infty}$ はある連続写像 $c_\infty \colon \mathbb{R}/\mathbb{Z} \to M$ に一様収束する.

定理 4.2.1 (3) より,ある $\delta > 0$ で,任意の $t \in \mathbb{R}/\mathbb{Z}$ に対して $\mathrm{Exp}_{c_\infty(t)} \colon V_\delta(c_\infty(t)) \to B_\delta(c_\infty(t))$ が微分同相写像になるものが存在する.十分大きな n_0 を固定するとき,任意の $t \in \mathbb{R}/\mathbb{Z}$ に対して $d_g(c_\infty(t), c_{n_0}(t)) < \delta$ が成り立つから,各 $t \in \mathbb{R}/\mathbb{Z}$ に対して $c_\infty(t)$ から $c_{n_0}(t)$ への最短測地線 $\gamma_t \colon [0,1] \to M$ が一意に定まる.連続写像 $H \colon \mathbb{R}/\mathbb{Z} \times [0,1] \to M$ を $H(t,s) = \gamma_t(1-s)$ と定めると,$H(t,0) = c_{n_0}(t)$,$H(t,1) = c_\infty(t)$ となり,$c_\infty \in \Omega_c$ となることがわかる.さらに $\mathbb{R}/\mathbb{Z}$ の分割 $0 = t_0 < t_1 < \cdots < t_k = 1$ を,各 i に対して $c_\infty([t_{i-1}, t_i]) \subset B_\delta(c_\infty(t_{i-1}))$ が成り立つようにとり,この分割を固定する.このとき,各 i に対して $c_\infty(t_{i-1})$ と $c_\infty(t_i)$ を最短測地線で結び,これらをつなぎ合わせた区分的 C^∞ 級曲線を $\gamma_\infty \colon \mathbb{R}/\mathbb{Z} \to M$ とすると $\gamma_\infty \in \Omega_c^{ps}$ である.

次に $L(\gamma_\infty) = L_c$ を示す.任意の $\varepsilon > 0$ を固定する.$\{c_n\}_{n=1}^{\infty}$ は c_∞ に一様収束しているので,ある $N > 0$ で,任意の $n \geq N$,$t \in \mathbb{R}/\mathbb{Z}$ に対して $d_g(c_\infty(t), c_n(t)) \leq \varepsilon$ を満たすものが存在する.このとき

$$\begin{aligned}L(\gamma_\infty) &= \sum_{i=1}^{k} d_g(c_\infty(t_{i-1}), c_\infty(t_i)) \\ &\leq \sum_{i=1}^{k} \{d_g(c_\infty(t_{i-1}), c_n(t_{i-1})) + d_g(c_n(t_{i-1}), c_n(t_i)) + d_g(c_n(t_i), c_\infty(t_i))\} \\ &\leq 2k\varepsilon + L(c_n)\end{aligned}$$

が成り立つ. $n \to \infty$ として $L(\gamma_\infty) \leq 2k\varepsilon + L_c$ を得る. k は固定されていて, $\varepsilon > 0$ は任意だから $L(\gamma_\infty) \leq L_c$ を得る. 一方, $\gamma_\infty \in \Omega_c^{ps}$ より $L(\gamma_\infty) \geq L_c$ が成り立つから $L(\gamma_\infty) = L_c$ を得る.

γ_∞ のパラメータを, 弧長に比例するようにとり直したものを $c_0 \colon \mathbb{R}/\mathbb{Z} \to M$ とする. このとき, $L(c_0) = L_c$ であるから, 補題 4.2.3 の証明と同様の議論で c_0 は閉測地線となることがわかる. □

$t_0 \in \mathbb{R}/\mathbb{Z}$ を固定して, $P_{c_0} \colon T_{c_0(t_0)}M \to T_{c_0(t_0)}M$ を閉測地線 c_0 に沿った平行移動とする. また $W = \left\{ v \in T_{c_0(t_0)}M \mid g\left(v, \dfrac{dc_0}{dt}(t_0)\right) = 0 \right\}$ とおく. c_0 は閉測地線だから $P_{c_0}\left(\dfrac{dc_0}{dt}(t_0)\right) = \dfrac{dc_0}{dt}(t_0)$ となる. したがって $P_{c_0}(W) = W$ を得る. また M は向き付け可能であるから $P_{c_0}|_W$ は W の向きを保つ直交変換, すなわち $SO(W)$ の元となる. さらに W は奇数次元であるから, $P_{c_0}|_W$ は固有値 1 の固有ベクトル $v_0 \in W \setminus \{0\}$ をもつ.

$V \in \Gamma(c_0^* TM)$ を $v_0 \in T_{c_0(t_0)}M$ を c_0 に沿って平行移動して得られるベクトル場とする. $F \colon \mathbb{R}/\mathbb{Z} \times (-\varepsilon, \varepsilon) \to M$ を $F(t, s) = \mathrm{Exp}_{c_0(t)}\{sV(t)\}$ により定め, $c_s(t) = F(t, s)$ とおく. $\nabla_{\frac{d}{dt}}^{c_0^* TM} V = 0$ と (M, g) の断面曲率がいたるところ正であることに注意すると, 命題 4.6.4 より次を得る.

$$\begin{aligned}
\dfrac{d^2 E(c_s)}{ds^2}\Big|_{s=0} &= \int_a^b g(\nabla_{\frac{d}{dt}}^{c_0^* TM} V, \nabla_{\frac{d}{dt}}^{c_0^* TM} V) dt - \int_a^b g\left(V, R^{\nabla^{TM}}\left(V, \dfrac{dc}{dt}\right)\dfrac{dc}{dt}\right) dt \\
&= -\int_a^b g\left(R^{\nabla^{TM}}\left(V, \dfrac{dc}{dt}\right)\dfrac{dc}{dt}, V\right) dt < 0
\end{aligned}$$

これは E が Ω_c^{ps} 上 c_0 で最小値をとることに矛盾する. この矛盾は, M が単連結でないと仮定したことにより生じた. □

測地線の測地線による変分において, その変分ベクトル場を Jacobi 場という. 次の定理は Jacobi 場が特別な微分方程式を満たすことを用いて示される.

定理 4.6.9 (Hadamard-Cartan の定理 (Hadamard-Cartan theorem)**)**
(M, g) を n 次元完備連結 Riemann 多様体とする. (M, g) の断面曲率がいたるところ非正ならば, M の普遍被覆空間 $\widetilde{M}$ は $\mathbb{R}^n$ と微分同相である.

証明 任意の $p \in M$ を固定する. このとき次が成り立つ.

主張 4.6.10 $\mathrm{Exp}_p \colon T_p M \to M$ は局所微分同相写像である.

証明 任意の $v \in T_pM$, $w(\neq 0) \in T_v(T_pM) = T_pM$ を固定するとき，$(\mathrm{Exp}_p)_{*v}(w) \neq 0$ を示せばよい．測地線 $c\colon [0,1] \to M$ を $c(t) = \mathrm{Exp}_p tv$ により定める．c の C^∞ 級変分 $F\colon [0,1] \times (-\varepsilon, \varepsilon) \to M$ を $F(t,s) = \mathrm{Exp}_p t(v+sw)$ により定める．$s \in (-\varepsilon, \varepsilon)$ に対して $c_s(t) = F(t,s)$ とするとき，c_s は測地線である．$J \in \Gamma(c^*TM)$ を変分ベクトル場とする．このとき $J(0) = 0$, $J(1) = \dfrac{d}{ds}\Big|_{s=0} \mathrm{Exp}_p(v+sw) = (\mathrm{Exp}_p)_{*v}(w)$ である．$J(1) \neq 0$ を示せばよい．

はじめに J は次の微分方程式を満たすことを示す．

$$\nabla^{c^*TM}_{\frac{d}{dt}} \nabla^{c^*TM}_{\frac{d}{dt}} J + R^{\nabla^{TM}}\left(J, \frac{dc}{dt}\right) \frac{dc}{dt} = 0 \in \Gamma(c^*TM) \tag{4.10}$$

実際，補題 3.3.14 より

$$\nabla^{F^*TM}_{\frac{\partial}{\partial t}} \nabla^{F^*TM}_{\frac{\partial}{\partial t}} \frac{\partial F}{\partial s} = \nabla^{F^*TM}_{\frac{\partial}{\partial t}} \nabla^{F^*TM}_{\frac{\partial}{\partial s}} \frac{\partial F}{\partial t}$$
$$= \nabla^{F^*TM}_{\frac{\partial}{\partial s}} \nabla^{F^*TM}_{\frac{\partial}{\partial t}} \frac{\partial F}{\partial t} + R^{\nabla^{TM}}\left(\frac{\partial F}{\partial t}, \frac{\partial F}{\partial s}\right) \frac{\partial F}{\partial t}$$

となる．c_s は測地線であるから $\nabla^{F^*TM}_{\frac{\partial}{\partial t}} \frac{\partial F}{\partial t} = 0$ となり，$s = 0$ とすれば (4.10) を得る．

次に $J(1) \neq 0$ を示す．

$$\frac{1}{2} \frac{d}{dt} \|J(t)\|^2 = g(\nabla^{c^*TM}_{\frac{d}{dt}} J, J)$$

であるから，(4.10) と (M, g) の断面曲率がいたるところ非正であることに注意すると，$t \in [0,1]$ に対して次を得る．

$$\frac{1}{2} \frac{d^2}{dt^2} \|J(t)\|^2 = g(\nabla^{c^*TM}_{\frac{d}{dt}} J, \nabla^{c^*TM}_{\frac{d}{dt}} J) + g(\nabla^{c^*TM}_{\frac{d}{dt}} \nabla^{c^*TM}_{\frac{d}{dt}} J, J)$$
$$= \|\nabla^{c^*TM}_{\frac{d}{dt}} J\|^2 - g\left(R^{\nabla^{TM}}\left(J, \frac{dc}{dt}\right)\frac{dc}{dt}, J\right) \geq 0$$

したがって $\|J(t)\|^2$ は広義単調増加である．$w \neq 0$ であるから，十分小さな $t > 0$ においては $J(t) \neq 0$ となり，$J(1) \neq 0$ を得る． $\square$

次の主張 4.6.11 より T_pM は M の普遍被覆空間と微分同相であることがわかり，定理 4.6.9 が証明される． $\square$

主張 4.6.11 $\mathrm{Exp}_p \colon T_pM \to M$ は被覆写像である．

証明 $F = \mathrm{Exp}_p$, $N = T_pM$ とおく．$F\colon N \to M$ が被覆写像であることを示す．すなわち，任意の $q \in M$ に対して q の開近傍 U で，$F^{-1}(U) = \bigcup_{\lambda \in \Lambda} \widetilde{U}_\lambda$ を連結成分への分解とするとき，$F|_{\widetilde{U}_\lambda}\colon \widetilde{U}_\lambda \to U$ が微分同相写像となるものが存在することを示す．

主張 4.6.10 より，N 上の Riemann 計量 $g_N = F^*g$ が定まる．まず g_N が完備であることを示す．O を T_pN の原点とするとき，任意の $v \in T_pN \setminus \{O\}$ に対して，N 内の曲線 $t \mapsto tv$ は g_N に関する測地線である．すなわち (N, g_N) の $O \in N$ における指数写像が T_ON 全体で定義されている．よって，定理 4.3.2 より (N, g_N) は完備となる．したがって，任意の $x \in N$ における指数写像が T_xN 全体で定義される．

任意の $q \in M$ を固定する．定理 4.2.1 より $\mathrm{Exp}_q^M\colon V_\delta^M(q) \to B_\delta^M(q)$ が微分同相写像となる $\delta > 0$ が存在する．ここで Exp_q^M は (M,g) の $q \in M$ における指数写像で，$V_\delta^M(q), B_\delta^M(q)$ は定理 4.2.1 と同様に定める．$\{\widetilde{q}_\lambda \mid \lambda \in \Lambda\} = F^{-1}(q)$ とする．

次に $\mathrm{Exp}_{\widetilde{q}_\lambda}^N\colon V_\delta^N(\widetilde{q}_\lambda) \to B_\delta^N(\widetilde{q}_\lambda)$, $F|_{B_\delta^N(\widetilde{q}_\lambda)}\colon B_\delta^N(\widetilde{q}_\lambda) \to B_\delta^M(q)$ がともに微分同相写像であることを示す．ここで $\mathrm{Exp}_{\widetilde{q}_\lambda}^N$ は (N, g_N) の $\widetilde{q}_\lambda \in N$ における指数写像で，$V_\delta^N(\widetilde{q}_\lambda), B_\delta^N(\widetilde{q}_\lambda)$ は定理 4.2.1 と同様に定める．$F\colon (N, g_N) \to (M, g)$ は局所的に等長写像だから，F は N の測地線を M の測地線に写す．したがって，

$$F \circ \mathrm{Exp}_{\widetilde{q}_\lambda}^N = \mathrm{Exp}_q^M \circ F_{\widetilde{q}_\lambda *}\colon V_\delta^N(\widetilde{q}_\lambda) \to B_\delta^M(q) \tag{4.11}$$

が成り立つ．また，$\mathrm{Exp}_q^M \circ F_{*\widetilde{q}_\lambda}$ は微分同相写像である．したがって $\mathrm{Exp}_{\widetilde{q}_\lambda}^N\colon V_\delta^N(\widetilde{q}_\lambda) \to B_\delta^N(\widetilde{q}_\lambda)$, $F|_{B_\delta^N(\widetilde{q}_\lambda)}\colon B_\delta^N(\widetilde{q}_\lambda) \to B_\delta^M(q)$ はともに微分同相写像であることがわかる．

次に $\bigcup_{\lambda \in \Lambda} B_\delta^N(\widetilde{q}_\lambda) = F^{-1}(B_\delta^M(q))$ を示す．$\bigcup_{\lambda \in \Lambda} B_\delta^N(\widetilde{q}_\lambda) \subset F^{-1}(B_\delta^M(q))$ は (4.11) より従う．$\bigcup_{\lambda \in \Lambda} B_\delta^N(\widetilde{q}_\lambda) \supset F^{-1}(B_\delta^M(q))$ を示す．$x \in F^{-1}(B_\delta^M(q))$ を固定する．$F(x) \in B_\delta^M(q)$ だから $F(x)$ と q は $B_\delta^M(q)$ 内の測地線 $c\colon [0,1] \to M$ で結べる．このとき $c(t) = \mathrm{Exp}_{F(x)}^M tw$ となる $w \in T_{F(x)}M$ が存在する．さらに $\widetilde{w} \in T_xN$ が $F_{*x}\widetilde{w} = w$ を満たすとき，$F(\mathrm{Exp}_x^N t\widetilde{w}) = \mathrm{Exp}_{F(x)}^M tw$ が成り立つ．よって $F(\mathrm{Exp}_x^N \widetilde{w}) = q$ となり，$\mathrm{Exp}_x^N \widetilde{w} = \widetilde{q}_\lambda$ を満たす $\lambda \in \Lambda$ が存在す

る．したがって $x \in B_\delta^N(\widetilde{q}_\lambda)$ となる．すなわち $\bigcup_{\lambda \in \Lambda} B_\delta^N(\widetilde{q}_\lambda) \supset F^{-1}(B_\delta^M(q))$ が示された．

最後に $x \in B_\delta^N(\widetilde{q}_\lambda) \cap B_\delta^N(\widetilde{q}_{\lambda'})$ とする．$F(x)$ と q を結ぶ $B_\delta^M(q)$ 内の測地線の一意性より，$\widetilde{q}_\lambda = \widetilde{q}_{\lambda'}$ が従う．したがって $\bigcup_{\lambda \in \Lambda} B_\delta^N(\widetilde{q}_\lambda)$ は $F^{-1}(B_\delta^M(q))$ の連結成分への分解である．

以上より $F \colon N \to M$ は被覆写像である． $\square$

曲率と位相に関するさらにすすんだ話題については，[4], [24], [43] などを参照していただきたい．

第5章 多様体上の微分作用素

この章では，外微分作用素の形式的随伴作用素や Laplace 作用素などの Riemann 多様体上の微分作用素を導入して，Hodge-de Rham-小平の定理を定式化する．また Weitzenböck の公式の応用を紹介する．

5.1 発散定理

多様体上の外微分作用素は Riemann 計量とは無関係に定義されているが，Riemann 計量を固定するとき，その Levi-Civita 接続を用いて以下のように表わすことができる．

定理 5.1.1 (M,g) を Riemann 多様体，∇^{TM} を Levi-Civita 接続とする．$e_1,\ldots,e_n \in \Gamma(TM|_U)$ を M の開集合 U 上の（正規直交とも，$[e_i,e_j]=0$ とも限らない）枠場，$e^1,\ldots,e^n \in \Gamma(TM^*|_U)$ を双対枠場とする．
(1) ∇^{TM} が誘導する $\wedge^p T^*M$ 上の接続を $\nabla^{\wedge^p T^*M}$ と表わすとき，次が成り立つ．
$$d|_U = \sum_{i=1}^n e^i \wedge \nabla^{\wedge^p T^*M}_{e_i} : \Omega^p(U) \to \Omega^{p+1}(U)$$
(2) (E,∇^E) を M 上のベクトル束，d^{∇^E} を共変外微分とするとき，次が成り立つ．
$$d^{\nabla^E}|_U = \sum_{i=1}^n e^i \wedge \nabla^{E \otimes \wedge^p T^*M}_{e_i} : \Omega^p(E|_U) \to \Omega^{p+1}(E|_U)$$

注意 5.1.2 (1), (2) の右辺は枠場 $e_1,\ldots,e_n \in \Gamma(TM|_U)$ のとり方によらない．実際 $f_1,\ldots,f_n \in \Gamma(TM|_U)$ を別の枠場，$f^1,\ldots,f^n \in \Gamma(TM^*|_U)$ を双対枠場とする．$f_i = a_i^k e_k$, $f^j = b_l^j e^l$ とするとき $\delta_i^j = \langle f_i, f^j \rangle = a_i^k b_l^j \delta_k^l = a_i^k b_k^j$ であるから，$(a_i^j) = (b_i^j)^{-1}$ を得る．したがって次が成り立つ．

$$\sum_i f^i \wedge \nabla_{f_i} = \sum_{i,k,l} b_l^i e^l \wedge \nabla_{a_i^k e_k} = \sum_{k,l} \delta_l^k e^l \wedge \nabla_{e_k} = \sum_k e^k \wedge \nabla_{e_k}$$

証明 (1) $\phi \in \Omega^p(M), X_1,\ldots,X_{p+1} \in \mathfrak{X}(M)$ とする．U 上で次が成り立つ．

$$\sum_{i=1}^n \{e^i \wedge \nabla_{e_i}^{\wedge^p T^*M}\phi\}(X_1,\ldots,X_{p+1})$$

$$= \frac{1}{p!}\sum_{i=1}^n \sum_{\sigma \in S_{p+1}} (\operatorname{sgn}\sigma) e^i(X_{\sigma(1)})(\nabla_{e_i}^{\wedge^p T^*M}\phi)(X_{\sigma(2)},\ldots,X_{\sigma(p+1)})$$

$$= \frac{1}{p!}\sum_{\sigma \in S_{p+1}} (\operatorname{sgn}\sigma)(\nabla_{X_{\sigma(1)}}^{\wedge^p T^*M}\phi)(X_{\sigma(2)},\ldots,X_{\sigma(p+1)})$$

$$= \sum_{j=1}^{p+1} (-1)^{j+1}(\nabla_{X_j}^{\wedge^p T^*M}\phi)(X_1,\ldots,\widehat{X_j},\ldots,X_{p+1})$$

$$= \sum_{j=1}^{p+1} (-1)^{j+1} X_j\{\phi(X_1,\ldots,\widehat{X_j},\ldots,X_{p+1})\}$$

$$\quad - \sum_{i<j} (-1)^{j+1}\phi(X_1,\ldots,\nabla_{X_j}^{TM}X_i,\ldots,\widehat{X_j},\ldots,X_{p+1})$$

$$\quad - \sum_{i>j} (-1)^{j+1}\phi(X_1,\ldots,\widehat{X_j},\ldots,\nabla_{X_j}^{TM}X_i,\ldots,X_{p+1})$$

$$= \sum_{j=1}^{p+1} (-1)^{j+1} X_j\{\phi(X_1,\ldots,\widehat{X_j},\ldots,X_{p+1})\}$$

$$\quad - \sum_{i<j} (-1)^{i+j}\phi(\nabla_{X_j}^{TM}X_i,X_1,\ldots,\widehat{X_i},\ldots,\widehat{X_j},\ldots,X_{p+1})$$

$$\quad - \sum_{i>j} (-1)^{i+j+1}\phi(\nabla_{X_j}^{TM}X_i,X_1,\ldots,\widehat{X_j},\ldots,\widehat{X_i},\ldots,X_{p+1})$$

$$= \sum_{j=1}^{p+1} (-1)^{j+1} X_j\{\phi(X_1,\ldots,\widehat{X_j},\ldots,X_{p+1})\}$$

$$\quad + \sum_{i<j} (-1)^{i+j}\phi([X_i,X_j],X_1,\ldots,\widehat{X_i},\ldots,\widehat{X_j},\ldots,X_{p+1})$$

$$= (d\phi)(X_1,\ldots,X_{p+1}).$$

(2) 命題 2.1.6 (2)，命題 2.2.6 (1) と定理 5.1.1 (1) より

$$d^{\nabla^E}|_U = (\nabla^E \wedge \mathrm{id}_{\wedge^p T^*M} + \mathrm{id}_E \otimes d)|_U$$
$$= \Big(\sum_{i=1}^n e^i \otimes \nabla^E_{e_i}\Big) \wedge \mathrm{id}_{\wedge^p T^*M} + \mathrm{id}_E \otimes \Big(\sum_{i=1}^n e^i \wedge \nabla^{\wedge^p T^*M}_{e_i}\Big)$$
$$= \sum_{i=1}^n e^i \wedge (\nabla^E_{e_i} \otimes \mathrm{id}_{\wedge^p T^*M} + \mathrm{id}_E \otimes \nabla^{\wedge^p T^*M}_{e_i})$$
$$= \sum_{i=1}^n e^i \wedge \nabla^{E \otimes \wedge^p T^*M}_{e_i}$$

を得る. □

定義 5.1.3 (M,g) を Riemann 多様体, ∇ を Levi-Civita 接続とする. $X \in \mathfrak{X}(M)$ に対して, $\mathrm{div} X \in C^\infty(M)$ を $\mathrm{div} X = C^1_1 \nabla X$ により定め, ベクトル場 X の**発散** (divergence) という. ただし $C^1_1 \colon \Gamma(TM \otimes T^*M) \to C^\infty(M)$ は縮約である.

以後, Riemann 多様体 (M,g) に対して, Levi-Civita 接続 ∇ が誘導する $\wedge^p T^*M$ や $\mathrm{End}(TM)$ などの接続も Levi-Civita 接続と呼び, 誤解のない限り単に ∇ で表わす. 次の補題はしばしば用いられる.

補題 5.1.4 (M,g) を Riemann 多様体, ∇ を Levi-Civita 接続とする. このとき, 任意の $X, Y \in \mathfrak{X}(M), \phi, \psi \in \Omega^*(M)$ に対して次が成り立つ.
(1) $\nabla_X(\phi \wedge \psi) = (\nabla_X \phi) \wedge \psi + \phi \wedge (\nabla_X \psi)$.
(2) $\nabla_X \{i(Y)\phi\} = i(\nabla_X Y)\phi + i(Y)(\nabla_X \phi)$.

証明 (1) 命題 1.4.8 (2) と命題 2.2.7 より導かれる.
(2) 内部積は縮約で表わされるから, 命題 2.2.7 より導かれる. □

次は本章の基礎となる重要な定理である.

定理 5.1.5 (M,g) を向き付けられた n 次元 Riemann 多様体, ∇ を Levi-Civita 接続, vol_g を体積要素とする.
(1) 任意の $X \in \mathfrak{X}(M)$ に対して $\nabla_X \mathrm{vol}_g = 0 \in \Omega^n(M)$ が成り立つ.
(2) (**発散定理** (divergence theorem))
　任意の $X \in \mathfrak{X}(M)$ に対して次が成り立つ.
$$d\{i(X)\mathrm{vol}_g\} = (\mathrm{div} X)\mathrm{vol}_g \in \Omega^n(M)$$

とくに M がコンパクトならば $\int_M (\mathrm{div} X)\mathrm{vol}_g = 0$ が成り立つ．

注意 5.1.6 定理 1.6.8 より $L_X \mathrm{vol}_g = d\{i(X)\mathrm{vol}_g\}$ である．したがって $L_X \mathrm{vol}_g = (\mathrm{div} X)\mathrm{vol}_g$ が成り立つ．

証明 (1) $e_1, \ldots, e_n \in \Gamma(TM|_U)$ を M の開集合 U 上の M の向きと整合的な正規直交枠場，$e^1, \ldots, e^n \in \Gamma(TM^*|_U)$ を双対枠場とする．命題 3.1.8 より $\mathrm{vol}_g = e^1 \wedge \cdots \wedge e^n$ となる．このとき任意の $X \in \mathfrak{X}(M)$ に対して次を得る．

$$(\nabla_X \mathrm{vol}_g)|_U = \nabla_X(e^1 \wedge \cdots \wedge e^n) = \sum_{k=1}^n e^1 \wedge \cdots \wedge \nabla_X e^k \wedge \cdots \wedge e^n$$
$$= \sum_{k=1}^n e^1 \wedge \cdots \wedge \langle e_k, \nabla_X e^k \rangle e^k \wedge \cdots \wedge e^n$$

一方，各 $k = 1, \ldots, n$ を固定するとき

$$\langle e_k, \nabla_X e^k \rangle = -\langle \nabla_X e_k, e^k \rangle = -g(\nabla_X e_k, e_k) = -\frac{1}{2} X g(e_k, e_k) = 0$$

であるから $\nabla_X \mathrm{vol}_g = 0$ を得る．

(2) 定理 5.1.1, 定理 5.1.5 (1) より

$$d\{i(X)\mathrm{vol}_g\} = \sum_{j=1}^n e^j \wedge \nabla_{e_j}\{i(X)\mathrm{vol}_g\} = \sum_{j=1}^n e^j \wedge i(\nabla_{e_j}X)\mathrm{vol}_g$$
$$= \sum_{j=1}^n e^j \wedge i\Big(\sum_{k=1}^n \langle \nabla_{e_j}X, e^k\rangle e_k\Big)\mathrm{vol}_g = \sum_{j=1}^n \langle \nabla_{e_j}X, e^j\rangle \mathrm{vol}_g = (\mathrm{div}X)\mathrm{vol}_g$$

を得る． □

$(x^1, \ldots, x^n)$ を M の開集合 U 上の座標とする．$g|_U = g_{ij} dx^i \otimes dx^j$, $X|_U = X^k \dfrac{\partial}{\partial x^k}$ とするとき次が成り立つ．

$$d\{i(X)\mathrm{vol}_g\} = d\Big\{i\Big(\sum_{k=1}^n X^k \frac{\partial}{\partial x^k}\Big)\sqrt{\det(g_{ij})}\, dx^1 \wedge \cdots \wedge dx^n\Big\}$$
$$= d\Big\{\sum_{k=1}^n (-1)^{k-1} \Big(X^k \sqrt{\det(g_{ij})}\Big) dx^1 \wedge \cdots \wedge \widehat{dx^k} \wedge \cdots \wedge dx^n\Big\}$$
$$= \Big\{\sum_{k=1}^n \frac{\partial}{\partial x^k}\Big(X^k \sqrt{\det(g_{ij})}\Big)\Big\} dx^1 \wedge \cdots \wedge dx^n$$
$$= \Big\{\frac{1}{\sqrt{\det(g_{ij})}} \sum_{k=1}^n \frac{\partial}{\partial x^k}\Big(X^k \sqrt{\det(g_{ij})}\Big)\Big\} \mathrm{vol}_g$$

したがって定理 5.1.5 より $\operatorname{div} X$ は次のように表わされる.

$$\operatorname{div} X|_U = \frac{1}{\sqrt{\det(g_{ij})}} \sum_{k=1}^{n} \frac{\partial}{\partial x^k}\left(X^k \sqrt{\det(g_{ij})}\right) \tag{5.1}$$

系 5.1.7 (M,g) を向き付けられたコンパクト Riemann 多様体とする. このとき任意の $X \in \mathfrak{X}(M)$, $f \in C^\infty(M)$ に対して次が成り立つ.

$$\int_M (Xf)\mathrm{vol}_g = -\int_M f(\operatorname{div} X)\mathrm{vol}_g$$

証明 $0 = \int_M C_1^1 \nabla(fX)\mathrm{vol}_g = \int_M C_1^1(X\otimes df + f\nabla X)\mathrm{vol}_g$ より従う. □

系 5.1.8（Green の公式 (Green formula)） (M,g) を向き付けられたコンパクト境界付き Riemann 多様体とする. 境界 ∂M に M の向きから誘導される向き (定義 1.5.2 参照) を与える. $\iota\colon \partial M \to M$ を埋め込みとする. $\nu \in \Gamma(\iota^* TM)$ を外向き単位法ベクトル場とする. このとき任意の $X \in \mathfrak{X}(M)$ に対して次が成り立つ.

$$\int_M (\operatorname{div} X)\mathrm{vol}_g = \int_{\partial M} g(X,\nu)\mathrm{vol}_{g|_{\partial M}}$$

証明 発散定理と Stokes の定理に注意すれば

$$\int_M (\operatorname{div} X)\mathrm{vol}_g = \int_M d\{i(X)\mathrm{vol}_g\} = \int_{\partial M} \iota^*\{i(X)\mathrm{vol}_g\} = \int_{\partial M} g(X,\nu)\mathrm{vol}_{g|_{\partial M}}$$

を得る. □

5.2 Hodge-de Rham-小平の定理

この節では Laplace 作用素を導入して, Hodge-de Rham-小平の定理を定式化する.

(M,g) を Riemann 多様体, T^*M のファイバー計量を g^* とする.

定義 5.2.1 $\Lambda^p T^*M$ のファイバー計量 g_{Λ^p} を, $\phi_1,\ldots,\phi_p, \psi_1,\ldots,\psi_p \in \Omega^1(M)$ に対して

$$g_{\Lambda^p}(\phi_1\wedge\cdots\wedge\phi_p, \psi_1\wedge\cdots\wedge\psi_p) = \det(g^*(\phi_i,\psi_j))$$

と定め，$\mathbb{R}$ 上双線型に拡張する．g_{Λ^p} を $\mathbb{C}$ 上双線型に拡張したものも g_{Λ^p} で表わす．また，$\Lambda^p T^*M \otimes_{\mathbb{R}} \mathbb{C}$ 上の Hermite 計量 h_{Λ^p} を，$X, Y \in \Omega^p(M) \otimes_{\mathbb{R}} \mathbb{C}$ に対して

$$h_{\Lambda^p}(X, Y) = g_{\Lambda^p}(X, \overline{Y})$$

により定める（h_{Λ^p} は $\mathbb{C}$ 上第 1 成分に関して線型，第 2 成分に関して反線型である．注意 2.4.4 参照）．

注意 5.2.2 $\phi_1 \wedge \cdots \wedge \phi_p = 0 \in \Omega^p(M)$ のとき，任意の $\psi_1, \ldots, \psi_p \in \Omega^1(M)$ に対して $\det(g^*(\phi_i, \psi_j)) = 0$ となることが容易に確かめられる．また $\det(g^*(\phi_i, \psi_j))$ は $\phi_1, \ldots, \phi_p, \psi_1, \ldots, \psi_p \in \Omega^1(M)$ に関する $C^\infty(M)$ 上の多重線型写像である．これらのことから，定義 5.2.1 が well-defined であることがわかる．また，定義より $g^* = g_{\Lambda^1}$ である．

定義 3.3.3 においてベクトル束の同型写像 $\iota_g \colon TM \to T^*M$ が与えられた．このとき $X \in \mathfrak{X}(M), \alpha \in \Omega^1(M)$ に対して

$$\iota_g(X) = CX \otimes g \in \Omega^1(M), \quad \iota_g^{-1}(\alpha) = Cg^* \otimes \alpha \in \mathfrak{X}(M)$$

のように縮約を用いて表わされた（注意 3.3.5 参照）．

補題 5.2.3 (M, g) を Riemann 多様体とする．
(1) 任意の $\alpha \in \Omega^1(M), \phi \in \Omega^p(M), \psi \in \Omega^{p+1}(M)$ に対して次が成り立つ．

$$g_{\Lambda^{p+1}}(\alpha \wedge \phi, \psi) = g_{\Lambda^p}(\phi, i(Cg^* \otimes \alpha)\psi) \in C^\infty(M)$$

(2) 任意の $\alpha, \beta \in \Omega^1(M), \phi \in \Omega^p(M)$ に対して次が成り立つ．

$$i(Cg^* \otimes \alpha)(\beta \wedge \phi) + \beta \wedge i(Cg^* \otimes \alpha)\phi = g^*(\alpha, \beta)\phi \in \Omega^p(M)$$

証明 (1), (2) ともに局所的に示せばよい．$e_1, \ldots, e_n \in \Gamma(TM|_U)$ を M の開集合 U 上の TM の正規直交枠場，$e^1, \ldots, e^n$ を双対枠場とする．このとき $e^1, \ldots, e^n$ は $TM^*|_U$ の正規直交枠場となる．よって g_{Λ^p} の定義より $\{e^{i_1} \wedge \cdots \wedge e^{i_p} \mid i_1 < \cdots < i_p\}$ は $\Lambda^p T^*M|_U$ の正規直交枠場となる．

(1) の証明では $\alpha = e^1, \phi = e^{i_1} \wedge \cdots \wedge e^{i_p}, \psi = e^{j_1} \wedge \cdots \wedge e^{j_{p+1}}$ の場合に示せば十分である．また，(2) の証明では $\alpha = e^1, \beta = e^1$ または $e^2, \phi = e^{i_1} \wedge \cdots \wedge e^{i_p}$

の場合に示せば十分であるが，これらは容易に確かめられる． □

(M,g) を Riemann 多様体とする．E を M 上のベクトル束，h_E をファイバー計量とする．E が実ベクトル束のとき $E \otimes \Lambda^p T^*M$ のファイバー計量 $h_{E \otimes \Lambda^p}$ を，$s,t \in \Gamma(E), \phi, \psi \in \Omega^p(M)$ に対して

$$h_{E \otimes \Lambda^p}(s \otimes \phi, t \otimes \psi) = h_E(s,t) g_{\Lambda^p}(\phi, \psi)$$

により定め，これを $\mathbb{R}$ 上双線型に拡張する．

E が複素ベクトル束のとき $E \otimes \Lambda^p T^*M$ のファイバー計量 $h_{E \otimes \Lambda^p}$ を，$s,t \in \Gamma(E), \phi, \psi \in \Omega^p(M) \otimes_{\mathbb{R}} \mathbb{C}$ に対して

$$h_{E \otimes \Lambda^p}(s \otimes \phi, t \otimes \psi) = h_E(s,t) h_{\Lambda^p}(\phi, \psi)$$

により定め，これを $\mathbb{C}$ 上第 1 成分に関して線型，第 2 成分に関して反線型に拡張する（注意 2.4.4 参照）．

命題 5.2.4 (M,g) を Riemann 多様体とする．(E, h_E, ∇^E) を M 上のベクトル束 E，ファイバー計量 h_E とそれを保つ接続 ∇^E とする．
(1) $e_1, \ldots, e_n \in \Gamma(TM|_U)$ を M の開集合 U 上の TM の（正規直交とは限らない）枠場，$e^1, \ldots, e^n \in \Gamma(TM^*|_U)$ を双対枠場とする．このとき

$$\delta^{\nabla^E}|_U = -\sum_{i=1}^n i(Cg^* \otimes e^i) \nabla_{e_i}^{E \otimes \Lambda^p} : \Omega^{p+1}(E|_U) \to \Omega^p(E|_U) \quad (5.2)$$

は枠場 $e_1, \ldots, e_n \in \Gamma(TM|_U)$ のとり方によらない．したがって 1 階の微分作用素 $\delta^{\nabla^E} : \Omega^{p+1}(E) \to \Omega^p(E)$ が定義される．
(2) 任意の $\phi \in \Omega^p(E), \psi \in \Omega^{p+1}(E)$ に対して次が成り立つ．

$$h_{E \otimes \Lambda^{p+1}}(d^{\nabla^E}\phi, \psi) - h_{E \otimes \Lambda^{p+1}}(\phi, \delta^{\nabla^E}\psi) = \mathrm{div} X \in C^\infty(M)$$

ただし X は $C^\infty(M)$ 上の線型写像 $\Omega^1(M) \ni \alpha \mapsto h_{E \otimes \Lambda^{p+1}}(\alpha \wedge \phi, \psi) \in C^\infty(M)$ の定める M 上のベクトル場である（補題 1.4.7 (2) 参照）．
(3) さらに M が向き付け可能で，かつ $\phi \in \Omega^p(E), \psi \in \Omega^{p+1}(E)$ の少なくとも一方がコンパクト台をもてば次が成り立つ．

$$\int_M h_{E \otimes \Lambda^{p+1}}(d^{\nabla^E}\phi, \psi) \mathrm{vol}_g = \int_M h_{E \otimes \Lambda^p}(\phi, \delta^{\nabla^E}\psi) \mathrm{vol}_g$$

証明 (1) は注意 5.1.2 と同様の議論で確かめられる．

(2) Einstein の表記法の濫用であるが，(5.2) において $\sum_{i=1}^{n}$ を以下省略する．補題 5.2.3 に注意すると次を得る．

$$\begin{aligned}
h_{E\otimes\Lambda^p}(\phi, \delta^{\nabla^E}\psi) &= h_{E\otimes\Lambda^p}(\phi, -i(Cg^* \otimes e^i)\nabla_{e_i}^{E\otimes\Lambda^p}\psi) \\
&= -h_{E\otimes\Lambda^{p+1}}(e^i \wedge \phi, \nabla_{e_i}^{E\otimes\Lambda^{p+1}}\psi) \\
&= -e_i h_{E\otimes\Lambda^{p+1}}(e^i \wedge \phi, \psi) + h_{E\otimes\Lambda^{p+1}}(\nabla_{e_i}^{E\otimes\Lambda^{p+1}}(e^i \wedge \phi), \psi) \\
&= -e_i\langle X, e^i\rangle + h_{E\otimes\Lambda^{p+1}}((\nabla_{e_i}^{T^*M}e^i)\wedge\phi + d^{\nabla^E}\phi, \psi) \\
&= h_{E\otimes\Lambda^{p+1}}(d^{\nabla^E}\phi, \psi) - e_i\langle X, e^i\rangle + \langle X, \nabla_{e_i}^{T^*M}e^i\rangle \\
&= h_{E\otimes\Lambda^{p+1}}(d^{\nabla^E}\phi, \psi) - \langle \nabla_{e_i}^{TM}X, e^i\rangle \\
&= h_{E\otimes\Lambda^{p+1}}(d^{\nabla^E}\phi, \psi) - \mathrm{div}X
\end{aligned}$$

(3) は (2) と定理 5.1.5 からただちに確かめられる． □

注意 5.2.5 $\delta^{\nabla^E}: \Omega^{p+1}(E) \to \Omega^p(E)$ を d^{∇^E} の**形式的随伴作用素** (formally adjoint operator) という．

注意 5.2.6 $\phi \in \Omega^1(E) = \Gamma(E \otimes T^*M)$ に対して次が成り立つ．

$$\delta^{\nabla^E}\phi = -C_1^1 C_2^2 g^* \otimes \nabla^{E\otimes T^*M}\phi \in \Gamma(E) \tag{5.3}$$

実際，$e_1, \ldots, e_n \in \Gamma(TM|_U)$ を M の開集合 U 上の TM の（正規直交とは限らない）枠場，$e^1, \ldots, e^n \in \Gamma(TM^*|_U)$ を双対枠場，$g^*|_U = g^{ij}e_i \otimes e_j$ と表わすとき，次を得る．

$$\begin{aligned}
(\delta^{\nabla^E}\phi)|_U &= -\sum_{i=1}^n i(Cg^* \otimes e^i)\nabla_{e_i}^{E\otimes T^*M}\phi \\
&= -\sum_{i=1}^n i(g^{ij}e_j)\nabla_{e_i}^{E\otimes T^*M}\phi = (-C_1^1 C_2^2 g^* \otimes \nabla^{E\otimes T^*M}\phi)|_U
\end{aligned}$$

g^* は対称形式なので $\delta^{\nabla^E}\phi = -CCg^* \otimes \nabla^{E\otimes T^*M}\phi$ と表わすことがある．また，$CCg^* \otimes \nabla^{E\otimes T^*M}\phi$ を $\mathrm{Tr}_g(\nabla^{E\otimes T^*M}\phi)$ と表わして，$\nabla^{E\otimes T^*M}\phi$ の**トレース** (trace) ということもある．すなわち $\delta^{\nabla^E}\phi = -\mathrm{Tr}_g(\nabla^{E\otimes T^*M}\phi)$ である．

定義 5.2.7 (M, g) を向き付けられた n 次元 Riemann 多様体とする．$p =$

$0,1,\ldots,n$ に対してベクトル束の同型写像 $*_p\colon \Lambda^p T^*M \to \Lambda^{n-p}T^*M$ を次を満たすように定め，Hodge の**星型作用素** (star operator) という．

$$\phi \wedge *_p \psi = g_{\Lambda^p}(\phi,\psi)\mathrm{vol}_g, \quad \phi,\psi \in \Omega^p(M)$$

このとき，$C^\infty(M)$ 上の線型写像 $*_p\colon \Omega^p(M) \to \Omega^{n-p}(M)$ が定まるが，これも Hodge の星型作用素という．

補題 5.2.8 $*_{n-p}\circ *_p = (-1)^{p(n-p)}$ が成り立つ．

証明 局所的に示せばよい．$e_1,\ldots,e_n \in \Gamma(TM|_U)$ を M の開集合 U 上の M の向きと整合的な TM の正規直交枠場，$e^1,\ldots,e^n$ を双対枠場とする．$*_{n-p}\circ *_p(e^1 \wedge \cdots \wedge e^p) = (-1)^{p(n-p)} e^1 \wedge \cdots \wedge e^p$ を示せばよい．Hodge の星型作用素の定義より，$i_1 < \cdots < i_p$ に対して

$$e^{i_1}\wedge\cdots\wedge e^{i_p}\wedge *_p(e^1\wedge\cdots\wedge e^p) = \begin{cases} \mathrm{vol}_g, & (i_1,\ldots,i_p) = (1,\ldots,p) \text{ のとき} \\ 0, & \text{上記以外のとき} \end{cases}$$

であるから $*_p(e^1\wedge\cdots\wedge e^p) = e^{p+1}\wedge\cdots\wedge e^n$ を得る．同様に

$$*_{n-p}(e^{p+1}\wedge\cdots\wedge e^n) = (-1)^{p(n-p)} e^1 \wedge\cdots\wedge e^p$$

を得る．よって $*_{n-p}\circ *_p(e^1\wedge\cdots\wedge e^p) = (-1)^{p(n-p)} e^1\wedge\cdots\wedge e^p$ を得る． □

向き付けられた Riemann 多様体において $d^{\nabla^E}\colon \Omega^p(E) \to \Omega^{p+1}(E)$ の形式的随伴作用素は Hodge の星型作用素を用いて表わすこともできる．

命題 5.2.9 (M,g) を向き付けられた Riemann 多様体とする．(E,h_E,∇^E) を M 上のベクトル束 E，ファイバー計量 h_E とそれを保つ接続 ∇^E とする．このとき次が成り立つ．

$$\delta^{\nabla^E} = (-1)^{np+1} *_{n-p}\circ d^{\nabla^E}\circ *_{p+1}\colon \Omega^{p+1}(E) \to \Omega^p(E)$$

証明 $\phi \in \Omega^p(E)$ はコンパクト台をもつとする．また $\psi \in \Omega^{p+1}(E)$ とする．このとき次を得る．

$$\int_M h_{E\otimes\Lambda^{p+1}}(d^{\nabla^E}\phi,\psi)\mathrm{vol}_g$$
$$= \int_M h_E(d^{\nabla^E}\phi \wedge *_{p+1}\psi)$$
$$= \int_M d\, h_E(\phi \wedge *_{p+1}\psi) - \int_M h_E(\phi \wedge (-1)^p d^{\nabla^E}\circ *_{p+1}\psi)$$
$$= \int_M h_{E\otimes\Lambda^p}(\phi,(-1)^{p+1}(*_p)^{-1}\circ d^{\nabla^E}\circ *_{p+1}\psi)\mathrm{vol}_g$$

したがって次が成り立つ.

$$\int_M h_{E\otimes\Lambda^p}(\phi,\delta^{\nabla^E}\psi)\mathrm{vol}_g = \int_M h_{E\otimes\Lambda^p}(\phi,(-1)^{p+1}(*_p)^{-1}\circ d^{\nabla^E}\circ *_{p+1}\psi)\mathrm{vol}_g$$

ところで $\phi \in \Omega^p(E)$, $\psi \in \Omega^{p+1}(E)$ は任意であるから，次を得る.

$$\delta^{\nabla^E} = (-1)^{p+1}(*_p)^{-1}\circ d^{\nabla^E}\circ *_{p+1}$$

補題 5.2.8 より $(*_p)^{-1} = (-1)^{p(n-p)}*_{n-p}$ であるから，主張が従う. □

定義 5.2.10 (M,g) を Riemann 多様体とする. (E,h_E,∇^E) を M 上のベクトル束 E, ファイバー計量 h_E とそれを保つ接続 ∇^E とする. このとき

$$\Delta^E = d^{\nabla^E}\circ \delta^{\nabla^E} + \delta^{\nabla^E}\circ d^{\nabla^E}: \Omega^p(E) \to \Omega^p(E)$$

を（正の）**Laplace 作用素** (Laplace operator) または**ラプラシアン** (Laplacian) という.

上で「正の」とは「固有値が正」という意味である（命題 5.2.11 (3) 参照）. (E,h_E,∇^E) を考えない場合，より正確には，(E,h_E,∇^E) が接続，ファイバー計量もこめて階数 1 の自明なベクトル束のとき，$d: \Omega^p(M) \to \Omega^{p+1}(M)$ の形式的随伴作用素と Laplace 作用素は M の Riemann 計量 g のみから定まるので，それぞれ δ^g, Δ^g, あるいは単に δ, Δ と表わす.

$\nabla^{TM\otimes TM}g^* = 0$ に注意すると，(5.3) より $\phi \in \Omega^1(M)$ に対して

$$\delta^g\phi = -CCg^*\otimes \nabla^{T^*M}\phi = -C\nabla^{TM}(Cg^*\otimes \phi) = -\mathrm{div}(Cg^*\otimes \phi)$$

が成り立つ. また, $f \in C^\infty(M)$ に対して

$$\mathrm{grad} f = Cg^*\otimes df \in \mathfrak{X}(M)$$

を f の**勾配ベクトル場** (gradient vector field) という．また，次が成り立つ．
$$\Delta^g f = -CCg^* \otimes \nabla^{T^*M} df = -\mathrm{div}(Cg^* \otimes df) = -\mathrm{div}(\mathrm{grad} f)$$

$(x^1, \ldots, x^n)$ を M の開集合 U 上の座標，$g|_U = g_{ij} dx^i \otimes dx^j$ とする．$\mathrm{grad} f|_U = \sum_{k,l} g^{kl} \frac{\partial f}{\partial x^l} \frac{\partial}{\partial x^k}$ に注意すると，(5.1) より次を得る．

$$\Delta^g f|_U = -\frac{1}{\sqrt{\det(g_{ij})}} \sum_{k,l} \frac{\partial}{\partial x^k} \left(g^{kl} \frac{\partial f}{\partial x^l} \sqrt{\det(g_{ij})} \right)$$

とくに $(M, g) = (\mathbb{R}^n, g_E)$ で，$(x^1, \ldots, x^n)$ がその標準的な座標系のとき，

$$\Delta^g = -\left(\frac{\partial^2}{\partial (x^1)^2} + \cdots + \frac{\partial^2}{\partial (x^n)^2} \right)$$

となる．文献によっては $-\Delta^g$ を Laplace 作用素ということもあるので，Laplace 作用素の符号には注意が必要である．

命題 5.2.4 より次がただちに従う．

命題 5.2.11 (M, g) を向き付けられたコンパクトな Riemann 多様体とする．(E, h_E, ∇^E) を M 上のベクトル束 E，ファイバー計量 h_E とそれを保つ接続 ∇^E とする．このとき次が成り立つ．

(1) 任意の $\phi, \psi \in \Omega^p(E)$ に対して，

$$\int_M h_{E \otimes \Lambda^p}(\Delta^E \phi, \psi) \mathrm{vol}_g$$
$$= \int_M h_{E \otimes \Lambda^{p+1}}(d^{\nabla^E} \phi, d^{\nabla^E} \psi) \mathrm{vol}_g + \int_M h_{E \otimes \Lambda^{p-1}}(\delta^{\nabla^E} \phi, \delta^{\nabla^E} \psi) \mathrm{vol}_g$$
$$= \int_M h_{E \otimes \Lambda^p}(\phi, \Delta^E \psi) \mathrm{vol}_g$$

(2) 次の (a) と (b) は同値である．
  (a) $\Delta^E \phi = 0$.
  (b) $d^{\nabla^E} \phi = 0$ かつ $\delta^{\nabla^E} \phi = 0$.

(3) $\Delta^E : \Omega^p(E) \to \Omega^p(E)$ の固有値 λ は実数で $\lambda \geq 0$ を満たす．

定義 5.2.12 (M, g) を Riemann 多様体とする．$\phi \in \Omega^p(M)$ が $\Delta^g \phi = 0$ を満たすとき**調和形式** (harmonic form) という．また $\mathcal{H}^p(M, g) = \{ \phi \in \Omega^p(M) \mid \Delta^g \phi = 0 \}$ とする．

5.2 Hodge-de Rham-小平の定理

定理 5.2.13（Hodge-de Rham-小平の定理 (Hodge-de Rham-Kodaira theorem)**）** (M,g) を向き付けられたコンパクト Riemann 多様体とする．このとき次が成り立つ．
(1) $\mathcal{H}^p(M,g)$ は有限次元ベクトル空間である．
(2) $\Omega^p(M) = \mathcal{H}^p(M,g) \oplus \Delta^g \Omega^p(M)$.
(3) $\Delta^g \Omega^p(M) = d\Omega^{p-1}(M) \oplus \delta^g \Omega^{p+1}(M)$.
(4) $\mathrm{Ker}\{d\colon \Omega^p(M) \to \Omega^{p+1}(M)\} = \mathcal{H}^p(M,g) \oplus d\Omega^{p-1}(M)$.
(5) $H^p(M;\mathbb{R}) \cong \mathcal{H}^p(M,g)$.

この定理の証明では Laplace 作用素の解析的な性質が重要になる．11.4 節でこの定理の証明を与える（注意 11.4.3 参照）．

命題 5.2.14 (M,g) を向き付けられた n 次元 Riemann 多様体とする．
(1) $*_p \circ \Delta^g = \Delta^g \circ *_p \colon \Omega^p(M) \to \Omega^{n-p}(M)$ が成り立つ．
(2) $*_p \colon \mathcal{H}^p(M,g) \to \mathcal{H}^{n-p}(M,g)$ は同型写像である．

証明 (1) 命題 5.2.9 と補題 5.2.8 より容易に確かめられる．
(2) (1) より $\Delta^g \phi = 0$ ならば $\Delta^g(*_p \phi) = 0$ である．したがって $*_p \colon \mathcal{H}^p(M,g) \to \mathcal{H}^{n-p}(M,g)$ は well-defined である．さらに補題 5.2.8 より，これは同型写像になる． □

定理 5.2.15（Poincaré の双対定理 (Poincaré duality theorem)**）** M を向き付けられた n 次元コンパクト微分可能多様体とする．ペアリング $\langle \cdot, \cdot \rangle \colon H^p(M;\mathbb{R}) \otimes H^{n-p}(M;\mathbb{R}) \to \mathbb{R}$ を $\langle [\phi], [\psi] \rangle = \int_M \phi \wedge \psi$ により定めるとき，このペアリングは非退化になる．

証明 M 上の Riemann 計量 g をひとつ固定する．定理 5.2.13 より，任意の $H^p(M;\mathbb{R})$ の元は $\phi \in \mathcal{H}^p(M,g)$ により代表される．命題 5.2.14 より $*_p \phi \in \mathcal{H}^{n-p}(M,g)$ であるから，$[*_p \phi] \in H^{n-p}(M;\mathbb{R})$ となる．$\phi \neq 0$ のとき

$$\langle [\phi], [*_p \phi] \rangle = \int_M \phi \wedge *_p \phi = \int_M h_{\Lambda^p}(\phi, \phi) \mathrm{vol}_g > 0$$

である．$H^{n-p}(M;\mathbb{R})$ に対しても同様の議論が成り立つから，このペアリングは非退化である． □

5.3 Weitzenböck の公式

この節では Weitzenböck の公式とその応用を紹介する．

(M,g) を Riemann 多様体とする．(E, h_E, ∇^E) を M 上のベクトル束 E，ファイバー計量 h_E とそれを保つ接続 ∇^E とする．

このとき $\Omega^0(E)$ に作用する共変外微分は共変微分 ∇ そのものであった．そこで ∇ の形式的随伴作用素を ∇^* により表わす．すなわち

$$\nabla^E = d^{\nabla^E} : \Omega^0(E) \to \Omega^1(E),$$
$$(\nabla^E)^* = \delta^{\nabla^E} : \Omega^1(E) \to \Omega^0(E)$$

である．このとき次の微分作用素が得られる．

$$(\nabla^E)^*\nabla^E : \Omega^0(E) \to \Omega^0(E)$$

$V = E \otimes \Lambda^p T^*M$ とするとき，$\Omega^p(E) = \Omega^0(V)$ であるから，Laplace 作用素 $\Delta^E : \Omega^p(E) \to \Omega^p(E)$ と $(\nabla^V)^*\nabla^V : \Omega^0(V) \to \Omega^0(V)$ の差を考えることができる．次の定理により，この 2 つの微分作用素の差はもはや微分作用素ではないことがわかる．

定理 5.3.1（Weitzenböck の公式 (Weitzenböck formula)**）** (M,g) を Riemann 多様体とする．(E, h, ∇^E) を M 上のベクトル束 E，ファイバー計量 h とそれを保つ接続 ∇^E とする．$\Delta^E : \Omega^p(E) \to \Omega^p(E)$ を Laplace 作用素とする．$V = E \otimes \Lambda^p T^*M$ とするとき，$\mathcal{R}^V : \Omega^p(E) \to \Omega^p(E)$ を

$$\Delta^E = (\nabla^V)^*\nabla^V + \mathcal{R}^V$$

により定めると $\mathcal{R}^V \in \Gamma(\mathrm{End}(V))$ となる．さらに $e_1, \ldots, e_n \in \Gamma(TM|_U)$ を M の開集合 U 上の TM の（正規直交とは限らない）枠場，$e^1, \ldots, e^n \in \Gamma(TM^*|_U)$ を双対枠場とするとき，次が成り立つ．

$$\mathcal{R}^V|_U = -\sum_{i=1}^n \sum_{j=1}^n e^i \wedge i(Cg^* \otimes e^j) R^{\nabla^V}(e_i, e_j) \in \Gamma(\mathrm{End}(V|_U))$$

証明 まず次を示す．

主張 5.3.2 次が成り立つ.

$$\Delta^E = -\sum_{i=1}^{n}\sum_{j=1}^{n}\{(e^i\wedge)\circ i(Cg^*\otimes e^j) + i(Cg^*\otimes e^i)\circ(e^j\wedge)\}(\nabla^V_{e_i}\nabla^V_{e_j} - \nabla^V_{\nabla_{e_i}e_j})$$

証明 (2.6) より,$\nabla_{e_i}e_j = \Gamma^k_{ij}e_k$ とするとき $\nabla_{e_i}e^k = -\Gamma^k_{ij}e^j$ である.また補題 5.1.4 に注意して,以下のように $\delta^{\nabla^E}d^{\nabla^E}, d^{\nabla^E}\delta^{\nabla^E}$ を直接計算することにより示される.ただし,以下の表記は Einstein の表記法の濫用で和の記号を省略している.

$$\begin{aligned}
\delta^{\nabla^E}d^{\nabla^E} &= -i(Cg^*\otimes e^i)\nabla^{E\otimes\Lambda^{p+1}}_{e_i}\circ(e^k\wedge\nabla^{E\otimes\Lambda^p}_{e_k})\\
&= -i(Cg^*\otimes e^i)\circ(e^k\wedge)\nabla^V_{e_i}\nabla^V_{e_k} - i(Cg^*\otimes e^i)\circ(\nabla_{e_i}e^k\wedge)\nabla^V_{e_k}\\
&= -i(Cg^*\otimes e^i)\circ(e^k\wedge)\nabla^V_{e_i}\nabla^V_{e_k} + i(Cg^*\otimes e^i)\circ(\Gamma^k_{ij}e^j\wedge)\nabla^V_{e_k}\\
&= -i(Cg^*\otimes e^i)\circ(e^j\wedge)(\nabla^V_{e_i}\nabla^V_{e_j} - \nabla^V_{\nabla_{e_i}e_j})\\
d^{\nabla^E}\delta^{\nabla^E} &= -(e^i\wedge\nabla^{E\otimes\Lambda^{p-1}}_{e_i})\circ i(Cg^*\otimes e^k)\nabla^{E\otimes\Lambda^p}_{e_k}\\
&= -(e^i\wedge)\circ i(Cg^*\otimes e^k)\nabla^V_{e_i}\nabla^V_{e_k} - (e^i\wedge)\circ i(Cg^*\otimes \nabla_{e_i}e^k)\nabla^V_{e_k}\\
&= -(e^i\wedge)\circ i(Cg^*\otimes e^k)\nabla^V_{e_i}\nabla^V_{e_k} + (e^i\wedge)\circ i(Cg^*\otimes \Gamma^k_{ij}e^j)\nabla^V_{e_k}\\
&= -(e^i\wedge)\circ i(Cg^*\otimes e^j)(\nabla^V_{e_i}\nabla^V_{e_j} - \nabla^V_{\nabla_{e_i}e_j})
\end{aligned}$$

□

主張 5.3.3 $(\nabla^V)^*\nabla^V = -\sum_{i=1}^{n}\sum_{j=1}^{n}g^*(e^i,e^j)(\nabla^V_{e_i}\nabla^V_{e_j} - \nabla^V_{\nabla_{e_i}e_j})$ が成り立つ.

証明 主張 5.3.2 の証明の $\delta^{\nabla^E}d^{\nabla^E}$ の計算において $p = 0, E = V$ の場合である.

□

主張 5.3.2,5.3.3 より,

$$\Delta^E - (\nabla^V)^*\nabla^V = -\sum_{i=1}^{n}\sum_{j=1}^{n}\theta(e^i,e^j)(\nabla^V_{e_i}\nabla^V_{e_j} - \nabla^V_{\nabla_{e_i}e_j})$$

ただし $\theta(e^i,e^j) = (e^i\wedge)\circ i(Cg^*\otimes e^j) + i(Cg^*\otimes e^i)\circ(e^j\wedge) - g^*(e^i,e^j)$ である.補題 5.2.3 より $g^*(e^i,e^j) = i(Cg^*\otimes e^i)\circ(e^j\wedge) + (e^j\wedge)\circ i(Cg^*\otimes e^i)$ であるから

$$\theta(e^i,e^j) = (e^i\wedge)\circ i(Cg^*\otimes e^j) - (e^j\wedge)\circ i(Cg^*\otimes e^i)$$

を得る.したがって

$$\Delta^E - (\nabla^V)^*\nabla^V$$
$$= -\sum_{i=1}^{n}\sum_{j=1}^{n}(e^i\wedge)\circ i(Cg^*\otimes e^j)\{(\nabla^V_{e_i}\nabla^V_{e_j} - \nabla^V_{\nabla_{e_i}e_j}) - (\nabla^V_{e_j}\nabla^V_{e_i} - \nabla^V_{\nabla_{e_j}e_i})\}$$
$$= -\sum_{i=1}^{n}\sum_{j=1}^{n}(e^i\wedge)\circ i(Cg^*\otimes e^j)R^{\nabla^V}(e_i, e_j)$$

を得る. □

定理 5.3.1 において (E, h, ∇^E) が階数 1 の自明束で,$p=1$ の場合は次のように書き直される.

系 5.3.4 (M,g) を Riemann 多様体とする.$\mathcal{R}^{T^*M} \in \Gamma(\mathrm{End}(T^*M))$ を

$$\Delta^g = (\nabla^{T^*M})^*\nabla^{T^*M} + \mathcal{R}^{T^*M} : \Omega^1(M) \to \Omega^1(M)$$

により定めるとき,任意の $\psi \in \Omega^1(M)$ に対して次が成り立つ.

$$g^*(\psi, \mathcal{R}^{T^*M}\psi) = \mathrm{Ric}(Cg^*\otimes\psi, Cg^*\otimes\psi)$$

証明 $e_1,\ldots,e_n \in \Gamma(TM|_U)$ を M の開集合 U 上の TM の(正規直交とは限らない)枠場,$e^1,\ldots,e^n \in \Gamma(TM^*|_U)$ を双対枠場とする.また,$\psi|_U = \psi_q e^q$, $R^{\nabla^{TM}}(e_i,e_j)e_r = R^q_{\ rij}e_q$, $\mathrm{Ric}|_U = R_{ij}e^i\otimes e^j$ と表わす.(2.7) より $R^{\nabla^{T^*M}}(e_i,e_j)e^q = -R^q_{\ rij}e^r$ が成り立つ.また,注意 3.3.11 より $g^{rj}R_{srij} = R_{si}$ が成り立つ.したがって,定理 5.3.1 より次を得る.

$$\mathcal{R}^{T^*M}\psi|_U = -e^i \wedge i(Cg^*\otimes e^j)R^{\nabla^{T^*M}}(e_i,e_j)(\psi_q e^q)$$
$$= e^i \wedge i(g^{pj}e_p)\psi_q R^q_{\ rij}e^r$$
$$= \psi_q g^{rj}R^q_{\ rij}e^i = \psi_q g^{qs}g^{rj}R_{srij}e^i = \psi_q g^{qs}R_{si}e^i$$

よって

$$g^*(\psi, \mathcal{R}^{T^*M}\psi) = g^*(\psi_p e^p, \psi_q g^{qs}R_{si}e^i)$$
$$= R_{si}(g^{pi}\psi_p)(g^{qs}\psi_q) = \mathrm{Ric}(Cg^*\otimes\psi, Cg^*\otimes\psi)$$

を得る. □

Hodge-de Rham-小平の定理（定理 5.2.13）により $H^p(M;\mathbb{R})$ を調べることは調和形式の空間 $\mathcal{H}^p(M,g)$ を調べることに帰着される．Weitzenböck の公式によって $\mathcal{H}^p(M,g)$ が Riemann 多様体 (M,g) の曲率からさまざまな制約を受けることがわかる．この最も典型的な例が次である．

定理 5.3.5（Bochner の定理 (Bochner theorem)**）** (M,g) を向き付けられたコンパクト連結 Riemann 多様体とする．このとき次が成り立つ．
(1) $\mathrm{Ric} \geq 0$ ならば，$\dim H^1(M;\mathbb{R}) \leq \dim M$．
(2) $\mathrm{Ric} \geq 0$ であり，かつある点 $p \in M$ において $\mathrm{Ric}_p > 0$ であるとする．このとき $\dim H^1(M;\mathbb{R}) = 0$．

証明 (1) 系 5.3.4 より，任意の $\psi \in \Omega^1(M)$ に対して次が成り立つ．

$$\int_M g^*(\psi, \Delta^g \psi) \mathrm{vol}_g = \int_M \{g^*(\psi, (\nabla^{T^*M})^* \nabla^{T^*M} \psi) + g^*(\psi, \mathcal{R}^{T^*M} \psi)\} \mathrm{vol}_g$$
$$= \int_M h_{T^*M \otimes \Lambda^1}(\nabla^{T^*M} \psi, \nabla^{T^*M} \psi) \mathrm{vol}_g + \int_M \mathrm{Ric}(Cg^* \otimes \psi, Cg^* \otimes \psi) \mathrm{vol}_g$$

よって条件 $\mathrm{Ric} \geq 0$ の下で，$\Delta^g \psi = 0$ ならば $\nabla^{T^*M} \psi = 0$ となる．したがって ψ は M の 1 点での値が決まれば，平行移動により他の点での値が自動的に決定される．よって，$\mathcal{H}^1(M,g) = \{\psi \in \Omega^1(M) \mid \Delta^g \psi = 0\}$ とするとき，$\dim \mathcal{H}^1(M,g) \leq \dim M$ が成り立つ．
(2) $\psi \in \mathcal{H}^1(M,g)$ とする．(1) の証明より，$\mathrm{Ric}(Cg^* \otimes \psi, Cg^* \otimes \psi) = 0$ が M 全体で成り立つ．さらに，$\mathrm{Ric}_p > 0$ であるから，$(Cg^* \otimes \psi)_p = 0$，したがって $\psi_p = 0 \in T_p^* M$ が成り立つ．一方，(1) より $\nabla^{T^*M} \psi = 0$ であったから，$\psi = 0$ が M 全体で成り立つ．したがって $\mathcal{H}^1(M,g) = 0$ となる． □

定義 5.3.6 (M,g) を Riemann 多様体とする．$X \in \mathfrak{X}(M)$ が $L_X g = 0$ を満たすとき，X を **Killing ベクトル場** (Killing vector field) という．

(M,g) の等長変換全体 $\mathrm{Isom}(M,g)$ は群となり，(M,g) の等長変換群という．M がコンパクトのとき，$\mathrm{Isom}(M,g)$ はコンパクト Lie 群（定義 6.1.1 参照）になることが知られている．また，(M,g) の Killing ベクトル場全体の集合は $\mathrm{Isom}(M,g)$ の単位元における接空間（すなわち $\mathrm{Isom}(M,g)$ の Lie 環）となることが知られている．

定理 5.3.7（Bochner の定理） (M,g) を向き付けられたコンパクト連結 Riemann 多様体，∇ を Levi-Civita 接続とする．$X \in \mathfrak{X}(M)$ を Killing ベクトル場とする．
(1) $\mathrm{Ric} \leq 0$ ならば，$\nabla X = 0$ が成り立つ．
(2) $\mathrm{Ric} \leq 0$ であり，ある点 $p \in M$ において $\mathrm{Ric}_p < 0$ とする．このとき $X = 0$ が成り立つ．とくに (M,g) の等長変換群は有限群である．

証明 $L_X g = 0$ であるから，任意の $Y, Z \in \mathfrak{X}(M)$ に対して次が成り立つ．

$$\begin{aligned}
0 = (L_X g)(Y,Z) &= Xg(Y,Z) - g(L_X Y, Z) - g(Y, L_X Z) \\
&= g(\nabla_X Y, Z) + g(Y, \nabla_X Z) - g([X,Y], Z) - g(Y, [X,Z]) \\
&= g(\nabla_Y X, Z) + g(Y, \nabla_Z X) \tag{5.4}
\end{aligned}$$

したがって，$\phi_X(Y,Z) = g(\nabla_Y X, Z)$ と定めると，$\phi_X \in \Omega^2(M)$ である．

また $C\nabla X = 0 \in C^\infty(M)$ が成り立つ．実際 $e_1, \ldots, e_n \in \Gamma(TM|_U)$ を M の開集合 U 上の TM の正規直交枠場とするとき，次が成り立つ．

$$C\nabla X|_U = \sum_{i=1}^n g(\nabla_{e_i} X, e_i) = \sum_{i=1}^n \phi_X(e_i, e_i) = 0$$

さらに $2h_{\Lambda^2}(\phi_X, \phi_X) = h_{TM \otimes T^*M}(\nabla X, \nabla X)$ が成り立つ．実際 $e^1, \ldots, e^n \in \Gamma(T^*M|_U)$ を双対枠場とし，$\nabla X|_U = \sum_{i,j} a_i^j e^i \otimes e_j$ と表わすとき，(5.4) より $a_i^j + a_j^i = 0$ が成り立つ．したがって $\phi_X|_U = \sum_{i<j} a_i^j e^i \wedge e^j$ と表わされるから，次が成り立つ．

$$h_{TM \otimes T^*M}(\nabla X, \nabla X)|_U = \sum_{i,j} (a_i^j)^2 = 2\sum_{i<j}(a_i^j)^2 = 2h_{\Lambda^2}(\phi_X, \phi_X)$$

次に $\psi_X = CX \otimes g \in \Omega^1(M)$ とおくと，任意の $Y, Z \in \mathfrak{X}(M)$ に対して

$$\begin{aligned}
d\psi_X(Y,Z) &= Y\{\psi_X(Z)\} - Z\{\psi_X(Y)\} - \psi_X([Y,Z]) \\
&= Yg(X,Z) - Zg(X,Y) - g(X, [Y,Z]) \\
&= g(\nabla_Y X, Z) - g(\nabla_Z X, Y) = 2\phi_X(Y,Z)
\end{aligned}$$

であるから，$d\psi_X = 2\phi_X \in \Omega^2(M)$ が成り立つ．

$Cg^* \otimes \psi_X = X$ に注意すると，系 5.3.4 より次を得る．

$$\int_M g^*(\psi_X, \Delta^g \psi_X)\mathrm{vol}_g$$
$$= \int_M h_{T^*M \otimes \Lambda^1}(\nabla^{T^*M}\psi_X, \nabla^{T^*M}\psi_X)\mathrm{vol}_g + \int_M \mathrm{Ric}(X,X)\mathrm{vol}_g$$

$\delta^g \psi_X = -CCg^* \otimes \nabla \psi_X = -C\nabla(Cg^* \otimes \psi_X) = -C\nabla X = 0$ であるから

$$\int_M g^*(\psi_X, \Delta^g \psi_X)\mathrm{vol}_g = \int_M h_{\Lambda^2}(d\psi_X, d\psi_X)\mathrm{vol}_g$$

を得る．さらに

$$h_{\Lambda^2}(d\psi_X, d\psi_X) = 4h_{\Lambda^2}(\phi_X, \phi_X) = 2h_{TM \otimes T^*M}(\nabla X, \nabla X),$$
$$h_{T^*M \otimes \Lambda^1}(\nabla^{T^*M}\psi_X, \nabla^{T^*M}\psi_X) = h_{TM \otimes T^*M}(\nabla X, \nabla X)$$

であるから次を得る．

$$\int_M h_{TM \otimes T^*M}(\nabla X, \nabla X)\mathrm{vol}_g = \int_M \mathrm{Ric}(X,X)\mathrm{vol}_g \tag{5.5}$$

(1) (5.5) より $\mathrm{Ric} \leq 0$ ならば $\nabla X = 0$ となる．
(2) さらに $\mathrm{Ric}_p < 0$ ならば $X_p = 0$ となり，$X = 0 \in \mathfrak{X}(M)$ が導かれる．

M がコンパクトのとき，(M,g) の等長変換群 $\mathrm{Isom}(M,g)$ はコンパクト Lie 群（定義 6.1.1 参照）になることが知られている．また，(M,g) の Killing ベクトル場全体の集合は $\mathrm{Isom}(M,g)$ の単位元における接空間（すなわち $\mathrm{Isom}(M,g)$ の Lie 環）となることが知られている．したがって Killing ベクトル場全体が $\{0\}$ であることから，$\mathrm{Isom}(M,g)$ が有限群であることがわかる． □

定理 5.3.8（Lichnerowicz-小畠の定理 (Lichnerowicz-Obata theorem)）
(M,g) を向き付けられた n 次元コンパクト Riemann 多様体とする．$\mathrm{Ric} \geq (n-1)kg$（定義 3.3.13 参照）となる定数 $k > 0$ が存在するとき，$\Delta^g \colon C^\infty(M) \to C^\infty(M)$ の 0 でない固有値 λ は $\lambda \geq nk$ を満たす．

証明 ∇ を Levi-Civita 接続とする．任意の $f \in C^\infty(M)$ を固定する．

主張 5.3.9 $\nabla df \in \Gamma(T^*M \otimes T^*M)$ は対称形式である．

証明 $X, Y \in \mathfrak{X}(M)$ に対して

$$(\nabla df)(X,Y) = (\nabla_X df)(Y) = X\{df(Y)\} - df(\nabla_X Y) = X(Yf) - (\nabla_X Y)f$$

より $(\nabla df)(X,Y) - (\nabla df)(Y,X) = 0$ を得る． □

主張 5.3.10 $h_{T^*M \otimes T^*M}(\nabla df, \nabla df) \geq \dfrac{1}{n}(\Delta^g f)^2$ が成り立つ．

証明 任意の $p \in M$ を固定する．$(\nabla df)_p \in T_p^*M \otimes T_p^*M$ は対称形式だから，T_pM の正規直交基底で対角化される．その固有値を $\mu_1, \ldots, \mu_n$ とすると，

$$h_{T^*M \otimes T^*M}(\nabla df, \nabla df)(p) = \sum_{i=1}^n \mu_i^2 \geq \frac{1}{n}\Big(\sum_{i=1}^n \mu_i\Big)^2 = \frac{1}{n}(\Delta^g f)^2(p)$$

を得る． □

主張 5.3.11 任意の $f \in C^\infty(M)$ に対して次が成り立つ．

$$\frac{n-1}{n}\int_M (\Delta^g f)^2 \mathrm{vol}_g \geq \int_M \mathrm{Ric}(\mathrm{grad} f, \mathrm{grad} f)\mathrm{vol}_g$$

証明 系 5.3.4 および主張 5.3.10 より，任意の $f \in C^\infty(M)$ に対して

$$\int_M g^*(df, \Delta^g df)\mathrm{vol}_g$$
$$= \int_M h_{T^*M \otimes \Lambda^1}(\nabla df, \nabla df)\mathrm{vol}_g + \int_M \mathrm{Ric}(Cg^* \otimes df, Cg^* \otimes df)\mathrm{vol}_g$$
$$\geq \frac{1}{n}\int_M (\Delta^g f)^2 \mathrm{vol}_g + \int_M \mathrm{Ric}(\mathrm{grad} f, \mathrm{grad} f)\mathrm{vol}_g$$

が成り立つ．一方，$f \in C^\infty(M)$ に対して $\Delta^g f = \delta^g df$ であるから，

$$\int_M g^*(df, \Delta^g df)\mathrm{vol}_g = \int_M g^*(df, d\delta^g df)\mathrm{vol}_g = \int_M (\Delta^g f)^2 \mathrm{vol}_g$$

となり，主張が導かれる． □

$\Delta^g f = \lambda f$, $f \neq 0 \in C^\infty(M)$, $\lambda \neq 0 \in \mathbb{R}$ とする．このとき次が成り立つ．

$$\frac{n-1}{n}\int_M (\Delta^g f)^2 \mathrm{vol}_g = \frac{n-1}{n}\int_M (\Delta^g f)(\lambda f)\mathrm{vol}_g = \frac{n-1}{n}\lambda \int_M g^*(df, df)\mathrm{vol}_g$$

一方，仮定 $\mathrm{Ric} \geq (n-1)kg$ より次を得る．

$$\int_M \mathrm{Ric}(\mathrm{grad} f, \mathrm{grad} f)\mathrm{vol}_g \geq (n-1)k \int_M g^*(df, df)\mathrm{vol}_g$$

$\int_M g^*(df, df)\mathrm{vol}_g > 0$ だから，主張 5.3.11 より $\lambda \geq nk$ を得る． □

5.4 調和写像と極小部分多様体

この節では，測地線や極小曲面を一般化した概念である調和写像や極小部分多様体の満たす非線型偏微分方程式を，外微分作用素の形式的随伴作用素を用いて記述する．これにより 3.4 節で証明された Euclid 空間の超曲面のさまざまな性質が一般化される．

定義 5.4.1 $(M, g_M), (N, g_N)$ を Riemann 多様体とする．N はコンパクトで，かつ向き付けられているとする．このとき C^∞ 級写像 $f\colon N \to M$ のエネルギー $E(f)$ を次で定める．

$$E(f) = \frac{1}{2} \int_N h_{f^*TM \otimes T^*N}(df, df) \mathrm{vol}_{g_N}$$

ただし $h_{f^*TM \otimes T^*N}$ は g_M, g_N が定める $f^*TM \otimes T^*N$ のファイバー計量とする．

定義 5.4.2 $(M, g_M), (N, g_N)$ を Riemann 多様体とする．$f\colon N \to M$ を C^∞ 級写像とする．f の C^∞ 級**変分**とは，C^∞ 級写像 $F\colon N \times (-\varepsilon, \varepsilon) \to M$ であって，写像 $f_s\colon N \to M$ $(-\varepsilon < s < \varepsilon)$ を $f_s(p) = F(p, s)$ により定めるとき，$f = f_0$ を満たすことをいう．$V = \left.\dfrac{\partial F}{\partial s}\right|_{s=0} \in \Gamma(f^*TM)$ を**変分ベクトル場**という．

命題 5.4.3（第 1 変分公式） $(M, g_M), (N, g_N)$ を Riemann 多様体とする．N はコンパクトで，かつ向き付けられているとする．$f\colon N \to M$ を C^∞ 級写像とする．$F\colon N \times (-\varepsilon, \varepsilon) \to M$ を f の C^∞ 級変分，$V \in \Gamma(f^*TM)$ を変分ベクトル場とする．このとき次が成り立つ．

$$\left.\frac{dE(f_s)}{ds}\right|_{s=0} = \int_N g_M(V, \delta^{\nabla^{f^*TM}} df) \mathrm{vol}_{g_N}$$

ただし $\delta^{\nabla^{f^*TM}}\colon \Omega^1(f^*TM) \to \Omega^0(f^*TM)$ は (f^*TM, ∇^{f^*TM}) の共変外微分 $d^{\nabla^{f^*TM}}\colon \Omega^0(f^*TM) \to \Omega^1(f^*TM)$ の形式的随伴作用素である．

証明 $\widetilde{N} = N \times (-\varepsilon, \varepsilon)$ とおく．$\iota\colon N \to \widetilde{N}$ を $\iota(p) = (p, 0)$ により定めるとき

$$\frac{dE(f_s)}{ds}\Big|_{s=0} = \frac{1}{2}\int_N \frac{d}{ds}\Big|_{s=0} h_{f_s^*TM \otimes T^*N}(df_s, df_s)\mathrm{vol}_{g_N}$$
$$= \int_N h_{f \cdot TM \otimes T^*N}(\iota^*(\nabla^{F^*TM \otimes T^*\widetilde{N}}_{\frac{\partial}{\partial s}}dF), df)\mathrm{vol}_{g_N}$$

を得る．よって $\iota^*(\nabla^{F^*TM \otimes T^*\widetilde{N}}_{\frac{\partial}{\partial s}}dF) = d^{\nabla^{f^*TM}}V \in \Omega^1(f^*TM)$ を示せばよい．

$X \in \mathfrak{X}(N)$ を $s \in (-\varepsilon, \varepsilon)$ に依存しないように $\widetilde{N}$ に拡張したものを $\widetilde{X} \in \mathfrak{X}(\widetilde{N})$ とするとき

$$\{\iota^*(\nabla^{F^*TM \otimes T^*\widetilde{N}}_{\frac{\partial}{\partial s}}dF)\}(X) = \iota^*\{(\nabla^{F^*TM \otimes T^*\widetilde{N}}_{\frac{\partial}{\partial s}}dF)(\widetilde{X})\}$$
$$= \iota^*\{\nabla^{F^*TM}_{\frac{\partial}{\partial s}}(dF(\widetilde{X})) - dF(\nabla^{T\widetilde{N}}_{\frac{\partial}{\partial s}}\widetilde{X})\} = \iota^*\{\nabla^{F^*TM}_{\frac{\partial}{\partial s}}(dF(\widetilde{X}))\}$$

となる．さらに補題 3.3.14 より

$$\nabla^{F^*TM}_{\frac{\partial}{\partial s}}\Big(dF\big(\widetilde{X}\big)\Big) = \nabla^{F^*TM}_{\widetilde{X}}\Big(dF\Big(\frac{\partial}{\partial s}\Big)\Big) + dF\Big(\Big[\frac{\partial}{\partial s}, \widetilde{X}\Big]\Big) = \nabla^{F^*TM}_{\widetilde{X}}\Big(dF\Big(\frac{\partial}{\partial s}\Big)\Big)$$

であるから

$$\{\iota^*(\nabla^{F^*TM \otimes T^*\widetilde{N}}_{\frac{\partial}{\partial s}}dF)\}(X) = \iota^*\Big\{\nabla^{F^*TM}_{\widetilde{X}}\Big(dF\Big(\frac{\partial}{\partial s}\Big)\Big)\Big\} = \nabla^{f^*TM}_X V$$

を得る．したがって $\iota^*(\nabla^{F^*TM \otimes T^*\widetilde{N}}_{\frac{\partial}{\partial s}}dF) = d^{\nabla^{f^*TM}}V$ となり，主張が従う．
□

定義 5.4.4 (M, g_M), (N, g_N) を Riemann 多様体とする．C^∞ 級写像 $f\colon N \to M$ に対して $-\delta^{\nabla^{f^*TM}}df = \mathrm{Tr}_g(\nabla^{f^*TM \otimes T^*N}df) \in \Omega^0(f^*TM)$ をテンション場 (tension field) という．また $-\delta^{\nabla^{f^*TM}}df = 0 \in \Omega^0(f^*TM)$ を満たすとき，f を**調和写像** (harmonic map) という．

補題 3.3.14 (1) より $d^{\nabla^{f^*TM}}df = 0 \in \Omega^2(f^*TM)$ はつねに成り立つから，N がコンパクトのとき，$f\colon N \to M$ が調和写像であることと $\Delta^{f^*TM}df = 0 \in \Omega^1(f^*TM)$ を満たすことが同値になる．

調和写像の満たす方程式を局所座標を用いて表わす．$(x^1, \ldots, x^n)$ を N の開集合 U 上の座標，$(y^1, \ldots, y^m)$ を M の開集合 V 上の座標とする．調和写像 $f\colon N \to M$ が $f(U) \subset V$ を満たしているとする．このとき $x \in U$ に対して V 上の座標を用いて $f(x) = (f^1(x), \ldots, f^m(x))$ と表わす．(M, g_M) の Levi-Civita 接続 ∇^{TM} を

と表わすとき

$$\nabla^{TM}_{\frac{\partial}{\partial y^\alpha}} \frac{\partial}{\partial y^\beta} = {}^M\Gamma^\gamma_{\alpha\beta} \frac{\partial}{\partial y^\gamma}$$

と表わすとき

$$f^*\left(\nabla^{TM} \frac{\partial}{\partial y^\gamma}\right) = f^*\left({}^M\Gamma^\alpha_{\beta\gamma} \frac{\partial}{\partial y^\alpha} \otimes dy^\beta\right) = f^* \frac{\partial}{\partial y^\alpha} \otimes ({}^M\Gamma^\alpha_{\beta\gamma} \circ f) df^\beta$$

となる. さらに

$$df = \frac{\partial f^\alpha}{\partial x^i} f^* \frac{\partial}{\partial y^\alpha} \otimes dx^i = f^* \frac{\partial}{\partial y^\alpha} \otimes df^\alpha$$

であるから，次を得る.

$$\nabla^{f^*TM \otimes T^*N} df = \left(\nabla^{f^*TM} f^* \frac{\partial}{\partial y^\alpha}\right) \otimes df^\alpha + f^* \frac{\partial}{\partial y^\alpha} \otimes \nabla^{T^*N} df^\alpha$$
$$= f^*\left(\nabla^{TM} \frac{\partial}{\partial y^\gamma}\right) \otimes df^\gamma + f^* \frac{\partial}{\partial y^\alpha} \otimes \nabla^{T^*N} df^\alpha$$
$$= f^* \frac{\partial}{\partial y^\alpha} \otimes \{\nabla^{T^*N} df^\alpha + ({}^M\Gamma^\alpha_{\beta\gamma} \circ f) df^\beta \otimes df^\gamma\}$$

したがって次を得る.

$$\delta^{\nabla^{f^*TM}} df = -CCg_N^* \otimes \nabla^{f^*TM \otimes T^*N} df$$
$$= f^* \frac{\partial}{\partial y^\alpha} \otimes \{-CCg_N^* \otimes \nabla^{T^*N} df^\alpha - ({}^M\Gamma^\alpha_{\beta\gamma} \circ f) CCg_N^* \otimes df^\beta \otimes df^\gamma\}$$
$$= f^* \frac{\partial}{\partial y^\alpha} \otimes \{\Delta^{g_N} f^\alpha - ({}^M\Gamma^\alpha_{\beta\gamma} \circ f) g_N^*(df^\beta, df^\gamma)\}$$

すなわち調和写像の満たすべき方程式 $\delta^{\nabla^{f^*TM}} df = 0$ は局所座標を用いて

$$\Delta^{g_N} f^\alpha - ({}^M\Gamma^\alpha_{\beta\gamma} \circ f) g_N^*(df^\beta, df^\gamma) = 0 \quad (\alpha = 1, \ldots, m) \tag{5.6}$$

と表わされる.

定義 4.6.1 において曲線のエネルギーを定義した．命題 4.6.3 より，測地線はその臨界点であった．写像のエネルギーは曲線のエネルギーを C^∞ 級写像に一般化したものである．調和写像はその臨界点であった．したがって，測地線は調和写像である．この事実は，調和写像の方程式 (5.6) を曲線に対して適用すると，測地線の方程式 (4.2) が得られることからもわかる.

調和写像の存在問題は，非線型偏微分方程式 (5.6) の大域解の存在問題である．(M, g_M), (N, g_N) をコンパクト Riemann 多様体とする．C^∞ 級

写像 $f\colon N \to M$ が与えられたとき，命題 5.4.3 より，f をテンション場 $-\delta^{\nabla^{f^*TM}} df \in \Omega^0(f^*TM)$ の方向に変形すると，最も効率よくエネルギーを減らすことができる．そこで $u\colon N \times [0,\infty) \to M$ を未知関数とする非線型偏微分方程式系の初期値問題

$$\frac{\partial u}{\partial t}(x,t) = -\delta^{\nabla^{u_t^*TM}} du_t, \quad u(x,0) = f(x) \tag{5.7}$$

を考える．ただし $u_t\colon N \to M$ は $u_t(x) = u(x,t)$ により定められる．方程式 (5.7) は，$f = u_0$ から始めて，各 $t \in [0,\infty)$ に対して $u_t\colon N \to M$ をそのテンション場の方向に変形することを意味する．

(M, g_M) が非正断面曲率をもつという条件の下では，(5.7) の解が存在して，$t \to \infty$ のとき，$\{u_t\}_{t \in [0,\infty)}$ は調和写像 $u_\infty\colon N \to M$ に一様収束することが示される（Eells-Sampson の定理）．方程式 (5.7) は熱方程式の非線型版であり，この証明方法は熱流の方法と呼ばれている．詳しいことは[8], [28] などを参照していただきたい．Eells-Sampson の定理は負曲率多様体の位相や剛性を調べるのに応用される．

C^∞ 級写像 $f\colon N \to M$ を固定するとき，f を連続変形して得られる N から M への C^∞ 級写像全体の集合を Ω_f で表わす．Ω_f の中に調和写像が存在するかどうかを考えたい．$\{f_n\}_{n=1}^\infty \subset \Omega_f$ を $\lim_{n\to\infty} E(f_n) = \inf_{\phi \in \Omega_f} E(\phi)$ を満たすようにとる．このとき $\{f_n\}_{n=1}^\infty$ の部分列で一様収束するものがとれればよい．実際 $N = \mathbb{R}/\mathbb{Z}$ のときは，主張 4.6.8 の証明を少し修正すると，$\{f_n\}_{n=1}^\infty$ のとり方を適当に調整すれば一様収束する部分列が存在することがわかる．ところが，N が 2 次元以上のときには，必ずしも一様収束する部分列が存在するとは限らない．これは f_n の 1 階微分のノルムが発散してゆく点が存在することに起因する．N が 2 次元の場合には，この現象は幾何学的に精密に定式化され，「バブル」と呼ばれている．調和写像などの非線型偏微分方程式の解の存在問題において，このような「バブル」の解析が重要になる．

次に Riemann 多様体の極小部分多様体について調べる．

定義 5.4.5 (M, g_M), (N, g_N) を Riemann 多様体とする．C^∞ 級写像 $f\colon N \to M$ が $f^* g_M = g_N$ を満たすとき，**等長的はめ込み** (isometric immersion) であるという．このとき $\nabla^{f^*TM \otimes T^*N} df \in \Gamma(f^*TM \otimes T^*N \otimes T^*N)$ を**第 2 基本形式**という．

C^∞ 級写像 $f\colon N \to M$ が $f^*g_M = g_N$ を満たすならば,任意の $p \in N$ において $f_{*p}\colon T_pN \to T_{f(p)}M$ は単射となる.すなわち f ははめ込みとなる.補題 3.3.14 より $\nabla^{f^*TM \otimes T^*N} df$ は f^*TM に値をもつ対称形式である.$h = \nabla^{f^*TM \otimes T^*N} df$ とするとき,$X, Y \in \mathfrak{X}(M)$ に対して

$$h(X,Y) = \{\nabla_X^{f^*TM \otimes T^*N} df\}(Y) = \nabla_X^{f^*TM}\{df(Y)\} - df(\nabla_X^{TN} Y)$$

となる.$f^*TM = TN \oplus TN^\perp$ と直交分解したとき,次の定理 5.4.6 (1) により $h(X,Y) \in \Gamma(TN^\perp)$ となる.したがって $\nabla_X^{f^*TM}\{df(Y)\} \in \Gamma(f^*TM)$ の TN 方向成分が $df(\nabla_X^{TN} Y) \in \Gamma(TN)$ であり,$TN^\perp$ 方向成分が $h(X,Y) \in \Gamma(TN^\perp)$ となる.これは (3.10) の一般化になっている.このように $h \in \Gamma(TN^\perp \otimes T^*N \otimes T^*N)$ は定義 3.4.2 における第 2 基本形式の一般化である.また,定理 5.4.6 (2) は定理 3.4.4 (1) の一般化である.

定理 5.4.6 (M, g_M), (N, g_N) を Riemann 多様体とする.$f\colon N \to M$ を等長的はめ込みとする.$h \in \Gamma(f^*TM \otimes T^*N \otimes T^*N)$ を第 2 基本形式とする.
(1) $h \in \Gamma(TN^\perp \otimes T^*N \otimes T^*N)$ が成り立つ.
(2) (**Gauss の方程式**) 任意の $X, Y, Z, W \in \mathfrak{X}(N)$ に対して次が成り立つ.

$$g_M(R^{\nabla^{f^*TM}}(X,Y)\{df(Z)\}, df(W))$$
$$= g_N(R^{\nabla^{TN}}(X,Y)Z, W) - g_M(h(Y,Z), h(X,W)) + g_M(h(X,Z), h(Y,W))$$

証明 (1) 任意の $X, Y, Z \in \mathfrak{X}(N)$ に対して $g_M(h(X,Y), df(Z)) = 0$ が成り立つことを示せばよい.まず

$$Xg_M(df(Y), df(Z))$$
$$= g_M(\nabla_X^{f^*TM}\{df(Y)\}, df(Z)) + g_M(df(Y), \nabla_X^{f^*TM}\{df(Z)\}),$$
$$Xg_N(Y,Z) = g_N(\nabla_X^{TN} Y, Z) + g_N(Y, \nabla_X^{TN} Z)$$

である.$g_M(df(Y), df(Z)) = g_N(Y,Z)$ に注意して,辺々引くと次を得る.

$$0 = g_M(h(X,Y), df(Z)) + g_M(df(Y), h(X,Z)) \tag{5.8}$$

同様に次を得る.

$$0 = g_M(h(Y,X), df(Z)) + g_M(df(X), h(Y,Z)), \tag{5.9}$$

$$0 = g_M(h(Z,X), df(Y)) + g_M(df(X), h(Z,Y)) \tag{5.10}$$

h が対称形式であることに注意して (5.8)+(5.9)−(5.10) を求めると，$g_M(h(X,Y), df(Z)) = 0$ を得る．

(2) $\nabla_X^{f^*TM}\{df(Y)\} = df(\nabla_X^{TN} Y) + h(X,Y)$ に注意すると次を得る．

$$\begin{aligned}
&R^{f^*TM}(X,Y)\{df(Z)\} \\
&= \nabla_X^{f^*TM}\nabla_Y^{f^*TM}\{df(Z)\} - \nabla_Y^{f^*TM}\nabla_X^{f^*TM}\{df(Z)\} - \nabla_{[X,Y]}^{f^*TM}\{df(Z)\} \\
&= \nabla_X^{f^*TM}\{df(\nabla_Y^{TN} Z) + h(Y,Z)\} - \nabla_Y^{f^*TM}\{df(\nabla_X^{TN} Z) + h(X,Z)\} \\
&\qquad\qquad\qquad - \{df(\nabla_{[X,Y]}^{TN} Z) + h([X,Y], Z)\} \\
&= df(R^{\nabla^{TN}}(X,Y)Z) + \nabla_X^{f^*TM}\{h(Y,Z)\} - \nabla_Y^{f^*TM}\{h(X,Z)\} \\
&\qquad\qquad + h(X, \nabla_Y^{TN} Z) - h(Y, \nabla_X^{TN} Z) - h([X,Y], Z)
\end{aligned}$$

したがって h が $TN^\perp$ に値をとることに注意すると

$$\begin{aligned}
&g_M(R^{\nabla^{f^*TM}}(X,Y)\{df(Z)\}, df(W)) \\
&= g_M(df(R^{\nabla^{TN}}(X,Y)Z), df(W)) \\
&\qquad\quad + g_M(\nabla_X^{f^*TM}\{h(Y,Z)\}, df(W)) - g_M(\nabla_Y^{f^*TM}\{h(X,Z)\}, df(W)) \\
&= g_M(df(R^{\nabla^{TN}}(X,Y)Z), df(W)) \\
&\qquad\quad - g_M(h(Y,Z), \nabla_X^{f^*TM}\{df(W)\}) + g_M(h(X,Z), \nabla_Y^{f^*TM}\{df(W)\}) \\
&= g_N(R^{\nabla^{TN}}(X,Y)Z, W) - g_M(h(Y,Z), h(X,W)) + g_M(h(X,Z), h(Y,W))
\end{aligned}$$

を得る． □

定理 5.4.7 (M, g_M) を Riemann 多様体とする．N は向き付けられたコンパクト微分可能多様体とする．$F: N \times (-\varepsilon, \varepsilon) \to M$ を C^∞ 級写像とする．各 $s \in (-\varepsilon, \varepsilon)$ に対して $f_s: N \to M$ を $f_s(p) = F(p,s)$ により定め，$f = f_0: N \to M$, $g_N = f^* g_M$ とおく．$V \in \Gamma(f^*TM)$ を変分ベクトル場とする．$f: N \to M$ がはめ込みであるとき次が成り立つ．

$$\frac{d}{ds}\Big|_{s=0} \mathrm{Vol}(N, f_s^* g_M) = \int_N g_M(V, \delta^{\nabla^{f^*TM}} df) \mathrm{vol}_{g_N}$$

証明 $(x^1,\ldots,x^n)$ を N の開集合 U 上の N の向きと整合的な局所座標とする．$f_s^*g_M|_U = g_{ij}(x,s)dx^i \otimes dx^j$ で表わすとき，$G_s(x) = (g_{ij}(x,s))$ は U 上定義された $GL(n;\mathbb{R})$ に値をもつ関数である．次の主張は行列式の余因子展開を用いて容易に示される．

主張 5.4.8 $s \mapsto A_s$ を $(-\varepsilon,\varepsilon)$ から $GL(n;\mathbb{R})$ への C^∞ 級写像とするとき，次が成り立つ．

$$\frac{d}{ds}\Big|_{s=0} \log \det A_s = \mathrm{Tr}\Big\{A_0^{-1}\Big(\frac{d}{ds}\Big|_{s=0} A_s\Big)\Big\}$$

命題 3.1.8 と主張 5.4.8 より，U 上で次が成り立つ．

$$\frac{d}{ds}\Big|_{s=0} \mathrm{vol}_{f_s^*g_M} = \frac{d}{ds}\Big|_{s=0} \sqrt{\det G_s}\, dx^1 \wedge \cdots \wedge dx^n$$
$$= \frac{1}{2}\Big\{\frac{d}{ds}\Big|_{s=0} \log \det G_s\Big\} \sqrt{\det G_0}\, dx^1 \wedge \cdots \wedge dx^n$$
$$= \frac{1}{2}\mathrm{Tr}\Big\{G_0^{-1}\Big(\frac{d}{ds}\Big|_{s=0} G_s\Big)\Big\}\mathrm{vol}_{g_N}$$

また，補題 3.3.14 より次を得る．

$$\nabla^{F^*TM}_{\frac{\partial}{\partial s}}\Big\{dF\Big(\frac{\partial}{\partial x^i}\Big)\Big\}\Big|_{s=0} = \nabla^{F^*TM}_{\frac{\partial}{\partial x^i}}\Big\{dF\Big(\frac{\partial}{\partial s}\Big)\Big\}\Big|_{s=0} = \nabla^{f^*TM}_{\frac{\partial}{\partial x^i}} V$$

したがって次を得る．

$$\frac{1}{2}\mathrm{Tr}\Big\{G_0^{-1}\Big(\frac{d}{ds}\Big|_{s=0} G_s\Big)\Big\} = \frac{1}{2}g^{ij}(x,0)\frac{d}{ds}\Big|_{s=0} g_{ij}(x,s)$$
$$= g^{ij}(x,0)g_M\Big(\nabla^{F^*TM}_{\frac{\partial}{\partial s}}\Big\{dF\Big(\frac{\partial}{\partial x^i}\Big)\Big\}\Big|_{s=0}, df\Big(\frac{\partial}{\partial x^j}\Big)\Big)$$
$$= g^{ij}(x,0)g_M\Big(\nabla^{f^*TM}_{\frac{\partial}{\partial x^i}} V, df\Big(\frac{\partial}{\partial x^j}\Big)\Big)$$
$$= C_N C_N g_N^* \otimes g_M(\nabla^{f^*TM} V, df)$$
$$= C_N C_N g_N^* \otimes \{\nabla^{T^*N} g_M(V, df) - g_M(V, \nabla^{f^*TM \otimes T^*N} df)\}$$
$$= C_N \nabla^{TN}\{C_N g_N^* \otimes g_M(V, df)\} + g_M(V, -C_N C_N g_N^* \otimes \nabla^{f^*TM \otimes T^*N} df)$$
$$= \mathrm{div}\{C_N g_N^* \otimes g_M(V, df)\} + g_M(V, \delta^{\nabla^{f^*TM}} df)$$

ただし C_N は TN と T^*N の縮約である．また $g_M(V,df) \in \Omega^1(N)$ に注意せよ．よって，定理 5.1.5 より主張は従う． $\square$

定理 3.4.5 の証明 定理 5.4.7 より $(\mathrm{Tr}A)\xi = -\delta^{\nabla^{i^*T\mathbb{R}^n}} di$ を示せばよい．任意の $X, Y \in \mathfrak{X}(M)$ に対して $g(A(X), Y)\xi = (\nabla^{i^*T\mathbb{R}^n \otimes T^*M} di)(X, Y)$ が成り立つから

$$(\mathrm{Tr}A)\xi = CCg^* \otimes g(A(\cdot), \cdot)\xi = CCg^* \otimes \nabla^{i^*T\mathbb{R}^n \otimes T^*M} di = -\delta^{\nabla^{i^*T\mathbb{R}^n}} di$$

を得る． □

定義 5.4.9 $(M, g_M), (N, g_N)$ を Riemann 多様体とする．$f\colon N \to M$ が等長的はめ込みであるとき，$-\delta^{\nabla^{f^*TM}} df = \mathrm{Tr}_g(\nabla^{f^*TM \otimes T^*N} df) \in \Gamma(f^*TM)$ を **平均曲率ベクトル場** (mean curvature vector field) という．等長的はめ込み $f\colon N \to M$ が $-\delta^{\nabla^{f^*TM}} df = 0 \in \Gamma(f^*TM)$ を満たすとき，f を **極小はめ込み** (minimal immersion) という．極小はめ込みが埋め込みのとき，**極小埋め込み** (minimal embedding) といい，その像を **極小部分多様体** (minimal submanifold) という．

定理 5.4.7 より，$f\colon N \to M$ が等長的はめ込みであるとき，平均曲率ベクトル場の方向に f を変形すると，最も効率よく誘導計量に関する N の体積を減らすことができる．また，等長的はめ込み $f\colon N \to M$ が極小はめ込みであることと調和写像であることは同値である．

一般に，調和写像 $f\colon N \to M$ を考えるときには N の Riemann 計量はあらかじめ固定されたものであるが，極小はめ込み $f\colon N \to M$ においては N の Riemann 計量は M の Riemann 計量 g_M の f による誘導計量である．したがって，調和写像の存在問題と極小はめ込みの存在問題は異なる問題である．

極小部分多様体の存在問題は歴史が古く，さまざまな結果が知られている．$\mathbb{R}^3$ 内の極小曲面は，境界を固定したときに「与えられた枠を張る石鹸膜」として実現される．この場合，存在問題は非線型偏微分方程式の境界値問題となる．また，部分多様体を体積の減少する方向に変形してゆく平均曲率流の方法なども活発に研究されている．6.5 節では，Riemann 多様体がある特殊な幾何構造をもつ場合に，特別な極小部分多様体が定義されることを説明する．また，$\mathbb{R}^3$ 内の完備な極小曲面や，極小曲面の類似物である平均曲率一定曲面など話題も多い．詳しいことは[21]などを参照していただきたい．

5.5 Yang-Mills 接続

この節では調和写像の接続における類似物である Yang-Mills 接続を導入する. さらに, 4 次元多様体上の特別な Yang-Mills 接続である反自己双対接続についても簡単に紹介する.

$\pi\colon E \to M$ を実または複素ベクトル束, h をファイバー計量とする. 命題 2.4.5 より $\nabla \in \mathcal{A}(E, h)$ に対して $R^\nabla \in \Omega^2(\mathrm{End}_{\mathrm{skew}} E)$ であった. このとき, E のファイバー計量 h から誘導される $\mathrm{End}_{\mathrm{skew}} E$ のファイバー計量は, $X, Y \in \Gamma(\mathrm{End}_{\mathrm{skew}} E)$ に対して次で与えられる.

$$(X, Y)_{\mathrm{End}_{\mathrm{skew}} E} = \mathrm{Tr}(XY^*)(= -\mathrm{Tr}(XY)) \in C^\infty(M)$$

$\nabla \in \mathcal{A}(E, h)$ から誘導される $\mathrm{End}\, E$ 上の接続 $\nabla^{\mathrm{End}\, E}$ は $\mathrm{End}_{\mathrm{skew}} E$ 上の接続を定め, ファイバー計量 $(\cdot, \cdot)_{\mathrm{End}_{\mathrm{skew}} E}$ を保つことが容易に確かめられる. さらに, M に Riemann 計量が定まっていれば, $(\mathrm{End}_{\mathrm{skew}} E) \otimes \Lambda^2 T^* M$ のファイバー計量 $(\cdot, \cdot)_{(\mathrm{End}_{\mathrm{skew}} E) \otimes \Lambda^2 T^* M}$ が定まる.

定義 5.5.1 (M, g) をコンパクトで向き付けられた Riemann 多様体とする. $\pi\colon E \to M$ を実または複素ベクトル束, h をファイバー計量とする. このとき **Yang-Mills 汎関数** (Yang-Mills functional) $\mathcal{YM}\colon \mathcal{A}(E, h) \to \mathbb{R}$ を

$$\mathcal{YM}(\nabla) = \frac{1}{2} \int_M (R^\nabla, R^\nabla)_{(\mathrm{End}_{\mathrm{skew}} E) \otimes \Lambda^2 T^* M} \mathrm{vol}_g$$

により定める.

命題 5.5.2 (M, g) をコンパクトで向き付けられた Riemann 多様体とする. $\pi\colon E \to M$ を実または複素ベクトル束, h をファイバー計量とする. $\nabla \in \mathcal{A}(E, h)$ とする.
(1) $\varphi \in \mathcal{G}(E, h)$ に対して $\mathcal{YM}(\varphi^* \nabla) = \mathcal{YM}(\nabla)$ が成り立つ.
(2) $X \in \Omega^1(\mathrm{End}_{\mathrm{skew}} E)$ に対して次が成り立つ.

$$\frac{d}{dt}\bigg|_{t=0} R^{\nabla + tX} = d^\nabla X \in \Omega^2(\mathrm{End}_{\mathrm{skew}} E)$$

(3) $X \in \Omega^1(\mathrm{End}_{\mathrm{skew}} E)$ に対して次が成り立つ.

$$\left.\frac{d}{dt}\right|_{t=0}\mathcal{YM}(\nabla + tX) = \int_M (X, \delta^\nabla R^\nabla)_{(\mathrm{End}_{\mathrm{skew}} E) \otimes T^*M} \mathrm{vol}_g$$

ただし, $\delta^\nabla \colon \Omega^2(\mathrm{End}_{\mathrm{skew}} E) \to \Omega^1(\mathrm{End}_{\mathrm{skew}} E)$ は共変外微分 $d^\nabla \colon \Omega^1(\mathrm{End}_{\mathrm{skew}} E) \to \Omega^2(\mathrm{End}_{\mathrm{skew}} E)$ の形式的随伴作用素である.

証明 (1) 命題 2.1.11 より次が成り立ち, 主張が従う.

$$\begin{aligned}(R^{\varphi^*\nabla}, R^{\varphi^*\nabla})_{(\mathrm{End}_{\mathrm{skew}} E) \otimes \Lambda^2 T^*M} &= (\varphi^{-1} \circ R^\nabla \circ \varphi,\ \varphi^{-1} \circ R^\nabla \circ \varphi)_{(\mathrm{End}_{\mathrm{skew}} E) \otimes \Lambda^2 T^*M} \\ &= (R^\nabla, R^\nabla)_{(\mathrm{End}_{\mathrm{skew}} E) \otimes \Lambda^2 T^*M}\end{aligned}$$

(2) $d^\nabla \circ X = d^\nabla X - X \circ d^\nabla$ に注意すると, 次が成り立つ.

$$R^{\nabla + tX} = (d^\nabla + tX) \circ (d^\nabla + tX) = R^\nabla + t d^\nabla X + t^2 X \circ X \in \Omega^2(\mathrm{End}_{\mathrm{skew}} E)$$

これよりただちに主張が従う.

(3) (2) より

$$\begin{aligned}\left.\frac{d}{dt}\right|_{t=0}\mathcal{YM}(\nabla + tX) &= \frac{1}{2}\int_M \left.\frac{d}{dt}\right|_{t=0}(R^{\nabla+tX}, R^{\nabla+tX})_{(\mathrm{End}_{\mathrm{skew}} E) \otimes \Lambda^2 T^*M} \mathrm{vol}_g \\ &= \int_M (d^\nabla X, R^\nabla)_{(\mathrm{End}_{\mathrm{skew}} E) \otimes \Lambda^2 T^*M} \mathrm{vol}_g \\ &= \int_M (X, \delta^\nabla R^\nabla)_{(\mathrm{End}_{\mathrm{skew}} E) \otimes T^*M} \mathrm{vol}_g\end{aligned}$$

を得る. □

定義 5.5.3 (M, g) を Riemann 多様体とする. $\pi \colon E \to M$ を実または複素ベクトル束, h をファイバー計量とする. $\nabla \in \mathcal{A}(E, h)$ が $\delta^\nabla R^\nabla = 0 \in \Omega^1(\mathrm{End}_{\mathrm{skew}} E)$ を満たすとき, ∇ を **Yang-Mills 接続** (Yang-Mills connection) という.

M がコンパクトで向き付けられているとする. このとき, 命題 5.5.2 より, ∇ を $-\delta^\nabla R^\nabla \in \Omega^1(\mathrm{End}_{\mathrm{skew}} E)$ の方向に変形すると, 最も効率よく Yang-Mills 汎関数の値を減らすことができる. また, Yang-Mills 接続 ∇ は Yang-Mills 汎関数の臨界点となる. また, 命題 2.2.9 より $d^\nabla R^\nabla = 0 \in \Omega^3(\mathrm{End}_{\mathrm{skew}} E)$ はつねに成り立つから, ∇ が Yang-Mills 接続であることと $\Delta^{\mathrm{End}_{\mathrm{skew}} E} R^\nabla = 0 \in \Omega^2(\mathrm{End}_{\mathrm{skew}} E)$ を満たすことが同値になる. これらの性質より, Yang-Mills 接続は調和写像の接続における類似物と考えられる.

(M,g) を向き付けられた 4 次元多様体とする．補題 5.2.8 より，Hodge の星型作用素 $*\colon \Lambda^2 T^*M \to \Lambda^2 T^*M$ は $*^2 = 1$ を満たす．したがって，各 $x \in M$ に対して，$*\colon \Lambda^2 T_x^*M \to \Lambda^2 T_x^*M$ は固有値 ± 1 をもち，固有空間をそれぞれ $\Lambda^2_+ T_x^*M, \Lambda^2_- T_x^*M$ で表わすと，次の分解を得る．

$$\Lambda^2 T^*M = \Lambda^2_+ T^*M \oplus \Lambda^2_- T^*M \tag{5.11}$$

$\Gamma(\Lambda^2_+ T^*M)$ の元を自己双対形式，$\Gamma(\Lambda^2_- T^*M)$ の元を反自己双対形式という．R^∇ が $\mathrm{End}_{\mathrm{skew}} E$ に値をとる（反）自己双対形式であるとき，$\nabla \in \mathcal{A}(E,h)$ を**（反）自己双対接続** ((anti-)self-dual connection) という．（反）自己双対接続は Yang-Mills 接続である．実際，命題 5.2.9 より，$\nabla \in \mathcal{A}(E,h)$ が $*R^\nabla = \pm R^\nabla$ のとき，次が成り立つ．

$$\delta^\nabla R^\nabla = -*d^\nabla * R^\nabla = \mp *d^\nabla R^\nabla = 0$$

M がコンパクトのとき，（反）自己双対接続は Yang-Mills 汎関数の最小値をとることが容易に確かめられる．M の向きを変えると，自己双対接続と反自己双対接続は入れ替わる．

ゲージ変換群 $\mathcal{G}(E,h)$ の作用は反自己双対接続全体の空間

$$\widetilde{\mathcal{M}}(E,h) = \{\nabla \in \mathcal{A}(E,h) \mid *R^\nabla = -R^\nabla\}$$

を保つ．商空間

$$\mathcal{M}(E,h) = \widetilde{\mathcal{M}}(E,h)/\mathcal{G}(E,h)$$

を反自己双対接続の**モジュライ空間** (moduli space) という．一般に，$\mathcal{M}(E,h)$ は非コンパクトである．この事実は，4 次元多様体において曲率 R^∇ が 1 点に集中する現象と深く関わっている．この現象は「バブル」と呼ばれ，5.4 節で述べたように 2 次元多様体からの調和写像においても類似の現象がある．「バブル」の解析を行うことにより，モジュライ空間 $\mathcal{M}(E,h)$ のコンパクト化についての情報が得られる．

Donaldson は 4 次元多様体の微分構造の研究にゲージ理論を応用した．M をコンパクトで向き付けられたなめらかな 4 次元微分可能多様体とする．M 上の Riemann 計量 g を固定する．(E,h) を M 上の階数 2 の第 1 Chern 類 $c_1(E)$ が 0 の Hermite ベクトル束とする．(E,h) 上の第 1 Chern

形式 $c_1(R^\nabla) = 0$ を満たす反自己双対接続のモジュライ空間 $\mathcal{M}_{SU(2)}(E,h)$ は，ある位相的条件の下で摂動をほどこすと，向き付けられた多様体となる．$\mathcal{M}_{SU(2)}(E,h)$ は (E,h) 上の $c_1(R^\nabla) = 0$ を満たす接続のゲージ同値類のなす空間 $\mathcal{A}_{SU(2)}(E,h)/\mathcal{G}_{SU(2)}(E,h)$ のホモロジー類 $[\mathcal{M}_{SU(2)}(E,h)]$ を定めることが期待される．$\mathcal{M}_{SU(2)}(E,h)$ はコンパクトでないので，ただちにホモロジー類 $[\mathcal{M}_{SU(2)}(E,h)]$ は定義されない．けれども，Donaldson は，このコンパクト化の情報を巧みに用いることにより，ある位相的な条件のもとでホモロジー類 $[\mathcal{M}_{SU(2)}(E,h)]$ に相当するものを定式化して，これが M の Riemann 計量 g のとり方によらず，M の微分構造の不変量となることを示した．この Donaldson 不変量により，ある2つの同相な4次元多様体が微分同相でないことを確かめられるようになるだけでなく，4次元多様体の微分構造に関するさまざまな深い結果が証明される．正確な定式化は[9],[22] などを参照していただきたい．

4次元多様体 M 上の $Spin^c$ 構造 c に対して，M 上のスピノル束 $S_\pm$ と行列式複素直線束 L が定義される．Seiberg と Witten は，L 上の接続と S_+ の切断の組に関するある方程式の解のモジュライ空間 $\mathcal{M}(c)$ を用いて，Donaldson 不変量と同様の方法で，Seiberg-Witten 不変量と呼ばれる M の微分構造の不変量を定義した．$\mathcal{M}(c)$ はコンパクトであるため，Seiberg-Witten 不変量は Donaldson 不変量よりも多くの点で扱いやすい．詳しいことは[39],[42] などを参照していただきたい．

Yang-Mills 接続と調和写像の類似性についてこの章で説明したが，4次元 Riemann 多様体上の（反）自己双対接続の調和写像における類似物は1次元複素多様体（Riemann 面という）からの正則写像である．1980 年代半ばに Gromov が擬正則曲線と呼ばれる Riemann 面からの正則写像の類似物をシンプレクティック多様体の研究に用いて以来，シンプレクティック幾何においてその重要性は増している．また，擬正則曲線のモジュライ空間を用いて，Gromov-Witten 不変量と呼ばれるシンプレクティック多様体の不変量が，Donaldson 不変量，Seiberg-Witten 不変量などと同様の方法で定義され，現在も活発に研究されている．シンプレクティック多様体については第 10 章を参照していただきたい．また，擬正則曲線や Gromov-Witten 不変量については[10],[36] を参照していただきたい．

II
微分幾何学の展開

第6章 主束

第2章では，ベクトル束上の接続を導入した．この章では，主束上の接続を導入して，第2章において調べたベクトル束上の接続の理論をより高い視点から見直して，接続のさらに深い性質を調べる．

6.1 Lie群

この節では Lie 群を導入し，基本的な性質を調べる．

定義 6.1.1 微分可能多様体 G が群構造をもち，積 $(g,h) \mapsto gh$ および逆元の対応 $g \mapsto g^{-1}$ がともに C^∞ 級写像であるとき，G を **Lie 群** (Lie group) という．

G を Lie 群とする．$g \in G$ に対して，微分同相写像 $L_g: G \to G$ を $L_g(h) = gh$, $R_g: G \to G$ を $R_g(h) = hg$ により定義し，それぞれ**左移動** (left translation), **右移動** (right translation) という．

$$\mathfrak{X}^L(G) = \{X \in \mathfrak{X}(G) \mid 任意の\ g \in G\ に対して\ L_{g*}X = X\ を満たす\ \}$$

は $\mathbb{R}$ 上のベクトル空間となる．$X \in \mathfrak{X}^L(G)$ の元を**左不変ベクトル場** (left invariant vector field) という．$X, Y \in \mathfrak{X}^L(G)$ はそれ自身と L_g-関係にあるから，定理 1.6.4 より

$$L_{g*}[X,Y] = [L_{g*}X, L_{g*}Y] = [X,Y]$$

となる．すなわち $[X,Y] \in \mathfrak{X}^L(G)$ である．したがって $\mathfrak{X}^L(G)$ はベクトル場の括弧積について閉じている．

$\mathbb{K}$ を $\mathbb{R}$ または $\mathbb{C}$ とする．

定義 6.1.2 $\mathfrak{g}$ を $\mathbb{K}$ 上のベクトル空間で，双線型写像 $[\cdot,\cdot]\colon \mathfrak{g} \times \mathfrak{g} \to \mathfrak{g}$ が定められているとする．次の 2 つの条件

(1) 任意の $X, Y \in \mathfrak{g}$ に対して $[X,Y] = -[Y,X]$,

(2) 任意の $X, Y, Z \in \mathfrak{g}$ に対して $[[X,Y],Z] + [[Y,Z],X] + [[Z,X],Y] = 0$

を満たすとき，$\mathfrak{g}$ を **Lie 環** (Lie algebra) という．$[\cdot,\cdot]$ を **Lie 括弧積** (Lie bracket) という．

Lie 環 $\mathfrak{g}, \mathfrak{h}$ の間の線型写像 $f\colon \mathfrak{g} \to \mathfrak{h}$ が，任意の $X, Y \in \mathfrak{g}$ に対して $f([X,Y]) = [f(X), f(Y)]$ を満たすとき，f を Lie 環の**準同型写像** (homomorphism) という．さらに f が線型同型写像であるとき，Lie 環の同型写像という．

$e \in G$ を G の単位元とする．線型写像 $\iota\colon \mathfrak{X}^L(G) \to T_e G$ を $\iota(X) = X_e$ により定めるとき，ι は同型写像である．実際，$X \in \mathfrak{X}^L(G)$ は，任意の $g, h \in G$ に対して $X_{gh} = (L_g)_{*h} X_h$ を満たす．とくに $h = e$ とするとき $X_g = (L_g)_{*e} X_e$ であるから，$X \in \mathfrak{X}^L(G)$ は $X_e \in T_e G$ で決定される．したがって ι は単射である．逆に，任意の $v \in T_e G$ を固定したとき，$X \in \mathfrak{X}(G)$ を $X_h = (L_h)_{*e} v$ によって定めると，$X \in \mathfrak{X}^L(G)$ かつ $\iota(X) = v$ であるから，ι は全射となる．

$\mathfrak{X}^L(G)$ はベクトル場の括弧積に関して Lie 環になる．$\mathfrak{g} = T_e G$ とし，$\mathfrak{g}$ 上の Lie 括弧積 $[\cdot,\cdot]\colon \mathfrak{g} \times \mathfrak{g} \to \mathfrak{g}$ を $\iota\colon \mathfrak{X}^L(G) \to \mathfrak{g}$ が Lie 環の同型写像となるように定める．すなわち，$X \in \mathfrak{g}$ に対して $X^{\#} = \iota^{-1}(X) \in \mathfrak{X}^L(G)$ と表わすとき，$X, Y \in \mathfrak{g}$ に対して次が成り立つ．

$$[X,Y] = [X^{\#}, Y^{\#}]_e \in \mathfrak{g} \tag{6.1}$$

定義 6.1.3 G を Lie 群，e をその単位元とする．$\mathfrak{g} = T_e G$ を (6.1) により Lie 環とみなすとき，$\mathfrak{g}$ を Lie 群 G の **Lie 環**という．$\mathfrak{X}^L(G)$ を Lie 群 G の Lie 環ということもある．

定義 6.1.4 Lie 群 G, H の間の**準同型写像** $\rho\colon G \to H$ とは，C^∞ 級写像であり，かつ群準同型写像であるものをいう．G を Lie 群とし，$\mathbb{R}$ に加法演算を入れて Lie 群とみなす．$\mathbb{R} \ni t \mapsto g_t \in G$ が準同型写像のとき，$\{g_t\}_{t \in \mathbb{R}}$ を **1 パラメータ部分群** (one parameter subgroup) という．

命題 6.1.5 G を Lie 群，$\mathfrak{g}$ をその Lie 環とする．このとき次が成り立つ．

(1) $X \in \mathfrak{g}$ に対して，ベクトル場 $X^{\#} \in \mathfrak{X}^L(G)$ は完備である．すなわち，$X^{\#}$ は 1 パラメータ変換群 $\{\varphi_t\}_{t \in \mathbb{R}}$ を生成する．

(2) $\varphi_t(e) \in G$ を $\mathrm{Exp}_G tX$ と表わすとき，$\varphi_t = R_{\mathrm{Exp}_G tX} \colon G \to G$ が成り立つ．

(3) 任意の $s, t \in \mathbb{R}$ に対して $\mathrm{Exp}_G sX\, \mathrm{Exp}_G tX = \mathrm{Exp}_G(s+t)X \in G$ が成り立つ．すなわち，$\{\mathrm{Exp}_G tX\}_{t \in \mathbb{R}}$ は G の 1 パラメータ部分群である．

(4) 対応 $X \mapsto \{\mathrm{Exp}_G tX\}_{t \in \mathbb{R}}$ は $\mathfrak{g}$ から 1 パラメータ部分群全体の集合への 1 対 1 対応を与える．

証明 (1) 定理 1.6.1 (1) より，$X^{\#}$ の積分曲線 $\gamma_e \colon (-\varepsilon, \varepsilon) \to G$ で $\gamma_e(0) = e$ となるものが存在する．ただし $\varepsilon > 0$ である．このとき，任意の $g \in G$ に対して $\gamma_g \colon (-\varepsilon, \varepsilon) \to G$ を $\gamma_g(t) = g\gamma_e(t)$ とすると，γ_g は $\gamma_g(0) = g$ を満たす $X^{\#}$ の積分曲線である．実際，任意の $t \in (-\varepsilon, \varepsilon)$ に対して

$$\frac{d}{ds}\Big|_{s=0} \gamma_g(t+s) = (L_g)_{*\gamma_e(t)} \frac{d}{ds}\Big|_{s=0} \gamma_e(t+s) = (L_g)_{*\gamma_e(t)} X^{\#}_{\gamma_e(t)} = X^{\#}_{\gamma_g(t)}$$

となるからである．

次に，$g_1 = \gamma_e\left(\frac{1}{2}\varepsilon\right)$, $g_2 = \gamma_e\left(-\frac{1}{2}\varepsilon\right)$ とするとき

$$\gamma_e(t) = \begin{cases} \gamma_{g_1}\left(t - \frac{\varepsilon}{2}\right), & -\frac{\varepsilon}{2} < t < \frac{3}{2}\varepsilon \text{ のとき} \\ \gamma_e(t), & -\varepsilon < t < \varepsilon \text{ のとき} \\ \gamma_{g_2}\left(t + \frac{\varepsilon}{2}\right), & -\frac{3}{2}\varepsilon < t < \frac{\varepsilon}{2} \text{ のとき} \end{cases}$$

と定めると，$\gamma_e \colon \left(-\frac{3}{2}\varepsilon, \frac{3}{2}\varepsilon\right) \to G$ が well-defined で，$X^{\#}$ の積分曲線となることがわかる．同様の議論を繰り返して定義域を拡張してゆけば，$X^{\#}$ の積分曲線 $\gamma_e \colon \mathbb{R} \to G$ で $\gamma_e(0) = e$ を満たすものが得られる．

さらに，任意の $g \in G$ に対して $\gamma_g(t) = g\gamma_e(t)$ は $\gamma_g(0) = g$ を満たす $X^{\#}$ の積分曲線である．すなわち，任意の $g \in G$ に対して $t \mapsto R_{\gamma_e(t)}(g)$ は $X^{\#}$ の積分曲線である．したがって，$\varphi_t = R_{\gamma_e(t)} \colon G \to G$ とするとき，$\{\varphi_t\}_{t \in \mathbb{R}}$ は $X^{\#}$ が生成する 1 パラメータ変換群である．

(2) (1) の証明より $\mathrm{Exp}_G tX = \varphi_t(e) = \gamma_e(t)$, $\varphi_t = R_{\gamma_e(t)} = R_{\mathrm{Exp}_G tX}$ を得る．

(3) $\{\varphi_t\}_{t \in \mathbb{R}}$ は 1 パラメータ変換群であるから，次が成り立つ．

$$\mathrm{Exp}_G sX\, \mathrm{Exp}_G tX = \varphi_t(\mathrm{Exp}_G sX) = \varphi_t \circ \varphi_s(e) = \varphi_{t+s}(e) = \mathrm{Exp}_G(s+t)X$$

(4) $\left.\dfrac{d}{dt}\right|_{t=0}\mathrm{Exp}_G tX = X \in \mathfrak{g}$ であるから，対応 $X \mapsto \{\mathrm{Exp}_G tX\}_{t\in\mathbb{R}}$ は単射である．この対応が全射であることを示す．1 パラメータ部分群 $\{h_t\}_{t\in\mathbb{R}}$ をひとつ固定する．このとき $\{R_{h_t}\}_{t\in\mathbb{R}}$ は 1 パラメータ変換群となるから，これの定めるベクトル場を $\widetilde{X} \in \mathfrak{X}(G)$ とする．また，$\left.\dfrac{d}{dt}\right|_{t=0} h_t = X \in \mathfrak{g}$ とする．このとき，任意の $g \in G$ に対して

$$\widetilde{X}_g = \left.\frac{d}{dt}\right|_{t=0} gh_t = L_{g*}\left(\left.\frac{d}{dt}\right|_{t=0} h_t\right) = L_{g*}X = X_g^{\#}$$

となり，$\widetilde{X} = X^{\#} \in \mathfrak{X}^L(G)$ を得る．したがって $\mathrm{Exp}_G tX = R_{h_t}(e) = h_t$ となり，対応 $X \mapsto \{\mathrm{Exp}_G tX\}_{t\in\mathbb{R}}$ が全射であることがわかる． □

命題 6.1.5 より**指数写像** $\mathrm{Exp}_G : \mathfrak{g} \to G$ が定義される．

命題 6.1.6 G, H を Lie 群，$\mathfrak{g}, \mathfrak{h}$ をそれぞれその Lie 環とする．$f: G \to H$ が Lie 群の準同型写像ならば，単位元 $e \in G$ における f の微分 $f_{*e}: \mathfrak{g} \to \mathfrak{h}$ は Lie 環の準同型写像である．

証明 $X \in \mathfrak{g}, \Xi = f_{*e}(X) \in \mathfrak{h}$ とする．$\{f(\mathrm{Exp}_G tX)\}_{t\in\mathbb{R}}$ は 1 パラメータ部分群であり，$\left.\dfrac{d}{dt}\right|_{t=0} f(\mathrm{Exp}_G tX) = f_{*e}(X) = \Xi$ であるから，$f(\mathrm{Exp}_G tX) = \mathrm{Exp}_H t\Xi$ を得る．したがって，任意の $g \in G$ に対して

$$f_{*g}(X_g^{\#}) = f_{*g}\left(\left.\frac{d}{dt}\right|_{t=0} g\mathrm{Exp}_G tX\right) = \left.\frac{d}{dt}\right|_{t=0} f(g\mathrm{Exp}_G tX)$$
$$= \left.\frac{d}{dt}\right|_{t=0} f(g)f(\mathrm{Exp}_G tX) = \left.\frac{d}{dt}\right|_{t=0} f(g)\mathrm{Exp}_H t\Xi = \Xi_{f(g)}^{\#}$$

を得る．すなわち $X^{\#} \in \mathfrak{X}(G)$ と $\Xi^{\#} = (f_{*e}(X))^{\#} \in \mathfrak{X}(H)$ は f-関係にある．定理 1.6.4 より $f_{*e}([X^{\#}, Y^{\#}]_e) = [(f_{*e}(X))^{\#}, (f_{*e}(Y))^{\#}]_{f(e)}$ であるから，

$$f_{*e}([X, Y]) = f_{*e}([X, Y]_e^{\#}) = f_{*e}([X^{\#}, Y^{\#}]_e)$$
$$= [(f_{*e}(X))^{\#}, (f_{*e}(Y))^{\#}]_{f(e)} = [f_{*e}(X), f_{*e}(Y)]_{f(e)}^{\#} = [f_{*e}(X), f_{*e}(Y)]$$

を得る． □

例 6.1.7 V を $\mathbb{K}$ 上のベクトル空間，$G = GL(V)$ とする．G の Lie 環を $\mathfrak{g}$ とするとき，$\mathfrak{g} = \mathrm{End}(V)$ である．このとき $\mathrm{End}(V)$ の Lie 括弧積は以下で与えられる．

命題 6.1.8 $X, Y \in \mathrm{End}(V)$ に対して $[X, Y] = XY - YX \in \mathrm{End}(V)$ となる．

証明 $X \in \mathrm{End}(V)$ に対して e^{tX} を行列の指数関数とする．すなわち

$$e^{tX} = \sum_{k=0}^{\infty} \frac{1}{k!}(tX)^k \in G$$

とする．このとき $\{e^{tX}\}_{t\in\mathbb{R}}$ は G の 1 パラメータ部分群で，

$$\left.\frac{d}{dt}\right|_{t=0} e^{tX} = X \in \mathrm{End}(V)$$

となる．したがって $X \in \mathrm{End}(V)$ に対して $\mathrm{Exp}_G tX = e^{tX}$ となる．$\varphi_t = R_{\mathrm{Exp}_G tX}$ とするとき，$Y \in \mathrm{End}(V)$ に対して

$$\begin{aligned}(\varphi_{-t})_{*e^{tX}}(Y^{\#}_{e^{tX}}) &= (\varphi_{-t})_{*e^{tX}}\left(\left.\frac{d}{ds}\right|_{s=0} e^{tX} e^{sY}\right) \\ &= \left.\frac{d}{ds}\right|_{s=0} e^{tX} e^{sY} e^{-tX} = e^{tX} Y e^{-tX} \in T_e G = \mathrm{End}(V)\end{aligned}$$

となる．したがって，定理 1.6.4 に注意すると

$$\begin{aligned}[X, Y] &= [X^{\#}, Y^{\#}]_e = (L_{X^{\#}} Y^{\#})_e \\ &= \lim_{t\to 0} \frac{(\varphi_{-t})_{*e^{tX}}(Y^{\#}_{e^{tX}}) - Y^{\#}_e}{t} = \lim_{t\to 0} \frac{e^{tX} Y e^{-tX} - Y}{t} = XY - YX\end{aligned}$$

を得る． $\square$

例 6.1.9 n 次直交群 (orthogonal group) $O(n)$，n 次特殊直交群 (special orthogonal group) $SO(n)$ を次で定める．

$$\begin{aligned}O(n) &= \{g \in GL(n; \mathbb{R}) \mid {}^t g g = E_n\}, \\ SO(n) &= \{g \in GL(n; \mathbb{R}) \mid {}^t g g = E_n,\ \det g = 1\}\end{aligned}$$

ただし ${}^t g$ は g の転置行列，E_n は n 次単位行列である．$O(n), SO(n)$ は $GL(n; \mathbb{R})$ の部分 Lie 群になること，および，$SO(n)$ が $O(n)$ の単位元の連結成分であることは容易に確かめられる．したがって，$O(n)$ の Lie 環 $\mathfrak{o}(n)$ と $SO(n)$ の Lie 環 $\mathfrak{so}(n)$ は同じものである．これらは $\mathrm{End}(\mathbb{R}^n)$ の部分 Lie 環であり，次で与えられる．

$$\mathfrak{o}(n) = \mathfrak{so}(n) = \{X \in \mathrm{End}(\mathbb{R}^n) \mid {}^tX + X = O_n\}$$

ただし O_n は n 次零行列である．

同様に n 次ユニタリ群 (unitary group) $U(n)$, n 次特殊ユニタリ群 (special unitary group) $SU(n)$ を次で定める．

$$U(n) = \{g \in GL(n;\mathbb{C}) \mid g^*g = E_n\},$$
$$SU(n) = \{g \in GL(n;\mathbb{C}) \mid g^*g = E_n,\ \det g = 1\}$$

ただし $g^* = {}^t\overline{g}$ とする．$U(n), SU(n)$ が $GL(n;\mathbb{C})$ の部分 Lie 群になることは容易に確かめられる．

$U(n)$ の Lie 環 $\mathfrak{u}(n)$, $SU(n)$ の Lie 環 $\mathfrak{su}(n)$ は $\mathrm{End}(\mathbb{C}^n)$ の部分 Lie 環であり，次で与えられる．

$$\mathfrak{u}(n) = \{X \in \mathrm{End}(\mathbb{C}^n) \mid X^* + X = O_n\},$$
$$\mathfrak{su}(n) = \{X \in \mathrm{End}(\mathbb{C}^n) \mid X^* + X = O_n,\ \mathrm{Tr} X = 0\}$$

定義 6.1.10 V を $\mathbb{K}$ 上のベクトル空間とする．Lie 群 G から $GL(V)$ への準同型写像 $\rho\colon G \to GL(V)$ を Lie 群 G の**表現** (representation) という．また，その単位元 $e \in G$ における微分 $\rho_{*e}\colon \mathfrak{g} \to \mathrm{End}(V)$ は Lie 環の準同型であるが，これを**微分表現** (differential representation) という．

例 6.1.11 G を Lie 群，$\mathfrak{g}$ をその Lie 環とする．$g \in G$ に対して，準同型写像 $F_g\colon G \to G$ を $F_g(h) = ghg^{-1}$ により定めると，$F_g \circ F_h = F_{gh}$ を満たす．よって，その単位元 $e \in G$ における微分写像 $(F_g)_{*e}\colon \mathfrak{g} \to \mathfrak{g}$ は $(F_g)_{*e} \circ (F_h)_{*e} = (F_{gh})_{*e}$ を満たす．G の表現 $Ad\colon G \to GL(\mathfrak{g})$ を $Ad_g = (F_g)_{*e}\colon \mathfrak{g} \to \mathfrak{g}$ により定め，これを G の**随伴表現** (adjoint representation) という．随伴表現の微分表現 $ad\colon \mathfrak{g} \to \mathrm{End}(\mathfrak{g})$ は次で与えられる．

命題 6.1.12 $X \in \mathfrak{g}$ に対して $ad(X)\colon \mathfrak{g} \to \mathfrak{g}$ は $ad(X)Y = [X,Y]$ で与えられる．

証明 $F_g = R_{g^{-1}} \circ L_g$ である．また $\{R_{\mathrm{Exp}_G tX}\}_{t\in\mathbb{R}}$ は $X^\#$ の生成する 1 パラメータ変換群であるから

$$ad(X)Y = \frac{d}{dt}\Big|_{t=0} Ad_{\mathrm{Exp}_G tX}(Y) = \frac{d}{dt}\Big|_{t=0} (F_{\mathrm{Exp}_G tX})_{*e}(Y)$$
$$= \frac{d}{dt}\Big|_{t=0} (R_{\mathrm{Exp}_G (-tX)})_{*\mathrm{Exp}_G tX} (L_{\mathrm{Exp}_G tX})_{*e}(Y_e^\#)$$
$$= \frac{d}{dt}\Big|_{t=0} (R_{\mathrm{Exp}_G (-tX)})_{*\mathrm{Exp}_G tX}(Y_{\mathrm{Exp}_G tX}^\#) = [X^\#, Y^\#]_e = [X, Y]$$

を得る. □

定義 6.1.13 M を微分可能多様体, G を Lie 群, $e \in G$ を単位元とする. 次の (1), (2) を満たす C^∞ 級写像 $M \times G \ni (x, g) \mapsto xg \in M$ を G の M への**右作用**という. このとき, G は M に右から作用するという.
(1) 任意の $x \in M$ に対して $xe = x$ が成り立つ.
(2) 任意の $x \in M$, $g, h \in G$ に対して $(xg)h = x(gh)$ が成り立つ.

定義 6.1.14 G が M に右から作用しているとする.
(1) $g \in G$ に対して**右移動** $R_g \colon M \to M$ を $R_g(x) = xg$ により定める.
(2) $X \in \mathfrak{g}$ に対して, **基本ベクトル場** (fundamental vector field) $X^\# \in \mathfrak{X}(M)$ を次で定める.
$$X_x^\# = \frac{d}{dt}\Big|_{t=0} x\mathrm{Exp}_G tX \in T_x M$$

$X, Y \in \mathfrak{g}$ に対して $[X^\#, Y^\#] = [X, Y]^\#$ となることが確かめられる.

注意 6.1.15 Lie 群 G の微分可能多様体 M への**左作用** (left action) も右作用と類似の方法で定義される. 左作用に対して $X_x^\# = \frac{d}{dt}\Big|_{t=0} (\mathrm{Exp}_G tX) x \in T_x M$ により基本ベクトル場を定めることがあるが, この場合には $[X^\#, Y^\#] = -[X, Y]^\#$ となる. このように若干の注意が必要であるが, 右作用と左作用に本質的な違いはない. たとえば, G の M への左作用が与えられたとき, G の M への右作用を $xg = g^{-1}x$ により定めることができる.

定義 6.1.16 群 G が微分可能多様体 M に右から作用しているとする.
(1) $p \in M$ の**固定部分群** (isotropy subgroup) G_p を $G_p = \{g \in G \mid pg = p\}$ により定める.
(2) 任意の $p \in M$ に対して $G_p = \{e\}$ であるとき, G の作用は**自由** (free) であるという.
(3) $\bigcap_{p \in M} G_p = \{e\}$ であるとき, G の作用は**効果的** (effective) であるという.

6.2 主束の定義

この節では主束を導入して,その性質を調べる.

定義 6.2.1 P, M を微分可能多様体,G を Lie 群とする.$\pi_P\colon P \to M$ が**主 G 束** (principal G-bundle) または G を**構造群** (structure group) とする**主束** (principal bundle) であるとは,以下の性質を満たすことである.
(1) G が P に右から作用している.
(2) M の開被覆 $\{U_\alpha\}_{\alpha \in A}$ と微分同相写像 $\phi_\alpha\colon \pi_P^{-1}(U_\alpha) \to U_\alpha \times G$ が存在して次を満たす.
(2 − 1) $p_1\colon U_\alpha \times G \to U_\alpha$ を射影とするとき,$\pi_P = p_1 \circ \phi_\alpha$ が成り立つ.すなわち,次の図式は可換になる.

$$\begin{array}{ccc} \pi_P^{-1}(U_\alpha) & \xrightarrow{\phi_\alpha} & U_\alpha \times G \\ \pi_P \downarrow & & \downarrow p_1 \\ U_\alpha & = & U_\alpha \end{array} \qquad (6.2)$$

(2 − 2) G の作用は各 $\pi_P^{-1}(U_\alpha)$ を保つ.また,G の $U_\alpha \times G$ への右作用を $(x, h)g = (x, hg)$ により定めるとき,$\phi_\alpha\colon \pi_P^{-1}(U_\alpha) \to U_\alpha \times G$ は G-**同変** (equivariant) である,すなわち,各 $\xi \in \pi_P^{-1}(U_\alpha), g \in G$ に対して $\phi_\alpha(\xi g) = \phi_\alpha(\xi)g$ が成り立つ.

M の開集合 U に対して $\pi_P^{-1}(U)$ をしばしば $P|_U$ により表わす.$x \in M$ に対して $\pi_P^{-1}(x)$ をしばしば P_x により表わし,x における P の**ファイバー**という.定義 6.2.1(2) の微分同相写像 $\phi_\alpha\colon P|_{U_\alpha} \to U_\alpha \times G$ を**局所自明化**という.また,$e \in G$ を単位元とするとき,切断 $p_\alpha \in \Gamma(P|_{U_\alpha})$ を

$$\phi_\alpha \circ p_\alpha(x) = (x, e) \qquad (6.3)$$

により定義する.また,$g_{\alpha\beta}\colon U_\alpha \cap U_\beta \to G$ を

$$p_\alpha(x) g_{\alpha\beta}(x) = p_\beta(x)$$

により定義し,これを主束 $\pi_P\colon P \to M$ の**変換関数**という.このとき,任意の $x \in U_\alpha \cap U_\beta \cap U_\gamma$ に対して次が成り立つ.

$$g_{\alpha\beta}(x)g_{\beta\gamma}(x) = g_{\alpha\gamma}(x) \tag{6.4}$$

逆に M の開被覆 $\{U_\alpha\}_{\alpha \in A}$ と $\{g_{\alpha\beta}\colon U_\alpha \cap U_\beta \to G\,;\,\alpha,\beta \in A\}$ が与えられていて (6.4) が成立しているとき，主 G 束 $\pi_P\colon P \to M$ が復元される．

$g \in G$ に対して $R_g\colon P \to P$ を $R_g(\xi) = \xi g$ により定める．$\mathfrak{g}$ を G の Lie 環とするとき，$X \in \mathfrak{g}$ の生成する基本ベクトル場 $X^\# \in \mathfrak{X}(P)$ を次で定める．

$$X^\#_\xi = \frac{d}{dt}\Big|_{t=0}\xi \mathrm{Exp}_G tX \in T_\xi P$$

定義 6.2.2 $\pi_P\colon P \to M$ を主 G 束，$\rho\colon G \to GL(V)$ を G の表現とする．G の $P \times V$ への右作用 $(\xi, v)g = (\xi g, \rho(g)^{-1}v)$ による商空間

$$P \times_\rho V = (P \times V)/G$$

を P に同伴するベクトル束 (associated vector bundle) という．また，(ξ, v) の定める $P \times_\rho V$ の元を $\xi \times_\rho v$ により表わす．

$E = P \times_\rho V$ とし，$\pi_E\colon E \to M$ を $\pi_E(\xi \times_\rho v) = \pi_P(\xi)$ と定める．このとき，$\pi_E\colon E \to M$ はベクトル束の構造をもつ．すなわち，局所自明化 $\phi^E_\alpha\colon E|_{U_\alpha} \to U_\alpha \times V$ が

$$\phi^E_\alpha(p_\alpha(x) \times_\rho v) = (x, v) \tag{6.5}$$

で与えられる．このとき，

$$p_\beta(x) \times_\rho v_\beta = p_\alpha(x)g_{\alpha\beta}(x) \times_\rho v_\beta = p_\alpha(x) \times_\rho \rho(g_{\alpha\beta}(x))v_\beta$$

であるから，ベクトル束 E の変換関数は $\rho(g_{\alpha\beta})\colon U_\alpha \cap U_\beta \to GL(V)$ となる．

各 $\xi \in P$ は同型写像 $\xi\colon V \to E_{\pi_P(\xi)}$ を $\xi(v) = \xi \times_\rho v$ により定める．さらに，E の $\pi_P\colon P \to M$ による引き戻し π_P^*E は P 上の自明束となる．実際，ベクトル束の同型写像 $\iota\colon P \times V \to \pi_P^*E$ が $\iota(\xi, v) = (\xi, \xi \times_\rho v)$ により与えられる．また $s \in \Omega^q(E)$ に対して P 上の V に値をもつ q 形式 $\pi_P^*s \in \Omega^q(P; V)$ を次のように定める．すなわち，$v_1, \ldots, v_q \in T_\xi P$ に対して

$$(\pi_P^*s)_\xi(v_1, \ldots, v_q) = \xi^{-1}\{s_{\pi_P(\xi)}(\pi_{P*}(v_1), \ldots, \pi_{P*}(v_q))\} \tag{6.6}$$

とする. また

$$\Omega_B^q(P;V) = \left\{ \tilde{s} \in \Omega^q(P;V) \;\middle|\; \begin{array}{l} (1)\ \text{任意の}\ X \in \mathfrak{g}\ \text{に対して}\ i(X^\#)\tilde{s} = 0, \\ (2)\ \text{任意の}\ g \in G\ \text{に対して}\ R_g^*\tilde{s} = \rho(g)^{-1}\tilde{s} \end{array} \right\}$$

と定める. このとき次が成り立つ.

命題 6.2.3 (1) (6.6) により定義される写像 $\pi_P^* \colon \Omega^q(E) \to \Omega_B^q(P;V)$ は同型写像である.
(2) (6.5) で定められる局所自明化 $\phi_\alpha^E \colon E|_{U_\alpha} \to U_\alpha \times V$ の下で $s \in \Omega^q(E)$ を $s_\alpha \in \Omega^q(U_\alpha;V)$ と表わすとき, $s_\alpha = p_\alpha^*(\pi_P^* s)$ が成り立つ.

証明 (1) まず, $s \in \Omega^q(E)$ に対して $\pi_P^* s \in \Omega_B^q(P;V)$ を示す. $\tilde{s} = \pi_P^* s$ とする. $i(X^\#)\tilde{s} = 0$ は $\pi_P^* s$ の定義より明らかである. また $\pi_{P*} R_{g*} = (\pi_P \circ R_g)_* = \pi_{P*}$ に注意すると

$$\begin{aligned}
(R_g^* \tilde{s})_\xi(v_1, \ldots, v_q) &= \tilde{s}_{\xi g}(R_{g*} v_1, \ldots, R_{g*} v_q) \\
&= (\xi g)^{-1}\{s_{\pi_P(\xi g)}(\pi_{P*} R_{g*} v_1, \ldots, \pi_{P*} R_{g*} v_q)\} \\
&= (\xi g)^{-1}\{s_{\pi_P(\xi)}(\pi_{P*} v_1, \ldots, \pi_{P*} v_q)\} \\
&= (\xi g)^{-1}\{\xi \times_\rho \tilde{s}_\xi(v_1, \ldots, v_q)\} \\
&= (\xi g)^{-1}\{\xi g \times_\rho \rho(g)^{-1} \tilde{s}_\xi(v_1, \ldots, v_q)\} \\
&= \rho(g)^{-1} \tilde{s}_\xi(v_1, \ldots, v_q)
\end{aligned}$$

を得る. したがって $\tilde{s} \in \Omega_B^q(P;V)$ となる.

次に, $\pi_P^* \colon \Omega^q(E) \to \Omega_B^q(P;V)$ が同型写像であることを示す. 単射であることは自明なので全射であることを示す. 任意の $\tilde{s} \in \Omega_B^q(P;V)$ をひとつ固定する. このとき $s \in \Omega^q(E)$ を, 任意の $w_1, \ldots, w_q \in T_x M$ に対して

$$s_x(w_1, \ldots, w_q) = \xi \times_\rho \tilde{s}_\xi(v_1, \ldots, v_q)$$

により定める. ただし $\xi \in \pi_P^{-1}(x), v_i \in T_\xi P$ は $\pi_{P*} v_i = w_i$ を満たすようにとる. このとき,

(a) $\xi \in P$ を固定する. v_i のとり方は一意ではないが, $\tilde{s}_\xi(v_1, \ldots, v_q)$ は v_i のとり方によらない.

(b) $\tilde{s}_\xi(v_1, \ldots, v_q)$ は ξ のとり方によらない.

が容易に確かめられるので,$s \in \Omega^q(E)$ は well-defined であることがわかる.s の定義より $\tilde{s} = \pi_P^* s$ が成り立つので,π_P^* は全射である.

(2) (6.5) における $p_\alpha \in \Gamma(P|_{U_\alpha})$ を用いると,$x \in U_\alpha, w_1, \ldots, w_q \in T_x M$ に対して $(s_\alpha)_x(w_1, \ldots, w_q) = p_\alpha(x)^{-1} s_x(w_1, \ldots, w_q)$ となる.さらに $\tilde{s} = \pi_P^* s$ とするとき,

$$\begin{aligned} p_\alpha(x)^{-1} s_x(w_1, \ldots, w_q) &= p_\alpha(x)^{-1} s_x(\pi_{P*} p_{\alpha*} w_1, \ldots, \pi_{P*} p_{\alpha*} w_q) \\ &= \tilde{s}_{p_\alpha(x)}(p_{\alpha*} w_1, \ldots, p_{\alpha*} w_q) \\ &= (p_\alpha^* \tilde{s})_x(w_1, \ldots, w_q) \end{aligned}$$

であるから,$s_\alpha = p_\alpha^* \tilde{s}$ を得る. □

次は主束の典型的な例である.別の言い方をすれば,主束は次の例を一般化した概念である.

例 6.2.4 $\pi_E \colon E \to M$ を階数 r のベクトル束とする.各 $x \in M$ に対して

$$P_x = \{\xi \colon \mathbb{K}^r \to E_x \ \text{線型同型写像}\}$$

とする.$P = \bigcup_{x \in M} P_x$, $\pi_P \colon P \to M$ を $\pi_P^{-1}(x) = P_x$ を満たすように定める.$\varepsilon_i \in \mathbb{K}^r$ を i 番目の単位ベクトルとする.$\xi \in P_x$ に対して $\xi_i = \xi(\varepsilon_i) \in E_x$ とするとき,$\xi \in P_x$ は E_x の基底 $\xi_1, \ldots, \xi_r$ と同一視される.すなわち,(1.5) の表記を用いれば,$v = \sum_{i=1}^r v_i \varepsilon_i \in \mathbb{K}^r$ に対して,次が成り立つ.

$$\xi(v) = \begin{pmatrix} \xi_1 & \cdots & \xi_r \end{pmatrix} \begin{pmatrix} v_1 \\ \vdots \\ v_r \end{pmatrix} \tag{6.7}$$

そこで $\xi = \begin{pmatrix} \xi_1 & \cdots & \xi_r \end{pmatrix} \in P_x$ と表わす.

$GL(r; \mathbb{K})$ の P への右作用を $\xi g = \xi \circ g \colon \mathbb{K}^r \to E_x$ により定める.(6.7) の記号を用いれば,$(\xi g)(v) = \begin{pmatrix} \xi_1 & \cdots & \xi_r \end{pmatrix} g \begin{pmatrix} v_1 \\ \vdots \\ v_r \end{pmatrix}$ と表わされる.

E の局所自明化 $\phi_\alpha^E\colon E|_{U_\alpha} \to U_\alpha \times \mathbb{K}^r$ の定める枠場を $e_1,\ldots,e_r \in \Gamma(E|_{U_\alpha})$ とする（1.2 節参照）．このとき $p_\alpha \in \Gamma(P|_{U_\alpha})$ を，$x \in U_\alpha$ に対して

$$p_\alpha(x) = \begin{pmatrix} e_1(x) & \ldots & e_r(x) \end{pmatrix} \in P_x$$

により定める．さらに，P の局所自明化 $\phi_\alpha^P\colon P|_{U_\alpha} \to U_\alpha \times GL(r;\mathbb{K})$ を $\phi_\alpha^P(p_\alpha(x)g) = (x,g)$ により定める．

以上により $\pi_P\colon P \to M$ は主 $GL(r;\mathbb{K})$ 束となる．これをベクトル束 $\pi_E\colon E \to M$ の**枠束** (frame bundle) という．(1.6) より，ベクトル束 E の変換関数 $g_{\alpha\beta}\colon U_\alpha \cap U_\beta \to GL(r;\mathbb{K})$ は P の変換関数でもある．

6.3　主束上の接続

この節では主束上の接続を導入して，その性質を調べる．とくに，主束上の接続は同伴するベクトル束の接続を誘導すること，また，第 2 章で示したベクトル束の接続のさまざまな性質が，主束上の接続の性質から導かれることを調べる．

定義 6.3.1　　$\pi_P\colon P \to M$ を主 G 束とする．
(1) 分布 $\{H_\xi \subset T_\xi P \mid \xi \in P\}$ が P 上の**接続**であるとは，次の $(1-1)$，$(1-2)$ が成り立つことである．
$(1-1)$ 任意の $\xi \in P$ に対して $T_\xi P = \mathrm{Ker}(\pi_P)_{*\xi} \oplus H_\xi$．
$(1-2)$ 分布 $\{H_\xi \subset T_\xi P \mid \xi \in P\}$ は G-不変である．すなわち，任意の $\xi \in P$，$g \in G$ に対して $(R_g)_{*\xi} H_\xi = H_{\xi g}$ を満たす．
H_ξ，$\mathrm{Ker}(\pi_P)_{*\xi}$ をそれぞれ $T_\xi P$ の**水平部分空間** (horizontal subspace)，**垂直部分空間** (vertical subspace) という．
(2) P 上の $\mathfrak{g}$ に値をとる 1 形式 $\theta \in \Omega^1(P;\mathfrak{g})$ が**接続形式**であるとは，次の $(2-1)$，$(2-2)$ が成り立つことである．
$(2-1)$ 任意の $X \in \mathfrak{g}$ に対して $\theta(X^\#) = X$．
$(2-2)$ 任意の $g \in G$ に対して $R_g^* \theta = Ad_{g^{-1}} \theta$．

定理 6.3.2　　$\pi_P\colon P \to M$ を主 G 束とする．
(1) $\theta \in \Omega^1(P;\mathfrak{g})$ が接続形式ならば，分布 $\{\mathrm{Ker}\,\theta_\xi \subset T_\xi P \mid \xi \in P\}$ は P 上の

接続である．

(2) (1) は P 上の接続形式全体の集合から P 上の接続全体の集合への 1 対 1 対応を与える．

証明　(1) $\theta \in \Omega^1(P; \mathfrak{g})$ を接続形式とする．

$\operatorname{Ker}(\pi_P)_{*\xi} = \{X^{\#}_\xi \in T_\xi P \mid X \in \mathfrak{g}\}$ であり，また，任意の $X \in \mathfrak{g}$ に対して $\theta(X^{\#}) = X$ が成り立つ．したがって $T_\xi P = \operatorname{Ker}(\pi_P)_{*\xi} \oplus \operatorname{Ker} \theta_\xi$ を得る．

$v \in \operatorname{Ker} \theta_\xi$ のとき，$\theta_{\xi g}((R_g)_{*\xi}(v)) = (R_g^*\theta)_\xi(v) = Ad_{g^{-1}}\{\theta_\xi(v)\} = 0$ となる．したがって $(R_g)_{*\xi} \operatorname{Ker} \theta_\xi \subset \operatorname{Ker} \theta_{\xi g}$ が成り立つ．両辺の次元は等しいから，$(R_g)_{*\xi} \operatorname{Ker} \theta_\xi = \operatorname{Ker} \theta_{\xi g}$ を得る．

以上より，分布 $\{\operatorname{Ker} \theta_\xi \subset T_\xi P \mid \xi \in P\}$ は P 上の接続である．

(2) (1) の対応が単射であることは容易に確かめられるから，全射であることを示す．接続 $\{H_\xi \subset T_\xi P \mid \xi \in P\}$ をひとつ固定する．$\theta \in \Omega^1(P; \mathfrak{g})$ を

$$\theta_\xi(v) = \begin{cases} 0, & v \in H_\xi \text{ のとき} \\ X, & v = X^{\#}_\xi \text{ のとき} \end{cases}$$

により定めれば，$H_\xi = \operatorname{Ker} \theta_\xi$ が成り立つ．$\theta \in \Omega^1(P; \mathfrak{g})$ が接続形式であることを示せばよい．定義から $\theta(X^{\#}) = X$ は成り立つから，$R_g^*\theta = Ad_{g^{-1}}\theta$ を示せばよい．$v \in H_\xi$ のとき，$(R_g)_{*\xi} v \in (R_g)_{*\xi} H_\xi = H_{\xi g}$ に注意すると，

$$(R_g^*\theta)_\xi(v) = \theta_{\xi g}((R_g)_{*\xi}v) = 0 = Ad_{g^{-1}}\{\theta_\xi(v)\}$$

が成り立つ．また

$$(R_g)_{*\xi}X^{\#}_\xi = \frac{d}{dt}\Big|_{t=0}\xi(\operatorname{Exp}_G tX)g = \frac{d}{dt}\Big|_{t=0}\xi g(\operatorname{Exp}_G tAd_{g^{-1}}X) = (Ad_{g^{-1}}X)^{\#}_{\xi g}$$

であるから

$$(R_g^*\theta)_\xi(X^{\#}_\xi) = \theta_{\xi g}((R_g)_{*\xi}X^{\#}_\xi) = Ad_{g^{-1}}X = Ad_{g^{-1}}\{\theta_\xi(X^{\#}_\xi)\}$$

が成り立つ．したがって $R_g^*\theta = Ad_{g^{-1}}\theta$ を得る．　□

次の命題から，主束 P 上の接続形式 $\theta \in \Omega^1(P; \mathfrak{g})$ は，同伴するベクトル束 E 上の接続 ∇^E を誘導することがわかる．また，∇^E の局所接続形式と主束上の接続形式 θ との関係が明らかになる．

命題 6.3.3　$\pi_P\colon P\to M$ を主 G 束，$E=P\times_\rho V$ を P に同伴するベクトル束とする．$\theta\in\Omega^1(P;\mathfrak{g})$ を接続形式，$\rho_*\colon\mathfrak{g}\to\mathrm{End}(V)$ を ρ の微分表現とするとき，次が成り立つ．
(1) $(d+\rho_*(\theta))\Omega_B^q(P;V)\subset\Omega_B^{q+1}(P;V)$.
(2) $\pi_P^*\colon\Omega^q(E)\to\Omega_B^q(P;V)$ を命題 6.2.3 で定めた同型写像とする．$\nabla^E\colon\Omega^0(E)\to\Omega^1(E)$ を $\nabla^E=(\pi_P^*)^{-1}\circ(d+\rho_*(\theta))\circ\pi_P^*$ により定めるとき，∇^E は共変微分となる．
(3) (6.5) で定められる局所自明化 $\phi_\alpha^E\colon E|_{U_\alpha}\to U_\alpha\times V$ の下で
$$\nabla^E|_{U_\alpha}=d+\rho_*(p_\alpha^*\theta)$$
(4) 次の図式は可換である．
$$\begin{array}{ccc}\Omega^q(E) & \xrightarrow{d^{\nabla^E}} & \Omega^{q+1}(E) \\ \pi_P^*\downarrow & & \downarrow\pi_P^* \\ \Omega_B^q(P;V) & \xrightarrow{d+\rho_*(\theta)\wedge} & \Omega_B^{q+1}(P;V)\end{array}$$

証明　(1) $\tilde{s}\in\Omega_B^q(P;V)$ を固定する．$(d+\rho_*(\theta))\tilde{s}\in\Omega_B^{q+1}(P;V)$ を示したい．
$$L_{X^\#}\tilde{s}=\frac{d}{dt}\Big|_{t=0}(R^*_{\mathrm{Exp}_G tX}\tilde{s})=\frac{d}{dt}\Big|_{t=0}(\rho(\mathrm{Exp}_G tX)^{-1}\tilde{s})=-\rho_*(X)\tilde{s}$$
であるから，$i(X^\#)\tilde{s}=0$ に注意すると次を得る．
$$\begin{aligned}i(X^\#)\{(d+\rho_*(\theta))\tilde{s}\}&=i(X^\#)d\tilde{s}+\rho_*(\theta(X^\#))\tilde{s}-\rho_*(\theta)i(X^\#)\tilde{s}\\&=\{L_{X^\#}-di(X^\#)\}\tilde{s}+\rho_*(X)\tilde{s}\\&=0\end{aligned}$$
また $\rho_*(Ad_{g^{-1}}\theta)=\rho(g)^{-1}\rho_*(\theta)\rho(g)$ に注意すると次を得る．
$$\begin{aligned}R_g^*\{(d+\rho_*(\theta))\tilde{s}\}&=dR_g^*\tilde{s}+\rho_*(R_g^*\theta)(R_g^*\tilde{s})\\&=d\rho(g)^{-1}\tilde{s}+\rho_*(Ad_{g^{-1}}\theta)(\rho(g)^{-1}\tilde{s})\\&=\rho(g)^{-1}(d+\rho_*(\theta))\tilde{s}\end{aligned}$$
(2) $s\in\Omega^0(E),\,f\in C^\infty(M)$ とする．$\pi_P^*(fs)=(\pi_P^*f)(\pi_P^*s)$ に注意すると

$$\begin{aligned}
\nabla^E(fs) &= (\pi_P^*)^{-1} \circ (d + \rho_*(\theta)) \circ \pi_P^*(fs) \\
&= (\pi_P^*)^{-1}\{d(\pi_P^* f) \otimes \pi_P^* s + (\pi_P^* f)(d + \rho_*(\theta))\pi_P^* s\} \\
&= (\pi_P^*)^{-1}\{\pi_P^*(df \otimes s) + (\pi_P^* f)(\pi_P^* \nabla^E s)\} \\
&= df \otimes s + f \nabla^E s
\end{aligned}$$

を得る．

(3) $s \in \Omega^0(E)$ に対して

$$\begin{aligned}
p_\alpha^*(\pi_P^* \nabla^E s) &= p_\alpha^*(d + \rho_*(\theta))\pi_P^* s \\
&= d(p_\alpha^* \pi_P^* s) + \rho_*(p_\alpha^* \theta)(p_\alpha^* \pi_P^* s) \\
&= (d + \rho_*(p_\alpha^* \theta))(p_\alpha^* \pi_P^* s)
\end{aligned}$$

となる．命題 6.2.3 より主張は従う．

(4) (3) と同様の議論により，$(\pi_P^*)^{-1} \circ (d + \rho_*(\theta)) \circ \pi_P^* \colon \Omega^p(E) \to \Omega^{p+1}(E)$ を (6.5) で定められる局所自明化 $\phi_\alpha^E \colon E|_{U_\alpha} \to U_\alpha \times V$ の下で表示すると $d + \rho_*(p_\alpha^* \theta) \wedge$ であることがわかる．これと命題 2.1.6 より主張は従う． $\square$

例 6.3.4（例 6.2.4 の続き） $\pi_E \colon E \to M$ を階数 r のベクトル束，$\pi_P \colon P \to M$ を E の枠束とする．このとき $E = P \times_{\mathrm{id}} \mathbb{K}^r$ である．すなわち，E は恒等写像 $\mathrm{id} \colon GL(r; \mathbb{K}) \to GL(r; \mathbb{K})$ により定められる P に同伴するベクトル束である．また，E 上の接続 ∇^E と P 上の接続形式 $\theta \in \Omega^1(P; \mathrm{End}(\mathbb{K}^r))$ は 1 対 1 に対応している．

1.3 節において，E と表現 $\rho_W \colon GL(r; \mathbb{K}) \to GL(W)$ から，ベクトル束 $\pi_{E_W} \colon E_W \to M$ が構成された．このとき $E_W = P \times_{\rho_W} W$，すなわち E_W は表現 $\rho_W \colon GL(r; \mathbb{K}) \to GL(W)$ により定められる P に同伴するベクトル束である．

命題 6.3.3 (2) より，∇^E に対応する P 上の接続形式 θ は E_W 上の接続 ∇^{E_W} を誘導する．命題 6.3.3 (3) より，∇^{E_W} は命題 2.2.2 において構成された E_W 上の接続と同じものである．

定義 6.3.5 $\pi_P \colon P \to M$ を主 G 束，$\theta \in \Omega^1(P; \mathfrak{g})$ を接続形式とする．
(1) $\Omega = d\theta + \dfrac{1}{2}[\theta \wedge \theta] \in \Omega^2(P; \mathfrak{g})$ を**曲率**という（注意 6.3.6 参照）．
(2) 任意の $X \in \mathfrak{X}(M)$ に対して $\widetilde{X} \in \mathfrak{X}(P)$ で $(\pi_P)_* \widetilde{X} = X$, $\theta(\widetilde{X}) = 0$ を満た

すものがただひとつ存在するが，これを X の**水平持ち上げ** (horizontal lift) という．

注意 6.3.6 $\xi_1,\ldots,\xi_l$ を $\mathfrak{g}$ の基底とするとき，$\theta = \sum_{i=1}^{l} \xi_i \theta_i \ (\theta_i \in \Omega^1(P))$ と表わされる．このとき $d\theta + \frac{1}{2}[\theta \wedge \theta] \in \Omega^2(P; \mathfrak{g})$ は次のように表わされる．

$$\Omega = \sum_{i=1}^{l} \xi_i d\theta_i + \frac{1}{2}\sum_{i=1}^{l}\sum_{j=1}^{l}[\xi_i,\xi_j]\theta_i \wedge \theta_j$$

接続 $\theta \in \Omega^1(P; \mathfrak{g})$ の曲がり具合を測る量が曲率 $\Omega \in \Omega^2(P; \mathfrak{g})$ である．この事実を示すのが次の定理である．

定理 6.3.7 $\pi_P\colon P \to M$ を主 G 束とする．$\theta \in \Omega^1(P; \mathfrak{g})$ を接続形式，$\Omega \in \Omega^2(P; \mathfrak{g})$ を曲率とする．任意の $X, Y \in \mathfrak{X}(M)$ に対して，$\widetilde{X}, \widetilde{Y} \in \mathfrak{X}(P)$ をその水平持ち上げとするとき，次が成り立つ．

$$\Omega(\widetilde{X}, \widetilde{Y}) = -\theta([\widetilde{X}, \widetilde{Y}])$$

証明 注意 6.3.6 の記号で $0 = \theta(\widetilde{X}) = \sum_{i=1}^{l}\xi_i\theta_i(\widetilde{X})$ だから，$i=1,\ldots,l$ に対して $\theta_i(\widetilde{X}) = 0$ である．よって $[\theta \wedge \theta](\widetilde{X}, \widetilde{Y}) = 0$ であるから，

$$\begin{aligned}\Omega(\widetilde{X}, \widetilde{Y}) &= d\theta(\widetilde{X}, \widetilde{Y}) + \frac{1}{2}[\theta \wedge \theta](\widetilde{X}, \widetilde{Y}) \\ &= \widetilde{X}\theta(\widetilde{Y}) - \widetilde{Y}\theta(\widetilde{X}) - \theta([\widetilde{X}, \widetilde{Y}]) = -\theta([\widetilde{X}, \widetilde{Y}])\end{aligned}$$

を得る． □

曲率が 0 であるということは，曲がっていない，ということを意味する．このことの意味を明確にするのが次の系である．

系 6.3.8 $\Omega = 0 \in \Omega^2(P; \mathfrak{g})$ とするとき，次が成り立つ．
(1) 分布 $\mathcal{D} = \{\operatorname{Ker} \theta_\xi \mid \xi \in P\}$ は完全積分可能である（定義 1.6.9 参照）．
(2) $E = P \times_\rho V$ を同伴するベクトル束，∇^E を θ の誘導する E 上の接続とする．このとき，任意の $x \in M$ に対して，その開近傍 U 上における E の局所自明化 $\phi\colon E|_U \to U \times V$ で，この局所自明化に関する $\nabla^E|_U$ の表示が d となるものが存在する．

証明 (1) U を M の開集合, $X_1, \ldots, X_n \in \mathfrak{X}(U)$ を $TM|_U$ の枠場とする. $\widetilde{X}_i \in \mathfrak{X}(P|_U)$ を X_i の水平持ち上げとするとき, 定理 6.3.7 より

$$\theta([\widetilde{X}_i, \widetilde{X}_j]) = -\Omega(\widetilde{X}_i, \widetilde{X}_j) = 0$$

となる. よって $[\widetilde{X}_i, \widetilde{X}_j]$ も $\mathcal{D}$ に属する. 任意の $\xi \in P|_U$ に対して $\widetilde{X}_{1\xi}, \ldots, \widetilde{X}_{n\xi} \in T_\xi P$ は $\mathcal{D}_\xi$ の基底であるから, $\mathcal{D}$ は包合的である. したがって, 定理 1.6.10 より, $\mathcal{D}$ は完全積分可能である.

(2) 任意の $x \in M$ を固定する. $\xi \in P_x$ を固定する. このとき (1) より ξ を通る P の部分多様体 $\widetilde{U}$ で, 各 $q \in \widetilde{U}$ に対して $T_q\widetilde{U} = \mathcal{D}_q \subset T_qP$ を満たすものが存在する. 必要なら $\widetilde{U}$ を小さくとり直せば, $\pi_P|_{\widetilde{U}}: \widetilde{U} \to M$ は像への微分同相写像になる. $U = \pi_P(\widetilde{U})$ とおく. このとき $p \in \Gamma(P|_U)$ を $p = (\pi_P|_{\widetilde{U}})^{-1}: U \to P$ により定めると, $p^*\theta = 0$ となる. 命題 6.3.3 により, $p \in \Gamma(P|_U)$ の定める局所自明化 $\phi: E|_U \to U \times V$ の下で, $\nabla^E|_U$ は $d + \rho_*(p^*\theta) = d$ と表わされる. $\square$

命題 6.3.9 $\pi_P: P \to M$ を主 G 束とする. $\theta \in \Omega^1(P; \mathfrak{g})$ を接続形式, $\Omega \in \Omega^2(P; \mathfrak{g})$ を曲率とする. このとき次が成り立つ.

(1) $\Omega \in \Omega^2_B(P; \mathfrak{g})$.

(2) (**Bianchi の恒等式**) $(d + ad(\theta))\Omega = 0 \in \Omega^3_B(P; \mathfrak{g})$.

証明 (1) $X \in \mathfrak{g}$ に対して

$$L_{X^\#}\theta = \frac{d}{dt}\Big|_{t=0} R^*_{\mathrm{Exp}_G tX}\theta = \frac{d}{dt}\Big|_{t=0} Ad_{(R_{\mathrm{Exp}_G tX})^{-1}}\theta = -ad(X)\theta$$

に注意すると, 次を得る.

$$\begin{aligned} i(X^\#)\Omega &= i(X^\#)d\theta + \frac{1}{2}i(X^\#)[\theta \wedge \theta] \\ &= (L_{X^\#} - di(X^\#))\theta + \frac{1}{2}([X, \theta] - [\theta, X]) = 0 \end{aligned}$$

また,

$$\begin{aligned} R^*_g\Omega &= R^*_g d\theta + \frac{1}{2}R^*_g[\theta \wedge \theta] = dR^*_g\theta + \frac{1}{2}[R^*_g\theta \wedge R^*_g\theta] \\ &= dAd_{g^{-1}}\theta + \frac{1}{2}[Ad_{g^{-1}}\theta \wedge Ad_{g^{-1}}\theta] = Ad_{g^{-1}}\Omega \end{aligned}$$

より主張が従う.

(2) $d[\theta \wedge \theta] = [d\theta \wedge \theta] - [\theta \wedge d\theta] = -2[\theta \wedge d\theta]$ である.また,注意 6.3.6 のように $\theta = \sum_{i=1}^{l} \xi_i \theta_i$ $(\theta_i \in \Omega^1(P))$ と表わすとき,Jacobi の恒等式より,

$$[\theta \wedge [\theta \wedge \theta]] = \sum_{i,j,k}[\xi_i,[\xi_j,\xi_k]]\theta_i \wedge \theta_j \wedge \theta_k = 0$$

である.したがって

$$(d + ad(\theta))\Omega = (d + ad(\theta))(d\theta + \frac{1}{2}[\theta \wedge \theta])$$
$$= \frac{1}{2}d[\theta \wedge \theta] + [\theta \wedge d\theta] + \frac{1}{2}[\theta \wedge [\theta \wedge \theta]] = 0$$

を得る. □

命題 6.3.10 $\pi_P \colon P \to M$ を主 G 束とする.$\theta \in \Omega^1(P; \mathfrak{g})$ を接続形式,$\Omega \in \Omega^2(P; \mathfrak{g})$ を曲率とする.$E = P \times_\rho V$ を同伴するベクトル束,$\rho_* \colon \mathfrak{g} \to \mathrm{End}V$ を微分表現とするとき,次が成り立つ.
(1) $\rho_*(\Omega) = d\rho_*(\theta) + \rho_*(\theta) \wedge \rho_*(\theta) \in \Omega^2_B(P; \mathrm{End}V) \cong \Omega^2(\mathrm{End}E)$.
(2) $(d + \rho_*(\theta)) \circ (d + \rho_*(\theta)) = \rho_*(\Omega) \colon \Omega^q_B(P; V) \to \Omega^{q+2}_B(P; V)$.

証明 (1) 注意 6.3.6 と $\rho_*([\xi_i, \xi_j]) = \rho_*(\xi_i)\rho_*(\xi_j) - \rho_*(\xi_j)\rho_*(\xi_i)$ に注意すると,

$$\rho_*(\Omega) = \rho_*\Big(\sum_{i=1}^{l}\xi_i d\theta_i + \frac{1}{2}\sum_{i=1}^{l}\sum_{j=1}^{l}[\xi_i,\xi_j]\theta_i \wedge \theta_j\Big)$$
$$= \sum_{i=1}^{l}\rho_*(\xi_i)d\theta_i + \frac{1}{2}\sum_{i=1}^{l}\sum_{j=1}^{l}(\rho_*(\xi_i)\rho_*(\xi_j) - \rho_*(\xi_j)\rho_*(\xi_i))\theta_i \wedge \theta_j$$
$$= d\rho_*\Big(\sum_{i=1}^{l}\xi_i\theta_i\Big) + \sum_{i=1}^{l}\sum_{j=1}^{l}\rho_*(\xi_i)\rho_*(\xi_j)\theta_i \wedge \theta_j$$
$$= d\rho_*(\theta) + \rho_*(\theta) \wedge \rho_*(\theta)$$

を得る.

(2) $d \circ \rho_*(\theta) = d\rho_*(\theta) - \rho_*(\theta) \circ d$ に注意すると,

$$(d + \rho_*(\theta)) \circ (d + \rho_*(\theta)) = d \circ \rho_*(\theta) + \rho_*(\theta) \circ d + \rho_*(\theta) \wedge \rho_*(\theta)$$
$$= d\rho_*(\theta) + \rho_*(\theta) \wedge \rho_*(\theta) = \rho_*(\Omega)$$

を得る. □

6.4 ホロノミー群

この節では,接続のホロノミー群を導入してその性質を調べる.曲率が接続の局所的な曲がり具合を表わす量であるのに対して,ホロノミー群は接続の大域的な曲がり具合を表わす.

はじめに,主束やその上の接続の引き戻しを定式化する.

$\pi_P \colon P \to M$ を主 G 束とする. C^∞ 級写像 $f \colon N \to M$ による $\pi_P \colon P \to M$ の**引き戻し** $\pi_{f^*P} \colon f^*P \to N$ を以下のように定める.

$$f^*P = \{(x,\xi) \in N \times P \mid f(x) = \pi_P(\xi)\}$$

とおき,$\pi_{f^*P}(x,\xi) = x$ と定める.また $\widetilde{f} \colon f^*P \to P$ を $\widetilde{f}(x,\xi) = \xi$ により定めると,次の図式が可換になる.

$$\begin{array}{ccc} f^*P & \xrightarrow{\widetilde{f}} & P \\ \pi_{f^*P} \downarrow & & \downarrow \pi_P \\ N & \xrightarrow{f} & M \end{array}$$

さらに f^*P への G の右作用を $(x,\xi)g = (x,\xi g)$ により定める.

$\{\phi_\alpha^P \colon P|_{U_\alpha} \to U_\alpha \times G\}_{\alpha \in A}$ を P の局所自明化の族,$p_{\alpha 2} \colon U_\alpha \times G \to G$ を第 2 成分への射影とする.このとき $\{f^{-1}(U_\alpha)\}_{\alpha \in A}$ は N の開被覆である.さらに f^*P の局所自明化 $\phi_\alpha^{f^*P} \colon \pi_{f^*P}^{-1}(f^{-1}(U_\alpha)) \to f^{-1}(U_\alpha) \times G$ を次で定める.

$$\phi_\alpha^{f^*P}(x,\xi) = (x, p_{\alpha 2} \circ \phi_\alpha^P(\xi))$$

また,$\phi_\alpha^P \colon P|_{U_\alpha} \to U_\alpha \times G$ が定める切断を $p_\alpha \in \Gamma(P|_{U_\alpha})$ とするとき,$\phi_\alpha^{f^*P} \colon \pi_{f^*P}^{-1}(f^{-1}(U_\alpha)) \to f^{-1}(U_\alpha) \times G$ が定める切断は $f^*p_\alpha \in \Gamma(f^*P|_{f^{-1}(U_\alpha)})$ である. P の変換関数を $g_{\alpha\beta} \colon U_\alpha \cap U_\beta \to G$ とするとき,f^*P の変換関数は $f^*g_{\alpha\beta} \colon f^{-1}(U_\alpha) \cap f^{-1}(U_\beta) \to G$ となる.

$\theta \in \Omega^1(P;\mathfrak{g})$ を接続形式とする.このとき $\widetilde{f}^*\theta \in \Omega^1(f^*P;\mathfrak{g})$ も接続形式である.さらに $E = P \times_\rho V$ を同伴するベクトル束,∇^E を θ の誘導する E の接続とする.このとき 1.3 節で定義した E の f による引き戻し f^*E は $f^*P \times_\rho V$ である.また,2.2 節で定義した ∇^E の f による引き戻し ∇^{f^*E} は

$\tilde{f}^*\theta$ の誘導する f^*E の接続である.

次に平行移動の概念を主束の枠組みで記述する. $\pi_P\colon P \to M$ を主 G 束, $\theta \in \Omega^1(P;\mathfrak{g})$ を接続形式とする. $c\colon [0,1] \to M$ を C^∞ 級曲線とする. このとき, 任意の $\xi \in P_{c(0)}$ に対して, 次の (1) から (3) を満たす C^∞ 級曲線 $\tilde{c}\colon [0,1] \to P$ がただひとつ存在し, $c\colon [0,1] \to M$ の**水平持ち上げ**という.

(1) $\pi_P \circ \tilde{c} = c$.

(2) $\tilde{c}(0) = \xi$.

(3) $t \in [0,1]$ に対して $\dfrac{d\tilde{c}}{dt}(t) \in \mathrm{Ker}\,\theta_{\tilde{c}(t)}$.

$E = P \times_\rho V$ を P に同伴するベクトル束とする. $\gamma \in \Gamma(c^*E)$ を $\gamma(t) = \tilde{c}(t) \times_\rho v(t)$ と表わすとき, $\rho(\tilde{c}^*\theta)\left(\dfrac{d}{dt}\right) = \rho\left(\theta\left(\tilde{c}_*\dfrac{d}{dt}\right)\right) = 0$ であるから

$$(\nabla^{c^*E}_{\frac{d}{dt}}\gamma)(t) = \tilde{c}(t) \times_\rho \left\{\dfrac{d}{dt} + \rho(\tilde{c}^*\theta)\left(\dfrac{d}{dt}\right)\right\}v(t) = \tilde{c}(t) \times_\rho \dfrac{dv}{dt}(t) \quad (6.8)$$

を得る. よって $v(t) = v$ (一定) のとき, $\nabla^{c^*E}_{\frac{d}{dt}}(\tilde{c}(t) \times_\rho v) = 0$ となる. したがって, 曲線 c に沿った平行移動 $P_c\colon E_{c(0)} \to E_{c(1)}$ は $P_c(\tilde{c}(0) \times_\rho v) = \tilde{c}(1) \times_\rho v$ により与えられる.

次にホロノミー群を定式化する. $\pi_P\colon P \to M$ を主 G 束とする. $x \in M$ に対して

$$\Omega_x = \{c\colon [0,1] \to M \mid \text{区分的 } C^\infty \text{ 級曲線}, \; c(0) = c(1) = x\},$$
$$\Omega_x^0 = \{c \in \Omega_x \mid [c] = 1 \in \pi_1(M,x)\}$$

とおくとき次が成り立つ. ただし $\pi_1(M,x)$ は M の基本群, $1 \in \pi_1(M,x)$ はその単位元, $[c]$ は c の代表する $\pi_1(M,x)$ の元である.

命題 6.4.1 $\pi_P\colon P \to M$ を主 G 束, $\theta \in \Omega^1(P;\mathfrak{g})$ を接続形式とする. $x \in M$, $\xi \in (\pi_P)^{-1}(x)$ に対して $\Phi_\xi\colon \Omega_x \to G$ を $\tilde{c}(1) = \xi\Phi_\xi(c)$ により定める. ただし $\tilde{c}\colon [0,1] \to P$ は $\tilde{c}(0) = \xi$ を満たす c の水平持ち上げとする. このとき次が成り立つ.

(1) $h \in G$ に対して $\Phi_{\xi h}(c) = h^{-1}\Phi_\xi(c)h$.

(2) $c_1, c_2 \in \Omega_x$ に対して, $c_3 \in \Omega_x$ を

$$c_3(t) = \begin{cases} c_1(2t), & 0 \le t \le \dfrac{1}{2} \text{ のとき} \\ c_2\left(2\left(t - \dfrac{1}{2}\right)\right), & \dfrac{1}{2} < t \le 1 \text{ のとき} \end{cases}$$

により定めるとき，$\Phi_\xi(c_3) = \Phi_\xi(c_2)\Phi_\xi(c_1)$ が成り立つ．

(3) $\gamma\colon [0,1] \to M$ を区分的 C^∞ 級曲線とする．$\gamma(0) = y, \gamma(1) = x, \xi \in P_x$, $\eta \in P_y$ とする．$\widetilde\gamma\colon [0,1] \to P$ を $\widetilde\gamma(0) = \eta$ である γ の水平持ち上げとし，$\widetilde\gamma(1) = \xi h$ とする．このとき，$c \in \Omega_x$ に対して $c' \in \Omega_y$ を

$$c'(t) = \begin{cases} \gamma(3t), & 0 \leq t < \dfrac{1}{3} \text{のとき} \\ c\left(3\left(t - \dfrac{1}{3}\right)\right), & \dfrac{1}{3} \leq t \leq \dfrac{2}{3} \text{のとき} \\ \gamma\left(1 - 3\left(t - \dfrac{2}{3}\right)\right), & \dfrac{2}{3} < t \leq 1 \text{のとき} \end{cases}$$

により定めるとき，$\Phi_\eta(c') = h^{-1}\Phi_\xi(c)h$ が成り立つ．

証明 (1) $\widetilde c(t)h$ は ξh を始点とする c の水平持ち上げであるから，

$$\xi h \Phi_{\xi h}(c) = \widetilde c(1)h = \xi \Phi_\xi(c)h = (\xi h)(h^{-1}\Phi_\xi(c)h)$$

となり，$\Phi_{\xi h}(c) = h^{-1}\Phi_\xi(c)h$ を得る．

(2) $c_1, c_2 \in \Omega_x$ とする．$i = 1, 2$ に対して $\widetilde c_i$ を $\widetilde c_i(0) = \xi$ を満たす c_i の水平持ち上げとする．$\xi \xrightarrow{\widetilde c_1} \xi\Phi_\xi(c_1)$ により $\widetilde c_1$ の始点が ξ，終点が $\xi\Phi_\xi(c_1)$ を表わすとき

$$\xi \xrightarrow{\widetilde c_1} \xi\Phi_\xi(c_1) \xrightarrow{\widetilde c_2 \Phi_\xi(c_1)} \xi\Phi_\xi(c_2)\Phi_\xi(c_1)$$

が成り立つ．c_3 は道 c_2 と c_1 をつなげたものであるから，$\Phi_\xi(c_3) = \Phi_\xi(c_2)\Phi_\xi(c_1)$ を得る．

(3) $c \in \Omega_x$ とする．$\widetilde c$ を $\widetilde c(0) = \xi$ を満たす c の水平持ち上げとするとき

$$\eta \xrightarrow{\widetilde\gamma} \xi h \xrightarrow{\widetilde c h} \xi\Phi_\xi(c)h = \xi h(h^{-1}\Phi_\xi(c)h) \xrightarrow{\widetilde\gamma^{-1}(h^{-1}\Phi_\xi(c)h)} \eta h^{-1}\Phi_\xi(c)h$$

が成り立つ．c' は γ の逆向きの道 γ^{-1} と c と γ をつなげたものであるから，$\Phi_\eta(c') = h^{-1}\Phi_\xi(c)h$ を得る． $\square$

定義 6.4.2 $\pi_P\colon P \to M$ を主 G 束，$\theta \in \Omega^1(P;\mathfrak{g})$ を接続形式とする．$\xi \in P_x$ に対して $\mathrm{Hol}_\xi(P,\theta) = \Phi_\xi(\Omega_x) \subset G$ を**ホロノミー群** (holonomy group) という．また $\mathrm{Hol}_\xi^0(P,\theta) = \Phi_\xi(\Omega_x^0) \subset G$ を**制限ホロノミー群** (restricted holonomy group) という．

注意 6.4.3 $\mathrm{Hol}_\xi(P,\theta)$ は G の（閉とは限らない）部分 Lie 群であり，また，$\mathrm{Hol}_\xi^0(P,\theta)$ はその単位元を含む連結成分であることが知られている（[32], 2 章定理 4.2 参照）．また，命題 6.4.1 より，$\mathrm{Hol}_\xi(P,\theta)$ や $\mathrm{Hol}_\xi^0(P,\theta)$ は $\xi \in P$ によるが，ξ をとりかえると，それぞれ共役な G の部分群にかわる．

ホロノミー群が小さいほど，接続の大域的な曲がり具合が小さいことになる．以後，ホロノミー群が小さいと，構造群を小さくとり直して，主束自身を小さくすることができることを示す．

定義 6.4.4 $\pi_P\colon P \to M$ を主 G 束，$\pi_Q\colon Q \to M$ を主 H 束とする．
(1) 埋め込み $\iota_Q\colon Q \to P$ が $\pi_p \circ \iota_Q = \pi_Q$ を満たし，かつ単射準同型写像 $\iota_H\colon H \to G$ で，任意の $\eta \in Q, h \in H$ に対して $\iota_Q(\eta h) = \iota_Q(\eta)\iota_H(h)$ を満たすものが存在するとき，Q は P の**部分束** (subbundle) であるという．このとき P の構造群 G を H に**縮小**(reduction) できるという．
(2) (1) の状況の下で，接続形式 $\theta \in \Omega^1(P;\mathfrak{g})$ が，任意の $\eta \in Q$ に対して $(\mathrm{Ker}\,\theta)_{\iota_Q(\eta)} \subset (\iota_Q)_{*\eta}(T_\eta Q)$ を満たすとき，θ は Q に**還元できる** (reducible) という．

注意 6.4.5 定義 6.4.4 (2) の状況において，Q の分布 $\{H_\eta \subset T_\eta Q \mid \eta \in Q\}$ を $(\iota_Q)_{*\eta}H_\eta = (\mathrm{Ker}\,\theta)_{\iota_Q(\eta)}$ により定めると，$\{H_\eta \mid \eta \in Q\}$ は Q 上の接続となる．定理 6.3.2 より，Q の接続形式 $\theta' \in \Omega^1(Q;\mathfrak{h})$ で，任意の $\eta \in Q$ に対して $(\mathrm{Ker}\,\theta')_\eta = H_\eta$ を満たすものが存在する．

例 6.4.6 例 6.2.4 において，階数 r のベクトル束 $\pi_E\colon E \to M$ に対して枠束 $\pi_P\colon P \to M$ という主 $GL(r;\mathbb{K})$ 束を定義した．ここではさらに E のファイバー計量 h を考える．$\mathbb{K}^r$ の標準内積を $(\cdot,\cdot)_{\mathrm{std}}$ で表わすとき，

$$Q_x = \{\xi\colon (\mathbb{K}^r,(\cdot,\cdot)_{\mathrm{std}}) \to (E_x, h_x) \text{ 内積を保つ線型同型写像}\}$$

とする．$Q = \bigcup_{x \in M} Q_x, \pi_Q\colon Q \to M$ を $\pi_Q^{-1}(x) = Q_x$ を満たすように定める．$\mathbb{K} = \mathbb{C}$ のとき $G = U(r)$，$\mathbb{K} = \mathbb{R}$ のとき $G = O(r)$ とするとき，Q は (E,h) の各ファイバーにおける正規直交枠（基底）全体からなる主 G 束であり，(E,h) の**枠束** (frame bundle) という．

Q は P の部分束である．P 上の接続形式 $\theta \in \Omega^1(P;\mathrm{End}(\mathbb{K}^r))$ が誘導する E 上の接続を ∇^θ により表わす．このとき，∇^θ が h を保つことと，θ が Q

に還元できることは同値である．

2.4 節において，(E,h) に対して $\mathrm{End}_{\mathrm{skew}} E$ を定義した．(E,h) の枠束を Q，その構造群を G とするとき，$\mathrm{End}_{\mathrm{skew}} E$ は G の随伴表現により定められる Q に同伴するベクトル束である．すなわち，$\mathfrak{g}$ を G の Lie 環とするとき，$\mathrm{End}_{\mathrm{skew}} E = Q \times_{Ad} \mathfrak{g}$ である．このとき，命題 2.4.5 は以下のように理解することができる．∇^θ が h を保つとき，$\theta \in \Omega^1(Q;\mathfrak{g})$ とみなすことができるから，命題 2.4.5 (1) が従う．$\mathcal{A}(E,h)$ は Q 上の接続形式全体と同一視される．Q 上の接続形式全体は $\theta + \Omega^1_B(Q;\mathfrak{g})$ であり，命題 6.2.3 より $\Omega^1_B(Q;\mathfrak{g})$ は自然に $\Omega^1(\mathrm{End}_{\mathrm{skew}} E)$ と同型であるから，命題 2.4.5 (2) が従う．接続形式 θ の曲率を Ω^θ とするとき，命題 6.3.9 より $\Omega^\theta \in \Omega^2_B(Q;\mathfrak{g})$ が成り立つ．命題 6.2.3 より $\Omega^2_B(Q;\mathfrak{g})$ は自然に $\Omega^2(\mathrm{End}_{\mathrm{skew}} E)$ と同型であるから，命題 2.4.5 (3) が従う．

$\pi_P \colon P \to M$ を主 G 束，$\theta \in \Omega^1(P;\mathfrak{g})$ を接続形式とする．M の区分的 C^∞ 級曲線の水平持ち上げを区分的 C^∞ 級**水平曲線** (horizontal curve) という．P の 2 点 ξ, η が区分的 C^∞ 級水平曲線で結べるとき $\xi \sim \eta$ と表わすと，$\sim$ は同値関係となる．

定理 6.4.7 $\pi_P \colon P \to M$ を主 G 束, $\theta \in \Omega^1(P;\mathfrak{g})$ を接続形式とする．$\xi \in P$ を固定して，$Q = \{\eta \in P \mid \xi \sim \eta\}$，$H = \mathrm{Hol}_\xi(P,\theta) \subset G$ とする．このとき次が成り立つ．
(1) $\pi_P|_Q \colon Q \to M$ は主 H 束であり，Q は P の部分束である．
(2) θ は Q に還元できる．

証明 (1) $y \in M$ に対して $Q_y = Q \cap P_y$ とおく．$\eta \in Q_y$ を固定するとき $Q_y = \eta H$ を示せばよい．

$h \in H$ を固定する．このとき，H の定義より $\xi \sim \xi h$ である．また $\xi \sim \eta$ より $\xi h \sim \eta h$ である．よって $\xi \sim \eta h$ を得る．したがって $\eta h \in Q_y$，すなわち $\eta H \subset Q_y$ である．

一方，$\zeta \in Q_y$ とする．このとき $\zeta = \eta g\ (g \in G)$ と表わされる．$\xi \sim \zeta = \eta g$ かつ $\eta g \sim \xi g$ であるから $\xi \sim \xi g$ を得る．よって $g \in H$ となる．したがって $Q_y \subset \eta H$ である．

以上より，$Q_y = \eta H$ が示された．

(2) Q の定義より $\eta \in Q$ に対して $(\mathrm{Ker}\,\theta)_\eta \subset T_\eta Q$ は明らかである. □

定理 6.4.7 の Q を接続 $\theta \in \Omega^1(P;\mathfrak{g})$ に対する**ホロノミー部分束** (holonomy subbundle) という. 与えられた接続に対して, その接続が定義される最も小さな部分束がホロノミー部分束である. ホロノミーに関するさまざまな話題については[32]を参照していただきたい.

6.5 Riemann 多様体のホロノミー群

この節では Riemann 多様体のホロノミー群, すなわち Levi-Civita 接続のホロノミー群について調べる.

(M,g) を n 次元 Riemann 多様体とする. $\pi_Q\colon Q \to M$ を TM の正規直交枠からなる枠束とする. 一般に Q は主 $O(n)$ 束であるが, M が向き付け可能であれば, TM の向きと整合的な正規直交枠からなる部分束を考えることにより, Q は主 $SO(n)$ 束であるとしてよい. 以後, M が単連結であるとする. このとき M は向き付け可能であるから, Q は主 $SO(n)$ 束であるとしてよい. (M,g) の Levi-Civita 接続は接続形式 $\theta_g \in \Omega^1(Q;\mathfrak{so}(n))$ を定める. M は単連結であるから, $\xi \in TM$ を固定するとき, ホロノミー群 $\mathrm{Hol}_\xi(Q,\theta_g)$ と制限ホロノミー群 $\mathrm{Hol}^0_\xi(Q,\theta_g)$ は一致する. これを $\mathrm{Hol}(M,g) \subset SO(n)$ で表わして, Riemann 多様体のホロノミー群という. 厳密には, ξ のとり方の任意性から, $\mathrm{Hol}(M,g)$ は $SO(n)$ の部分群の共役類をひとつ定める. すなわち, $\mathrm{Hol}(M,g)$ は抽象的な群ではなく, $SO(n)$ の部分群の共役類である. すなわち, $SO(n)$ への埋め込み方が (共役の任意性はあるが) 指定されている. このとき次が成り立つ.

定理 6.5.1 (Berger の定理 (Berger theorem)) (M,g) を連結かつ単連結な n 次元完備 Riemann 多様体とする. (M,g) は次元の低い Riemann 多様体の直積に分解できないとする. また, (M,g) は Riemann 対称空間でないとする. このとき, $\mathrm{Hol}(M,g)$ は次の 7 種類のいずれかになる.

(1) $\mathrm{Hol}(M,g) = SO(n)$.
(2) $n = 2m$ $(m \geq 2)$ かつ $\mathrm{Hol}(M,g) = U(m)$.
(3) $n = 2m$ $(m \geq 2)$ かつ $\mathrm{Hol}(M,g) = SU(m)$.
(4) $n = 4m$ $(m \geq 2)$ かつ $\mathrm{Hol}(M,g) = Sp(m)$.

(5) $n = 4m$ $(m \geq 2)$ かつ $\mathrm{Hol}(M,g) = (Sp(m) \times Sp(1))/\{\pm 1\}$.

(6) $n = 7$ かつ $\mathrm{Hol}(M,g) = G_2$.

(7) $n = 8$ かつ $\mathrm{Hol}(M,g) = Spin(7)$.

Berger の定理における (1)–(7) のそれぞれの場合について補足をする．その前に，Riemann 対称空間を定義する．

定義 6.5.2 Riemann 多様体 (M,g) が **Riemann 対称空間** (Riemannian symmetric space) であるとは，各 $p \in M$ に対して，等長写像 $s_p \colon M \to M$ で，$s_p \circ s_p = \mathrm{id}_M$ かつ p が s_p の孤立した固定点であるものが存在することである．

Riemann 対称空間 (M,g) の等長変換群を G，p における G の固定部分群を K とするとき，$M = G/K$ であることが示される．Riemann 対称空間は Lie 群，Lie 環論を用いて分類されており，そのホロノミー群も計算されている．[29] に簡潔な説明がある．さらに詳しいことは [26] を参照していただきたい．以上より，定理 6.5.1 は，Riemann 対称空間という特殊な空間を除外した場合のホロノミー群の分類定理である．なお，定理 6.5.1 では，簡単のため (M,g) の完備性を仮定した．

(1) $\mathrm{Hol}(M,g) = SO(n)$ は一般の場合である．したがって，実質的に興味があるのは $\mathrm{Hol}(M,g) \subsetneq SO(n)$ の場合で，これが 6 種類に分類される．以下それぞれの場合に，$\mathrm{Hol}(M,g)$ の $SO(n)$ への埋め込み方を明確にするとともに，ホロノミー群を特徴付ける平行なテンソルや微分形式を記述する．

(2) $n = 2m$ $(m \geq 2)$ かつ $\mathrm{Hol}(M,g) = U(m)$ のとき

準同型写像 $\rho \colon SO(n) \to GL(\mathrm{End}(\mathbb{R}^n))$ を $X \in SO(n)$, $T \in \mathrm{End}(\mathbb{R}^n)$ に対して $\rho(X)T = XTX^{-1}$ により定める．E_m, O_m をそれぞれ m 次の単位行列，零行列とするとき，$SO(n)$ の閉部分群を次で定める．

$$G_{U(m)} = \{X \in SO(n) \mid \rho(X)I_n = I_n\} \quad \text{ただし } I_n = \begin{pmatrix} O_m & -E_m \\ E_m & O_m \end{pmatrix} \in \mathrm{End}(\mathbb{R}^n)$$

$X = \begin{pmatrix} A & C \\ B & D \end{pmatrix} \in SO(n)$ とするとき，$XI_n = I_n X$ を満たすことと，$X = \begin{pmatrix} A & -B \\ B & A \end{pmatrix}$ と表わされることは同値である．さらに，$\begin{pmatrix} A & -B \\ B & A \end{pmatrix} \mapsto A +$

$\sqrt{-1}B$ は $G_{U(m)}$ から $U(m)$ への Lie 群としての同型写像であることが容易に確かめられる．

主 $SO(n)$ 束 $\pi_Q \colon Q \to M$ を TM の向きと整合的な正規直交枠からなる枠束とする．$\theta_g \in \Omega^1(Q;\mathfrak{so}(n))$ を (M,g) の Levi-Civita 接続とする．$\mathrm{Hol}(M,g) = U(m)$ とは，ある $\xi \in TM$ が存在して $\mathrm{Hol}_\xi(Q,\theta_g) = G_{U(m)}$ となることである．

$\mathrm{Hol}_\xi(Q,\theta_g) \subset G_{U(m)}$ とする．また $x = \pi_Q(\xi)$ とする．このとき $\mathrm{End}(TM) = Q \times_\rho \mathrm{End}(\mathbb{R}^n)$, $\xi \times_\rho I_n \in \mathrm{End}(T_x M)$ である．$\Phi_\xi \colon \Omega_x \to SO(n)$ を命題 6.4.1 のように定める．また，$c \in \Omega_x$ に対して $P_c \colon \mathrm{End}(T_x M) \to \mathrm{End}(T_x M)$ を c に沿った平行移動とすると，(6.8) より次が成り立つ．

$$P_c(\xi \times_\rho I_n) = \xi \Phi_\xi(c) \times_\rho I_n = \xi \times_\rho \rho(\Phi_\xi(c)) I_n = \xi \times_\rho I_n$$

すなわち，$\xi \times_\rho I_n$ をいかなる $c \in \Omega_x$ に沿って平行移動しても不変である．したがって，$P_\gamma \colon \mathrm{End}(T_x M) \to \mathrm{End}(T_y M)$ を x を始点，y を終点とする区分的 C^∞ 級曲線 γ に沿った平行移動とするとき，$P_\gamma(\xi \times_\rho I_n) \in \mathrm{End}(T_y M)$ は終点 y のみに依存し，x と y を結ぶ経路には依存しない．したがって，$I \in \Gamma(\mathrm{End}(TM))$ で，$\nabla I = 0$, $I_x = \xi \times_\rho I_n$ を満たすものが存在する．このとき，I が概複素構造（定義 8.3.1）であること，g が I-不変（定義 8.3.5 (1)）であることが容易に確かめられる．また，基本 2 形式（定義 8.3.5 (2)）ω が $\nabla \omega = 0$ を満たすことも容易に確かめられる．ω を Kähler 形式という．

逆に，M の概複素構造 I で，g が I-不変であり，かつ $\nabla I = 0$ を満たすものが存在すれば，$\mathrm{Hol}(M,g) \subset U(m)$ であることが，以上の議論を逆にたどることにより示される．

一般に $\mathrm{Hol}(M,g) \subset U(m)$ を満たす Riemann 多様体 (M,g) を **Kähler 多様体** (Kähler manifold) という．第 9 章で Kähler 多様体の通常の定義が与えられる（定義 9.1.1）．2 つの定義が同値であることは，定理 9.1.4 から従う．

(3) $n = 2m$ $(m \geq 2)$ かつ $\mathrm{Hol}(M,g) = SU(m)$ のとき

$\mathbb{R}^n$ の標準基底 $e_1, \ldots, e_n$ は $\mathbb{R}^n$ の標準内積に関して正規直交基底であり，$I_n e_i = e_{m+i}$ $(i=1,\ldots,m)$ を満たす．

$$\Omega_0 = (e^1 + \sqrt{-1} e^{m+1}) \wedge \cdots \wedge (e^m + \sqrt{-1} e^{2m}) \in \wedge^m (\mathbb{R}^n)^* \otimes_\mathbb{R} \mathbb{C} \qquad (6.9)$$

とおく．$SO(n)$ の $\wedge^m(\mathbb{R}^n)^* \otimes_\mathbb{R} \mathbb{C}$ への作用を $\rho_c \colon SO(n) \to GL(\wedge^m(\mathbb{R}^n)^* \otimes_\mathbb{R} \mathbb{C})$ とするとき，$SO(n)$ の閉部分群を次で定める．

$$G_{SU(m)} = \{X \in G_{U(m)} \mid \rho_c(X)\Omega_0 = \Omega_0\} \subset SO(n)$$

$X = \begin{pmatrix} A & -B \\ B & A \end{pmatrix} \mapsto A + \sqrt{-1}B$ は $G_{SU(m)}$ から $SU(m)$ への Lie 群としての同型写像である．これにより，$\mathrm{Hol}(M,g) = SU(m)$ の意味が上と同様に定まる．

$\mathrm{Hol}(M,g) \subset SU(m)$ のとき，Ω_0 の定める複素微分形式 $\Omega \in \Omega^{m,0}(M)$ は $\nabla\Omega = 0$ を満たす（$\Omega^{m,0}(M)$ については 8.1 節参照）．一般に $\mathrm{Hol}(M,g) \subset SU(m)$ を満たす Riemann 多様体 (M,g) を **Calabi-Yau 多様体** (Calabi-Yau manifold) という．

(4) $n = 4m$ ($m \geq 2$) かつ $\mathrm{Hol}(M,g) = Sp(m)$ のとき

$J_n, K_n \in \mathrm{End}(\mathbb{R}^n)$ を $J_n = \begin{pmatrix} I_{2m} & O_{2m} \\ O_{2m} & -I_{2m} \end{pmatrix}$, $K_n = I_n J_n$ により定める．このとき，$\mathrm{id}_{\mathbb{R}^n}, I_n, J_n, K_n$ は四元数 $\mathbb{H}$ の基底のなす関係式

$$I_n^2 = J_n^2 = K_n^2 = -\mathrm{id}_{\mathbb{R}^n}, \quad I_n J_n = -J_n I_n = K_n$$

を満たす．準同型写像 $\rho \colon SO(n) \to GL(\mathrm{End}(\mathbb{R}^n))$ を $\rho(X)T = XTX^{-1}$ により定める．このとき $SO(n)$ の閉部分群を次で定める．

$$G_{Sp(m)} = \{X \in SO(n) \mid \rho(X)I_n = I_n,\ \rho(X)J_n = J_n,\ \rho(X)K_n = K_n\}$$

$G_{Sp(m)}$ は四元数ベクトル空間 $\mathbb{H}^m (\cong \mathbb{R}^n)$ の標準内積を保つ $\mathbb{H}$ 上の線型写像全体のなす Lie 群 $Sp(m)$ に同型になる．これにより，$\mathrm{Hol}(M,g) = Sp(m)$ の意味が上と同様に定まる．

$\mathrm{Hol}(M,g) \subset Sp(m)$ であることと，$IJ = -JI = K$ を満たす概複素構造 I, J, K で，g は I-, J-, K-不変であり，さらに $\nabla I = \nabla J = \nabla K = 0$ を満たすものが存在することは同値であることが容易に確かめられる．このとき I, J, K それぞれに応じて Kähler 形式 $\omega_I, \omega_J, \omega_K$ が定義されるが，$\nabla\omega_I = \nabla\omega_J = \nabla\omega_K = 0$ が成り立つ．一般に $\mathrm{Hol}(M,g) \subset Sp(m)$ を満たす Riemann 多様体 (M,g) を **ハイパーケーラー多様体** (hyperkähler manifold) と

いう．

(5) $n = 4m$ $(m \geq 2)$ かつ $\mathrm{Hol}(M,g) = (Sp(m) \times Sp(1))/\{\pm 1\}$ のとき

$$G_{Sp(1)} = \{a i \mathrm{id}_{\mathbb{R}^n} + b I_n + c J_n + d K_n \in SO(n) \mid a,b,c,d \in \mathbb{R},\ a^2 + b^2 + c^2 + d^2 = 1\}$$

は Lie 群として $Sp(1)$ と同型な $SO(n)$ の閉部分群である．このとき，$X \in G_{Sp(m)}, Y \in G_{Sp(1)}$ に対して $XY = YX$ が成り立つ．また，$G_{Sp(m)} \cap G_{Sp(1)} = \{\pm \mathrm{id}_{\mathbb{R}^n}\}$ が成り立つ．したがって，

$$G_{(Sp(m) \times Sp(1))/\{\pm 1\}} = \{XY \in SO(n) \mid X \in G_{Sp(m)},\ Y \in G_{Sp(1)}\}$$

は Lie 群として $(G_{Sp(m)} \times G_{Sp(1)})/\{\pm 1\}$ と同型な $SO(n)$ の閉部分群となる．これにより，$\mathrm{Hol}(M,g) = (Sp(m) \times Sp(1))/\{\pm 1\}$ の意味が上と同様に定まる．

$\mathrm{Hol}(M,g) \subset (Sp(m) \times Sp(1))/\{\pm 1\}$ のとき，概複素構造 I, J, K は局所的にしか定義されないので，基本 2 形式 $\omega_I, \omega_J, \omega_K$ も局所的にしか定義されない．けれども，4 形式 $\Omega = \omega_I \wedge \omega_I + \omega_J \wedge \omega_J + \omega_K \wedge \omega_K$ は M 全体で定義され，$\nabla \Omega = 0$ を満たす．一般に $\mathrm{Hol}(M,g) \subset (Sp(m) \times Sp(1))/\{\pm 1\}$ を満たす Riemann 多様体 (M,g) を**四元数ケーラー多様体** (quaternionic Kähler manifold) という．

(6) $n = 7$ かつ $\mathrm{Hol}(M,g) = G_2$ のとき

$e_1, \ldots, e_7$ を $\mathbb{R}^7$ の標準基底，$e^1, \ldots, e^7$ を双対基底とする．$e^i \wedge e^j \wedge e^k$ を e^{ijk} により表わすとき

$$\varphi_0 = e^{123} + e^{145} + e^{167} + e^{246} - e^{257} - e^{347} - e^{356} \in \wedge^3(\mathbb{R}^7)^* \qquad (6.10)$$

と定める．$SO(7)$ の $\wedge^3(\mathbb{R}^7)^*$ への自然な作用を $\rho \colon SO(7) \to GL(\wedge^3(\mathbb{R}^7)^*)$ で表わす．このとき $SO(7)$ の閉部分群を次で定める．

$$G_{G_2} = \{X \in SO(7) \mid \rho(X)\varphi_0 = \varphi_0\}$$

G_{G_2} は例外型 Lie 群 G_2 と同型であることが確かめられる．これにより，$\mathrm{Hol}(M,g) = G_2$ の意味が上と同様に定まる．

$\mathrm{Hol}(M,g) \subset G_2$ のとき φ_0 の定める M 上の 3 形式 φ は $\nabla \varphi = 0$ を満たす．一般に $\mathrm{Hol}(M,g) \subset G_2$ を満たす 7 次元 Riemann 多様体 (M,g) を G_2 **多様体**

(G_2-manifold) という.

(7) $n = 8$ かつ $\mathrm{Hol}(M, g) = Spin(7)$ のとき

$e_0, e_1, \ldots, e_7$ を $\mathbb{R}^8$ の標準基底, $e^0, e^1, \ldots, e^7$ を双対基底とする.

$$\Omega_0 = e^0 \wedge \varphi_0 + *(e^0 \wedge \varphi_0) \in \wedge^4(\mathbb{R}^8)^* \tag{6.11}$$

と定める. $SO(8)$ の $\wedge^4(\mathbb{R}^8)^*$ への自然な作用を $\rho \colon SO(8) \to GL(\wedge^4(\mathbb{R}^8)^*)$ で表わす. このとき $SO(8)$ の閉部分群を次で定める.

$$G_{Spin(7)} = \{X \in SO(8) \mid \rho(X)\Omega_0 = \Omega_0\}$$

$G_{Spin(7)}$ は $SO(7)$ の 2 重被覆群 $Spin(7)$ と Lie 群として同型であることが確かめられる. これにより, $\mathrm{Hol}(M, g) = Spin(7)$ の意味が上と同様に定まる.

$\mathrm{Hol}(M, g) \subset Spin(7)$ のとき Ω_0 の定める M 上の 4 形式 Ω は $\nabla\Omega = 0$ を満たす. 一般に $\mathrm{Hol}(M, g) \subset Spin(7)$ を満たす 8 次元 Riemann 多様体 (M, g) を $Spin(7)$ **多様体** ($Spin(7)$-manifold) という.

(6), (7) は八元数 (Cayley 代数ともいう) $\mathbb{O}$ と関わりがある. $\mathbb{O}$ は実 8 次元ベクトル空間, $\mathbb{O}$ の虚部は実 7 次元ベクトル空間である. このホロノミー群は $n = 7$ および $n = 8$ という特定の次元にのみ現れるので**例外ホロノミー** (exceptional holonomy) という.

Calabi-Yau 多様体, ハイパーケーラー多様体, G_2 多様体, $Spin(7)$ 多様体は **Ricci 平坦** (Ricci-flat), すなわち Ricci 曲率が 0 となることが知られている. また四元数ケーラー多様体は Einstein 多様体であることが知られている.

定義 6.5.3 (M, g) を Riemann 多様体とする.
(1) 閉 k 形式 $\varphi \in \Omega^k(M)$ が (M, g) の**キャリブレーション** (calibration) であるとは, 任意の $x \in M$ における任意の T_xM の向き付けられた k 次元部分ベクトル空間 V に対して $\varphi|_V \leq \mathrm{vol}_V$ が成り立つことをいう. ただし vol_V は g から誘導される V の体積要素である. また, $\varphi|_V \leq \mathrm{vol}_V$ とは, $\varphi|_V = \alpha \mathrm{vol}_V$ と表わしたとき $\alpha \leq 1$ を満たすことである.
(2) $\varphi \in \Omega^k(M)$ を (M, g) のキャリブレーションとする. M の向き付けられた k 次元部分多様体 N が, 任意の $x \in N$ において $\varphi|_{T_xN} = \mathrm{vol}_{T_xN}$ を満たすとき, N を φ にキャリブレートされた部分多様体 ((φ-)calibrated submanifold) という.

次の命題より，キャリブレーション φ にキャリブレートされた部分多様体は極小部分多様体であることがわかる．

命題 6.5.4 $\varphi \in \Omega^k(M)$ を Riemann 多様体 (M, g) のキャリブレーションとする．N を φ にキャリブレートされた向き付けられた k 次元部分多様体とする．N の代表するホモロジー類を $[N] \in H_k(M; \mathbb{R})$ で表わす．このとき，M の向き付けられた k 次元部分多様体 N' に対して，$[N'] = [N]$ ならば $\mathrm{Vol}(N', g|_{N'}) \geq \mathrm{Vol}(N, g|_N)$ が成り立つ．すなわち，N は同じホモロジー類を代表する部分多様体の中で，体積最少になる．

証明 $[N'] = [N]$ のとき $\int_N \varphi = \int_{N'} \varphi$ であるから，

$$\mathrm{Vol}(N, g|_N) = \int_N \mathrm{vol}_N = \int_N \varphi = \int_{N'} \varphi \leq \int_{N'} \mathrm{vol}_{N'} = \mathrm{Vol}(N', g|_{N'})$$

を得る． □

Kähler 多様体において，Kähler 形式 ω はキャリブレーションであり，複素部分多様体が ω にキャリブレートされた部分多様体である．Calabi-Yau 多様体においては，(6.9) の Ω_0 の定める複素微分形式 Ω の実部 $\Re\Omega$ や虚部 $\Im\Omega$ はキャリブレーションであり，これらにキャリブレートされた部分多様体を**特殊 Lagrange 部分多様体** (special Lagrangian submanifold) という．同様に，G_2 多様体では，(6.10) の φ_0 が定める微分形式 φ や $*\varphi$ はキャリブレーションである．また，$Spin(7)$ 多様体では (6.11) の Ω_0 の定める微分形式 Ω がキャリブレーションである．これらにキャリブレートされた部分多様体を調べることは重要な問題である．特殊ホロノミーをもつ多様体の幾何に関する詳しいことは [18], [29], [30] などを参照していただきたい．

第7章 特性類

特性類はベクトル束の大域的な曲がり方を表わす位相不変量である．特性類の導入の方法はいくつか知られているが，この章では **Chern-Weil 理論** (Chern-Weil theory) と呼ばれている接続を用いた方法を紹介する．

7.1 Weil 準同型

G を $GL(r;\mathbb{K})$ の部分 Lie 群とする．このとき G の Lie 環 $\mathfrak{g}$ は $\mathrm{End}(\mathbb{K}^r)$ の部分 Lie 環である．

定義 7.1.1 $f\colon \mathfrak{g} \to \mathbb{K}$ が次の 2 つの条件を満たすとき，k 次不変多項式 (invariant polynomial) であるという．
(1) f は $\mathfrak{g}$ の成分の k 次多項式である．
(2) 任意の $X \in \mathfrak{g}, g \in G$ に対して $f(Ad_g X) = f(X)$ を満たす．

k 次不変多項式全体を $I^k(G)$ で表わすとき $I(G) = \bigoplus_{k=0}^{\infty} I^k(G)$ は環になる．

定理 7.1.2 G を $GL(\mathbb{K}^r)$ の部分 Lie 群とする．$\pi_P\colon P \to M$ を主 G 束，$E = P \times_{\mathrm{id}} \mathbb{K}^r$ とする．$\theta \in \Omega^1(P;\mathfrak{g})$ を接続形式，これが定める E の接続を ∇ とする．$f \in I^k(G)$ を固定する．このとき次が成り立つ．
(1) 局所自明化 $\phi_\alpha\colon E|_{U_\alpha} \to U_\alpha \times \mathbb{K}^r$ に関して $R^\nabla|_{U_\alpha} = R_\alpha \in \Omega^2(U_\alpha;\mathfrak{g})$ と表わす．$f(R^\nabla)|_{U_\alpha} = f(R_\alpha) \in \Omega^{2k}(U_\alpha)$ と定めるとき，$f(R^\nabla)|_{U_\alpha}$ は局所自明化 ϕ_α によらない．したがって $f(R^\nabla) \in \Omega^{2k}(M)$ が定まる．
(2) $df(R^\nabla) = 0 \in \Omega^{2k+1}(M)$．
(3) de Rham コホモロジー類 $[f(R^\nabla)] \in H_{dR}^{2k}(M)$ は接続形式 $\theta \in \Omega^1(P;\mathfrak{g})$ によらない．したがって $I(G)$ から $H_{dR}^*(M)$ への準同型写像が $f \mapsto [f(R^\nabla)]$ に

より定まる．

注意 7.1.3　定理 7.1.2 (3) の準同型写像を **Weil 準同型写像** (Weil homomorphism) という．

証明　(1) 命題 2.1.9 (2) より，$U_\alpha \cap U_\beta$ 上で $R_\alpha = g_{\alpha\beta} R_\beta g_{\alpha\beta}^{-1} = Ad_{g_{\alpha\beta}} R_\beta$ であった．したがって $f(R_\alpha) = f(Ad_{g_{\alpha\beta}} R_\beta) = f(R_\beta)$ を得る．

(2) $f \in I^k(G)$ に対して，$\tilde{f} \colon \underbrace{\mathfrak{g} \times \cdots \times \mathfrak{g}}_{k \text{ 個}} \to \mathbb{K}$ を次で定める．

$$\tilde{f}(X_1, \ldots, X_k) = \frac{1}{k!} \frac{\partial^k}{\partial t_1 \ldots \partial t_k}\Big|_{t_1 = \cdots = t_k = 0} f(t_1 X_1 + \cdots + t_k X_k)$$

このとき，次が成り立つことが容易に確かめられる．

　(a) $\tilde{f}$ は多重線型写像である．
　(b) $f(X) = \tilde{f}(X, \ldots, X)$．
　(c) 任意の $g \in G$ に対して $\tilde{f}(Ad_g X_1, \ldots, Ad_g X_k) = \tilde{f}(X_1, \ldots, X_k)$．

(c) に $g = \mathrm{Exp}_G tY$ を代入して $t = 0$ で微分すると次を得る．

$$\sum_{l=1}^{k} \tilde{f}(X_1, \ldots, [Y, X_l], \ldots, X_k) = 0 \tag{7.1}$$

ところで，局所自明化 ϕ_α に関して $\nabla|_{U_\alpha} = d + A_\alpha$ と表わされるとき，Bianchi の恒等式は $dR_\alpha + [A_\alpha \wedge R_\alpha] = 0$ であった．これに注意すると

$$df(R^\nabla)|_{U_\alpha} = d\tilde{f}(R_\alpha, \ldots, R_\alpha)$$
$$= k\tilde{f}(dR_\alpha, R_\alpha, \ldots, R_\alpha) = -k\tilde{f}([A_\alpha \wedge R_\alpha], R_\alpha, \ldots, R_\alpha) = 0$$

を得る．ただし 4 つめの等号は (7.1) を用いた．

(3) $\tilde{\theta}^0, \tilde{\theta}^1 \in \Omega^1(P; \mathfrak{g})$ を接続形式，これらの定める E の接続を ∇^0, ∇^1 とする．$\tilde{\theta} = \tilde{\theta}^1 - \tilde{\theta}^0$ とすると $\tilde{\theta} \in \Omega^1_B(P; \mathfrak{g})$ となる．命題 6.2.3(1) より $\theta \in \Omega^1(\mathrm{End}E)$ で $\tilde{\theta} = \pi_P^* \theta$ かつ $\nabla^1 - \nabla^0 = \theta$ を満たすものが存在する．$t \in [0, 1]$ に対して $\nabla^t = \nabla^0 + t\theta$ とおく．局所自明化 ϕ_α に関して $\theta|_{U_\alpha} = \theta_\alpha \in \Omega^1(U_\alpha; \mathrm{End}(\mathbb{K}^r))$，$\nabla^t|_{U_\alpha} = d + A_\alpha^t$ とするとき，$A_\alpha^t = A_\alpha^0 + t\theta_\alpha$ となる．

$$\frac{d}{dt}\Big|_{t=t_0} R_\alpha^t = \frac{d}{ds}\Big|_{s=0} \{d(A^{t_0} + s\theta_\alpha) + (A^{t_0} + s\theta_\alpha) \wedge (A^{t_0} + s\theta_\alpha)\}$$
$$= d\theta_\alpha + A_\alpha^{t_0} \wedge \theta_\alpha + \theta_\alpha \wedge A_\alpha^{t_0} = d\theta_\alpha + [A_\alpha^{t_0} \wedge \theta_\alpha]$$

であるから，次を得る．

$$\begin{aligned}
\frac{d}{dt}f(R^{\nabla^t})\Big|_{U_\alpha} &= k\tilde{f}\Big(\frac{d}{dt}R_\alpha^t, R_\alpha^t, \ldots, R_\alpha^t\Big) \\
&= k\tilde{f}(d\theta_\alpha + [A_\alpha^t \wedge \theta_\alpha], R_\alpha^t, \ldots, R_\alpha^t) \\
&= k\tilde{f}(d\theta_\alpha, R_\alpha^t, \ldots, R_\alpha^t) + k\tilde{f}([A_\alpha^t \wedge \theta_\alpha], R_\alpha^t, \ldots, R_\alpha^t) \quad (7.2)
\end{aligned}$$

また Bianchi の恒等式より次が成り立つ．

$$\begin{aligned}
&\tilde{f}(d\theta_\alpha, R_\alpha^t, \ldots, R_\alpha^t) \\
&= d\tilde{f}(\theta_\alpha, R_\alpha^t, \ldots, R_\alpha^t) + (k-1)\tilde{f}(\theta_\alpha, dR_\alpha^t, R_\alpha^t, \ldots, R_\alpha^t) \\
&= d\tilde{f}(\theta_\alpha, R_\alpha^t, \ldots, R_\alpha^t) - (k-1)\tilde{f}(\theta_\alpha, [A_\alpha^t \wedge R_\alpha^t], R_\alpha^t, \ldots, R_\alpha^t) \quad (7.3)
\end{aligned}$$

(7.2), (7.3) および (7.1) より，次を得る．

$$\begin{aligned}
\frac{1}{k}\frac{d}{dt}f(R^{\nabla^t})\Big|_{U_\alpha} &= d\tilde{f}(\theta_\alpha, R_\alpha^t, \ldots, R_\alpha^t) - (k-1)\tilde{f}(\theta_\alpha, [A_\alpha^t \wedge R_\alpha^t], R_\alpha^t, \ldots, R_\alpha^t) \\
&\quad + \tilde{f}([A_\alpha^t \wedge \theta_\alpha], R_\alpha^t, \ldots, R_\alpha^t) \\
&= d\tilde{f}(\theta_\alpha, R_\alpha^t, \ldots, R_\alpha^t) \\
&= d\tilde{f}(\theta, R^{\nabla^t}, \ldots, R^{\nabla^t})|_{U_\alpha}
\end{aligned}$$

したがって

$$\begin{aligned}
f(R^{\nabla^1}) - f(R^{\nabla^0}) &= \int_0^1 \frac{d}{dt}f(R^{\nabla^t})dt \\
&= k\int_0^1 d\tilde{f}(\theta, R^{\nabla^t}, \ldots, R^{\nabla^t})dt = d\Big\{k\int_0^1 \tilde{f}(\theta, R^{\nabla^t}, \ldots, R^{\nabla^t})dt\Big\}
\end{aligned}$$

を得る． □

7.2 複素ベクトル束の特性類

この節では Chern 類と呼ばれる複素ベクトル束の特性類を定義し，その基本的な性質を調べる．

命題 7.2.1 $c_k \in I^k(GL(r;\mathbb{C}))$ を，$X \in \mathrm{End}(\mathbb{C}^r)$ に対して次で定める．

$$1 + c_1(X) + \cdots + c_r(X) = \det\Big(E_r + \frac{\sqrt{-1}}{2\pi}X\Big)$$

このとき $I(GL(r;\mathbb{C}))$, $I(U(r))$ は $c_1,\ldots,c_r$ により環として生成される．すなわち，$I(GL(r;\mathbb{C})) = I(U(r)) = \mathbb{C}[c_1,\ldots,c_r]$ が成り立つ．

証明 自然な環準同型写像 $\rho\colon \mathbb{C}[c_1,\ldots,c_r] \to I(GL(r;\mathbb{C}))$ が同型写像となることを示す．

まず，ρ が全射であることを示す．任意の $f \in I(GL(r;\mathbb{C}))$ を固定する．

$$\mathrm{End}(\mathbb{C}^r)^{ss} = \{X \in \mathrm{End}(\mathbb{C}^r) \mid X \text{ は } GL(r;\mathbb{C}) \text{ の元で対角化可能}\}$$

とする．$X \in \mathrm{End}(\mathbb{C}^r)^{ss}$ を固定するとき，ある $g \in GL(r;\mathbb{C})$ で

$$gXg^{-1} = \begin{pmatrix} \lambda_1 & & O \\ & \ddots & \\ O & & \lambda_r \end{pmatrix}$$

となるものがとれる．このとき $f(X) = f(gXg^{-1}) = \phi(\lambda_1,\ldots,\lambda_r)$ となる．ここで $\phi(\lambda_1,\ldots,\lambda_r)$ は $\lambda_1,\ldots,\lambda_r$ の多項式である．さらに，任意の置換 $\sigma \in S_r$ に対して，$g_\sigma \in GL(r;\mathbb{C})$ で

$$\begin{pmatrix} \lambda_{\sigma(1)} & & O \\ & \ddots & \\ O & & \lambda_{\sigma(r)} \end{pmatrix} = g_\sigma \begin{pmatrix} \lambda_1 & & O \\ & \ddots & \\ O & & \lambda_r \end{pmatrix} g_\sigma^{-1}$$

を満たすものが存在する．よって $\phi(\lambda_{\sigma(1)},\ldots,\lambda_{\sigma(r)}) = \phi(\lambda_1,\ldots,\lambda_r)$ が成り立つ．すなわち $\phi(\lambda_1,\ldots,\lambda_r)$ は $\lambda_1,\ldots,\lambda_r$ の対称式である．

一方 $c_k(\begin{pmatrix} \lambda_1 & & O \\ & \ddots & \\ O & & \lambda_r \end{pmatrix})$ は $\lambda_1,\ldots,\lambda_r$ の k 次基本対称式の $\Big(\dfrac{\sqrt{-1}}{2\pi}\Big)^k$ 倍である．したがって多項式 $\psi \in \mathbb{C}[t_1,\ldots,t_r]$ で，任意の $X \in \mathrm{End}(\mathbb{C}^r)^{ss}$ に対して $f(X) = \psi(c_1(X),\ldots,c_r(X))$ を満たすものが存在する．$\mathrm{End}(\mathbb{C}^r)^{ss}$ は $\mathrm{End}(\mathbb{C}^r)$ の稠密な部分集合であるから，任意の $X \in \mathrm{End}(\mathbb{C}^r)$ に対して $f(X) = \psi(c_1(X),\ldots,c_r(X))$ を満たす．したがって $\rho(\psi) = f$ となり，

$\rho\colon \mathbb{C}[c_1,\ldots,c_r] \to I(GL(r;\mathbb{C}))$ が全射であることがわかる.

$c_1,\ldots,c_r$ は基本対称式の定数倍であるから代数的に独立である. したがって ρ は単射であることがわかり, ρ が同型写像であることがわかった.

上と同様の議論で, 自然な環準同型写像 $\rho'\colon \mathbb{C}[c_1,\ldots,c_r] \to I(U(r))$ が同型写像となることもわかる. □

定義 7.2.2 $\pi\colon E \to M$ を階数 r の複素ベクトル束, ∇ を E の接続とする. このとき $c(R^\nabla) \in \Omega^*(M) \otimes_\mathbb{R} \mathbb{C}$, $c_k(R^\nabla) \in \Omega^{2k}(M) \otimes_\mathbb{R} \mathbb{C}$ $(k=1,\ldots,r)$ を次で定める.

$$c(R^\nabla) = 1 + c_1(R^\nabla) + \cdots + c_r(R^\nabla) = \det\left(\mathrm{id}_E + \frac{\sqrt{-1}}{2\pi} R^\nabla\right)$$

また, $c_0(E) = 1 \in \Omega^0(M)$, $k > r$ のとき $c_k(R^\nabla) = 0 \in \Omega^{2k}(M)$ と定める. $c_k(R^\nabla)$ を**第 k Chern 形式** (k-th Chern form) という.

$$c(E) = [c(R^\nabla)] \in H^*_{dR}(M;\mathbb{C}), \quad c_k(E) = [c_k(R^\nabla)] \in H^{2k}_{dR}(M;\mathbb{C})$$

をそれぞれ**全 Chern 類** (total Chern class), **第 k Chern 類** (k-th Chern class) という.

注意 7.2.3 E に Hermite 計量 h を固定して, ∇ が h を保つとき, $c(R^\nabla)$ は実微分形式となる. したがって $c(E) \in H^*_{dR}(M;\mathbb{R})$, $c_k(E) \in H^{2k}_{dR}(M;\mathbb{R})$ である.

命題 7.2.4 E, E_1, E_2 を M 上の複素ベクトル束とする. $f\colon N \to M$ を C^∞ 級写像とする. このとき次が成り立つ.

(1) $c(E_1 \oplus E_2) = c(E_1) c(E_2)$.

(2) $c_k(E^*) = (-1)^k c_k(E)$.

(3) $c(f^*E) = f^* c(E)$.

(4) $\mathbb{C}P^1$ 上の自然直線束 L (例 8.1.2, 8.2.9 参照) に対して $\langle c_1(L), [\mathbb{C}P^1] \rangle = -1$ が成り立つ. ただし $\langle \cdot, \cdot \rangle \colon H^2(\mathbb{C}P^1;\mathbb{R}) \times H_2(\mathbb{C}P^1;\mathbb{R}) \to \mathbb{R}$ は自然なペアリングとする.

証明 (1) ∇^{E_i} $(i=1,2)$ を E_i の接続とするとき, 次を得る.

$$c(E_1 \oplus E_2) = \left[\det\left(\begin{pmatrix} \mathrm{id}_{E_1} & 0 \\ 0 & \mathrm{id}_{E_2} \end{pmatrix} + \frac{\sqrt{-1}}{2\pi}\begin{pmatrix} R^{\nabla^{E_1}} & 0 \\ 0 & R^{\nabla^{E_2}} \end{pmatrix}\right)\right]$$
$$= \left[\det\left(\mathrm{id}_{E_1} + \frac{\sqrt{-1}}{2\pi}R^{\nabla^{E_1}}\right) \wedge \det\left(\mathrm{id}_{E_2} + \frac{\sqrt{-1}}{2\pi}R^{\nabla^{E_2}}\right)\right]$$
$$= c(E_1)c(E_2)$$

(2) E の接続 ∇^E が定める E^* の接続を ∇^{E^*} とするとき次を得る.

$$c(E^*) = \left[\det\left(\mathrm{id}_{E^*} + \frac{\sqrt{-1}}{2\pi}R^{\nabla^{E^*}}\right)\right]$$
$$= \left[\det\left(\mathrm{id}_{E^*} - \frac{\sqrt{-1}}{2\pi}{}^t R^{\nabla^E}\right)\right] = \sum_k (-1)^k c_k(E)$$

(3) 注意 2.2.13 より $R^{\nabla^{f^*E}} = f^* R^{\nabla^E} \in \Omega^2(\mathrm{End}(f^*E))$ であるから

$$c(f^*E) = \left[\det\left(\mathrm{id}_{f^*E} + \frac{\sqrt{-1}}{2\pi}R^{\nabla^{f^*E}}\right)\right]$$
$$= \left[\det\left(f^*\mathrm{id}_E + \frac{\sqrt{-1}}{2\pi}f^*R^{\nabla^E}\right)\right] = \left[f^*\det\left(\mathrm{id}_E + \frac{\sqrt{-1}}{2\pi}R^{\nabla^E}\right)\right] = f^*c(E)$$

を得る.

(4) 例 8.2.9 において証明する. □

注意 7.2.5 命題 7.2.4 の (1),(3) および (4) の性質は Chern 類の特徴付けを与えることが知られている. 詳しいことは[38]を参照していただきたい.

7.3 実ベクトル束の特性類

この節では Pontrjagin 類, Euler 類と呼ばれる実ベクトル束の特性類を定義し, その基本的な性質を調べる.

補題 7.3.1 $X \in \mathfrak{o}(r) = \{X \in \mathrm{End}(\mathbb{R}^r) \mid X + {}^t X = 0\}$ に対して

$$\det\left(\mathrm{id}_{\mathbb{R}^r} + \frac{\lambda}{2\pi}X\right) = 1 + \lambda q_1(X) + \cdots + \lambda^r q_r(X)$$

とするとき, $q_{2k+1} = 0$ となる.

証明 一般に $Y \in \mathrm{End}(\mathbb{R}^r)$ に対して $\det Y = \det {}^t Y$ であるから

$$1 + \lambda q_1(X) + \cdots + \lambda^r q_r(X) = \det\left(\mathrm{id}_{\mathbb{R}^r} + \frac{\lambda}{2\pi}X\right)$$
$$= \det {}^t\left(\mathrm{id}_{\mathbb{R}^r} + \frac{\lambda}{2\pi}X\right) = \det\left(\mathrm{id}_{\mathbb{R}^r} + \frac{\lambda}{2\pi}{}^tX\right)$$
$$= \det\left(\mathrm{id}_{\mathbb{R}^r} + \frac{-\lambda}{2\pi}X\right) = 1 + (-\lambda)q_1(X) + \cdots + (-\lambda)^r q_r(X)$$

となり，これより主張が従う． □

したがって，以後 $p_k = q_{2k}$ とおく．このとき次が成り立つ．

命題 7.3.2 $p_k \in I^{2k}(O(r))$ を，$X \in \mathfrak{o}(r)$ に対して次で定める．

$$p(X) = 1 + p_1(X) + \cdots + p_{[\frac{r}{2}]}(X) = \det\left(E_r + \frac{1}{2\pi}X\right)$$

このとき，$I(O(r)) = \mathbb{R}[p_1, \ldots, p_{[\frac{r}{2}]}]$ が成り立つ．ただし $\left[\frac{r}{2}\right]$ は $\frac{r}{2}$ を超えない最大の整数とする．

証明 自然な環準同型写像 $\rho \colon \mathbb{R}[p_1, \ldots, p_{[\frac{r}{2}]}] \to I(O(r))$ が同型写像となることを示す．

まず，ρ が全射であることを示す．任意の $f \in I(O(r))$ を固定する．$X \in \mathfrak{o}(r)$ に対して，ある $g \in O(r)$ で gXg^{-1} が r が偶数，奇数の場合にそれぞれ

$$\begin{pmatrix} 0 & -\lambda_1 & & & \\ \lambda_1 & 0 & & O & \\ & & \ddots & & \\ & O & & 0 & -\lambda_{\frac{r}{2}} \\ & & & \lambda_{\frac{r}{2}} & 0 \end{pmatrix}, \quad \begin{pmatrix} 0 & -\lambda_1 & & & & \\ \lambda_1 & 0 & & & O & \\ & & \ddots & & & \\ & & & 0 & -\lambda_{\frac{r-1}{2}} & \\ & O & & \lambda_{\frac{r-1}{2}} & 0 & \\ & & & & & 0 \end{pmatrix}$$

となるものがとれる．このとき $f(X) = f(gXg^{-1}) = \phi(\lambda_1, \ldots, \lambda_{[\frac{r}{2}]})$ となる．ここで $\phi(\lambda_1, \ldots, \lambda_{[\frac{r}{2}]})$ は $\lambda_1, \ldots, \lambda_{[\frac{r}{2}]}$ の多項式である．さらに，$O(r)$ の元で共役をとることにより $\lambda_1, \ldots, \lambda_r$ の置換および λ_j と $-\lambda_j$ の入れ替えができるから，$\phi(\lambda_1, \ldots, \lambda_{[\frac{r}{2}]})$ は $\lambda_1^2, \ldots, \lambda_{[\frac{r}{2}]}^2$ の対称式である．

一方，$p(X) = \prod_{j=1}^{[\frac{r}{2}]}\left(1 + \frac{\lambda_j^2}{4\pi^2}\right)$ であるから p_k は $\lambda_1^2, \ldots, \lambda_{[\frac{r}{2}]}^2$ の k 次基本対称式の $\left(\frac{1}{4\pi^2}\right)^k$ 倍である．したがって多項式 $\psi \in \mathbb{R}[t_1, \ldots, t_{[\frac{r}{2}]}]$ で，任意の

$X \in \mathfrak{o}(r)$ に対して $f(X) = \psi(p_1(X), \ldots, p_{[\frac{r}{2}]}(X))$ を満たすものが存在する．したがって $\rho(\psi) = f$ となり，$\rho \colon \mathbb{R}[p_1, \ldots, p_{[\frac{r}{2}]}] \to I(O(r))$ が全射であることがわかる．

$p_1, \ldots, p_{[\frac{r}{2}]}$ は基本対称式の定数倍であるから代数的に独立である．したがって ρ は単射となり，ρ が同型写像であることが示された． □

定義 7.3.3 $\pi \colon E \to M$ を階数 r の実ベクトル束，h を E のファイバー計量，接続 ∇ は h を保つとする．このとき $p(R^\nabla) \in \Omega^*(M), p_k(R^\nabla) \in \Omega^{4k}(M)$ ($k = 1, \ldots, \left[\frac{r}{2}\right]$) を次で定める．

$$p(R^\nabla) = 1 + p_1(R^\nabla) + \cdots + p_{[\frac{r}{2}]}(R^\nabla) = \det\left(\mathrm{id}_E + \frac{1}{2\pi} R^\nabla\right)$$

また，$p_0(E) = 1 \in \Omega^0(M), k > \left[\frac{r}{2}\right]$ のとき $p_k(R^\nabla) = 0 \in \Omega^{4k}(M)$ と定める．$p_k(R^\nabla)$ を**第 k Pontrjagin 形式** (k-th Pontrjagin form) という．

$$p(E) = [p(R^\nabla)] \in H^*_{dR}(M; \mathbb{R}), \quad p_k(E) = [p_k(R^\nabla)] \in H^{4k}_{dR}(M; \mathbb{R})$$

をそれぞれ**全 Pontrjagin 類** (total Pontrjagin class)，**第 k Pontrjagin 類** (k-th Pontrjagin class) という．

注意 7.3.4 $p_k(E) \in H^{4k}_{dR}(M; \mathbb{R})$ は接続 ∇ にもファイバー計量 h にもよらない．実際，$p_k \in I(GL(r; \mathbb{R}))$ であるから，この場合に定理 7.1.2 を適用すれば，$[p_k(R^\nabla)]$ は（必ずしもファイバー計量を保つとは限らない）接続 ∇ によらない．

注意 7.3.5 定義より $p_k(E) = (-1)^k c_{2k}(E \otimes_\mathbb{R} \mathbb{C})$ が成り立つ．

命題 7.2.4 と同様に Pontrjagin 類についても次が成り立つ．証明も同様にできるので省略する．

命題 7.3.6 E, E_1, E_2 を M 上の実ベクトル束とする．$f \colon N \to M$ を C^∞ 級写像とする．このとき次が成り立つ．
(1) $p(E_1 \oplus E_2) = p(E_1) p(E_2)$.
(2) $p(f^* E) = f^* p(E)$.

次に $SO(n)$ に対する不変多項式 $I(SO(n))$ を決定する．

命題 7.3.7　$e_s \in I^s(SO(2s))$ を，$X \in \mathfrak{o}(2s)$ に対して次で定める．

$$e_s(X) = \frac{1}{2^s s!}\left(\frac{1}{2\pi}\right)^s \sum_{\sigma \in S_{2s}} (\text{sgn }\sigma) X_{\sigma(1)\sigma(2)} \ldots X_{\sigma(2s-1)\sigma(2s)}$$

このとき次が成り立つ．
(1) $I(SO(2s+1)) = \mathbb{R}[p_1, \ldots, p_s]$.
(2) $I(SO(2s)) = \mathbb{R}[p_1, \ldots, p_s] \oplus e_s \mathbb{R}[p_1, \ldots, p_s]$.

まず次の補題を示す．

補題 7.3.8　(1) $A \in O(2s), X \in \mathfrak{o}(2s)$ に対して次が成り立つ．

$$e_s(AXA^{-1}) = (\det A)e_s(X)$$

したがって $e_s \in I^s(SO(2s)) \setminus I^s(O(2s))$ である．
(2) $e_s^2 = p_s$ が成り立つ．

証明　(1) $Y = AXA^{-1}$ とする．Y の (i,j) 成分を Y_{ij} と表わす．$A^{-1} = {}^t\!A$ に注意すると

$$Y_{ij} = \sum_{k,l} A_{ik} X_{kl}(A^{-1})_{lj} = \sum_{k,l} X_{kl} A_{ik} A_{jl}$$

となる．$A = (\boldsymbol{a}_1 \ldots \boldsymbol{a}_{2s})$, $C_s = \dfrac{1}{2^s s!}\left(\dfrac{1}{2\pi}\right)^s$ とするとき次を得る．

$e_s(AXA^{-1})$

$= C_s \displaystyle\sum_{\sigma \in S_{2s}} (\text{sgn }\sigma) Y_{\sigma(1)\sigma(2)} \ldots Y_{\sigma(2s-1)\sigma(2s)}$

$= C_s \displaystyle\sum_{k_1,\ldots,k_{2s}} X_{k_1 k_2} \ldots X_{k_{2s-1} k_{2s}} \sum_{\sigma \in S_{2s}} (\text{sgn }\sigma) A_{\sigma(1)k_1} A_{\sigma(2)k_2} \ldots A_{\sigma(2s-1)k_{2s-1}} A_{\sigma(2s)k_{2s}}$

$= C_s \displaystyle\sum_{k_1,\ldots,k_{2s}} X_{k_1 k_2} \ldots X_{k_{2s-1} k_{2s}} \det(\boldsymbol{a}_{k_1} \ldots \boldsymbol{a}_{k_{2s}})$

$= C_s \displaystyle\sum_{\tau \in S_{2s}} X_{\tau(1)\tau(2)} \ldots X_{\tau(2s-1)\tau(2s)} \det(\boldsymbol{a}_{\tau(1)} \ldots \boldsymbol{a}_{\tau(2s)})$

$= (\det A)e_s(X)$

(2) $X_1 \in \mathfrak{o}(2s)$ を次で定める．

$$X_1 = \begin{pmatrix} 0 & -\lambda_1 & & & & \\ \lambda_1 & 0 & & & O & \\ & & \ddots & & & \\ & O & & 0 & -\lambda_s \\ & & & & \lambda_s & 0 \end{pmatrix} \in \mathfrak{o}(2s) \qquad (7.4)$$

このとき $e_s(X_1) = \prod_{j=1}^{s}\left(-\dfrac{\lambda_j}{2\pi}\right)$ であるから $e_s^2 = p_s$ を得る． □

命題 7.3.7 の証明 (1) 命題 7.3.2 より $I(SO(2s+1)) = I(O(2s+1))$ を示せばよい．$I(SO(2s+1)) \supset I(O(2s+1))$ は明らかだから $I(SO(2s+1)) \subset I(O(2s+1))$ を示せばよい．任意の $f \in I(SO(2s+1))$ を固定する．$A \in O(2s+1) \setminus SO(2s+1)$ とする．このとき $-A \in SO(2s+1)$ だから，任意の $X \in \mathfrak{o}(2s+1)$ に対して

$$f(AXA^{-1}) = f((-A)X(-A)^{-1}) = f(X)$$

となる．したがって $f \in I(O(2s+1))$ を得る．よって $I(SO(2s+1)) \subset I(O(2s+1))$ が示された．

(2) 任意の $f \in I(SO(2s))$ と $A_0 \in O(2s) \setminus SO(2s)$ を固定する．$f_o, f_e \in I(SO(2s+1))$ を，任意の $X \in \mathfrak{o}(2s+1)$ に対して次で定める．

$$f_o(X) = \frac{1}{2}(f(X) - f(A_0 X A_0^{-1})), \quad f_e(X) = \frac{1}{2}(f(X) + f(A_0 X A_0^{-1}))$$

このとき，f_o, f_e は $A_0 \in O(2s) \setminus SO(2s)$ のとり方によらない．実際，$A_1 \in O(2s) \setminus SO(2s)$ とするとき，$A_0 A_1^{-1} \in SO(2s)$ であるから次が成り立つ．

$$f(A_0 X A_0^{-1}) = f((A_0 A_1^{-1})(A_1 X A_1^{-1})(A_0 A_1^{-1})^{-1}) = f(A_1 X A_1^{-1}) \qquad (7.5)$$

$f_e \in I(O(2s+1))$ であることは (7.5) より従う．

次に $f_o \in e_s I(O(2s))$ を示す．(7.5) より $A \in O(2s) \setminus SO(2s)$ に対して $f_o(AXA^{-1}) = -f_o(X)$ を得る．(7.4) で定められた $X_1 \in \mathfrak{o}(2s)$ に対して，ある $O(2s) \setminus SO(2s)$ の元で共役をとることにより λ_k と $-\lambda_k$ を入れ替えることができる．したがって，$f_o(X_1) = \phi(\lambda_1, \ldots, \lambda_s)$ と表わすとき，

$$\phi(\lambda_1, \ldots, \lambda_k, \ldots, \lambda_s) = -\phi(\lambda_1, \ldots, -\lambda_k, \ldots, \lambda_s)$$

を得る．よって $\phi(\lambda_1, \ldots, \lambda_s)$ は積 $\lambda_1 \ldots \lambda_s$ で割り切れる．したがって $f_o \in e_s I(O(2s))$ を得る．

以上により $f = f_e + f_o \in I(O(2s)) + e_s I(O(2s))$ が示された．和 $I(O(2s)) + e_s I(O(2s))$ が直和であることは，補題 7.3.8 より従う． □

階数 r の実ベクトル束 $\pi\colon E \to M$ の枠束 P は主 $GL(r;\mathbb{R})$ 束であった．$GL_+(r;\mathbb{R}) = \{g \in GL(r;\mathbb{R}) \mid \det g > 0\}$ とする．E の枠束 P の構造群 $GL(r;\mathbb{R})$ を $GL_+(r;\mathbb{R})$ に縮小できるとき，E は**向き付け可能**であるという．

E がファイバー計量 h をもつとき，(E, h) の枠束 P の構造群 $GL(r;\mathbb{R})$ は $O(r)$ に縮小される．さらに E が向き付け可能なとき，構造群は $SO(r)$ に縮小される．

定義 7.3.9 $\pi\colon E \to M$ を向き付けられた階数 $2s$ の実ベクトル束，h を E のファイバー計量，接続 ∇ は h を保つとする．このとき $e_s(R^\nabla) \in \Omega^{2s}(M)$ を **Euler 形式** (Euler form)，$e(E) = [e_s(R^\nabla)] \in H_{dR}^{2s}(M;\mathbb{R})$ を **Euler 類** (Euler class) という．

注意 7.3.10 定理 7.1.2 より $e(E) \in H_{dR}^{2s}(M;\mathbb{R})$ は接続 ∇ によらない．また，ファイバー計量 h にもよらないことも確かめられる．

命題 7.2.4 と同様に Euler 類についても次が成り立つ．

命題 7.3.11 E, E_1, E_2 を M 上の向き付けられた実ベクトル束とする．$f\colon N \to M$ を C^∞ 級写像とする．このとき次が成り立つ．
(1) $-E$ を E の逆の向きをもつベクトル束とするとき，$e(-E) = -e(E)$.
(2) $e(E_1 \oplus E_2) = e(E_1) e(E_2)$.
(3) $e(f^* E) = f^* e(E)$.
(4) F を M 上の階数 r の複素ベクトル束とする．F を階数 $2r$ の実ベクトル束とみなしたものを $F_\mathbb{R}$ とする．$F_\mathbb{R}$ に自然な向きを入れたとき，$c_r(F) = e(F_\mathbb{R}) \in H_{dR}^{2r}(M)$.

証明 (1),(2) および (3) は命題 7.2.4 と同様に証明される.

(4) $X = \begin{pmatrix} \sqrt{-1}\lambda_1 & & O \\ & \ddots & \\ O & & \sqrt{-1}\lambda_r \end{pmatrix} \in \mathfrak{u}(r)$ とする. $\mathbb{C}^r$ の標準基底を $\varepsilon_1, \ldots, \varepsilon_r$ とする. $\mathbb{C}^r$ を実ベクトル空間とみなすときの基底は $\varepsilon_1, \sqrt{-1}\varepsilon_1, \ldots, \varepsilon_r, \sqrt{-1}\varepsilon_r$ である. この基底に関する X の行列表示は (7.4) の $X_1 \in \mathfrak{o}(2r)$ で与えられる. このとき

$$c_r(X) = \prod_{k=1}^{r}\Big(\frac{\sqrt{-1}}{2\pi}\sqrt{-1}\lambda_k\Big) = \prod_{k=1}^{r}\Big(-\frac{\lambda_k}{2\pi}\Big) = e_r(X_1)$$

より,主張が従う. □

以上が Chern-Weil 理論と呼ばれるベクトル束の特性類の微分幾何的な構成法である.一方,多様体のベクトル束は分類空間と呼ばれるある位相空間上のベクトル束の引き戻しとして(ある意味で一意的に)実現されることが知られている.これにより,分類空間のコホモロジーの元の引き戻しとして特性類が構成される.詳しいことは[19],[38] などを参照していただきたい.

第8章 複素多様体

複素多様体は正則関数が定義される微分可能多様体である．複素多様体は微分幾何学，多変数関数論，代数幾何学における基本的な研究対象であり，近年では数理物理学との関わりも深い．この章では，複素多様体を微分幾何的な方法により調べる．

8.1 複素多様体と複素微分形式

この節では複素多様体とその上の複素微分形式を導入する．そのために $\mathbb{C}^m$ の開集合上の複素微分形式や正則関数などの概念を導入することから始める．

V を $\mathbb{C}^m$ の開集合，$(z^1, \ldots, z^m)$ を V の標準的な座標とする．また，$z^i = x^i + \sqrt{-1} y^i$，$x^i, y^i \in \mathbb{R}$ $(i = 1, \ldots, m)$ とする．任意の $p \in V$ に対して

$$\left(\frac{\partial}{\partial z^i}\right)_p = \frac{1}{2}\left\{\left(\frac{\partial}{\partial x^i}\right)_p - \sqrt{-1}\left(\frac{\partial}{\partial y^i}\right)_p\right\}, \left(\frac{\partial}{\partial \bar{z}^i}\right)_p = \frac{1}{2}\left\{\left(\frac{\partial}{\partial x^i}\right)_p + \sqrt{-1}\left(\frac{\partial}{\partial y^i}\right)_p\right\},$$
$$(dz^i)_p = (dx^i)_p + \sqrt{-1}(dy^i)_p, \qquad (d\bar{z}^i)_p = (dx^i)_p - \sqrt{-1}(dy^i)_p$$

とおく．$\mathbb{C}^m$ を $2m$ 次元微分可能多様体とみなし，接空間 $T_p\mathbb{C}^m$ の複素化を $(T_p\mathbb{C}^m) \otimes_{\mathbb{R}} \mathbb{C}$ により表わす．このとき，$\left(\frac{\partial}{\partial z^i}\right)_p, \left(\frac{\partial}{\partial \bar{z}^i}\right)_p \in (T_p\mathbb{C}^m) \otimes_{\mathbb{R}} \mathbb{C}$ である．同様に $(dz^i)_p, (d\bar{z}^i)_p \in (T_p^*\mathbb{C}^m) \otimes_{\mathbb{R}} \mathbb{C}$ である．$\left(\frac{\partial}{\partial z^1}\right)_p, \ldots, \left(\frac{\partial}{\partial z^m}\right)_p, \left(\frac{\partial}{\partial \bar{z}^1}\right)_p, \ldots, \left(\frac{\partial}{\partial \bar{z}^m}\right)_p$ は $(T_p\mathbb{C}^m) \otimes_{\mathbb{R}} \mathbb{C}$ の基底，$(dz^1)_p, \ldots, (dz^m)_p, (d\bar{z}^1)_p, \ldots, (d\bar{z}^m)_p$ は双対基底となる．C^∞ 級関数 $f: V \to \mathbb{C}$ を $f = g + \sqrt{-1} h$，$g, h: V \to \mathbb{R}$ と表わすとき，$(df)_p = (dg)_p + \sqrt{-1}(dh)_p \in (T_p^*\mathbb{C}^m) \otimes_{\mathbb{R}} \mathbb{C}$ と定める．このとき

$$(df)_p = \sum_{i=1}^m \left\{\left(\frac{\partial}{\partial z^i}\right)_p f\right\} (dz^i)_p + \sum_{i=1}^m \left\{\left(\frac{\partial}{\partial \bar{z}^i}\right)_p f\right\} (d\bar{z}^i)_p$$

となる．$\left(\frac{\partial}{\partial z^i}\right)_p f, \left(\frac{\partial}{\partial \bar{z}^i}\right)_p f$ を $p \in V$ の関数とみなすとき，それぞれ $\left(\frac{\partial f}{\partial z^i}\right)(p)$, $\left(\frac{\partial f}{\partial \bar{z}^i}\right)(p)$ と表わす．

C^1 級関数 $f\colon V \to \mathbb{C}$ が**正則関数** (holomorphic function) であるとは，V 上

$$\frac{\partial f}{\partial \bar{z}^i} = 0, \quad i = 1, \ldots, m$$

を満たすことである．正則関数は解析的，すなわち V の各点で巾級数に展開できることが知られている．とくに，正則関数は C^∞ 級関数である．W を $\mathbb{C}^n$ の開集合とする．$F = (f^1, \ldots, f^n)\colon V \to W$ が**正則写像** (holomorphic map) であるとは，各 f^i $(i = 1, \ldots, n)$ が正則関数であることである．正則写像の合成は正則写像であることが容易に確かめられる．

定義 8.1.1 位相空間 M が次の (1), (2) を満たすとき，m 次元**複素多様体** (complex manifold) という．
(1) M は Hausdorff 空間である．
(2) M の開被覆 $\{U_\alpha\}_{\alpha \in A}$ と，各 $\alpha \in A$ に対して $\mathbb{C}^m$ の開集合 V_α への同相写像 $\varphi_\alpha\colon U_\alpha \to V_\alpha$ で次の性質を満たすものが存在する：$U_\alpha \cap U_\beta \neq \emptyset$ のとき

$$\varphi_\alpha \circ \varphi_\beta^{-1}|_{\varphi_\beta(U_\alpha \cap U_\beta)}\colon \varphi_\beta(U_\alpha \cap U_\beta) \to \varphi_\alpha(U_\alpha \cap U_\beta)$$

が正則写像である．

$\{U_\alpha, \varphi_\alpha\}_{\alpha \in A}$ を**正則座標近傍系** (holomorphic coordinate system) という．また，各 $\varphi_\alpha\colon U_\alpha \to V_\alpha$ を局所座標という．m 次元複素多様体は $2m$ 次元微分可能多様体である．C^1 級関数 $f\colon M \to \mathbb{C}$ が**正則関数**であるとは，任意の $\alpha \in A$ に対して $f \circ \varphi_\alpha^{-1}\colon V_\alpha \to \mathbb{C}$ が正則関数となることをいう．

さらに N を複素多様体，$\{W_\lambda, \psi_\lambda\}_{\lambda \in \Lambda}$ を正則座標近傍系とする．連続写像 $f\colon M \to N$ に対して，$f^{-1}(W_\lambda) \cap U_\alpha \neq \emptyset$ ならば，

$$\psi_\lambda \circ f \circ \varphi_\alpha^{-1}|_{\varphi_\alpha(f^{-1}(W_\lambda) \cap U_\alpha)}\colon \varphi_\alpha(f^{-1}(W_\lambda) \cap U_\alpha) \to \psi_\lambda(W_\lambda)$$

が正則写像であるとき，$f\colon M \to N$ を**正則写像**という．正則写像 $f\colon M \to N$ が全単射で，逆写像 $f^{-1}\colon N \to M$ も正則写像であるとき，$f\colon M \to N$ を**双正則写像** (biholomorphic map) という．

例 8.1.2 $z = (z^0, \cdots, z^m)$, $w = (w^0, \ldots, w^m) \in \mathbb{C}^{m+1} \setminus \{(0,\ldots,0)\}$ に対して, $z \sim w$ とは, ある $\zeta \in \mathbb{C} \setminus \{0\}$ が存在して, 各 $i = 0, \ldots, m$ に対して $w^i = z^i \zeta$ を満たすこととする. このとき, $\sim$ は同値関係であり, $\mathbb{C}P^m = (\mathbb{C}^{m+1} \setminus \{(0,\ldots,0)\})/\sim$ とおく. $\pi\colon \mathbb{C}^{m+1} \setminus \{(0,\ldots,0)\} \to \mathbb{C}P^m$ を自然な射影とし, $\mathbb{C}P^m$ に商位相を入れる. このとき $\mathbb{C}P^m$ は Hausdorff 空間となることが確かめられる. また, $(z^0, \cdots, z^m) \in \mathbb{C}^{m+1} \setminus \{(0,\ldots,0)\}$ に対して $\pi((z^0, \cdots, z^m))$ を $[z^0 : \cdots : z^m]$ と表わすとき, $i = 0, \ldots, m$ に対して $U_i = \{[z^0 : \cdots : z^m] \mid z^i \neq 0\}$ は $\mathbb{C}P^m$ の開集合となる. $\phi_i \colon U_i \to \mathbb{C}^m$ を $\phi_i([z^0 : \cdots : z^m]) = \left(\dfrac{z^0}{z^i}, \ldots, \dfrac{z^{i-1}}{z^i}, \dfrac{z^{i+1}}{z^i}, \ldots, \dfrac{z^m}{z^i}\right)$ により定めると, $\mathbb{C}P^m$ は $\{U_i, \phi_i\}_{i=0,\ldots,m}$ を正則座標近傍系にもつ複素多様体となる. $\mathbb{C}P^m$ を m 次元**複素射影空間** (complex projective space) という.

複素多様体 M の開集合 U は自然に複素多様体の構造をもつ. m 次元複素多様体 M の局所座標として M の開集合 U から $\mathbb{C}^m$ の開集合 V への双正則写像 $\varphi\colon U \to V$ をとることができる. M の部分集合 N が M の d 次元**複素部分多様体** (complex submanifold) であるとは, N の各点 p に対して, p の開近傍 $U_p \subset M$ 上定義された M の局所座標 $\varphi_p \colon U_p \to V_p$ で, $\varphi_p(q) = (z^1(q), \ldots, z^m(q))$ と表わすと,

$$N \cap U_p = \{q \in U \mid z^{d+1}(q) = z^{d+2}(q) = \cdots = z^m(q) = 0\}$$

を満たすものが存在することである.

M を m 次元複素多様体, $\{U_\alpha, \varphi_\alpha\}_{\alpha \in A}$ をその正則座標近傍系とする. $U_\alpha \cap U_\beta \neq \emptyset$ とする. $\varphi_\alpha(p) = (z^1(p), \ldots, z^m(p))$, $\varphi_\beta(p) = (w^1(p), \ldots, w^m(p))$ と表わす. $U_\alpha \cap U_\beta$ 上で座標変換を $w^j = w^j(z^1, \ldots, z^m)$ とするとき, 任意の $i, j = 1, \ldots, m$ に対して V 上 $\dfrac{\partial w^j}{\partial \bar{z}^i} = 0$ であるから

$$\left(\frac{\partial}{\partial z^i}\right)_p = \sum_{j=1}^m \left\{\frac{\partial w^j}{\partial z^i}(p)\left(\frac{\partial}{\partial w^j}\right)_p + \frac{\partial \bar{w}^j}{\partial z^i}(p)\left(\frac{\partial}{\partial \bar{w}^j}\right)_p\right\}$$
$$= \sum_{j=1}^m \frac{\partial w^j}{\partial z^i}(p)\left(\frac{\partial}{\partial w^j}\right)_p$$

となる. 同様に

$$\left(\frac{\partial}{\partial \bar{z}^i}\right)_p = \sum_{j=1}^m \frac{\partial \bar{w}^j}{\partial \bar{z}^i}(p)\left(\frac{\partial}{\partial \bar{w}^j}\right)_p$$

となる.したがって $TM \otimes_{\mathbb{R}} \mathbb{C}$ の複素部分ベクトル束 $T'M, T''M$ が

$$T'_p M = \operatorname{span}_{\mathbb{C}} \Big\{ \Big(\frac{\partial}{\partial z^1}\Big)_p, \ldots, \Big(\frac{\partial}{\partial z^m}\Big)_p \Big\}$$

$$T''_p M = \operatorname{span}_{\mathbb{C}} \Big\{ \Big(\frac{\partial}{\partial \bar{z}^1}\Big)_p, \ldots, \Big(\frac{\partial}{\partial \bar{z}^m}\Big)_p \Big\}$$

により M 上局所座標の選び方によらずに定義される.$T'M$ を**正則接束** (holomorphic tangent bundle),$T''M$ を**反正則接束** (anti-holomorphic tangent bundle) という.$TM \otimes_{\mathbb{R}} \mathbb{C} = T'M \oplus T''M$ が成り立つ.

$I \in \Gamma(\operatorname{End}(TM \otimes_{\mathbb{R}} \mathbb{C}))$ を各 $p \in M$ において $T'_p M, T''_p M$ がそれぞれ I_p の固有値 $\sqrt{-1}, -\sqrt{-1}$ の固有空間となるように定めると $I^2 = -\operatorname{id}_{TM}$ を満たす.これを複素多様体 M の**概複素構造** (almost complex structure) という.$\varphi_\alpha(p) = (z^1(p), \ldots, z^m(p))$, $z^i = x^i + \sqrt{-1} y^i$, $x^i, y^i \in \mathbb{R}$ とするとき

$$\Big(\frac{\partial}{\partial x^i}\Big)_p = \Big(\frac{\partial}{\partial z^i}\Big)_p + \Big(\frac{\partial}{\partial \bar{z}^i}\Big)_p, \quad \Big(\frac{\partial}{\partial y^i}\Big)_p = \sqrt{-1} \Big\{ \Big(\frac{\partial}{\partial z^i}\Big)_p - \Big(\frac{\partial}{\partial \bar{z}^i}\Big)_p \Big\}$$

であることに注意すれば

$$I_p \Big(\frac{\partial}{\partial x^i}\Big)_p = \Big(\frac{\partial}{\partial y^i}\Big)_p, \quad I_p \Big(\frac{\partial}{\partial y^i}\Big)_p = -\Big(\frac{\partial}{\partial x^i}\Big)_p$$

を得る.したがって,$I \in \Gamma(\operatorname{End}(TM \otimes_{\mathbb{R}} \mathbb{C}))$ は $\Gamma(\operatorname{End}(TM))$ の元を $\mathbb{C}$ 上線型に拡張したものであることがわかる.

上と同様に $U_\alpha \cap U_\beta$ 上で座標変換を $w^j = w^j(z^1, \ldots, z^m)$ とするとき,

$$(dw^j)_p = \sum_{i=1}^m \frac{\partial w^j}{\partial z^i}(p)(dz^i)_p, \quad (d\bar{w}^j)_p = \sum_{i=1}^m \frac{\partial \bar{w}^j}{\partial \bar{z}^i}(p)(d\bar{z}^i)_p$$

が成り立つ.よって $T^*M \otimes_{\mathbb{R}} \mathbb{C}$ の複素部分ベクトル束 $\Lambda^{1,0}M, \Lambda^{0,1}M$ が

$$\Lambda_p^{1,0} M = \operatorname{span}_{\mathbb{C}} \{(dz^1)_p, \ldots, (dz^m)_p\},$$
$$\Lambda_p^{0,1} M = \operatorname{span}_{\mathbb{C}} \{(d\bar{z}^1)_p, \ldots, (d\bar{z}^m)_p\}$$

により M 上局所座標の選び方によらずに定義される.$\Lambda^{1,0}M$ を**正則余接束** (holomorphic cotangent bundle),$\Lambda^{0,1}M$ を**反正則余接束** (anti-holomorphic cotangent bundle) という.同様に $0 \leq p, q \leq m$ に対して,$\Lambda^{p+q} T^*M \otimes_{\mathbb{R}} \mathbb{C}$ の複素部分ベクトル束 $\Lambda^{p,q}M$ が

$$\Lambda_p^{p,q}M = \mathrm{span}_{\mathbb{C}}\{(dz^{i_1})_p \wedge \cdots \wedge (dz^{i_p})_p \wedge (d\bar{z}^{j_1})_p \wedge \cdots \wedge (d\bar{z}^{j_q})_p$$
$$\mid i_1 < \cdots < i_p,\, j_1 < \cdots < j_q\}$$

により M 上局所座標の選び方によらずに定義される．このとき次が成り立つ．

$$\Lambda^k T^*M \otimes_{\mathbb{R}} \mathbb{C} = \bigoplus_{p=0}^{k} \Lambda^{p,k-p}M$$

$\Lambda^{p,q}M$ の切断全体のなすベクトル空間 $\Gamma(\Lambda^{p,q}M)$ を $\Omega^{p,q}(M)$ により表わし，$\Omega^{p,q}(M)$ の元を (p,q) 型微分形式あるいは単に (p,q) 形式という．

$f \in C^\infty(U), \zeta = dz^{i_1} \wedge \cdots \wedge dz^{i_p} \wedge d\bar{z}^{j_1} \wedge \cdots \wedge d\bar{z}^{j_q} \in \Omega^{p,q}(U)$ とするとき

$$d(f\zeta) = \sum_{i=1}^m \frac{\partial f}{\partial z^i} dz^i \wedge \zeta + \sum_{i=1}^m \frac{\partial f}{\partial \bar{z}^i} d\bar{z}^i \wedge \zeta \in \Omega^{p+1,q}(U) \oplus \Omega^{p,q+1}(U)$$

となる．したがって $d\Omega^{p,q}(M) \subset \Omega^{p+1,q}(M) \oplus \Omega^{p,q+1}(M)$ となる．

$$\partial \colon \Omega^{p,q}(M) \to \Omega^{p+1,q}(M), \quad \bar{\partial} \colon \Omega^{p,q}(M) \to \Omega^{p,q+1}(M)$$

を $d = \partial + \bar{\partial}$ を満たすように定める．$d^2 = 0$ より

$$\partial\partial = 0, \quad \partial\bar{\partial} + \bar{\partial}\partial = 0, \quad \bar{\partial}\bar{\partial} = 0$$

が成り立つ．$\bar{\partial}\bar{\partial} = 0$ であるから **Dolbeault** コホモロジー群 (Dolbeault cohomology group)

$$H_{\bar{\partial}}^{p,q}(M) = \frac{\mathrm{Ker}\{\bar{\partial} \colon \Omega^{p,q}(M) \to \Omega^{p,q+1}(M)\}}{\mathrm{Im}\{\bar{\partial} \colon \Omega^{p,q-1}(M) \to \Omega^{p,q}(M)\}}$$

が定義される．

8.2 正則ベクトル束

複素多様体上のベクトル束で，正則切断が定義されるものが正則ベクトル束である．この節では正則ベクトル束の微分幾何的な性質を調べる．

定義 8.2.1 E, M を複素多様体とする．正則写像 $\pi\colon E \to M$ が階数 r の正則ベクトル束 (holomorphic vector bundle) であるとは，以下の性質を満た

すことである.

(1) 各 $x \in M$ に対して $E_x = \pi^{-1}(x)$ とするとき, E_x は $\mathbb{C}$ 上 r 次元ベクトル空間である.

(2) M の開被覆 $\{U_\alpha\}_{\alpha \in A}$ と双正則写像 $\phi_\alpha \colon \pi^{-1}(U_\alpha) \to U_\alpha \times \mathbb{C}^r$ が存在して次を満たす.

(2 − 1) $p_1 \colon U_\alpha \times \mathbb{C}^r \to U_\alpha$ を射影とするとき, $\pi|_{\pi^{-1}(U_\alpha)} = p_1 \circ \phi_\alpha$ が成り立つ. すなわち, 次の図式は可換になる.

$$\begin{array}{ccc} \pi^{-1}(U_\alpha) & \xrightarrow{\phi_\alpha} & U_\alpha \times \mathbb{C}^r \\ \pi \downarrow & & \downarrow p_1 \\ U_\alpha & = & U_\alpha \end{array} \quad (8.1)$$

(2 − 2) $p_2 \colon U_\alpha \times \mathbb{C}^r \to \mathbb{C}^r$ を射影とするとき, 各 $x \in U_\alpha$ に対して $p_2 \circ \phi_\alpha|_{E_x} \colon E_x \to \mathbb{C}^r$ はベクトル空間としての同型写像である.

$\phi_\alpha \colon \pi^{-1}(U_\alpha) \to U_\alpha \times \mathbb{C}^r$ を**局所正則自明化** (local holomorphic trivialization) という. 局所正則自明化 ϕ_α の定める枠場 $e_1, \ldots, e_r \in \Gamma(E|_{U_\alpha})$ を**正則枠場** (holomorphic frame field) という. $U_\alpha \cap U_\beta \neq \emptyset$ のとき, 変換関数 $g_{\alpha\beta} \colon U_\alpha \cap U_\beta \to GL(r; \mathbb{C})$ は正則写像である. 逆に, 複素ベクトル束 $\pi \colon E \to M$ の局所自明化の族 $\{\phi_\alpha \colon \pi^{-1}(U_\alpha) \to U_\alpha \times \mathbb{C}^r\}_{\alpha \in A}$ が与えられたとき, 各変換関数 $g_{\alpha\beta} \colon U_\alpha \cap U_\beta \to GL(r; \mathbb{C})$ が正則写像ならば, E は正則ベクトル束となる.

例 8.2.2 M を m 次元複素多様体とするとき, その正則接束 $T'M$, 正則余接束 $\Lambda^{1,0}M$ は正則ベクトル束である. さらに $\Lambda^{p,0}M$ も正則ベクトル束である. とくに正則直線束 $\Lambda^{m,0}M$ を M の**標準束** (canonical line bundle) といい, 通常 K_M と表わす.

例 8.2.3 $\pi_E \colon E \to M, \pi_F \colon F \to M$ を正則ベクトル束とするとき, その双対束 E^*, 直和 $E \oplus F$, テンソル積 $E \otimes F$ や $\Lambda^p E$ なども正則ベクトル束である.

正則ベクトル束 $\pi \colon E \to M$ の Dolbeault 作用素 $\bar{\partial}^E \colon \Omega^0(E) \to \Omega^{0,1}(E)$ を次のように定める. $\{\phi_\alpha \colon \pi^{-1}(U_\alpha) \to U_\alpha \times \mathbb{C}^r\}_{\alpha \in A}$ を $M = \bigcup_{\alpha \in A} U_\alpha$ を満たす局所正則自明化の族とする. $g_{\alpha\beta} \colon U_\alpha \cap U_\beta \to GL(r; \mathbb{C})$ を変換関数とする. $s \in \Gamma(E)$ とするとき, $s|_{U_\alpha}$ を正則局所自明化 ϕ_α により $s_\alpha \in \Omega^0(U_\alpha; \mathbb{C}^r)$ と

表わす．このとき $\bar{\partial}g_{\alpha\beta} = 0 \in \Omega^{0,1}(U_\alpha \cap U_\beta; \text{End}(\mathbb{C}^r))$ であるから

$$g_{\alpha\beta}\,\bar{\partial}s_\beta = \bar{\partial}(g_{\alpha\beta}s_\beta) = \bar{\partial}s_\alpha$$

が成り立つ．したがって $\{\bar{\partial}s_\alpha\}_{\alpha \in A}$ は M 上貼り合わさって $\bar{\partial}^E s \in \Omega^{0,1}(E)$ を定める．この作用素は

$$\bar{\partial}^E \colon \Omega^{p,q}(E) \to \Omega^{p,q+1}(E)$$

に拡張され **Dolbeault 作用素** (Dolbeault operator) と呼ばれる．このとき，次の性質を満たすことが容易に確かめられる．

補題 8.2.4 E を M 上の正則ベクトル束，$\bar{\partial}^E \colon \Omega^{p,q}(E) \to \Omega^{p,q+1}(E)$ を Dolbeault 作用素とする．このとき次が成り立つ．
(1) $\bar{\partial}^E \circ \bar{\partial}^E = 0 \colon \Omega^{p,q}(E) \to \Omega^{p,q+2}(E)$.
(2) $\phi \in \Omega^{p,q}(E)$, $\psi \in \Omega^{r,s}(M)$ に対して

$$\bar{\partial}^E(\phi \wedge \psi) = (\bar{\partial}^E \phi) \wedge \psi + (-1)^{p+q} \phi \wedge (\bar{\partial}\psi) \in \Omega^{p+r,q+s+1}(E)$$

(3) E の双対ベクトル束 E^* の Dolbeault 作用素を $\bar{\partial}^{E^*}$ で表わす．$\phi \in \Omega^{p,q}(E)$, $\psi \in \Omega^{r,s}(E^*)$ に対して

$$\bar{\partial}\langle \phi \wedge \psi \rangle = \langle (\bar{\partial}^E \phi) \wedge \psi \rangle + (-1)^{p+q} \langle \phi \wedge (\bar{\partial}^{E^*} \psi) \rangle \in \Omega^{p+r,q+s+1}(M)$$

$\bar{\partial}^E \circ \bar{\partial}^E = 0$ より，**Dolbeault コホモロジー群**

$$H^{p,q}_{\bar{\partial}}(M;E) = \frac{\text{Ker}\{\bar{\partial}^E \colon \Omega^{p,q}(E) \to \Omega^{p,q+1}(E)\}}{\text{Im}\{\bar{\partial}^E \colon \Omega^{p,q-1}(E) \to \Omega^{p,q}(E)\}}$$

が定義される．

$s \in \Gamma(E)$ は，M から E への正則写像であるときに**正則切断** (holomorphic section) という．$s \in \Gamma(E)$ が正則切断であることと，$\bar{\partial}^E s = 0$ とは同値である．したがって $H^{0,0}_{\bar{\partial}}(M;E)$ は E の正則切断の空間となる．

$\pi \colon E \to M$ を正則ベクトル束とする．このとき $\Omega^1(E) = \Omega^{1,0}(E) \oplus \Omega^{0,1}(E)$ である．したがって，接続 $\nabla \colon \Omega^0(E) \to \Omega^1(E)$ に対して，$\nabla = \nabla^{1,0} \oplus \nabla^{0,1}$ を満たす $\nabla^{1,0} \colon \Omega^0(E) \to \Omega^{1,0}(E), \nabla^{0,1} \colon \Omega^0(E) \to \Omega^{0,1}(E)$ が一意に定まる．2.4 節では Hermite ベクトル束を定義した．次の定理は正則 Hermite ベクトル束の微分幾何の出発点となる．

定理 8.2.5 (E, h) を M 上の階数 r の正則 Hermite ベクトル束, $\bar{\partial}^E : \Omega^0(E) \to \Omega^{0,1}(E)$ を Dolbeault 作用素とする. このとき次が成り立つ.

(1) E 上の h を保つ接続 $\nabla : \Omega^0(E) \to \Omega^1(E)$ で, $\nabla^{0,1} = \bar{\partial}^E$ を満たすものがただひとつ存在する.

(2) $e_1, \ldots, e_r$ を M の開集合 U 上定義された E の正則枠場とする. $H_U = (h(e_i, e_j)) \in \Omega^0(U; \text{End}(\mathbb{C}^r))$ とする. $A_U = (A^i_j) \in \Omega^1(U; \text{End}(\mathbb{C}^r))$ を次で定める.

$$(\nabla e_1 \ \ldots \ \nabla e_r) = (e_1 \ \ldots \ e_r) \begin{pmatrix} A_1^1 & \ldots & A_r^1 \\ \vdots & & \vdots \\ A_1^r & \ldots & A_r^r \end{pmatrix}$$

このとき $A_U = {}^t\{(\partial H_U)(H_U)^{-1}\} \in \Omega^{1,0}(U; \text{End}(\mathbb{C}^r))$.

(3) $R^\nabla|_U = \bar{\partial} A_U \in \Omega^{1,1}(U; \text{End}(\mathbb{C}^r))$, とくに $R^\nabla \in \Omega^{1,1}(\text{End} E)$.

(4) $\sqrt{-1} \, \text{Tr} R^\nabla|_U = \sqrt{-1} \, \bar{\partial}\partial \, \log \det H_U \in \Omega^{1,1}(U)$.

定義 8.2.6 定理 8.2.5 (1) の接続 ∇ を正則 Hermite ベクトル束 (E, h) の**標準接続** (canonical connection) という.

注意 8.2.7 2.4 節において定義したように, 本書では Hermite 計量は第 2 成分に関して $\mathbb{C}$ 上反線型としている. 仮に, 第 1 成分に関して $\mathbb{C}$ 上反線型とした場合には, 定理 8.2.5 (2) は $A_U = H_U^{-1} \partial H_U$ という簡明な表示になる. そのため, 正則ベクトル束を扱う文献では, Hermite 計量は第 1 成分に関して $\mathbb{C}$ 上反線型とするものもある.

一方, 第 9 章で扱う Kähler 計量に関しては, 大部分の文献で第 2 成分に関して $\mathbb{C}$ 上反線型としている. さらに Kähler 多様体上で正則ベクトル束を考えるときには, 正則ベクトル束の Hermite 計量は第 2 成分に関して $\mathbb{C}$ 上反線型とした方が都合のよいことがあるので, 本書では Hermite 計量は第 2 成分に関して $\mathbb{C}$ 上反線型とした.

証明 (1) と (2) を同時に示す. (1) を満たす ∇ が存在すると仮定する. このとき次を得る.

$$dH_U = (h(\nabla e_i, e_j)) + (h(e_i, \nabla e_j))$$
$$= (h(A_i^k e_k, e_j)) + (h(e_i, A_j^l e_l)) = {}^t A_U H_U + H_U \overline{A_U}$$

$e_1, \ldots, e_r \in \Gamma(E|_U)$ は正則枠場であるから,$A_U \in \Omega^{1,0}(U; \text{End}(\mathbb{C}^r))$ となる.したがって $\partial H = {}^t A_U H_U$ を得る.すなわち (1) を満たす ∇ が存在するならば $A_U = {}^t\{(\partial H_U)(H_U)^{-1}\}$ が成り立つ.したがって ∇ の一意性が成り立つ.

∇ の存在を示す.$A_U = {}^t\{(\partial H_U)(H_U)^{-1}\}$ と定める.また M の開集合 V が $U \cap V \neq \emptyset$ を満たすとする.$f_1, \ldots, f_r$ を $E|_V$ の正則枠場,$g_{UV} : U \cap V \to GL(r; \mathbb{C})$ を変換関数とする.$H_V = (h(f_i, f_j)) \in \Omega^0(V; \text{End}(\mathbb{C}^r))$,$A_V = {}^t\{(\partial H_V)(H_V)^{-1}\} \in \Omega^{1,0}(V; \text{End}(\mathbb{C}^r))$ と定める.

主張 8.2.8 $U \cap V$ 上次が成り立つ.
$$A_V = (g_{UV})^{-1} A_U g_{UV} + (g_{UV})^{-1} dg_{UV}$$

証明 $g_{UV} = (g_j^i) : U \cap V \to GL(r; \mathbb{C})$ と表わすとき
$$(f_1 \ldots f_r) = (e_1 \ldots e_r) \begin{pmatrix} g_1^1 & \cdots & g_r^1 \\ \vdots & & \vdots \\ g_1^r & \cdots & g_r^r \end{pmatrix}$$

であるから,$f_j = g_j^i e_i$ となる.したがって
$$H_V = (h(f_i, f_j)) = (h(g_i^k e_k, g_j^l e_l)) = {}^t g_{UV} H_U \overline{g_{UV}}$$

となる.したがって $\bar\partial g_{UV} = 0$ に注意すると
$$\begin{aligned}
A_V &= {}^t\{(\partial H_V)(H_V)^{-1}\} \\
&= {}^t\{(\partial({}^t g_{UV} H_U \overline{g_{UV}}))({}^t g_{UV} H_U \overline{g_{UV}})^{-1}\} \\
&= {}^t\{(\partial({}^t g_{UV} H_U))({}^t g_{UV} H_U)^{-1}\} \\
&= {}^t\{{}^t g_{UV} (\partial H_U) H_U^{-1} {}^t(g_{UV})^{-1} + {}^t(\partial g_{UV}) {}^t(g_{UV})^{-1}\} \\
&= (g_{UV})^{-1} A_U g_{UV} + (g_{UV})^{-1} dg_{UV}
\end{aligned}$$

を得る. □

E_U 上 $d + A_U$ と局所的に定義された接続は,主張 8.2.8 より M 全体で貼り合わさって E 上の接続 ∇ を定める.この構成の仕方から ∇ が h を保ち,かつ $\nabla^{0,1} = \bar\partial^E$ が成り立つこともわかる.

(3) $R^\nabla|_U = dA_U + A_U \wedge A_U = \bar{\partial}A_U + (\partial A_U + A_U \wedge A_U)$ である．ところで

$$\partial A_U = \partial {}^t\{(\partial H_U)(H_U)^{-1}\} = -{}^t\{(\partial H_U) \wedge \partial((H_U)^{-1})\}$$
$$= {}^t\{(\partial H_U) \wedge (H_U)^{-1}(\partial H_U)(H_U)^{-1}\} = -A_U \wedge A_U$$

であるから $R^\nabla|_U = \bar{\partial}A_U$ を得る．

(4) 主張 5.4.8 に注意すると，(2)，(3) より

$$\sqrt{-1}\,\mathrm{Tr}R^\nabla|_U = \sqrt{-1}\,\mathrm{Tr}\bar{\partial}\,{}^t\{(\partial H_U)(H_U)^{-1}\}$$
$$= \sqrt{-1}\,\bar{\partial}\,\mathrm{Tr}\{(H_U)^{-1}(\partial H_U)\} = \sqrt{-1}\,\bar{\partial}\partial\,\log\det H_U$$

を得る． □

例 8.2.9 $\mathbb{C}P^m$ 上の階数 $m+1$ の自明束 $\underline{\mathbb{C}^{m+1}} = \mathbb{C}P^m \times \mathbb{C}^{m+1}$ の部分直線束 L を $L = \{([z], cz) \in \mathbb{C}P^m \times \mathbb{C}^{m+1} \mid c \in \mathbb{C}\}$ により定める．$U_i = \{[z^0 : \cdots : z^m] \in \mathbb{C}P^m \mid z^i \neq 0\}$ とする．$e_i \in \Gamma(L|_{U_i})$ を

$$e_i([z^0 : \cdots : z^m]) = \left([z^0 : \cdots : z^m], \left(\frac{z^0}{z^i}, \ldots, \frac{z^m}{z^i}\right)\right) \in \underline{\mathbb{C}^{m+1}}$$

により定めると，e_i は $L|_{U_i}$ の自明化を与える．$U_i \cap U_j$ 上 $e_i = \dfrac{z^j}{z^i}e_j$ であるから，L は正則直線束である．L を**自然直線束** (tautological line bundle) という．

$\mathbb{C}^{m+1}$ の標準 Hermite 内積は L の Hermite 計量 h を定める．正則 Hermite 直線束 (L, h) の標準接続 ∇ の第 1 Chern 形式 $c_1(R^\nabla)$ は

$$c_1(R^\nabla) = \frac{\sqrt{-1}}{2\pi}R^\nabla \in \Omega^{1,1}(\mathrm{End}L) = \Omega^{1,1}(M)$$

で与えられるから，定理 8.2.5 (4) より

$$c_1(R^\nabla)|_{U_i} = \frac{\sqrt{-1}}{2\pi}R^\nabla|_{U_i} = \frac{\sqrt{-1}}{2\pi}\bar{\partial}\partial\,\log h(e_i, e_i)$$

が成り立つ．U_0 上の座標を $\left(w^1 = \dfrac{z^1}{z^0}, \ldots, w^m = \dfrac{z^m}{z^0}\right)$，$a = h(e_0, e_0) \in C^\infty(U_0)$ とするとき，$a = 1 + |w^1|^2 + \cdots + |w^m|^2$ であるから，

$$c_1(R^\nabla)|_{U_0} = \frac{\sqrt{-1}}{2\pi}\bar\partial\partial \log a = \frac{\sqrt{-1}}{2\pi}\bar\partial\left(\frac{\partial a}{a}\right) = \frac{\sqrt{-1}}{2\pi}\left(\frac{\bar\partial\partial a}{a} - \frac{\bar\partial a \wedge \partial a}{a^2}\right)$$
$$= \frac{\sqrt{-1}}{2\pi}\left\{\frac{-1}{a}\sum_{i=1}^m dw^i \wedge d\bar w^i + \frac{1}{a^2}\left(\sum_{i=1}^m \bar w^i dw^i\right) \wedge \left(\sum_{j=1}^m w^j d\bar w^j\right)\right\}$$
(8.2)

したがって $m = 1$ のとき次を得る.

$$\int_{\mathbb{C}P^1} c_1(R^\nabla) = \int_\mathbb{C} \frac{\sqrt{-1}}{2\pi}\frac{-dw \wedge d\bar w}{(1+|w|^2)^2} = -1$$

8.3 概複素多様体

この節では概複素多様体を導入して, 複素多様体との関係を紹介する.

定義 8.3.1 M を微分可能多様体とする. $I \in \Gamma(\mathrm{End}(TM))$ が $I^2 = -\mathrm{id}_{TM}$ を満たすとき, I を**概複素構造**, 組 (M,I) を**概複素多様体** (almost complex manifold) という.

概複素多様体 (M,I) は偶数次元の微分可能多様体となることが容易にわかる. 各 $p \in M$ に対して $I_p \in \mathrm{End}_\mathbb{C}(T_pM \otimes_\mathbb{R} \mathbb{C})$ は固有値 $\sqrt{-1}, -\sqrt{-1}$ をもち, その固有空間をそれぞれ T'_pM, T''_pM とする. これにより $TM \otimes_\mathbb{R} \mathbb{C}$ の複素部分ベクトル束 $T'M, T''M$ が得られる. このとき次が成り立つ.

$$TM \otimes_\mathbb{R} \mathbb{C} = T'M \oplus T''M$$

$\mathfrak{X}^{1,0}(M) = \Gamma(T'M), \mathfrak{X}^{0,1}(M) = \Gamma(T''M)$ とする. ベクトル場の括弧積を $\Gamma(TM \otimes_\mathbb{R} \mathbb{C})$ の元に対して $\mathbb{C}$ 上線型に拡張する.

定義 8.3.2 (M,I) を概複素多様体とする. $[\mathfrak{X}^{1,0}(M), \mathfrak{X}^{1,0}(M)] \subset \mathfrak{X}^{1,0}(M)$ が成り立つとき I は**積分可能** (integrable) であるという.

注意 8.3.3 (M,I) を概複素多様体とする. $X, Y \in \mathfrak{X}(M)$ に対して $N: \mathfrak{X}(M) \times \mathfrak{X}(M) \to \mathfrak{X}(M)$ を次で定める.

$$N(X,Y) = [X,Y] + I[IX,Y] + I[X,IY] - [IX,IY]$$

このとき N は $C^\infty(M)$ 上の多重線型写像であることが容易に確かめられる.

N を **Nijenhuis テンソル** (Nijenhuis tensor) という．さらに $N=0$ であることは I が積分可能であることと同値であることも容易に確かめられる．

M が複素多様体のとき，M の概複素構造が積分可能であることは容易にわかる．逆に，次が知られている．

定理 8.3.4 （**Newlander-Nirenberg の定理** (Newlander-Nirenberg theorem)） (M, I) を概複素多様体とする．I は積分可能とする．このとき M の正則座標近傍系 $\{U_\alpha, \varphi_\alpha\}_{\alpha \in A}$ で，これの定める概複素構造が I となるものが存在する．

この定理より，微分可能多様体 M に複素多様体の構造を与えることと，積分可能な概複素構造を与えることは同値である．積分可能な概複素構造を**複素構造** (complex structure) という．以上により，微分可能多様体 M と複素構造 I の組 (M, I) を**複素多様体** (complex manifold) ということもできる．

定義 8.3.5 (M, I) を概複素多様体，g を M 上の Riemann 計量とする．
(1) g が **I-不変** (I-invariant) であるとは，任意の $X, Y \in \mathfrak{X}(M)$ に対して $g(IX, IY) = g(X, Y)$ が成り立つことである．
(2) I-不変な計量 g に対して，**基本 2 形式** (fundamental 2-form) $\omega \in \Omega^2(M)$ を $X, Y \in \mathfrak{X}(M)$ に対して $\omega(X, Y) = g(IX, Y)$ により定める．

実際，$\omega(Y, X) = g(IY, X) = g(I^2 Y, IX) = -g(IX, Y) = -\omega(X, Y)$ より $\omega \in \Omega^2(M)$ を得る．

8.4　Hodge-de Rham-小平の定理

この節では複素多様体の Dolbeault コホモロジー群に関する Hodge-de Rham-小平の定理を定式化する．

(M, I) を m 次元複素多様体とする．g を M の I-不変な Riemann 計量，$\omega \in \Omega^2(M)$ を基本 2 形式，∇ を Levi-Civita 接続とする．

I, g, ω は TM 上定義されているが，I は $\mathbb{C}$ 上線型，g, ω は $\mathbb{C}$ 上双線型に拡張することにより複素化 $TM \otimes_\mathbb{R} \mathbb{C}$ に対しても定義される．また $TM \otimes_\mathbb{R} \mathbb{C}$ 上の Hermite 計量 h を次で定義する．

$$X, Y \in \Gamma(TM \otimes_{\mathbb{R}} \mathbb{C}) \text{ に対して,} \quad h(X, Y) = g(X, \overline{Y}) \tag{8.3}$$

定義より h は第 1 成分に関しては $\mathbb{C}$ 上線型，第 2 成分に関しては $\mathbb{C}$ 上反線型である．g は I-不変であるから，分解 $TM \otimes_{\mathbb{R}} \mathbb{C} = T'M \oplus T''M$ は h に関して直交分解である．実際，$X \in \Gamma(T'M), Y \in \Gamma(T''M)$ に対して，$\overline{Y} \in \Gamma(T'M)$ に注意すると，次を得る．

$$h(X, Y) = g(X, \overline{Y}) = g(IX, I\overline{Y}) = g(\sqrt{-1}X, \sqrt{-1}\,\overline{Y}) = -h(X, Y)$$

g^* の定める $\Lambda^k T^*M$ 上のファイバー計量を $\Lambda^k T^*M \otimes_{\mathbb{R}} \mathbb{C}$ に $\mathbb{C}$ 上双線型に拡張したものを g_{Λ^k} で表わす．さらに $\Lambda^k T^*M \otimes_{\mathbb{R}} \mathbb{C}$ の Hermite 計量 h_{Λ^k} を定義 5.2.1 により定めると，分解 $\Lambda^k T^*M \otimes_{\mathbb{R}} \mathbb{C} = \bigoplus_{p+q=k} \Lambda^{p,q} M$ は h_{Λ^k} に関して直交分解である．h_{Λ^k} の $\Lambda^{p,q} M$ への制限を $h_{\Lambda^{p,q}}$ と表わす．

ω^m は M 上いたるところ 0 でないから，M は ω^m を正とする向きをもつ．このとき，体積要素 $\mathrm{vol}_g \in \Omega^{2m}(M)$ は $\mathrm{vol}_g = \dfrac{\omega^m}{m!}$ で与えられることが容易に確かめられる．したがって Hodge の星型作用素 $*_k \colon \Omega^k(M) \to \Omega^{2m-k}(M)$ が定義される．Hodge の星型作用素を $\mathbb{C}$ 上反線型に拡張したものを $\bar{*}_k \colon \Omega^k(M) \otimes_{\mathbb{R}} \mathbb{C} \to \Omega^{2m-k}(M) \otimes_{\mathbb{R}} \mathbb{C}$ あるいは単に $\bar{*}$ と表わす．任意の $\phi, \psi \in \Omega^{p,q}(M)$ に対して，ψ の実部，虚部をそれぞれ $\Re\psi, \Im\psi$ と表わすとき

$$h_{\Lambda^{p,q}}(\phi, \psi)\mathrm{vol}_g = \phi \wedge (*\Re\psi - \sqrt{-1}*\Im\psi) = \phi \wedge \bar{*}\psi$$

を満たす．これから $*$ の $\Omega^{p,q}(M)$ への制限を $*_{p,q}$ と表わすとき，$\bar{*}_{p,q} \colon \Omega^{p,q}(M) \to \Omega^{m-p,m-q}(M)$ がわかる．補題 5.2.8 より次が成り立つ．

$$(\bar{*}_{p,q})(\bar{*}_{m-p,m-q}) = (-1)^{(p+q)(2m-p-q)} = (-1)^{p+q} \tag{8.4}$$

命題 8.4.1 $\bar{\partial}^\# \colon \Omega^{p,q+1}(M) \to \Omega^{p,q}(M)$ を $\bar{\partial}^\# = -\bar{*}\bar{\partial}\bar{*}$ により定める．$\phi \in \Omega^{p,q}(M)$, $\psi \in \Omega^{p,q+1}(M)$ に少なくとも一方がコンパクト台をもつとき，次が成り立つ．

$$\int_M h_{\Lambda^{p,q+1}}(\bar{\partial}\phi, \psi)\mathrm{vol}_g = \int_M h_{\Lambda^{p,q}}(\phi, \bar{\partial}^\#\psi)\mathrm{vol}_g$$

証明 $\phi \wedge \bar{*}\psi \in \Omega^{m,m-1}(M)$ より $\bar{\partial}(\phi \wedge \bar{*}\psi) = d(\phi \wedge \bar{*}\psi)$ に注意すると

$$\int_M h_{\Lambda^{p,q+1}}(\bar{\partial}\phi, \psi)\mathrm{vol}_g = \int_M \bar{\partial}\phi \wedge \bar{*}\psi$$
$$= \int_M \bar{\partial}(\phi \wedge \bar{*}\psi) - (-1)^{p+q}\phi \wedge \bar{\partial}\bar{*}\psi$$
$$= \int_M d(\phi \wedge \bar{*}\psi) - \phi \wedge (\bar{*}_{p,q})(\bar{*}_{m-p,m-q})\bar{\partial}\bar{*}\psi$$
$$= \int_M h_{\Lambda^{p,q}}(\phi, -\bar{*}\bar{\partial}\bar{*}\psi)\mathrm{vol}_g$$

を得る．ただし 3 つめの等号で (8.4) を用いた． □

同様に次が成り立つ．

命題 8.4.2 $\partial^{\#}\colon \Omega^{p+1,q}(M) \to \Omega^{p,q}(M)$ を $\partial^{\#} = -\bar{*}\partial\bar{*}$ により定める．$\phi \in \Omega^{p,q}(M)$, $\psi \in \Omega^{p+1,q}(M)$ の少なくとも一方がコンパクト台をもつとき，次が成り立つ．

$$\int_M h_{\Lambda^{p+1,q}}(\partial\phi, \psi)\mathrm{vol}_g = \int_M h_{\Lambda^{p,q}}(\phi, \partial^{\#}\psi)\mathrm{vol}_g$$

注意 8.4.3 Hodge の星型作用素を $\mathbb{C}$ 上線型に拡張して，同じ記号で $*_k\colon \Omega^k(M) \otimes_\mathbb{R} \mathbb{C} \to \Omega^{2m-k}(M) \otimes_\mathbb{R} \mathbb{C}$ あるいは単に $*$ と表わす．$*$ の $\Omega^{p,q}(M)$ への制限を $*_{p,q}$ と表わす．$\phi \in \Omega^{p,q}(M)$ に対して $\bar{*}\phi = *\bar{\phi} = \overline{*\phi}$ より，$*_{p,q}\colon \Omega^{p,q}(M) \to \Omega^{m-q,m-p}(M)$ がわかる．このとき次が容易に確かめられる．

$$\bar{\partial}^{\#} = -\bar{*}\bar{\partial}\bar{*} = -*\partial*, \quad \partial^{\#} = -\bar{*}\partial\bar{*} = -*\bar{\partial}*$$

定義 8.4.4 (M, I) を複素多様体，g を I-不変な Riemann 計量とする．$\bar{\partial}$-作用素，∂-作用素に伴う Laplace 作用素をそれぞれ次で定める．

$$\Delta^{\bar{\partial}} = \bar{\partial}\bar{\partial}^{\#} + \bar{\partial}^{\#}\bar{\partial}\colon \Omega^{p,q}(M) \to \Omega^{p,q}(M),$$
$$\Delta^{\partial} = \partial\partial^{\#} + \partial^{\#}\partial\colon \Omega^{p,q}(M) \to \Omega^{p,q}(M)$$

このとき次が成り立つ．

定理 8.4.5（Hodge-de Rham-小平の定理） (M, I) をコンパクトな複素多様体，g を I-不変な Riemann 計量とする．$\mathcal{H}^{p,q}(M, I, g) = \{\phi \in \Omega^{p,q}(M) \mid \Delta^{\bar{\partial}}\phi = 0\}$ とする．このとき次が成り立つ．
(1) $\mathcal{H}^{p,q}(M, I, g)$ は有限次元ベクトル空間である．

(2) $\Omega^{p,q}(M) = \mathcal{H}^{p,q}(M,I,g) \oplus \Delta^{\bar{\partial}}\Omega^{p,q}(M)$.
(3) $\Delta^{\bar{\partial}}\Omega^{p,q}(M) = \bar{\partial}\Omega^{p,q-1}(M) \oplus \bar{\partial}^{\#}\Omega^{p,q+1}(M)$.
(4) $\mathrm{Ker}\{\bar{\partial}\colon \Omega^{p,q}(M) \to \Omega^{p,q+1}(M)\} = \mathcal{H}^{p,q}(M,I,g) \oplus \bar{\partial}\Omega^{p,q-1}(M)$.
(5) $H^{p,q}_{\bar{\partial}}(M) \cong \mathcal{H}^{p,q}(M,I,g)$.

$\mathcal{H}^{p,q}(M,I,g)$ の元を調和形式という．この定理の証明では Laplace 作用素の解析的な性質が重要になる．11.4 節で，(M,I,g) が Kähler 多様体の場合に，この定理の証明を与える（注意 11.4.4 参照）．

$\bar{*}\Delta^{\bar{\partial}} = \Delta^{\bar{\partial}}\bar{*}$ が成り立つことが容易に確かめられる．よって $\Delta^{\bar{\partial}}\phi = 0$ ならば，$\Delta^{\bar{\partial}}(\bar{*}\phi) = 0$ である．したがって $\mathbb{C}$ 上反線型な全単射

$$\bar{*}\colon \mathcal{H}^{p,q}(M,I,g) \to \mathcal{H}^{m-p,m-q}(M,I,g)$$

が定義される．これを用いて次が示される．

定理 8.4.6（小平-Serre の双対定理 (Kodaira-Serre duality theorem)）(M,I) をコンパクトな複素多様体とする．ペアリング

$$\langle \cdot, \cdot \rangle \colon H^{p,q}_{\bar{\partial}}(M) \otimes H^{m-p,m-q}_{\bar{\partial}}(M) \to \mathbb{C}$$

を $\langle [\phi], [\psi] \rangle = \int_M \phi \wedge \psi$ により定めるとき，これは非退化になる．

証明 I-不変な Riemann 計量 g をひとつ固定する．任意の $H^{p,q}_{\bar{\partial}}(M)$ の元は $\phi \in \mathcal{H}^{p,q}(M,I,g)$ により代表される．このとき，$\bar{*}\phi \in \mathcal{H}^{m-p,m-q}(M,I,g)$ であるから $[\bar{*}\phi] \in H^{m-p,m-q}_{\bar{\partial}}(M)$ となる．$\phi \neq 0$ のとき

$$\langle [\phi], [\bar{*}\phi] \rangle = \int_M \phi \wedge \bar{*}\phi = \int_M h_{\Lambda^{p,q}}(\phi,\phi) \mathrm{vol}_g > 0$$

である．$H^{m-p,m-q}_{\bar{\partial}}(M)$ の元に対しても同様な議論が成り立つから，このペアリングは非退化である． □

Hodge-de Rham-小平の定理は正則 Hermite ベクトル束 (E, h_E) の Dolbeault 作用素 $\bar{\partial}^E$ に対しても拡張される．

まず h_E により E とその双対ベクトル束 E^* を（$\mathbb{C}$ 上反線型に）同一視する．すなわち，$\mathbb{C}$ 上反線型な全単射 $\iota_{h_E}\colon E \to E^*$ を $p \in M, u,v \in E_p$ に対して $\langle u, \iota_{h_E}(v) \rangle = h_E(u,v)$ により定める．ただし，$\langle \cdot, \cdot \rangle\colon E_p \times E^*_p \to \mathbb{C}$ は $\mathbb{C}$ 上

双線型なペアリングである.

次に E^* の Hermite 計量 h_{E^*} を $p \in M$, $\xi, \eta \in E_p^*$ に対して $h_{E^*}(\xi, \eta) = h_E(\iota_{h_E}^{-1}(\eta), \iota_{h_E}^{-1}(\xi))$ により定める. h_{E^*} も第 1 成分に関して $\mathbb{C}$ 上線型, 第 2 成分に関して $\mathbb{C}$ 上反線型であることに注意せよ.

さらに $\mathbb{C}$ 上反線型な全単射 $\iota_{h_{E^*}} : E^* \to E$ を $p \in M$, $\xi, \eta \in E_p^*$ に対して $\langle \iota_{h_{E^*}}(\eta), \xi \rangle = h_{E^*}(\xi, \eta)$ により定める.

このとき $p \in M$, $\xi, \eta \in E_p^*$ に対して次が成り立つ.

$$\langle \iota_{h_{E^*}}(\eta), \xi \rangle = h_{E^*}(\xi, \eta) = h_E(\iota_{h_E}^{-1}(\eta), \iota_{h_E}^{-1}(\xi)) = \langle \iota_{h_E}^{-1}(\eta), \xi \rangle$$

したがって, $\iota_{h_{E^*}} = (\iota_{h_E})^{-1}$ を得る.

$\mathbb{C}$ 上反線型な写像 $\bar{*}_E : \Omega^{p,q}(E) \to \Omega^{m-p,m-q}(E^*)$ を $s \in \Gamma(E)$, $\phi \in \Omega^{p,q}(M)$ に対して $\bar{*}_E(s \otimes \phi) = \iota_{h_E}(s) \otimes (\bar{*}\phi)$ により定める. 同様に $\mathbb{C}$ 上反線型な写像 $\bar{*}_{E^*} : \Omega^{m-p,m-q}(E^*) \to \Omega^{p,q}(E)$ を定める. このとき補題 5.2.8 より

$$\bar{*}_{E^*} \bar{*}_E = (-1)^{p+q} \mathrm{id}_E : \Omega^{p,q}(E) \to \Omega^{p,q}(E)$$

を得る. このとき次が成り立つ.

命題 8.4.7 (M, I) を複素多様体, g を I-不変な Riemann 計量とする. (E, h_E) を正則 Hermite ベクトル束とする. $\bar{\partial}^{E\#} : \Omega^{p,q+1}(E) \to \Omega^{p,q}(E)$ を $\bar{\partial}^{E\#} = -\bar{*}_{E^*} \bar{\partial}^{E^*} \bar{*}_E$ により定める. $\phi \in \Omega^{p,q}(E)$, $\psi \in \Omega^{p,q+1}(E)$ の少なくとも一方がコンパクト台をもつとき, 次が成り立つ.

$$\int_M h_{E \otimes \Lambda^{p,q+1}}(\bar{\partial}^E \phi, \psi) \mathrm{vol}_g = \int_M h_{E \otimes \Lambda^{p,q}}(\phi, \bar{\partial}^{E\#} \psi) \mathrm{vol}_g$$

証明 $h_{E \otimes \Lambda^{p,q+1}}(\bar{\partial}^E \phi, \psi) \mathrm{vol}_g = \langle \bar{\partial}^E \phi \wedge \bar{*}_E \psi \rangle$ に注意すれば, 命題 8.4.1 と同様に示される. □

定義 8.4.8 (M, I) を複素多様体, g を I 不変な Riemann 計量とする. (E, h_E) を正則 Hermite ベクトル束とする. $\bar{\partial}^E$-作用素に伴う Laplace 作用素を次で定める.

$$\Delta^{\bar{\partial}^E} = \bar{\partial}^E \bar{\partial}^{E\#} + \bar{\partial}^{E\#} \bar{\partial}^E : \Omega^{p,q}(E) \to \Omega^{p,q}(E)$$

このとき次が成り立つ.

定理 8.4.9（Hodge-de Rham-小平の定理）
(M, I) をコンパクトな複素多様体, g を I-不変な Riemann 計量とする. (E, h_E) を正則 Hermite ベクトル束とする. $\mathcal{H}^{p,q}(E) = \{\phi \in \Omega^{p,q}(E) \mid \Delta^{\bar{\partial}^E}\phi = 0\}$ とする. このとき次が成り立つ.

(1) $\mathcal{H}^{p,q}(E)$ は有限次元ベクトル空間である.
(2) $\Omega^{p,q}(E) = \mathcal{H}^{p,q}(E) \oplus \Delta^{\bar{\partial}^E}\Omega^{p,q}(E)$.
(3) $\Delta^{\bar{\partial}^E}\Omega^{p,q}(E) = \bar{\partial}^E\Omega^{p,q-1}(E) \oplus \bar{\partial}^{E\#}\Omega^{p,q+1}(E)$.
(4) $\operatorname{Ker}\{\bar{\partial}^E : \Omega^{p,q}(E) \to \Omega^{p,q+1}(E)\} = \mathcal{H}^{p,q}(E) \oplus \bar{\partial}^E\Omega^{p,q-1}(E)$.
(5) $H^{p,q}_{\bar{\partial}}(M; E) \cong \mathcal{H}^{p,q}(E)$.

$\mathcal{H}^{p,q}(E)$ の元を調和形式という. この定理の証明では Laplace 作用素の解析的な性質が重要になる. 11.4 節で, (M, I, g) が Kähler 多様体の場合に, この定理の証明を与える（注意 11.4.4 参照）.

$\bar{*}_E \Delta^{\bar{\partial}^E} = \Delta^{\bar{\partial}^{E^*}} \bar{*}_E$ が成り立つことが容易に確かめられる. よって $\Delta^{\bar{\partial}^E}\phi = 0$ ならば, $\Delta^{\bar{\partial}^{E^*}}(\bar{*}_E\phi) = 0$ である. したがって $\mathbb{C}$ 上反線型な全単射

$$\bar{*}_E : \mathcal{H}^{p,q}(E) \to \mathcal{H}^{m-p,m-q}(E^*)$$

が定義される. これを用いて定理 8.4.6 と同様に次が示される.

定理 8.4.10（小平-Serre の双対定理）
(M, I) をコンパクトな複素多様体とする. $\pi : E \to M$ を正則ベクトル束とする. ペアリング

$$\langle \cdot, \cdot \rangle : H^{p,q}_{\bar{\partial}}(M; E) \otimes H^{m-p,m-q}_{\bar{\partial}}(M; E^*) \to \mathbb{C}$$

を $\langle [\phi], [\psi] \rangle = \int_M \langle \phi \wedge \psi \rangle$ により定めるとき, これは非退化になる.

第9章 Kähler多様体

　Riemann 計量が与えられた複素多様体で，概複素構造と Riemann 計量がある意味で整合性をもつものを Kähler 多様体という．この章では，Kähler 多様体およびその上の正則ベクトル束の接続に関する性質を調べる．

9.1　Kähler 計量

　この節では Kähler 多様体を導入して，その基本的な性質を調べる．

定義 9.1.1　M を複素多様体，I をその（積分可能な）概複素構造とする．I-不変な Riemann 計量 g の基本 2 形式 ω が $d\omega = 0$ を満たすとき，g を **Kähler 計量** (Kähler metric)，ω を **Kähler 形式** (Kähler form) という．また，組 (M, I, g) を **Kähler 多様体** (Kähler manifold) という．

例 9.1.2　例 8.2.9 において，$\mathbb{C}P^m$ 上の自然直線束 L，その上の自然な Hermite 計量 h を定めた．(L, h) の標準接続を ∇ とする．$\mathbb{C}P^m$ の概複素構造を I，$\omega = -c_1(R^\nabla)$ とおくとき，ω は I-不変な実 2 形式となる．さらに，$p \in \mathbb{C}P^m$，$u, v \in T_p\mathbb{C}P^m$ に対して $g(u, v) = \omega(u, Iv)$ と定めると，(8.2) より g は Kähler 計量となる．これを **Fubini-Study 計量** (Fubini-Study metric) という．

例 9.1.3　Kähler 多様体 (M, I, g) の複素部分多様体 V の誘導計量は Kähler 計量である．実際 $\iota: V \to M$ を埋め込みとするとき，誘導計量 ι^*g の基本 2 形式は $\iota^*\omega$ であり，$d\iota^*\omega = \iota^*d\omega = 0$ を満たす．したがって複素射影空間 $\mathbb{C}P^m$ に Fubini-Study 計量を入れたとき，その複素部分多様体は Kähler 多様体である．

　(M, I, g) を Kähler 多様体とする．$(z^1, \ldots, z^m)$ を正則座標近傍 U 上の局

所座標とする．

$$g_{i\bar{j}} = g\Big(\frac{\partial}{\partial z^i}, \frac{\partial}{\partial \bar{z}^j}\Big), \quad g_{\bar{i}j} = g\Big(\frac{\partial}{\partial \bar{z}^i}, \frac{\partial}{\partial z^j}\Big),$$
$$g_{ij} = g\Big(\frac{\partial}{\partial z^i}, \frac{\partial}{\partial z^j}\Big), \quad g_{\bar{i}\bar{j}} = g\Big(\frac{\partial}{\partial \bar{z}^i}, \frac{\partial}{\partial \bar{z}^j}\Big)$$

とするとき $g_{i\bar{j}} = g_{\bar{j}i} = \overline{g_{\bar{i}j}}$ が成り立つ．また

$$g_{ij} = g\Big(\frac{\partial}{\partial z^i}, \frac{\partial}{\partial z^j}\Big) = g\Big(I\frac{\partial}{\partial z^i}, I\frac{\partial}{\partial z^j}\Big) = g\Big(\sqrt{-1}\frac{\partial}{\partial z^i}, \sqrt{-1}\frac{\partial}{\partial z^j}\Big) = -g_{ij}$$

より $g_{ij} = 0$ を得る．同様に $g_{\bar{i}\bar{j}} = 0$ である．したがって，基本 2 形式 $\omega(\cdot,\cdot) = g(I\cdot,\cdot)$ は次で与えられる．

$$\omega = \sqrt{-1} g_{i\bar{j}} dz^i \wedge d\bar{z}^j \in \Omega^{1,1}(M)$$

さらに

$$d\omega = \sqrt{-1} \frac{\partial g_{i\bar{j}}}{\partial z^k} dz^k \wedge dz^i \wedge d\bar{z}^j + \sqrt{-1} \frac{\partial g_{i\bar{j}}}{\partial \bar{z}^k} d\bar{z}^k \wedge dz^i \wedge d\bar{z}^j$$

であるから，$\dfrac{\partial g_{i\bar{j}}}{\partial \bar{z}^k} = \overline{\Big(\dfrac{\partial g_{\bar{i}j}}{\partial z^k}\Big)}$ に注意すると，次を得る．

$$d\omega = 0 \iff \frac{\partial g_{i\bar{j}}}{\partial z^k} = \frac{\partial g_{k\bar{j}}}{\partial z^i} \tag{9.1}$$

$X, Y, Z \in \mathfrak{X}(M)$ に対して，(3.4) より

$$g(\nabla_X Y, Z) = \frac{1}{2}\{Xg(Y,Z) + Yg(Z,X) - Zg(X,Y)$$
$$+ g([X,Y],Z) - g([Y,Z],X) - g([X,Y],Z)\}$$

であった．したがって (9.1) に注意すると次を得る．

$$g\Big(\nabla_{\frac{\partial}{\partial z^i}} \frac{\partial}{\partial z^j}, \frac{\partial}{\partial z^k}\Big) = 0,$$
$$g\Big(\nabla_{\frac{\partial}{\partial \bar{z}^i}} \frac{\partial}{\partial z^j}, \frac{\partial}{\partial z^k}\Big) = \frac{1}{2}\Big(\frac{\partial g_{k\bar{i}}}{\partial z^j} - \frac{\partial g_{\bar{i}j}}{\partial z^k}\Big) = 0,$$
$$g\Big(\nabla_{\frac{\partial}{\partial z^i}} \frac{\partial}{\partial z^j}, \frac{\partial}{\partial \bar{z}^k}\Big) = \frac{1}{2}\Big(\frac{\partial g_{j\bar{k}}}{\partial \bar{z}^i} - \frac{\partial g_{\bar{i}j}}{\partial \bar{z}^k}\Big) = 0$$

よって，次を得る．

$$\nabla_{\frac{\partial}{\partial \bar{z}^i}} \frac{\partial}{\partial z^j} \in \mathfrak{X}^{1,0}(U), \quad \nabla_{\frac{\partial}{\partial \bar{z}^i}} \frac{\partial}{\partial z^j} = 0 \tag{9.2}$$

したがって Kähler 多様体の Levi-Civita 接続は Christoffel 記号を用いて

$$\nabla_{\frac{\partial}{\partial z^i}} \frac{\partial}{\partial z^j} = \Gamma_{ij}^k \frac{\partial}{\partial z^k}, \quad \nabla_{\frac{\partial}{\partial \bar{z}^i}} \frac{\partial}{\partial \bar{z}^j} = \Gamma_{ij}^{\bar{k}} \frac{\partial}{\partial \bar{z}^k}, \quad \Gamma_{ij}^{\bar{k}} = \overline{\Gamma_{ij}^k}$$

と表わされる.

定理 9.1.4 (M, I) を概複素多様体とする. g を M の I-不変な Riemann 計量, ω を基本 2 形式, ∇ を Levi-Civita 接続とする. このとき次の (a) から (d) は同値である.

(a) $\nabla I = 0 \in \Omega^1(\operatorname{End}(TM))$ である.

(b) 任意の $X \in \mathfrak{X}(M), Y \in \mathfrak{X}^{1,0}(M)$ に対して $\nabla_X Y \in \mathfrak{X}^{1,0}(M)$ である.

(c) 任意の $X \in \mathfrak{X}(M), Y \in \mathfrak{X}^{0,1}(M)$ に対して $\nabla_X Y \in \mathfrak{X}^{0,1}(M)$ である.

(d) I は積分可能であり, かつ $d\omega = 0 \in \Omega^3(M)$ を満たす. すなわち (M, I, g) は Kähler 多様体である.

証明 (b) $\Leftrightarrow$ (c): 接続 ∇ は実の作用素であるから, 複素共役を考えればよい.

(a) $\Leftrightarrow$ (b): $\nabla_X(IY) = (\nabla_X I)(Y) + I(\nabla_X Y)$ より従う.

(a), (b) $\Rightarrow$ (d): $X, Y \in \mathfrak{X}^{1,0}(M)$ のとき (b) より $\nabla_X Y, \nabla_Y X \in \mathfrak{X}^{1,0}(M)$ である. したがって $[X, Y] = \nabla_X Y - \nabla_Y X \in \mathfrak{X}^{1,0}(M)$ を得る. すなわち I は積分可能である.

また $\nabla I = 0$ かつ $\nabla g = 0$ であった, ω は g と I の縮約により定義されるから $\nabla \omega = 0$ を得る. 定理 5.1.1 より $d\omega = \sum_i e^i \wedge \nabla_{e_i} \omega = 0$ を得る.

(d) $\Rightarrow$ (b): (9.2) より従う. □

定理 9.1.4 より, Kähler 多様体 (M, I, g) の Levi-Civita 接続 ∇ は分解 $TM \otimes_\mathbb{R} \mathbb{C} = T'M \oplus T''M$ に応じて $\nabla = \nabla' \oplus \nabla''$ と分解する. さらに $\nabla' = (\nabla')^{1,0} \oplus (\nabla')^{0,1}$ と分解する. $T'M$ は正則ベクトル束, また, $\frac{\partial}{\partial z^1}, \ldots, \frac{\partial}{\partial z^m}$ は U 上の正則枠場であった. (9.2) より, $(\nabla')^{0,1} \frac{\partial}{\partial z^i} = 0$ であるから, $(\nabla')^{0,1}$ は正則ベクトル束 $T'M$ の Dolbeault 作用素と等しくなる. したがって次を得る.

定理 9.1.5 (M, I, g) を Kähler 多様体とする. g の定める $TM \otimes_\mathbb{R} \mathbb{C}$ 上の Hermite 計量 h の $T'M$ への制限を $h_{T'M}$ とする. このとき ∇' は $(T'M, h_{T'M})$

の標準接続である.

したがって定理 8.2.5 より次を得る.

命題 9.1.6 (M, I, g) を Kähler 多様体とする. $\nabla = \nabla' \oplus \nabla''$ を Levi-Civita 接続とする. $(z^1, \ldots, z^m)$ を正則座標近傍 U 上の局所座標とする. $H_U = (g_{i\bar{j}}) \in \Omega^0(U; \mathrm{End}(\mathbb{C}^m))$ とする. また $A_U = (A^i_j) \in \Omega^1(U; \mathrm{End}(\mathbb{C}^m))$ を次で定める.

$$\left(\nabla' \frac{\partial}{\partial z^1} \ \ldots \ \nabla' \frac{\partial}{\partial z^m}\right) = \left(\frac{\partial}{\partial z^1} \ \ldots \ \frac{\partial}{\partial z^m}\right) \begin{pmatrix} A^1_1 & \ldots & A^1_m \\ \vdots & & \vdots \\ A^m_1 & \ldots & A^m_m \end{pmatrix}$$

このとき次が成り立つ.

(1) $A^i_j = \Gamma^i_{kj} dz^k$.
(2) $A_U = {}^t\{(\partial H_U)(H_U)^{-1}\} \in \Omega^{1,0}(U; \mathrm{End}(\mathbb{C}^m))$.
(3) $R^{\nabla'}|_U = \bar{\partial} A_U, R^{\nabla''}|_U = \partial \overline{A_U} \in \Omega^{1,1}(U; \mathrm{End}(\mathbb{C}^m))$.
(4) $R^{\nabla} = R^{\nabla'} + R^{\nabla''} \in \Omega^{1,1}(\mathrm{End}(TM))$.

(M, I, g) を Kähler 多様体, $\nabla = \nabla' \oplus \nabla''$ を Levi-Civita 接続とする. $(z^1, \ldots, z^m)$ を正則座標近傍 U 上の局所座標とする.

$$R^{\nabla}\left(\frac{\partial}{\partial z^C}, \frac{\partial}{\partial z^D}\right) \frac{\partial}{\partial z^B} = R^A_{BCD} \frac{\partial}{\partial z^A}$$

により R^A_{BCD} を定める. ただし $A, \ldots, D = 1, \ldots, m, \bar{1}, \ldots, \bar{m}$ であり, $\frac{\partial}{\partial z^{\bar{k}}} = \frac{\partial}{\partial \bar{z}^k}$ とする. このとき

$$R^{\nabla'}|_U = R^i_{jkl} \frac{\partial}{\partial z^i} \otimes dz^j \otimes dz^k \otimes dz^{\bar{l}} + R^i_{j\bar{l}k} \frac{\partial}{\partial z^i} \otimes dz^j \otimes dz^{\bar{l}} \otimes dz^k,$$

$$R^{\nabla''}|_U = R^{\bar{i}}_{\bar{j}kl} \frac{\partial}{\partial z^{\bar{i}}} \otimes dz^{\bar{j}} \otimes dz^{\bar{k}} \otimes dz^l + R^{\bar{i}}_{\bar{j}l\bar{k}} \frac{\partial}{\partial z^{\bar{i}}} \otimes dz^{\bar{j}} \otimes dz^l \otimes dz^{\bar{k}}$$

であり, 次が成り立つ.

$$R^{\bar{i}}_{\bar{j}\bar{k}l} = \overline{R^i_{jkl}}, \quad R^i_{jk\bar{l}} + R^i_{j\bar{l}k} = 0, \quad R^i_{j\bar{k}l} + R^{\bar{i}}_{jl\bar{k}} = 0, \quad R^i_{jk\bar{l}} = R^i_{kj\bar{l}} \quad (9.3)$$

ただし, 4 つめの等式は Bianchi の第 1 恒等式である. 実際, 系 3.3.9 より $R^i_{jk\bar{l}} + R^i_{k\bar{l}j} + R^i_{\bar{l}jk} = 0$ となる. $R^i_{\bar{l}jk} = 0$ より $R^i_{jk\bar{l}} + R^i_{k\bar{l}j} = 0$ を得る.

また Ricci 曲率は次のようになる．

$$\mathrm{Ric} = R_{j\bar{l}} dz^j \otimes dz^{\bar{l}} + R_{\bar{j}l} dz^{\bar{j}} \otimes dz^l, \quad \text{ただし } R_{j\bar{l}} = R^i{}_{ji\bar{l}},\ R_{\bar{j}l} = R^{\bar{i}}{}_{\bar{j}\bar{i}l}$$

したがって，任意の $X, Y \in \mathfrak{X}(M)$ に対して $\mathrm{Ric}(IX, IY) = \mathrm{Ric}(X, Y)$ が成り立つ．$X, Y \in \mathfrak{X}(M)$ に対して $\rho(X, Y) = \mathrm{Ric}(IX, Y)$ と定めるとき

$$\rho = \sqrt{-1}\, R_{j\bar{l}}\, dz^j \wedge dz^{\bar{l}} \in \Omega^{1,1}(M)$$

となり，これを **Ricci 形式** (Ricci form) という．さらに次が成り立つ．

命題 9.1.7 (M, I, g) を Kähler 多様体とする．$\nabla = \nabla' \oplus \nabla''$ を Levi-Civita 接続とする．$(z^1, \ldots, z^m)$ を正則座標近傍 U 上の局所座標とし，$H_U = (g_{i\bar{j}})$ と定める．このとき次が成り立つ．

$$\rho|_U = \sqrt{-1}\, \mathrm{Tr} R^{\nabla'}|_U = \sqrt{-1}\, \bar{\partial}\partial\, \log \det H_U \in \Omega^{1,1}(U)$$

証明 (9.3) に注意すると次を得る．

$$\rho = \sqrt{-1}\, R^i{}_{ji\bar{l}}\, dz^j \wedge dz^{\bar{l}} = \sqrt{-1}\, R^i{}_{ij\bar{l}}\, dz^j \wedge dz^{\bar{l}} = \sqrt{-1}\, \mathrm{Tr} R^{\nabla'}$$

また $\sqrt{-1}\,\mathrm{Tr} R^{\nabla'} = \sqrt{-1}\bar{\partial}\partial \log\det H_U$ は定理 8.2.5 (4) より従う． □

9.2 Kähler 多様体上の微分作用素

一般の複素多様体では，I-不変な Riemann 計量 g に関する Laplace 作用素 Δ^g と $\Delta^{\bar{\partial}}, \Delta^\partial$ との間にはあまりよい関係がない．この節では，Kähler 多様体の場合には，これらの微分作用素の間にさまざまな関係が成り立つことを調べる．

(M, I, g) を m 次元 Kähler 多様体，ω を Kähler 形式とする．$C^\infty(M) \otimes_{\mathbb{R}} \mathbb{C}$ 上の線型写像 $\Lambda \colon \Omega^{p,q}(M) \to \Omega^{p-1,q-1}(M)$ を，任意の $\phi \in \Omega^{p,q}(M)$, $\psi \in \Omega^{p-1,q-1}(M)$ に対して

$$h_{\Lambda^{p-1,q-1}}(\Lambda\phi, \psi) = h_{\Lambda^{p,q}}(\phi, \omega \wedge \psi)$$

により定める．このとき次が成り立つ．

補題 9.2.1 (M, I, g) を Kähler 多様体，∇ を Levi-Civita 接続とする．
(1) $\alpha \in \Omega^{1,0}(M)$ に対して次が成り立つ．

$$\sqrt{-1}\{\Lambda \circ (\alpha \wedge) - (\alpha \wedge) \circ \Lambda\} = i(Cg^* \otimes \alpha), \tag{9.4}$$

$$-\sqrt{-1}\{\Lambda \circ (\overline{\alpha} \wedge) - (\overline{\alpha} \wedge) \circ \Lambda\} = i(Cg^* \otimes \overline{\alpha}) \tag{9.5}$$

(2) 任意の $X \in \Gamma(TM \otimes_{\mathbb{R}} \mathbb{C})$ に対して次が成り立つ．

$$\Lambda \circ \nabla_X^{\Lambda^{p,q}M} = \nabla_X^{\Lambda^{p-1,q-1}M} \circ \Lambda \colon \Omega^{p,q}(M) \to \Omega^{p-1,q-1}(M)$$

証明 (1) $Cg^* \otimes \overline{\alpha} \in \mathfrak{X}^{1,0}(M)$ であるから

$$i(Cg^* \otimes \overline{\alpha})\omega = g(I(Cg^* \otimes \overline{\alpha}), \cdot) = \sqrt{-1}\, g(Cg^* \otimes \overline{\alpha}, \cdot) = \sqrt{-1}\, \overline{\alpha}$$

となる．また補題 5.2.3 と定理 1.6.8 (1) に注意すると，任意の $\phi \in \Omega^{p,q}(M)$, $\psi \in \Omega^{p,q-1}(M)$ に対して

$$\begin{aligned}
& h_{\Lambda^{p,q-1}}(\sqrt{-1}\{\Lambda \circ (\alpha \wedge) - (\alpha \wedge) \circ \Lambda\}\phi, \psi) \\
&= h_{\Lambda^{p+1,q}}(\sqrt{-1}\alpha \wedge \phi, \omega \wedge \psi) - h_{\Lambda^{p-1,q-1}}(\sqrt{-1}\Lambda\phi, i(Cg^* \otimes \overline{\alpha})\psi) \\
&= h_{\Lambda^{p,q}}(\sqrt{-1}\phi, i(Cg^* \otimes \overline{\alpha})(\omega \wedge \psi)) - h_{\Lambda^{p,q}}(\sqrt{-1}\phi, \omega \wedge i(Cg^* \otimes \overline{\alpha})\psi) \\
&= h_{\Lambda^{p,q}}(\sqrt{-1}\phi, \{i(Cg^* \otimes \overline{\alpha})\omega\} \wedge \psi) \\
&= h_{\Lambda^{p,q}}(\sqrt{-1}\phi, \sqrt{-1}\, \overline{\alpha} \wedge \psi) \\
&= h_{\Lambda^{p,q-1}}(i(Cg^* \otimes \alpha)\phi, \psi)
\end{aligned}$$

より (9.4) を得る．(9.5) は (9.4) の複素共役である．
(2) 任意の $\phi \in \Omega^{p,q}(M), \psi \in \Omega^{p-1,q-1}(M)$ に対して，$\nabla \omega = 0$ と補題 5.1.4 (1) に注意すると

$$\begin{aligned}
h_{\Lambda^{p-1,q-1}}(\Lambda \nabla_X^{\Lambda^{p,q}M}\phi, \psi) &= h_{\Lambda^{p,q}}(\nabla_X^{\Lambda^{p,q}M}\phi, \omega \wedge \psi) \\
&= X h_{\Lambda^{p,q}}(\phi, \omega \wedge \psi) - h_{\Lambda^{p,q}}(\phi, \nabla_{\overline{X}}^{\Lambda^{p,q}M}(\omega \wedge \psi)) \\
&= X h_{\Lambda^{p-1,q-1}}(\Lambda\phi, \psi) - h_{\Lambda^{p-1,q-1}}(\Lambda\phi, \nabla_{\overline{X}}^{\Lambda^{p-1,q-1}M}\psi) \\
&= h_{\Lambda^{p-1,q-1}}(\nabla_X^{\Lambda^{p-1,q-1}M}(\Lambda\phi), \psi)
\end{aligned}$$

を得る． □

(E, h_E) を Kähler 多様体 (M, I, g) 上の（正則とは限らない）Hermite ベクトル束とする．接続 $\nabla^E \colon \Omega^0(E) \to \Omega^1(E)$ は h_E を保つとする．$e_1, \ldots, e_m \in \Gamma(T'M|_U)$ を M の開集合 U 上の（正規直交とも正則とも限らない）枠場，$e^1, \ldots, e^m \in \Gamma(\Lambda^{1,0}M|_U)$ をその双対枠場とする．定理 5.1.1 より

$$d^{\nabla^E}|_U = e^i \wedge \nabla^{E \otimes \Lambda^{p,q}M}_{e_i} + \overline{e^i} \wedge \nabla^{E \otimes \Lambda^{p,q}M}_{\overline{e_i}}$$

を得る．(M, I, g) は Kähler 多様体であるから $\nabla^{E \otimes \Lambda^{p,q}M}_{e_i}, \nabla^{E \otimes \Lambda^{p,q}M}_{\overline{e_i}}$ は $\Omega^{p,q}(E)$ を保つ．よって $d^{\nabla^E}\Omega^{p,q}(E) \subset \Omega^{p+1,q}(E) \oplus \Omega^{p,q+1}(E)$ となる．したがって $d^{\nabla^E} = \partial^{\nabla^E} \oplus \bar{\partial}^{\nabla^E}$ を満たす $\partial^{\nabla^E} \colon \Omega^{p,q}(E) \to \Omega^{p+1,q}(E)$, $\bar{\partial}^{\nabla^E} \colon \Omega^{p,q}(E) \to \Omega^{p,q+1}(E)$ が一意に定まり，次のように表わされる．

$$\partial^{\nabla^E}|_U = e^i \wedge \nabla^{E \otimes \Lambda^{p,q}M}_{e_i} \colon \Omega^{p,q}(E|_U) \to \Omega^{p+1,q}(E|_U), \tag{9.6}$$

$$\bar{\partial}^{\nabla^E}|_U = \overline{e^i} \wedge \nabla^{E \otimes \Lambda^{p,q}M}_{\overline{e_i}} \colon \Omega^{p,q}(E|_U) \to \Omega^{p,q+1}(E|_U) \tag{9.7}$$

また，命題 5.2.4 より次が成り立つ．

$$\delta^{\nabla^E}|_U = -i(Cg^* \otimes e^i)\nabla^{E \otimes \Lambda^{p,q}M}_{e_i} - i(Cg^* \otimes \overline{e^i})\nabla^{E \otimes \Lambda^{p,q}M}_{\overline{e_i}}$$

よって $\delta^{\nabla^E}\Omega^{p,q}(E) \subset \Omega^{p-1,q}(E) \oplus \Omega^{p,q-1}(E)$ となる．したがって $\delta^{\nabla^E} = \partial^{\nabla^E \#} \oplus \bar{\partial}^{\nabla^E \#}$ を満たす $\partial^{\nabla^E \#} \colon \Omega^{p,q}(E) \to \Omega^{p-1,q}(E)$, $\bar{\partial}^{\nabla^E \#} \colon \Omega^{p,q}(E) \to \Omega^{p,q-1}(E)$ が一意に定まり，次のように表わされる．

$$\partial^{\nabla^E \#}|_U = -i(Cg^* \otimes \overline{e^i})\nabla^{E \otimes \Lambda^{p,q}M}_{\overline{e_i}} \colon \Omega^{p,q}(E|_U) \to \Omega^{p-1,q}(E|_U), \tag{9.8}$$

$$\bar{\partial}^{\nabla^E \#}|_U = -i(Cg^* \otimes e^i)\nabla^{E \otimes \Lambda^{p,q}M}_{e_i} \colon \Omega^{p,q}(E|_U) \to \Omega^{p,q-1}(E|_U) \tag{9.9}$$

$\phi \in \Omega^{p,q}(E), \psi \in \Omega^{p,q-1}(E)$ の少なくとも一方がコンパクト台をもつとき

$$\int_M h_{E \otimes \Lambda^{p,q}}(\phi, \bar{\partial}^{\nabla^E}\psi)\mathrm{vol}_g = \int_M h_{E \otimes \Lambda^{p+q}}(\phi, d^{\nabla^E}\psi)\mathrm{vol}_g$$
$$= \int_M h_{E \otimes \Lambda^{p+q-1}}(\delta^{\nabla^E}\phi, \psi)\mathrm{vol}_g = \int_M h_{E \otimes \Lambda^{p,q-1}}(\bar{\partial}^{\nabla^E \#}\phi, \psi)\mathrm{vol}_g$$

が成り立つ．同様に $\phi \in \Omega^{p,q}(E), \psi \in \Omega^{p-1,q}(E)$ の少なくとも一方がコンパクト台をもつとき次が成り立つ．

$$\int_M h_{E \otimes \Lambda^{p,q}}(\phi, \partial^{\nabla^E}\psi)\mathrm{vol}_g = \int_M h_{E \otimes \Lambda^{p-1,q}}(\partial^{\nabla^E \#}\phi, \psi)\mathrm{vol}_g$$

定理 9.2.2 (M, I, g) を Kähler 多様体, ω を Kähler 形式とする. (E, h_E) を M 上の（正則とは限らない）Hermite ベクトル束とする. E 上の接続 ∇^E が h_E を保つとき, 次が成り立つ.

$$\partial^{\nabla^E}{}^{\#} = \sqrt{-1}(\Lambda\bar{\partial}^{\nabla^E} - \bar{\partial}^{\nabla^E}\Lambda) \colon \Omega^{p,q}(E) \to \Omega^{p-1,q}(E),$$
$$\bar{\partial}^{\nabla^E}{}^{\#} = -\sqrt{-1}(\Lambda\partial^{\nabla^E} - \partial^{\nabla^E}\Lambda) \colon \Omega^{p,q}(E) \to \Omega^{p,q-1}(E)$$

証明 $e_1, \ldots, e_m \in \Gamma(T'M|_U)$ を M の開集合 U 上の（正規直交とも正則とも限らない）枠場, $e^1, \ldots, e^m \in \Gamma(\Lambda^{1,0}M|_U)$ をその双対枠場とする. 補題 9.2.1 より次を得る.

$$-\sqrt{-1}(\Lambda\partial^{\nabla^E} - \partial^{\nabla^E}\Lambda) = -\sqrt{-1}\{\Lambda \circ (e^i\wedge) - (e^i\wedge) \circ \Lambda\}\nabla^{E \otimes \Lambda^{p,q}M}_{e_i}$$
$$= -i(Cg^* \otimes e^i)\nabla^{E \otimes \Lambda^{p,q}M}_{e_i} = \bar{\partial}^{\nabla^E}{}^{\#}$$

$\partial^{\nabla^E}{}^{\#}$ についても同様に示される. □

以後 (E, h_E) を正則 Hermite ベクトル束とする.

命題 9.2.3 (M, I, g) を Kähler 多様体とする. (E, h_E) を M 上の正則 Hermite ベクトル束, ∇^E を標準接続とする. d^{∇^E} を $d^{\nabla^E} = \partial^{\nabla^E} \oplus \bar{\partial}^{\nabla^E} \colon \Omega^{p,q}(E) \to \Omega^{p+1,q}(E) \oplus \Omega^{p,q+1}(E)$ と分解する. このとき次が成り立つ.
(1) $\bar{\partial}^{\nabla^E}$ は Dolbeault 作用素 $\bar{\partial}^E \colon \Omega^{p,q}(E) \to \Omega^{p,q+1}(E)$ に等しい.
(2) $\partial^{\nabla^E} \circ \bar{\partial}^E + \bar{\partial}^E \circ \partial^{\nabla^E} = R^{\nabla^E} \in \Omega^{1,1}(\mathrm{End}E), \partial^{\nabla^E}\partial^{\nabla^E} = 0$ が成り立つ.

証明 (1) $e_1, \ldots, e_m \in \Gamma(T'M|_U)$ を M の開集合 U 上の（正規直交とも正則とも限らない）枠場, $e^1, \ldots, e^m \in \Gamma(\Lambda^{1,0}M|_U)$ をその双対枠場とする. ∇^E は標準接続だから $\Gamma(E|_U)$ の元に対して $\bar{\partial}^E|_U = \overline{e^i} \wedge \nabla^E_{\overline{e_i}}$ である. (9.7) より, $\Omega^{p,q}(E)$ の元に対して次を得る.

$$\bar{\partial}^{\nabla^E}|_U = \overline{e^i} \wedge \nabla^{E \otimes \Lambda^{p,q}M}_{\overline{e_i}} = \nabla^E_{\overline{e_i}} \otimes (\overline{e^i}\wedge) + \mathrm{id}_E \otimes (\overline{e^i} \wedge \nabla^{\Lambda^{p,q}M}_{\overline{e_i}})$$
$$= \bar{\partial}^E|_U \wedge \mathrm{id}_{\Lambda^{p,q}M} + \mathrm{id}_E \otimes \bar{\partial}|_U = \bar{\partial}^E|_U$$

(2) $R^{\nabla^E} = d^{\nabla^E} \circ d^{\nabla^E} = (\partial^{\nabla^E} \circ \partial^{\nabla^E}) + (\partial^{\nabla^E} \circ \bar{\partial}^E + \bar{\partial}^E \circ \partial^{\nabla^E}) + (\bar{\partial}^E \circ \bar{\partial}^E)$ となる. ここで

$$\partial^{\nabla^E} \circ \partial^{\nabla^E} \colon \Omega^{p,q}(E) \to \Omega^{p+2,q}(E),$$
$$\partial^{\nabla^E} \circ \bar{\partial}^E + \bar{\partial}^E \circ \partial^{\nabla^E} \colon \Omega^{p,q}(E) \to \Omega^{p+1,q+1}(E),$$
$$\bar{\partial}^E \circ \bar{\partial}^E = 0 \colon \Omega^{p,q}(E) \to \Omega^{p,q+2}(E)$$

である. 定理 8.2.5 より $R^{\nabla^E} \in \Omega^{1,1}(\mathrm{End} E)$ だから主張を得る. □

命題 9.2.3 により, 正則 Hermite ベクトル束の場合には, 以後 $\bar{\partial}^{\nabla^E \#}$ を $\bar{\partial}^{E\#}$ と表わす.

定義 9.2.4 (M, I, g) を Kähler 多様体とする. (E, h_E) を M 上の正則 Hermite ベクトル束, ∇^E を標準接続とする. $\bar{\partial}^E$-作用素, ∂^{∇^E}-作用素に伴う Laplace 作用素をそれぞれ次で定める.

$$\Delta^{\bar{\partial}^E} = \bar{\partial}^E \bar{\partial}^{E\#} + \bar{\partial}^{E\#} \bar{\partial}^E \colon \Omega^{p,q}(E) \to \Omega^{p,q}(E),$$
$$\Delta^{\partial^{\nabla^E}} = \partial^{\nabla^E} \partial^{\nabla^E \#} + \partial^{\nabla^E \#} \partial^{\nabla^E} \colon \Omega^{p,q}(E) \to \Omega^{p,q}(E)$$

ただし (E, h_E) が階数 1 の自明束の場合は単に $\Delta^{\bar{\partial}}, \Delta^{\partial}$ と表わす.

定理 9.2.5 (M, I, g) を Kähler 多様体とする. (E, h_E) を M 上の正則 Hermite ベクトル束, ∇^E を標準接続とする. $\bar{\partial}^E \colon \Omega^{p,q}(E) \to \Omega^{p,q+1}(E)$ を Dolbeault 作用素とする. このとき次が成り立つ.
(1) $\Delta^E = \Delta^{\bar{\partial}^E} + \Delta^{\partial^{\nabla^E}} \colon \Omega^{p,q}(E) \to \Omega^{p,q}(E)$.
(2) $\Delta^{\partial^{\nabla^E}} - \Delta^{\bar{\partial}^E} = \sqrt{-1}(\Lambda \circ R^{\nabla^E} - R^{\nabla^E} \circ \Lambda) \colon \Omega^{p,q}(E) \to \Omega^{p,q}(E)$.

証明 (1) $\Delta^E = d^{\nabla^E} \delta^{\nabla^E} + \delta^{\nabla^E} d^{\nabla^E}$ であるから

$$\Delta^E = (\partial^{\nabla^E} + \bar{\partial}^E)(\partial^{\nabla^E \#} + \bar{\partial}^{E\#}) + (\partial^{\nabla^E \#} + \bar{\partial}^{E\#})(\partial^{\nabla^E} + \bar{\partial}^E)$$
$$= \Delta^{\bar{\partial}^E} + \Delta^{\partial^{\nabla^E}} + (\partial^{\nabla^E} \bar{\partial}^{E\#} + \bar{\partial}^{E\#} \partial^{\nabla^E}) + (\bar{\partial}^E \partial^{\nabla^E \#} + \partial^{\nabla^E \#} \bar{\partial}^E)$$

となる. 定理 9.2.2 より

$$\sqrt{-1}(\partial^{\nabla^E} \bar{\partial}^{E\#} + \bar{\partial}^{E\#} \partial^{\nabla^E}) = \partial^{\nabla^E}(\Lambda \partial^{\nabla^E} - \partial^{\nabla^E} \Lambda) + (\Lambda \partial^{\nabla^E} - \partial^{\nabla^E} \Lambda) \partial^{\nabla^E} = 0,$$
$$-\sqrt{-1}(\bar{\partial}^E \partial^{\nabla^E \#} + \partial^{\nabla^E \#} \bar{\partial}^E) = \bar{\partial}^E(\Lambda \bar{\partial}^E - \bar{\partial}^E \Lambda) + (\Lambda \bar{\partial}^E - \bar{\partial}^E \Lambda) \bar{\partial}^E = 0$$

となるから $\Delta^E = \Delta^{\bar{\partial}^E} + \Delta^{\partial^{\nabla^E}}$ を得る.

(2) 定理 9.2.2, 命題 9.2.3 より

$$
\begin{aligned}
-\sqrt{-1}&(\Delta^{\partial^{\nabla^E}} - \Delta^{\bar\partial^E}) \\
&= -\sqrt{-1}(\partial^{\nabla^E}\partial^{\nabla^E\#} + \partial^{\nabla^E\#}\partial^{\nabla^E}) + \sqrt{-1}(\bar\partial^E\bar\partial^{E\#} + \bar\partial^{E\#}\bar\partial^E) \\
&= \partial^{\nabla^E}(\Lambda\bar\partial^E - \bar\partial^E\Lambda) + (\Lambda\bar\partial^E - \bar\partial^E\Lambda)\partial^{\nabla^E} \\
&\qquad + \bar\partial^E(\Lambda\partial^{\nabla^E} - \partial^{\nabla^E}\Lambda) + (\Lambda\partial^{\nabla^E} - \partial^{\nabla^E}\Lambda)\bar\partial^E \\
&= \Lambda(\bar\partial^E\partial^{\nabla^E} + \partial^{\nabla^E}\bar\partial^E) - (\bar\partial^E\partial^{\nabla^E} + \partial^{\nabla^E}\bar\partial^E)\Lambda \\
&= \Lambda \circ R^{\nabla^E} - R^{\nabla^E} \circ \Lambda
\end{aligned}
$$

を得る. □

最後に関数に作用する Laplace 作用素を局所座標で表示する.

補題 9.2.6 (M, I, g) を Kähler 多様体とする. $(z^1, \ldots, z^m)$ を M の開集合 U 上の局所座標とする. このとき, $f \in C^\infty(M)$ に対して次が成り立つ.

$$\Delta^{\bar\partial}f = -\sqrt{-1}\Lambda\partial\bar\partial f = -g^{\bar ij}\frac{\partial^2 f}{\partial z^i \partial \bar z^j}$$

ただし, 2 つめの等号は U 上で成り立つ.

証明 定理 9.2.2 より

$$\Delta^{\bar\partial}f = -\sqrt{-1}(\Lambda\partial - \partial\Lambda)\bar\partial f = -\sqrt{-1}\Lambda\partial\bar\partial f$$

となり, 1 つめの等号を得る.

次に, 2 つめの等号を示す. $e_i = \dfrac{\partial}{\partial z^i}$, $e^i = dz^i$ とおく. U 上で $-\sqrt{-1}\Lambda\partial\bar\partial f = -\sqrt{-1}\Lambda(e_i\overline{e_j}f\ e^i \wedge \overline{e^j})$ が成り立つから, $\sqrt{-1}\Lambda e^i \wedge \overline{e^j} = g^{\bar ij}$ を示せば $-\sqrt{-1}\Lambda\partial\bar\partial f = -g^{\bar ij}e_i\overline{e_j}f$ が得られる. 実際

$$i(Cg^* \otimes \overline{e^i})\omega = g(I(Cg^* \otimes \overline{e^i}), \cdot) = \sqrt{-1}g(Cg^* \otimes \overline{e^i}, \cdot) = \sqrt{-1}\,\overline{e^i}$$

に注意すると,

$$
\begin{aligned}
\sqrt{-1}\Lambda e^i \wedge \overline{e^j} &= h_{\Lambda^{1,1}}(\sqrt{-1}e^i \wedge \overline{e^j}, \omega) \\
&= h_{\Lambda^{0,1}}(\sqrt{-1}\,\overline{e^j}, i(Cg^* \otimes \overline{e^i})\omega) = h_{\Lambda^{0,1}}(\sqrt{-1}\,\overline{e^j}, \sqrt{-1}\,\overline{e^i}) = g^{\bar ji}
\end{aligned}
$$

を得る. □

9.3 Hodge-de Rham-小平の定理の応用

この節では,Hodge-de Rham-小平の定理を用いて,Kähler 多様体の性質を調べる.

定理 9.3.1 (M, I, g) をコンパクト Kähler 多様体とする.
(1) $\frac{1}{2}\Delta^g = \Delta^{\bar{\partial}} = \Delta^{\partial}$ が成り立つ.とくに

$$\mathcal{H}^k(M, g) = \{\phi \in \Omega^k(M) \mid \Delta^g \phi = 0\},$$
$$\mathcal{H}^{p,q}(M, I, g) = \{\phi \in \Omega^{p,q}(M) \mid \Delta^{\bar{\partial}} \phi = 0\}$$

とするとき次が成り立つ(**Hodge 分解** (Hodge decomposition) という).

$$\mathcal{H}^k(M, g) \otimes_{\mathbb{R}} \mathbb{C} = \bigoplus_{p+q=k} \mathcal{H}^{p,q}(M, I, g), \quad \mathcal{H}^{q,p}(M, I, g) = \overline{\mathcal{H}^{p,q}(M, I, g)}$$

(2) k が奇数のとき $\dim H^k(M; \mathbb{R})$ は偶数である.
(3) $\phi \in \Omega^{p,0}(M)$ が $\bar{\partial}\phi = 0$ を満たすならば $d\phi = 0$ が成り立つ.

証明 (1) (E, h_E) が階数 1 の自明束の場合に定理 9.2.5 を適用すると $\Delta^g = 2\Delta^{\bar{\partial}}$ を得る.これより,Δ^g は実の作用素であることに注意すれば,Hodge 分解は従う.
(2) (1) よりただちに従う.
(3) $\phi \in \Omega^{p,0}(M)$ はつねに $\bar{\partial}^{\#}\phi = 0$ を満たす.よって $\bar{\partial}\phi = 0$ ならば $\Delta^{\bar{\partial}}\phi = 0$ を満たす.これは,(1) より $\Delta^g \phi = 0$ を意味する.したがって $d\phi = 0$ が成り立つ. □

例 9.3.2 $\widetilde{M} = \mathbb{C}^m \setminus \{(0, \ldots, 0)\}$ $(m \geq 2)$ とする.$0 < |\alpha_i| < 1$ を満たす $\alpha_1, \ldots, \alpha_m \in \mathbb{C}$ を固定する.$\mathbb{Z}$ の $\widetilde{M}$ への右作用を次で定める.

$$(z_1, \ldots, z_m)k = (\alpha_1^k z_1, \ldots, \alpha_m^k z_m)$$

このとき,商空間 $M = \widetilde{M}/\mathbb{Z}$ は自然に複素多様体となる.これを **Hopf 多様体** (Hopf manifold) という.

Hopf 多様体 M は Kähler 計量をもたない.実際,$\alpha_i = e^{\beta_i}$, $S^{2m-1} =$

$$\left\{(z_1,\ldots,z_m)\in \mathbb{C}^m \;\middle|\; \sum_{i=1}^{m}|z_i|^2=1\right\}$$ と表わし，写像 $\widetilde{f}\colon \mathbb{R}\times S^{2m-1}\to \widetilde{M}$ を

$$\widetilde{f}(t,(z_1,\ldots,z_m))=(e^{t\beta_1}z_1,\ldots,e^{t\beta_m}z_m)$$

により定める．このとき，$\widetilde{f}$ は微分同相写像 $f\colon \mathbb{R}/\mathbb{Z}\times S^{2m-1}\to M$ を誘導する．よって $m\geq 2$ より $\dim H^1(M;\mathbb{R})=1$ を得る．したがって，定理 9.3.1 (2) より M は Kähler 計量をもたない．

Hodge-de Rham-小平の定理から，次の重要な補題が導かれる．

補題 9.3.3 ($\partial\bar{\partial}$ の補題 ($\partial\bar{\partial}$-lemma)) コンパクト Kähler 多様体 (M,I,g) 上の実 $(1,1)$ 形式 $\phi\in\Omega^{1,1}(M)$ が $\phi=d\alpha$ という形で表わされるならば，ある実数値関数 $f\in C^\infty(M)$ で $\phi=\sqrt{-1}\partial\bar{\partial}f$ を満たすものが存在する．

証明 α は実 1 形式としてよい．このとき $\beta\in\Omega^{1,0}(M)$ で $\alpha=\beta+\bar{\beta}$ を満たすものが存在する．したがって

$$\phi=d\alpha=\partial\beta+(\partial\bar{\beta}+\bar{\partial}\beta)+\bar{\partial}\bar{\beta}$$

であるが，$\phi\in\Omega^{1,1}(M)$ であるから $\bar{\partial}\bar{\beta}=0$ を得る．定理 8.4.5 (4) よりある $\gamma\in\mathcal{H}^{0,1}(M,I,g)$ と $\delta\in\Omega^0(M)$ が存在して $\bar{\beta}=\gamma+\bar{\partial}\delta$ と表わされる．定理 9.3.1 (1) より $\Delta^{\bar{\partial}}=\Delta^\partial$ であるから $\partial\gamma=0$ である．よって $\partial\bar{\beta}=\partial\gamma+\partial\bar{\partial}\delta=\partial\bar{\partial}\delta$ を得る．したがって

$$\phi=\partial\bar{\beta}+\bar{\partial}\beta=\partial\bar{\partial}\delta+\overline{\partial\bar{\partial}\delta}=\partial\bar{\partial}(\delta-\bar{\delta})=\sqrt{-1}\partial\bar{\partial}\{-\sqrt{-1}(\delta-\bar{\delta})\}$$

を得る．$f=-\sqrt{-1}(\delta-\bar{\delta})$ とすればよい． □

(L,h_L) を複素多様体 M 上の正則 Hermite 直線束，∇ を標準接続とする．このとき，$c_1(L)=[c_1(R^\nabla)]\in H^2(M;\mathbb{R})$ であり，$c_1(R^\nabla)$ は次で与えられる．

$$c_1(R^\nabla)=\frac{\sqrt{-1}}{2\pi}R^\nabla\in\Omega^{1,1}(\mathrm{End}L)=\Omega^{1,1}(M)$$

命題 9.3.4 L をコンパクト複素多様体 M 上の正則直線束とする．実閉形式 $\omega\in\Omega^{1,1}(M)$ が $[\omega]=c_1(L)\in H^2(M;\mathbb{R})$ を満たすとする．このとき L の Hermite 計量 h_L で，(L,h_L) の標準接続 ∇ が $\omega=c_1(R^\nabla)$ を満たすものが存在する．

証明 L の Hermite 計量 h'_L をひとつ固定して，(L, h'_L) の標準接続を ∇' とする．$\eta = \omega - \frac{\sqrt{-1}}{2\pi} R^{\nabla'}$ とするとき，η は M 上の実 $(1,1)$ 形式で，$\eta = d\alpha$ という形で表わされる．したがって，補題 9.3.3 より，ある実数値関数 $f \in C^\infty(M)$ で $\eta = \frac{\sqrt{-1}}{2\pi} \bar{\partial}\partial f$ を満たすものが存在する．$h_L = e^f h'_L$ として，(L, h_L) の標準接続を ∇ とする．U を M の開集合 $s \in \Gamma(L|_U)$ をいたるところ 0 でない正則な切断とするとき，定理 8.2.5 (4) より次を得る．

$$\frac{\sqrt{-1}}{2\pi} R^\nabla |_U = \frac{\sqrt{-1}}{2\pi} \bar{\partial}\partial \log h_L(s,s)$$
$$= \frac{\sqrt{-1}}{2\pi} \bar{\partial}\partial (f + \log h'_L(s,s)) = \left(\eta + \frac{\sqrt{-1}}{2\pi} R^{\nabla'}\right)|_U = \omega|_U$$

U は任意だから，主張が従う． $\square$

定理 9.3.5（小平–中野の消滅定理 (Kodaira-Nakano vanishing theorem)）
L を m 次元コンパクト複素多様体 M 上の正則直線束とする．M 上の Kähler 計量で，その Kähler 形式 ω が $c_1(L) = [\omega] \in H^2(M; \mathbb{R})$ を満たすものが存在するとする（このような正則直線束を正 (positive) の直線束という）．このとき，$p + q > m$ ならば $H^{p,q}_{\bar{\partial}}(M; L) = 0$ が成り立つ．

証明 命題 9.3.4 より，L の Hermite 計量 h_L で，(L, h_L) の標準接続 ∇ が $\omega = c_1(R^\nabla)$ を満たすものが存在するので，この h_L を固定する．定理 8.4.9 (5) より，$\mathcal{H}^{p,q}(L) = \{\phi \in \Omega^{p,q}(L) \mid \Delta^{\bar{\partial}^L} \phi = 0\}$ とするとき，$H^{p,q}_{\bar{\partial}}(M;L) \cong \mathcal{H}^{p,q}(L)$ であるから，$p + q > m$ ならば $\mathcal{H}^{p,q}(L) = 0$ を示せばよい．

$p + q > m$, $\phi \in \mathcal{H}^{p,q}(L)$ とする．このとき次を得る．

$$\int_M h_{L \otimes \Lambda^{p,q}}((\Delta^{\partial^\nabla} - \Delta^{\bar{\partial}^L})\phi, \phi) \mathrm{vol}_g = \int_M h_{L \otimes \Lambda^{p,q}}(\Delta^{\partial^\nabla}\phi, \phi) \mathrm{vol}_g$$
$$= \int_M h_{L \otimes \Lambda^{p+1,q}}(\partial^\nabla \phi, \partial^\nabla \phi) \mathrm{vol}_g + \int_M h_{L \otimes \Lambda^{p-1,q}}(\partial^{\nabla\#}\phi, \partial^{\nabla\#}\phi) \mathrm{vol}_g \geq 0$$

一方，定理 9.2.5 (2) より，次を得る．

$$(\Delta^{\partial^\nabla} - \Delta^{\bar{\partial}^L})\phi = \sqrt{-1}(\Lambda \circ R^\nabla - R^\nabla \circ \Lambda)\phi = 2\pi \{\Lambda \circ (\omega \wedge) - (\omega \wedge) \circ \Lambda\}\phi$$

したがって，定理は次の主張より従う． $\square$

主張 9.3.6 $\phi \in \Omega^{p,q}(L)$ に対して次が成り立つ．

$$\{\Lambda \circ (\omega \wedge) - (\omega \wedge) \circ \Lambda\}\phi = (m - p - q)\phi$$

証明 $(z^1,\ldots,z^m)$ を M の開集合 U 上の局所座標とする．$e_i = \dfrac{\partial}{\partial z^i}, e^i = dz^i$
とおく．$\phi, \psi \in \Omega^{p,q}(L)$ とするとき，補題 5.2.3 より U 上で次が成り立つ．

$$\begin{aligned}
&h_{L\otimes\Lambda^{p,q}}(\{\Lambda \circ (\omega\wedge) - (\omega\wedge) \circ \Lambda\}\phi, \psi) \\
&= h_{L\otimes\Lambda^{p,q}}(\{\Lambda \circ (\sqrt{-1}g_{i\bar{j}}e^i \wedge e^{\bar{j}}\wedge) - (\sqrt{-1}g_{i\bar{j}}e^i \wedge e^{\bar{j}}\wedge) \circ \Lambda\}\phi, \psi) \\
&= h_{L\otimes\Lambda^{p,q}}(\sqrt{-1}g_{i\bar{j}}\phi, [i(Cg^*\otimes e^j)i(Cg^*\otimes e^{\bar{i}}), (\omega\wedge)]\psi) \\
&= h_{L\otimes\Lambda^{p,q}}(\sqrt{-1}g_{i\bar{j}}\phi, [i(g^{j\bar{k}}e_{\bar{k}})i(g^{\bar{i}l}e_l), (\omega\wedge)]\psi) \\
&= h_{L\otimes\Lambda^{p,q}}(\phi, -\sqrt{-1}g^{\bar{k}l}[i(e_{\bar{k}})i(e_l), (\omega\wedge)]\psi)
\end{aligned}$$

また定理 1.6.8 より U 上で次が成り立つ．

$$\begin{aligned}
&-\sqrt{-1}g^{\bar{k}l}[i(e_{\bar{k}})i(e_l), (\omega\wedge)]\psi \\
&= -\sqrt{-1}g^{\bar{k}l}\{i(e_{\bar{k}})i(e_l)(\omega\wedge\psi) - \omega\wedge i(e_{\bar{k}})i(e_l)\psi\} \\
&= -\sqrt{-1}g^{\bar{k}l}\{i(e_{\bar{k}})(i(e_l)\omega\wedge\psi + \omega\wedge i(e_l)\psi) - \omega\wedge i(e_{\bar{k}})i(e_l)\psi\} \\
&= -\sqrt{-1}g^{\bar{k}l}\{i(e_{\bar{k}})i(e_l)\omega\wedge\psi - i(e_l)\omega\wedge i(e_{\bar{k}})\psi + i(e_{\bar{k}})\omega\wedge i(e_l)\psi\} \\
&= -\sqrt{-1}g^{\bar{k}l}\{\sqrt{-1}g_{l\bar{k}}\psi - \sqrt{-1}g_{l\bar{s}}e^{\bar{s}}\wedge i(e_{\bar{k}})\psi - \sqrt{-1}g_{t\bar{k}}e^t\wedge i(e_l)\psi\} \\
&= m\psi - e^{\bar{k}}\wedge i(e_{\bar{k}})\psi - e^l\wedge i(e_l)\psi \\
&= (m-p-q)\psi
\end{aligned}$$

よって U 上で $h_{L\otimes\Lambda^{p,q}}(\{\Lambda\circ(\omega\wedge) - (\omega\wedge)\circ\Lambda\}\phi, \psi) = h_{L\otimes\Lambda^{p,q}}((m-p-q)\phi, \psi)$
が成り立つ．U は任意だから，主張が従う． □

この本では，複素多様体や正則ベクトル束の微分幾何的な側面を紹介した．複素多様体や正則ベクトル束の複素解析的な側面を理解するためには層の理論を習得することが望ましい．小平–中野の消滅定理や層の理論は，小平の埋め込み定理の証明において重要である．詳しいことは[25], [27] などを参照していただきたい．これらの本には，本書では紹介することのできなかったさまざまな Kähler 多様体の性質も解説されている．

命題 9.3.4 では，補題 9.3.3 を用いて与えられた曲率形式をもつ正則直線束上の Hermite 計量の存在を示した．次は Einstein 計量となるような Kähler 計量の存在問題を考える．

定義 9.3.7　Kähler 多様体 (M, I, g) が Einstein 多様体であるとき，g を **Kähler-Einstein 計量** (Kähler-Einstein metric), (M, I, g) を **Kähler-Einstein 多様体** (Kähler-Einstein manifold) という．

(M, I, g) が Kähler-Einstein 多様体であることは，その Kähler 形式と Ricci 形式それぞれを ω, $\rho \in \Omega^{1,1}(M)$ とするとき，ある $k \in \mathbb{R}$ が存在して $\rho = k\omega$ を満たすことと同値である．したがって $[\rho] = [k\omega] \in H^2(M; \mathbb{R})$ となる．一方，命題 9.1.7 より，$\rho = \sqrt{-1}\mathrm{Tr}R^\nabla$ であったから，$[\rho] = 2\pi c_1(T'M)$ となり，$[\rho]$ は Kähler 計量のとり方によらない．そこで次の問が生じる．

問 9.3.8　(M, I, g) をコンパクト Kähler 多様体，$[\rho] = [k\omega] \in H^2(M; \mathbb{R})$ とする．このとき (M, I) の Kähler 計量 g' で，その Kähler 形式と Ricci 形式それぞれを ω', ρ' とするとき，$[\omega] = [\omega']$ かつ $\rho' = k\omega'$ を満たすものが存在するか．

正の実数 c に対して，g を cg にとりかえると Kähler 形式 ω は $c\omega$ となるが，Ricci 形式 ρ は不変である．したがって，問 9.3.8 において $k = 0, \pm 1$ の場合が本質的である．さらに Kähler 計量 g' を求めることと，Kähler 形式 ω' を求めることは同値である．$[\omega] = [\omega']$ であるから，補題 9.3.3 により，ある実数値関数 $u \in C^\infty(M)$ により $\omega' = \omega - \sqrt{-1}\partial\bar{\partial}u$ と表わされる．したがって ω' を求めることと u を求めることは同値である．

u の満たすべき微分方程式は $\rho' = k\omega'$ である．命題 9.1.7 より，この微分方程式の左辺は，正則座標近傍 U 上の局所座標 $(z^1, \ldots, z^m)$ を用いて，次のように具体的に表示される．

$$\rho' = \sqrt{-1}\partial\bar{\partial}\log\det(g'_{i\bar{j}}) = \sqrt{-1}\partial\bar{\partial}\log\det\left(g_{i\bar{j}} + \frac{\partial^2 u}{\partial z^i \partial \bar{z}^j}\right)$$

ただし，$\left(g_{i\bar{j}} + \frac{\partial^2 u}{\partial z^i \partial \bar{z}^j}\right)$ は U 上で正定値でなければならない．一方，$[\rho] = [k\omega]$ であるから，補題 9.3.3 により，ある実数値関数 $F \in C^\infty(M)$ を用いて $k\omega = \rho + \sqrt{-1}\partial\bar{\partial}F = \sqrt{-1}\partial\bar{\partial}\{\log\det(g_{i\bar{j}}) + F\}$ と表わされる．よって，微分方程式 $\rho' = k\omega'$ の右辺は次のように表示される．

$$k\omega' = k\omega - k\sqrt{-1}\partial\bar{\partial}u = \sqrt{-1}\partial\bar{\partial}\{\log\det(g_{i\bar{j}}) + F - ku\}$$

したがって，微分方程式 $\rho' = k\omega'$ は次のように具体的に表示される．

$$\frac{\det(g_{i\bar{j}} + \frac{\partial^2 u}{\partial z^i \partial \bar{z}^j})}{\det(g_{i\bar{j}})} = e^{F-ku+C}, \quad C \text{ は定数} \tag{9.10}$$

ここで,左辺は $\frac{(\omega')^m}{\omega^m}$ に等しいので,局所座標のとり方によらず M 全体で意味をもつ.$u, F \in C^\infty(M)$ にはもともと定数差の不定性があるため,(9.10) の定数 C を以下のように限定することができる.まず $k = \pm 1$ の場合には,$C = 0$, $\int_M F \frac{\omega^m}{m!} = 0$ を仮定してよい.$\mathrm{vol}_g = \frac{\omega^m}{m!}$ であったことを注意しておく.また,$k = 0$ の場合には

$$\int_M \frac{\det(g_{i\bar{j}} + \frac{\partial^2 u}{\partial z^i \partial \bar{z}^j})}{\det(g_{i\bar{j}})} \frac{\omega^m}{m!} = \int_M \frac{(\omega')^m}{m!} = \int_M \frac{\omega^m}{m!} = \mathrm{Vol}(M, g)$$

であるから,$\int_M e^F \frac{\omega^m}{m!} = \mathrm{Vol}(M, g)$, $C = 0$ を仮定してよい.以上より,問 9.3.8 は以下のような多様体上の非線型偏微分方程式の解の存在問題として再定式化される.

問 9.3.9 (M, I, g) を $[\rho] = [k\omega] \in H^2(M; \mathbb{R})$ ($k = 0, \pm 1$) を満たすコンパクト Kähler 多様体とする.$k\omega = \rho + \sqrt{-1}\bar{\partial}\partial F$ とおく.ただし $k = \pm 1$ の場合には $\int_M F \frac{\omega^m}{m!} = 0$ を,$k = 0$ の場合には $\int_M e^F \frac{\omega^m}{m!} = \mathrm{Vol}(M, g)$ を仮定する.このとき,次の非線型偏微分方程式の解 $u \in C^\infty(M)$ で,$\left(g_{i\bar{j}} + \frac{\partial^2 u}{\partial z^i \partial \bar{z}^j}\right)$ が各点で正定値であるものが存在するか.

$$\frac{\det(g_{i\bar{j}} + \frac{\partial^2 u}{\partial z^i \partial \bar{z}^j})}{\det(g_{i\bar{j}})} = e^{F-ku} \tag{9.11}$$

この問に関して次のような結果が知られている.

定理 9.3.10 問 9.3.9 に対して,$k = -1, 0$ の場合は解が一意に存在する.すなわち $k = -1, 0$ の場合には問 9.3.8 の Kähler-Einstein 計量が存在する.

この定理は 1970 年代後半に,$k = -1$ の場合は Aubin, Yau により,$k = 0$ の場合は Yau により証明された.証明は [7], [29] などを参照していただきたい.$k = 1$ の場合には方程式 (9.11) には解が存在しない場合もある.$k = 1$ の場合に解が存在するための必要十分条件を求めることは長い間未解決であったが,2012 年の終わりごろに Tian, Chen-Donaldson-Sun により解決された.この必要十分条件は,正則接束の安定性と深く関わる.正則ベクトル束の安定性について関連する事項は 10.5 節を参照していただきたい.

第10章 シンプレクティック多様体

シンプレクティック構造は，Riemann 計量，複素構造と並んで最も代表的な微分可能多様体の幾何構造である．シンプレクティック幾何は，解析力学をその起源とし，解析学，幾何学，数理物理学など広い範囲の数学と深い関わりがある．この章ではシンプレクティック幾何の中で，とくに微分幾何学と関わりの深いモーメント写像の幾何について紹介する．

10.1 シンプレクティック構造

この節ではシンプレクティック多様体を導入して，その最も基本的な性質を調べる．

V を $2n$ 次元実ベクトル空間とする．交代形式 $\omega: V \times V \to \mathbb{R}$ が非退化 (non-degenerate) であるとは，$\underline{\omega}: V \to V^*$ を $\underline{\omega}(v) = \omega(v, \cdot)$ により定めるとき，$\underline{\omega}$ が同型写像になることである．組 (V, ω) をシンプレクティックベクトル空間 (symplectic vector space) という．部分空間 $W \subset V$ に対して部分空間 $W^\omega \subset V$ を次で定める．

$$W^\omega = \{v \in V \mid \text{任意の } w \in W \text{ に対して } \omega(v, w) = 0 \text{ が成り立つ}\} \quad (10.1)$$

補題 10.1.1 (V, ω) を $2n$ 次元シンプレクティックベクトル空間とする．$W \subset V$ を部分空間とするとき，次が成り立つ．

(1) $\dim W + \dim W^\omega = \dim V$.
(2) $(W^\omega)^\omega = W$.
(3) $W \subset W^\omega$ ならば $\dim W \leq n$.
(4) $W \supset W^\omega$ ならば $\dim W \geq n$.

証明はやさしいので省略する．補題 10.1.1 より $W \subset W^\omega$ かつ $\dim W = n$

のとき $W = W^\omega$ が成り立つ．このとき W を **Lagrange 部分空間** (Lagrangian subspace) という．

以上の概念の多様体版は次のようになる．

定義 10.1.2 M を $2n$ 次元微分可能多様体とする．$\omega \in \Omega^2(M)$ が**シンプレクティック構造** (symplectic structure) であるとは，次の (1), (2) を満たすことである．
(1) $d\omega = 0$.
(2) ω は非退化である．すなわち，各 $x \in M$ に対して交代形式 $\omega_x \colon T_xM \times T_xM \to \mathbb{R}$ が非退化である．
組 (M, ω) を**シンプレクティック多様体** (symplectic manifold) という．

すなわち，シンプレクティック多様体 (M, ω) とは，各 $x \in M$ において (T_xM, ω_x) がシンプレクティックベクトル空間であり，かつ $d\omega = 0$ を満たすものである．

定義 10.1.3 L が $2n$ 次元シンプレクティック多様体 (M, ω) の **Lagrange 部分多様体** (Lagrangian submanifold) であるとは，次の (1), (2) を満たすことである．
(1) L は M の n 次元部分多様体である．
(2) $i \colon L \to M$ を埋め込みとするとき，$i^*\omega = 0 \in \Omega^2(L)$ となる．

すなわち，(M, ω) の Lagrange 部分多様体 L とは，各 $x \in L$ において T_xL が (T_xM, ω_x) の Lagrange 部分空間となる M の部分多様体のことである．

例 10.1.4 $\mathbb{R}^{2n}$ 上の標準的な座標を $(x^1, \ldots, x^n, y_1, \ldots, y_n)$ とする．
$$\omega_{\mathrm{std}} = dx^1 \wedge dy_1 + \cdots + dx^n \wedge dy_n \in \Omega^2(\mathbb{R}^{2n})$$
を $\mathbb{R}^{2n}$ の標準的なシンプレクティック構造という．

例 10.1.5 N を n 次元微分可能多様体，$\pi \colon T^*N \to N$ をその余接束とする．$\theta \in \Omega^1(T^*N)$ を $\xi \in T^*N$, $u \in T_\xi(T^*N)$ に対して $\theta_\xi(u) = \xi(\pi_{*\xi}(u))$ により定める．

このとき $\omega = -d\theta \in \Omega^2(T^*N)$ はシンプレクティック構造である．実際 $x^1, \ldots, x^n$ を N の開集合 U 上の局所座標とするとき，$\pi^{-1}(U)$ 上の局所座標

$x^1, \ldots, x^n, y_1, \ldots, y_n$ が $\xi \in \pi^{-1}(U)$ に対して次で定まる.

$$\pi(\xi) = (x^1, \ldots, x^n), \quad \xi = y_1(dx^1)_{\pi(\xi)} + \cdots + y_n(dx^n)_{\pi(\xi)}$$

このとき $\theta|_{\pi^{-1}(U)} = y_1 dx^1 + \cdots + y_n dx^n$ が成り立つ. 実際, $u \in T_\xi(T^*N)$ に対して, $u = \sum_{i=1}^n a^i \left(\frac{\partial}{\partial x^i}\right)_\xi + \sum_{j=1}^n b_j \left(\frac{\partial}{\partial y_j}\right)_\xi$ と表わすとき,

$$\theta_\xi(u) = \xi\big(\pi_{*\xi}(u)\big) = \xi\Big(\sum_{i=1}^n a^i \left(\frac{\partial}{\partial x^i}\right)_{\pi(\xi)}\Big) = \sum_{i=1}^n a^i y_i(\xi) = \sum_{i=1}^n y_i(\xi)(dx^i)_{\pi(\xi)}(u)$$

であるから, $\theta|_{\pi^{-1}(U)} = y_1 dx^1 + \cdots + y_n dx^n$ を得る. したがって

$$\omega|_{\pi^{-1}(U)} = -d\theta|_{\pi^{-1}(U)} = dx^1 \wedge dy_1 + \cdots + dx^n \wedge dy_n$$

となるから, ω はシンプレクティック構造である.

$\phi \in \Omega^1(N)$ を, N から T^*N への写像とみなしたものを $s_\phi \colon N \to T^*N$ と表わす. このとき s_ϕ による N の像 $s_\phi(N)$ が (T^*N, ω) の Lagrange 部分多様体であることと, $d\phi = 0$ であることは同値である. 実際, $x \in N$, $v \in T_x N$ に対して

$$(s_\phi^* \theta)_x(v) = \theta_{\phi_x}((s_\phi)_{*x}(v)) = \phi_x((\pi \circ s_\phi)_{*x}(v)) = \phi_x(v)$$

であるから, $s_\phi^* \theta = \phi$ を得る. したがって $s_\phi^* \omega = -s_\phi^* d\theta = -d s_\phi^* \theta = -d\phi$ となり, 主張が従う.

例 10.1.6 Kähler 多様体 (M, I, g) の Kähler 形式 ω はシンプレクティック構造である. Kähler 多様体を, 複素構造 I, シンプレクティック構造 ω の両方をもち, これらが整合的であるものとして理解することもできる. ここで I と ω が整合的とは, ω が I-不変であり, しかも $p \in M$, $u, v \in T_p M$ に対して $g(u, v) = \omega(u, Iv)$ と定めるとき, g が Riemann 計量となることをいう. 以後, 組 (M, I, ω) を Kähler 多様体ということもある.

Riemann 計量は曲率という局所的な不変量をもつことから, 局所的にもさまざまなものがある. 一方, n 次元複素多様体は局所的に $\mathbb{C}^n$ の開集合と双正則であるから, 次元の等しい複素多様体は局所的には同じものである. すなわち複素構造は局所的な不変量をもたない. 次の定理により, シンプレクティック構造も複素構造と同様に局所的な不変量をもたないことがわかる.

定理 10.1.7（Darboux の定理 (Darboux theorem)**）** (M,ω) を $2n$ 次元シンプレクティック多様体，ω_{std} を $\mathbb{R}^{2n}$ の標準的なシンプレクティック構造とする．このとき，任意の $p \in M$ に対して，p の開近傍 U，$\mathbb{R}^{2n}$ の開集合 V と微分同相写像 $\phi \colon U \to V$ で，U 上 $\phi^* \omega_{\mathrm{std}} = \omega$ を満たすものが存在する．

証明 $p \in M$ を固定する．p の開近傍 U'，$\mathbb{R}^{2n}$ の開集合 V' と微分同相写像 $\rho \colon U' \to V'$ で，$\omega_1 = \rho^* \omega_{\mathrm{std}} \in \Omega^2(U')$ とするとき $(\omega_1)_p = \omega_p$ を満たすものが存在する．$\omega_0 = \omega|_{U'} \in \Omega^2(U')$ とする．必要なら U' を可縮なものにとり直すことにより，$\sigma \in \Omega^1(U')$ で $\omega_1 - \omega_0 = d\sigma$ かつ $\sigma_p = 0 \in T_p^* M$ を満たすものが存在する．$t \in [0,1]$ に対して $\omega_t = \omega_0 + t d\sigma \in \Omega^2(U')$ と定める．$(d\sigma)_p = (\omega_1)_p - (\omega_0)_p = 0$ であるから，任意の $t \in [0,1]$ に対して $(\omega_t)_p = (\omega_0)_p$ となる．よって，必要なら U' を小さくとり直すことにより，ω_t は U' 上のシンプレクティック形式としてよい．

$X_t \in \mathfrak{X}(U')$ を $i(X_t)\omega_t + \sigma = 0$ により定める．$\sigma_p = 0$ より，$(X_t)_p = 0 \in T_p M$ である．よって，p の開近傍 $U \subset U'$ と C^∞ 級写像 $\psi \colon U \times [0,1] \to U'$ で，$\psi_t(x) = \psi(x,t)$ と表わすとき，任意の $x \in U$ に対して

$$\psi_0(x) = x, \qquad (X_t)_{\psi_t(x)} = \frac{d}{ds}\Big|_{s=0} \psi_{t+s}(x)$$

を満たすものが存在する．$\frac{d}{ds}\Big|_{s=0} \omega_{t+s} = d\sigma$ および定理 1.6.8 (2) に注意すると，任意の $x \in U$ に対して

$$\frac{d}{ds}\Big|_{s=0} (\psi_{t+s}^* \omega_{t+s})_x = \{\psi_t^*(L_{X_t}\omega_t + d\sigma)\}_x$$
$$= \{\psi_t^*(di(X_t)\omega_t + d\sigma)\}_x = \{\psi_t^* d(i(X_t)\omega_t + \sigma)\}_x = 0$$

を得る．よって U 上 $\psi_1^* \omega_1 = \omega_0$ となる．以上より，$\phi = \rho \circ \psi_1 \colon U \to \mathbb{R}^{2n}$ とするとき，必要なら U を小さくとり直せば，ϕ はその像への微分同相写像で，しかも $\phi^* \omega_{\mathrm{std}} = \psi_1^* \rho^* \omega_{\mathrm{std}} = \psi_1^* \omega_1 = \omega_0 = \omega|_U$ が成り立つ． □

定義 10.1.8 (M,ω) をシンプレクティック多様体とする．
(1) $f \in C^\infty(M)$ に対して，$X_f \in \mathfrak{X}(M)$ を $i(X_f)\omega = -df$ により定め，f の **Hamilton ベクトル場** (Hamiltonian vector field) という．
(2) $\mathrm{ham}(M,\omega) = \{X_f \in \mathfrak{X}(M) \mid f \in C^\infty(M)\}$ とする．
(3) $\{\cdot, \cdot\} \colon C^\infty(M) \times C^\infty(M) \to C^\infty(M)$ を $\{f,g\} = \omega(X_f, X_g)$ により定め，

Poisson 括弧積 (Poisson bracket) という．

Hamilton ベクトル場は ω を保つ．すなわち
$$L_{X_f}\omega = di(X_f)\omega + i(X_f)d\omega = 0$$
が成り立つ．また，$\{f,g\} = \omega(X_f, X_g) = dg(X_f) = X_f g$ が成り立つ．

命題 10.1.9 シンプレクティック多様体 (M,ω) に対して次が成り立つ．
(1) $f, g \in C^\infty(M)$ に対して $[X_f, X_g] = X_{\{f,g\}}$ が成り立つ．とくに，$\mathrm{ham}(M,\omega)$ は $\mathfrak{X}(M)$ の部分 Lie 環である．
(2) $(C^\infty(M), \{\cdot,\cdot\})$ は Lie 環である．
(3) $0 \to \mathbb{R} \to C^\infty(M) \to \mathrm{ham}(M,\omega) \to 0$ は Lie 環の完全列である．ただし $\mathbb{R} \to C^\infty(M)$ は $\mathbb{R}$ を M 上の定数関数とみなしたときの埋め込み，$C^\infty(M) \to \mathrm{ham}(M,\omega)$ は対応 $f \mapsto X_f$ である．

証明 (1) 命題 1.6.5 と，$Y \in \mathfrak{X}(M)$ に対して $\omega(X_g, Y) = -Yg$ であることに注意すると，次を得る．

$$\omega([X_f, X_g], Y) = X_f\{\omega(X_g, Y)\} - (L_{X_f}\omega)(X_g, Y) - \omega(X_g, [X_f, Y])$$
$$= X_f(-Yg) - (-[X_f, Y]g)$$
$$= -YX_f g = -Y\{f,g\} = \omega(X_{\{f,g\}}, Y)$$

これは任意の $Y \in \mathfrak{X}(M)$ に対して成り立つので，$[X_f, X_g] = X_{\{f,g\}}$ を得る．
(2) $f, g, h \in C^\infty(M)$ に対して，$\{f,g\} = -\{g,f\}$ は明らかだから，
$$\{f,\{g,h\}\} + \{g,\{h,f\}\} + \{h,\{f,g\}\} = 0$$
が成り立つことを示せばよい．実際，$\{f,g\} = X_f g$ に注意すると次を得る．

$$\{f,\{g,h\}\} = -X_{\{g,h\}}f$$
$$= -[X_g, X_h]f = -X_g X_h f + X_h X_g f = -\{g,\{h,f\}\} + \{h,\{g,f\}\}$$

(3) (1), (2) より従う． $\square$

10.2 モーメント写像

Lie 群がシンプレクティック多様体に作用しているとき，ある条件の下で

モーメント写像が定義される．この節ではモーメント写像を導入してその性質を調べる．

定義 10.2.1 G を Lie 群，$\mathfrak{g}$ をその Lie 環とする．G の $\mathfrak{g}^*$ への右作用を，$\xi \in \mathfrak{g}^*, g \in G, X \in \mathfrak{g}$ に対して $\langle \xi g, X \rangle = \langle \xi, Ad_g X \rangle$ により定める．この作用を**余随伴作用** (coadjoint action) という．ただし $\langle \cdot, \cdot \rangle \colon \mathfrak{g}^* \times \mathfrak{g} \to \mathbb{R}$ は自然なペアリングである．

注意 10.2.2 本書では $Ad_g^\# \xi = \xi g$ としばしば表わす．文献によっては，$Ad_{g^{-1}}^\#$ を $Ad_g^\#$ と表わして，余随伴作用を左作用として定義している場合もあるので注意が必要である．

Lie 群 G が微分可能多様体 M に右から作用しているとき，$g \in G$ に対して右移動 $R_g \colon M \to M$ が定義された．また，$X \in \mathfrak{g}$ に対して基本ベクトル場 $X^\# \in \mathfrak{X}(M)$ が定義された（定義 6.1.14 参照）．

定義 10.2.3 (M, ω) をシンプレクティック多様体とする．Lie 群 G が M に右から作用しているとする．
(1) 任意の $g \in G$ に対して $R_g^* \omega = \omega$ が成り立つとき，G の作用は ω を保つという．また，このとき G は (M, ω) に作用するという．
(2) G の作用は ω を保つとする．$\mu \colon M \to \mathfrak{g}^*$ が次の (a)，(b) を満たすとき，**モーメント写像** (moment map, momentum mapping) あるいは**運動量写像**という．
 (a) 任意の $g \in G, x \in M$ に対して $\mu(xg) = \mu(x)g$ が成り立つ．すなわち，μ は G-同変である．
 (b) 任意の $X \in \mathfrak{g}$ に対して $\mu_X = \langle \mu(\cdot), X \rangle \in C^\infty(M)$ とするとき，$i(X^\#)\omega = -d\mu_X \in \Omega^1(M)$ が成り立つ．
(3) G が (M, ω) に作用し，かつモーメント写像が存在するとき，G の作用を **Hamilton 作用** (Hamiltonian action) という．

モーメント写像は存在するとは限らないし，存在しても一意とは限らない．次の命題はモーメント写像が存在した場合に，その不定性を記述する．

命題 10.2.4 Lie 群 G が右からシンプレクティック多様体 (M, ω) に作用しているとする．

$$(\mathfrak{g}^*)^G = \{\xi \in \mathfrak{g}^* \mid \text{任意の } g \in G \text{ に対して } Ad_g^\# \xi = \xi \text{ が成り立つ}\} \quad (10.2)$$

とする．このとき $\mu, \nu \colon M \to \mathfrak{g}^*$ がともにモーメント写像ならば，$\mu - \nu$ は M 上一定で，$\mu - \nu \in (\mathfrak{g}^*)^G$ が成り立つ．逆に，$\mu \colon M \to \mathfrak{g}^*$ がモーメント写像で $c \in (\mathfrak{g}^*)^G$ ならば，$\mu + c$ もモーメント写像である．

証明 $e_1, \ldots, e_r$ を $\mathfrak{g}$ の基底，$e^1, \ldots, e^r \in \mathfrak{g}^*$ をその双対基底とする．$\mu = \sum_{i=1}^r \mu_{e_i} e^i$, $\nu = \sum_{i=1}^r \nu_{e_i} e^i$ と表わす．$d\mu_{e_i} = d\nu_{e_i} (= -i(e_i)\omega)$ であるから $\mu_{e_i} - \nu_{e_i}$ は定数関数である．したがって $\mu - \nu (= c$ とおく$)$ は M 上一定であることがわかる．$g \in G$, $x \in M$ に対して $\mu(xg) = \mu(x)g$ であるから，$\nu(xg) + c = \mu(xg) = \mu(x)g = \nu(x)g + cg$ を得る．$\nu(xg) = \nu(x)g$ でもあるから $c = cg$ を得る．すなわち $c \in (\mathfrak{g}^*)^G$ である．また，逆も明らか． $\square$

命題 10.2.5 Lie 群 G が右からシンプレクティック多様体 (M, ω) に作用しており，モーメント写像 $\mu \colon M \to \mathfrak{g}^*$ が存在するとする．このとき，$\mathfrak{g}$ から $C^\infty(M)$ への対応 $X \mapsto \mu_X$ は Lie 環の準同型写像である．

証明 $X, Y \in \mathfrak{g}$ とする．$\{\mu_X, \mu_Y\} = \mu_{[X,Y]}$ を示せばよい．

$$\langle \mu(x \mathrm{Exp}_G tX), Y \rangle = \langle \mu(x), Ad_{\mathrm{Exp}_G tX} Y \rangle$$

の両辺を t で微分して $t = 0$ をとればよい．左辺は

$$\frac{d}{dt}\Big|_{t=0} \langle \mu(x \mathrm{Exp}_G tX), Y \rangle = (X^\# \mu_Y)(x) = \{\mu_X, \mu_Y\}(x)$$

となる．右辺は，命題 6.1.12 より

$$\frac{d}{dt}\Big|_{t=0} \langle \mu(x), Ad_{\mathrm{Exp}_G tX} Y \rangle = \mu_{[X,Y]}(x)$$

となる．したがって，$\{\mu_X, \mu_Y\} = \mu_{[X,Y]}$ を得る． $\square$

これまで登場したいくつかの概念の物理的背景を説明する．ただし，符号は物理学の通常のものと異なっているので，単に概念的な説明である．シンプレクティック多様体 (M, ω) はある物理系の時刻を固定したときの状態全体のなす空間である．物理系の時間発展は Hamilton 関数と呼ばれるある特定の関数 $H \in C^\infty(M)$ に対する Hamilton ベクトル場 $X_H \in \mathfrak{X}(M)$ の積分曲

線 $c\colon \mathbb{R} \to M$ として与えられる．物理量とは M 上の関数 $f \in C^\infty(M)$ のことで，その変化の様子は

$$\frac{d(f \circ c)}{dt}(t) = (X_H f) \circ c(t) = \{H, f\} \circ c(t)$$

という微分方程式により記述される．

ところで，この物理系が Lie 群 G の対称性をもっているとする．正確には，G が (M, ω) に作用し，モーメント写像 $\mu\colon M \to \mathfrak{g}^*$ が存在しており，さらに $H \in C^\infty(M)$ が G-不変であるとする．このとき，各 $X \in \mathfrak{g}$ に対して $\mu_X \in C^\infty(M)$ は保存量になる．これを Nöther の定理という．実際，次が成り立つ．

$$\frac{d(\mu_X \circ c)}{dt}(t) = \{H, \mu_X\} \circ c(t) = -(X^\# H) \circ c(t) = 0$$

例 10.2.6 例 10.1.5 において $N = \mathbb{R}^3$ の場合を考える．$x = (x^1, x^2, x^3)$ を N の標準的な座標とするとき，例 10.1.5 において $M = T^*\mathbb{R}^3$ の座標 $(x, y) = (x^1, x^2, x^3, y_1, y_2, y_3)$ が定まり，$\omega = dx^1 \wedge dy_1 + dx^2 \wedge dy_2 + dx^3 \wedge dy_3$ であった．$N = \mathbb{R}^3$ 内の点粒子の運動を考えるとき，この物理系の時刻を固定したときの状態全体のなす空間は $M = T^*\mathbb{R}^3$ である．すなわち，$(x, y) \in M = T^*\mathbb{R}^3$ は，位置 x と運動量 y を表わす．

加法群 $G = \mathbb{R}^3$ は M に $(x, y)g = (x + g, y)$ により作用する．$\mathfrak{g} = \mathbb{R}^3$ の標準的な基底を e_1, e_2, e_3，その双対基底を e^1, e^2, e^3 とする．$X = \sum_{i=1}^{3} a^i e_i \in \mathfrak{g}$ とするとき，$X^\# = \sum_{i=1}^{3} a^i \frac{\partial}{\partial x^i} \in \mathfrak{X}(M)$ であるから

$$i(X^\#)\omega = \sum_{i=1}^{3} a^i dy_i = d\Big(\sum_{i=1}^{3} a^i y_i\Big) = -d\Big\langle -\sum_{i=1}^{3} y_i e^i, X \Big\rangle$$

となり，$\mu(x, y) = -\sum_{i=1}^{3} y_i e^i$ を得る．すなわち，モーメント写像 $\mu(x, y)$ は運動量（の -1 倍）である．

例 10.2.7 例 10.2.6 と同じ (M, ω) を考える．$G = SO(3)$ が M に $(x, y)g = (xg, yg)$ により作用する場合を考える．ただし $x, y \in \mathbb{R}^3$ は横ベクトルで，xg, yg は行列の積である．このとき

$$R_g^*\omega = d(xg) \wedge {}^t d(yg) = (dx)g \wedge {}^t g \, {}^t dy = dx \wedge {}^t dy = \omega$$

であるから，G-作用は ω を保つ．

$\mathfrak{so}(3)$ の基底 e_1, e_2, e_3 を次で定める．

$$e_1 = \begin{pmatrix} 0 & 0 & 0 \\ 0 & 0 & -1 \\ 0 & 1 & 0 \end{pmatrix}, \quad e_2 = \begin{pmatrix} 0 & 0 & 1 \\ 0 & 0 & 0 \\ -1 & 0 & 0 \end{pmatrix}, \quad e_3 = \begin{pmatrix} 0 & -1 & 0 \\ 1 & 0 & 0 \\ 0 & 0 & 0 \end{pmatrix}$$

双対基底を $e^1, e^2, e^3 \in \mathfrak{so}(3)^*$ とするとき，モーメント写像 $\mu\colon M \to \mathfrak{so}(3)^*$ は次で与えられる．

$$\mu(x, y) = \det \begin{pmatrix} e^1 & e^2 & e^3 \\ x^1 & x^2 & x^3 \\ y_1 & y_2 & y_3 \end{pmatrix}$$

したがって $\mu(x, y) = x \times y$ となり，これは角運動量である．

例 10.2.8 コンパクト Lie 群 G は余随伴作用により $\mathfrak{g}^*$ に右から作用している．$p_0 \in \mathfrak{g}^*$ を任意にひとつ固定するとき，$M = p_0 G$ を p_0 を通る**余随伴軌道** (coadjoint orbit) という．G_{p_0} を p_0 の固定部分群（定義 6.1.16 参照）とするとき，M は商空間 $G_{p_0} \backslash G$ として表わされ，微分可能多様体となる．また，各 $p \in M, v \in T_p M$ に対して $v = X_p^\#$ を満たす $X \in \mathfrak{g}$ が存在する．ただし X は一意には定まらない．

$\omega \in \Omega^2(M)$ を $p \in M$ に対して $\omega_p(X_p^\#, Y_p^\#) = \langle p, [X, Y] \rangle$ により定める．ただし，$\langle \cdot, \cdot \rangle \colon \mathfrak{g}^* \times \mathfrak{g} \to \mathbb{R}$ は自然なペアリングである．まず ω_p が well-defined であることを確かめる．

$$\langle p, [X, Y] \rangle = \frac{d}{dt}\Big|_{t=0} \langle p, Ad_{\mathrm{Exp}_G tX} Y \rangle = \frac{d}{dt}\Big|_{t=0} \langle p \mathrm{Exp}_G tX, Y \rangle = \langle X_p^\#, Y \rangle \tag{10.3}$$

である．ここで $X_p^\# \in T_p M \subset \mathfrak{g}^*$ である．したがって，X の選び方は一意でないが，$\langle p, [X, Y] \rangle$ は $X_p^\#$ のみに依存している．同様に Y の選び方は一意でないが，$\langle p, [X, Y] \rangle$ は $Y_p^\#$ のみに依存している．以上により ω_p が well-defined であることが確かめられた．

命題 10.2.9 ω は余随伴軌道 M のシンプレクティック構造である.

証明 (10.3) より $\omega_p(X_p^\#, Y_p^\#) = \langle X_p^\#, Y \rangle$ であるから, $\omega_p(X_p^\#, \cdot) = 0 \in T_p^* M$ は $X_p^\# = 0$ を意味する. したがって ω は非退化である. また

$$Z_p^\#\{\omega(X^\#, Y^\#)\} = \frac{d}{dt}\Big|_{t=0} \langle p\mathrm{Exp}_G tZ, [X, Y] \rangle = \langle p, [Z, [X, Y]] \rangle,$$
$$-\omega_p([X^\#, Y^\#], Z^\#) = \omega_p(Z^\#, [X, Y]^\#) = \langle p, [Z, [X, Y]] \rangle$$

に注意すると

$$(d\omega)_p(X_p^\#, Y_p^\#, Z_p^\#)$$
$$= X_p^\#\{\omega(Y^\#, Z^\#)\} + Y_p^\#\{\omega(Z^\#, X^\#)\} + Z_p^\#\{\omega(X^\#, Y^\#)\}$$
$$- \omega_p([X^\#, Y^\#], Z^\#) - \omega_p([Z^\#, X^\#], Y^\#) - \omega_p([Y^\#, Z^\#], X^\#)$$
$$= 2\langle p, [Z, [X, Y]] + [Y, [Z, X]] + [X, [Y, Z]] \rangle = 0$$

となる. よって $d\omega = 0$ を得る. □

命題 10.2.10 G の余随伴軌道 (M, ω) への作用はハミルトン作用である. モーメント写像 $\mu\colon M \to \mathfrak{g}^*$ は $\mu(p) = p$ により与えられる.

証明 まず G-作用が ω を保つことを示す.

$$R_{g*} X_p^\# = \frac{d}{dt}\Big|_{t=0} p(\mathrm{Exp}_G tX)g = \frac{d}{dt}\Big|_{t=0} pg(\mathrm{Exp}_G tAd_{g^{-1}} X) = (Ad_{g^{-1}} X)_{pg}^\#$$

に注意すると

$$(R_g^* \omega)_p(X_p^\#, Y_p^\#) = \omega_{pg}(R_{g*} X_p^\#, R_{g*} Y_p^\#) = \omega_{pg}((Ad_{g^{-1}} X)_{pg}^\#, (Ad_{g^{-1}} Y)_{pg}^\#)$$
$$= \langle pg, [Ad_{g^{-1}} X, Ad_{g^{-1}} Y] \rangle = \langle p, [X, Y] \rangle = \omega_p(X_p^\#, Y_p^\#)$$

となり, $R_g^* \omega = \omega$ を得る. また

$$\{i(X^\#)\omega\}(Y_p^\#) = \omega_p(X_p^\#, Y_p^\#) = \langle p, [X, Y] \rangle$$
$$= -\Big\langle p, \frac{d}{dt}\Big|_{t=0} Ad_{\mathrm{Exp}_G tY} X \Big\rangle = -\frac{d}{dt}\Big|_{t=0} \langle p\mathrm{Exp}_G tY, X \rangle$$

であるから, $\mu(p) = p$ と定めれば $i(X^\#)\omega = -d\mu_X$ を得る. さらに $\mu(pg) = pg = \mu(p)g$ より μ は G-同変である. したがって μ はモーメント写像である. □

10.3 シンプレクティック商

Lie 群のシンプレクティック多様体への Hamilton 作用に対して，シンプレクティック幾何における商空間が定義される．この商空間は，ある条件の下でシンプレクティック多様体となる．これにより，単純なシンプレクティック多様体から，いろいろなシンプレクティック多様体が構成される．この節では，シンプレクティック幾何における商空間の性質を調べる．

補題 10.3.1 Lie 群 G がシンプレクティック多様体 (M, ω) に作用して，モーメント写像 $\mu\colon M \to \mathfrak{g}^*$ が存在するとする．
(1) $\mathrm{Ker}\,\mu_{*p} = (T_p(pG))^{\omega_p}$ が成り立つ．
(2) $p \in M$ の固定部分群 G_p が 0 次元ならば p は μ の正則点である．
(3) $\xi \in \mathfrak{g}^*$ を固定する．任意の $p \in \mu^{-1}(\xi)$ に対して，その固定部分群 G_p が 0 次元であるとする．このとき $\mu^{-1}(\xi)$ は M の部分多様体であり，$p \in \mu^{-1}(\xi)$ に対して $\mathrm{Ker}\,\mu_{*p} = T_p(\mu^{-1}(\xi))$ が成り立つ．

証明 (1) $v \in T_pM$, $X \in \mathfrak{g}$ に対して $\langle \mu_{*p}(v), X \rangle = -\omega_p(X_p^\#, v)$ であるから，$\mathrm{Ker}\,\mu_{*p} = (T_p(pG))^{\omega_p}$ を得る．
(2) (1) および補題 10.1.1 より次を得る．

$$\dim \mathrm{Im}\,\mu_{*p} = \dim M - \dim \mathrm{Ker}\,\mu_{*p} = \dim(\mathrm{Ker}\,\mu_{*p})^{\omega_p}$$
$$= \dim T_p(pG) = \dim G - \dim G_p$$

したがって $\dim G_p = 0$ ならば $\mu_{*p}\colon T_pM \to T_{\mu(p)}\mathfrak{g}^*$ は全射である．
(3) (2) より ξ は μ の正則値であるから，主張が従う． □

一般に，微分可能多様体 M に，コンパクト Lie 群 G が自由に（定義 6.1.16 参照）作用しているならば，商空間 M/G は $(\dim M - \dim G)$ 次元微分可能多様体になることが知られている．証明は[16], [20] などを参照していただきたい．この事実を用いると次の定理を得る．

定理 10.3.2 コンパクト Lie 群 G がシンプレクティック多様体 (M, ω) に作用して，モーメント写像 $\mu\colon M \to \mathfrak{g}^*$ が存在するとする．$\xi \in (\mathfrak{g}^*)^G$ を固定する（(10.2) 参照）．各 $p \in \mu^{-1}(\xi)$ の固定部分群 G_p が単位元 e だけからなる

とする．このとき次が成り立つ．

(1) G は $\mu^{-1}(\xi)$ を保つ．すなわち $g \in G, p \in \mu^{-1}(\xi)$ に対して $pg \in \mu^{-1}(\xi)$ が成り立つ．

(2) 商空間 $\mu^{-1}(\xi)/G$ は $(\dim M - 2\dim G)$ 次元微分可能多様体である．

(3) $\pi\colon \mu^{-1}(\xi) \to \mu^{-1}(\xi)/G$ を自然な射影，$\iota\colon \mu^{-1}(\xi) \to M$ を埋め込みとする．$\mu^{-1}(\xi)/G$ 上のシンプレクティック形式 $\underline{\omega} \in \Omega^2(\mu^{-1}(\xi)/G)$ で，$\iota^*\omega = \pi^*\underline{\omega}$ を満たすものが存在する．

証明 (1) $g \in G, p \in \mu^{-1}(\xi)$ に対して $\mu(pg) = \mu(p)g = \xi g = \xi$ である．

(2) 補題 10.3.1 より，$\xi \in \mathfrak{g}^*$ は μ の正則値である．したがって $\mu^{-1}(\xi)$ は $(\dim M - \dim G)$ 次元微分可能多様体である．さらにコンパクト Lie 群 G が $\mu^{-1}(\xi)$ に自由に作用しているから，商空間は $(\dim M - 2\dim G)$ 次元微分可能多様体となる．

(3) $g \in G$ に対して $R_g \circ \iota = \iota \circ R_g\colon \mu^{-1}(\xi) \to M$ であるから，$R_g^*(\iota^*\omega) = \iota^*(R_g^*\omega) = \iota^*\omega$ が成り立つ．また $X \in \mathfrak{g}, v \in T_p\mu^{-1}(\xi)$ に対して，μ_X は $\mu^{-1}(\xi)$ 上定数関数だから，$\iota^*\omega(X_p^{\#}, v) = \omega(X_p^{\#}, v) = -(d\mu_X)_p(v) = 0$ となる．したがって $i(X^{\#})\iota^*\omega = 0$ が成り立つ．

$\underline{\omega} \in \Omega^2(\mu^{-1}(\xi)/G)$ を以下のように定める．$\underline{p} \in \mu^{-1}(\xi)/G, \underline{u}, \underline{v} \in T_{\underline{p}}(\mu^{-1}(\xi)/G)$ に対して $p \in \pi^{-1}(\underline{p}), u, v \in T_p\mu^{-1}(\xi)$ を $\pi_{*p}(u) = \underline{u}, \pi_{*p}(v) = \underline{v}$ を満たすようにとる．このとき $\underline{\omega}_{\underline{p}}(\underline{u}, \underline{v}) = \omega_p(u, v)$ と定めると，$R_g^*(\iota^*\omega) = \iota^*\omega$，$i(X^{\#})\iota^*\omega = 0$ より well-defined であることが容易に確かめられる．また，$\underline{\omega}$ の定義より，$\iota^*\omega = \pi^*\underline{\omega}$ を満たすことがただちに従う．

まず $d\underline{\omega} = 0$ を示す．$\pi^*d\underline{\omega} = d\pi^*\underline{\omega} = d\iota^*\omega = \iota^*d\omega = 0$ が成り立つ．$\pi^*\colon \Omega^3(\mu^{-1}(\xi)/G) \to \Omega^3(\mu^{-1}(\xi))$ は単射だから，$d\underline{\omega} = 0$ を得る．

次に $\underline{\omega}$ が非退化であることを示す．$\underline{p} = \pi(p)$ とするとき，$\underline{v} \in T_{\underline{p}}(\mu^{-1}(\xi)/G)$ が，任意の $\underline{w} \in T_{\underline{p}}(\mu^{-1}(\xi)/G)$ に対して $\underline{\omega}_{\underline{p}}(\underline{v}, \underline{w}) = 0$ であったとする．$\pi_{*p}(v) = \underline{v}$ を満たす $v \in T_p\mu^{-1}(\xi)$ を固定する．このとき，任意の $w \in T_p\mu^{-1}(\xi)$ に対して $\omega_p(v, w) = 0$ を満たすから，補題 10.3.1 より $v \in (T_p\mu^{-1}(\xi))^{\omega_p} = (\mathrm{Ker}\mu_{*p})^{\omega_p} = T_p(pG)$ を得る．よって $\underline{v} = \pi_{*p}(v) = 0$ となり，$\underline{\omega}_{\underline{p}}$ が非退化であることがわかる． $\square$

定義 10.3.3 $(\mu^{-1}(\xi)/G, \underline{\omega})$ を (M, ω) の G による**シンプレクティック商** (symplectic quotient) という．**シンプレクティック簡約** (symplectic reduction)，**Marsden-Weinstein 簡約** (Marsden-Weinstein reduction) などということもある．

例 10.3.4 $\mathbb{C}^n$ 上の標準的なシンプレクティック構造 $\omega \in \Omega^2(\mathbb{C}^n)$ を $\omega = \sum_{i=1}^{n} dx_i \wedge dy_i$ により定める．ただし $z = \begin{pmatrix} z_1 \\ \vdots \\ z_n \end{pmatrix} \in \mathbb{C}^n$, $z_i = x_i + \sqrt{-1}y_i$ ($x_i, y_i \in \mathbb{R}$) とする．以後 $T_z\mathbb{C}^n$ を $\mathbb{C}^n$ と同一視する．ここで $\xi, \eta \in T_z\mathbb{C}^n = \mathbb{C}^n$ は縦ベクトルとする．また，$\Re\xi, \Im\xi \in \mathbb{R}^n$ でそれぞれ ξ の実部，虚部を表わすとき，

$$\omega_z(\xi, \eta) = {}^t(\Re\xi)(\Im\eta) - {}^t(\Im\xi)(\Re\eta) = \Im(\xi^*\eta)$$

となる．ただし ξ^* は ${}^t\overline{\xi}$（複素共役の転置行列）である．

$U(n) \times U(1)$ の $\mathbb{C}^n$ への右作用を，$g = (A, e^{2\pi\sqrt{-1}t})$ に対して

$$zg = A^{-1}ze^{2\pi\sqrt{-1}t}$$

により定める．ただし，右辺において A^{-1} は (n,n) 行列，z は $(n,1)$ 行列，$e^{2\pi\sqrt{-1}t}$ は $(1,1)$ 行列とみなして行列の積を考える．このとき

$$(R_g^*\omega)_z(\xi, \eta) = \omega_{zg}(R_{g*}\xi, R_{g*}\eta) = \omega_{zg}(A^{-1}\xi e^{2\pi\sqrt{-1}t}, A^{-1}\eta e^{2\pi\sqrt{-1}t})$$
$$= \Im((A^{-1}\xi e^{2\pi\sqrt{-1}t})^*(A^{-1}\eta e^{2\pi\sqrt{-1}t})) = \Im(\xi^*\eta) = \omega_z(\xi, \eta)$$

であるから，$R_g^*\omega = \omega$ を得る．

$U(n)$-作用，$U(1)$-作用，$U(n) \times U(1)$-作用のモーメント写像をそれぞれ

$$\mu_{U(n)} \colon \mathbb{C}^n \to \mathfrak{u}(n)^*, \quad \mu_{U(1)} \colon \mathbb{C}^n \to \mathfrak{u}(1)^*, \quad \mu_{U(n) \times U(1)} \colon \mathbb{C}^n \to \mathfrak{u}(n)^* \oplus \mathfrak{u}(1)^*$$

と表わすと，$\mu_{U(n) \times U(1)} = \mu_{U(n)} \oplus \mu_{U(1)}$ が成り立つ．

まず $\mu_{U(1)}$ を求める．$X \in \mathfrak{u}(1)$ を $\mathrm{Exp}_{U(1)} tX = e^{2\pi\sqrt{-1}t}$ により定める．また，$u \in \mathfrak{u}(1)^*$ を $\langle u, X \rangle = 1$ により定める．

$$X_z^\# = \frac{d}{dt}\Big|_{t=0} ze^{2\pi\sqrt{-1}t} = 2\pi\sqrt{-1}z \in \mathbb{C}^n = T_z\mathbb{C}^n$$

である．よって $\eta \in \mathbb{C}^n = T_z\mathbb{C}^n$ に対して

$$(i(X^\#)\omega)_z(\eta) = \omega_z(2\pi\sqrt{-1}z, \eta) = \Im((2\pi\sqrt{-1}z)^*\eta)$$
$$= -2\pi\Re(z^*\eta) = -\pi(z^*\eta + \eta^*z) = -\frac{d}{dt}\Big|_{t=0}\pi|z+t\eta|^2$$

であるから，
$$i(X^\#)\omega = -d(\pi|z|^2) = -d\langle \pi|z|^2 u, X\rangle$$

を得る．さらに $z \mapsto \pi|z|^2 u$ は $U(1)$-不変であるから，次を得る．

$$\mu_{U(1)}(z) = \pi|z|^2 u$$

(より正確に，命題 10.2.4 の不定性も記述すれば，$c \in \mathbb{R}$ を任意定数として，$\mu_{U(1)}(z) = (\pi|z|^2 - c)u$ となる．以後，任意定数は省略する．)

次に $\mu_{U(n)}$ を求める．$Y \in \mathfrak{u}(n)$ に対して

$$Y_z^\# = \frac{d}{dt}\Big|_{t=0} e^{-tY}z = -Yz \in \mathbb{C}^n = T_z\mathbb{C}^n$$

である．$Y^* = -Y$ に注意するとき，$\eta \in \mathbb{C}^n = T_z\mathbb{C}^n$ に対して次を得る．

$$(i(Y^\#)\omega)_z(\eta) = \omega_z(-Yz, \eta) = \Im((-Yz)^*\eta)$$
$$= \frac{1}{2\sqrt{-1}}\{(-Yz)^*\eta - \eta^*(-Yz)\} = \frac{1}{2\sqrt{-1}}\{z^*Y\eta + \eta^*Yz\}$$
$$= -\frac{d}{dt}\Big|_{t=0}\frac{\sqrt{-1}}{2}(z+t\eta)^*Y(z+t\eta) = -\frac{d}{dt}\Big|_{t=0}\mathrm{Tr}\Big(\frac{\sqrt{-1}}{2}(z+t\eta)(z+t\eta)^*Y\Big)$$

したがって，$\frac{\sqrt{-1}}{2}zz^*$ を $Y \mapsto \mathrm{Tr}\Big(\frac{\sqrt{-1}}{2}zz^*Y\Big)$ により $\mathfrak{u}(n)^*$ の元とみなすとき，

$$\mu_{U(n)}(z) = \frac{\sqrt{-1}}{2}zz^* \in \mathfrak{u}(n)^*$$

を得る．実際，$\mu_{U(n)}(z)$ が $U(n)$-同変写像であることも容易に確かめられる．

$t > 0$ のとき，$\mathbb{C}^n$ の $U(1)$-作用によるシンプレクティック商は

$$(\mu_{U(1)}^{-1}(tu)/U(1), \underline{\omega}_t) = (\mathbb{C}P^{n-1}, t\omega_{\mathrm{FS}})$$

である．ただし $\omega_{\mathrm{FS}} \in \Omega^2(\mathbb{C}P^{n-1})$ は Fubini-Study 計量の定める Kähler 形式である．実際，$U(n)$ の $\mathbb{C}^n$ への作用は $U(n)$ の $\mu_{U(1)}^{-1}(tu)/U(1)$ への作用を誘導する．この作用は $\underline{\omega}_t$ を保つから，$\underline{\omega}_t$ と ω_{FS} を，1 点において比較するこ

とにより，$\underline{\omega}_t = t\omega_{\text{FS}}$ が確かめられる．

さらに，$U(n)$ の $(\mu_{U(1)}^{-1}(tu)/U(1), \underline{\omega}_t)$ への作用は Hamilton 作用である．実際，このモーメント写像

$$\underline{\mu_{U(n)}}\colon \mu_{U(1)}^{-1}(tu)/U(1) \to \mathfrak{u}(n)^*$$

は，$z \in \mu_{U(1)}^{-1}(tu)$ に対して $\underline{\mu_{U(n)}}([z]) = \mu_{U(n)}(z) = \dfrac{\sqrt{-1}}{2}zz^*$ であることが確かめられる．したがって，一般に $z \in \mathbb{C}^n \setminus \{0\}$ により $[z] \in \mathbb{C}P^{n-1}$ を表わすとき，$\dfrac{\sqrt{t}z}{\sqrt{\pi}|z|} \in \mu_{U(1)}^{-1}(tu)$ に注意すると次を得る．

$$\underline{\mu_{U(n)}}([z]) = \underline{\mu_{U(n)}}\Big(\Big[\dfrac{\sqrt{t}z}{\sqrt{\pi}|z|}\Big]\Big) = \mu_{U(n)}\Big(\dfrac{\sqrt{t}z}{\sqrt{\pi}|z|}\Big) = \dfrac{\sqrt{-1}t}{2\pi}\dfrac{zz^*}{|z|^2}$$

次に Kähler 多様体 (M, I, ω) の G-作用による商空間を考える．

命題 10.3.5 (M, I, ω) を Kähler 多様体とする．コンパクト Lie 群 G が (M, ω) に右から作用しており，モーメント写像 $\mu\colon M \to \mathfrak{g}^*$ が存在するとする．また，G-作用は I を保つ，すなわち，各 $g \in G, p \in M$ に対して $R_{g*p} \circ I_p = I_{pg} \circ R_{g*p}$ が成り立つとする．さらに，ある $\xi \in (\mathfrak{g}^*)^G$ に対して $\mu^{-1}(\xi)$ への G-作用が自由であるとする．このとき次が成り立つ．
(1) $p \in \mu^{-1}(\xi)$ に対して $V_p = T_p(pG)$ とするとき，$T_pM = T_p\mu^{-1}(\xi) \oplus I_pV_p$ が成り立つ．この分解は，Kähler 計量 g に関する直交分解である．
(2) $\mu^{-1}(\xi)/G$ の複素構造 $\underline{I}$ で，$(\mu^{-1}(\xi)/G, \underline{I}, \underline{\omega})$ が Kähler 多様体となるものが存在する．

証明 (1) 補題 10.3.1 (3) より，$\mu^{-1}(\xi)$ は M の部分多様体である．$p \in \mu^{-1}(\xi)$ を固定する．$v \in T_p\mu^{-1}(\xi), X \in \mathfrak{g}^*$ に対して $g(I_pX_p^\#, v) = \omega(X_p^\#, v) = -(d\mu_X)_p(v) = 0$ であるから，$T_p\mu^{-1}(\xi) \oplus I_pV_p$ は g に関する直交分解である．補題 10.3.1 (2) より $\dim M = \dim \mu^{-1}(\xi) + \dim V_p$ であるから，$T_pM = T_p\mu^{-1}(\xi) \oplus I_pV_p$ を得る．
(2) 各 $p \in \mu^{-1}(\xi)$ に対して，V_p の $T_p\mu^{-1}(\xi)$ における直交補空間を H_p で表わす．このとき $T_pM = H_p \oplus V_p \oplus I_pV_p$ は直交分解であり，H_p は I_p で保たれる．$\pi\colon \mu^{-1}(\xi) \to \mu^{-1}(\xi)/G$ を自然な写像，$\underline{p} = \pi(p)$ とするとき，$\pi_*\colon T_p\mu^{-1}(\xi) \to T_{\underline{p}}(\mu^{-1}(\xi)/G)$ の H_p への制限 $\pi_*|_{H_p}\colon H_p \to T_{\underline{p}}(\mu^{-1}(\xi)/G)$ は同型写像である．$\mu^{-1}(\xi)/G$ 上の 2 形式 $\underline{\omega}$，Riemann 計量 $\underline{g}$ および概複素構造

$\underline{I}$ を $\pi_{*p}|_{H_p}$ により ω_p, g_p, I_p の H_p 上への制限を $T_p(\mu^{-1}(\xi)/G)$ に写すことにより定める．ω, g, I は G-不変であるから，$g \in G$ に対して $H_{pg} = R_{g*p}(H_p)$ が成り立ち，$\underline{\omega}, \underline{g}, \underline{I}$ が well-defined であることがわかる．また，$\underline{\omega}$ が $(\mu^{-1}(\xi)/G, \underline{g}, \underline{I})$ の基本 2 形式であること，さらに $\underline{\omega}$ は定理 10.3.2 で与えられた $\mu^{-1}(\xi)/G$ 上のシンプレクティック構造であることも定義からただちに従う．したがって $\underline{I}$ が積分可能であれば，$(\mu^{-1}(\xi)/G, \underline{I}, \underline{\omega})$ が Kähler 多様体になることがわかる．

$\underline{I}$ が積分可能であることを示す．$\pi \colon \mu^{-1}(\xi) \to \mu^{-1}(\xi)/G$ を主 G 束，分布 $\{H_p \subset T_p\mu^{-1}(\xi) \mid p \in \mu^{-1}(\xi)\}$ を接続とみなす．$\underline{X}, \underline{Y} \in \mathfrak{X}^{1,0}(\mu^{-1}(\xi)/G, \underline{I})$ とするとき，$[\underline{X}, \underline{Y}] \in \mathfrak{X}^{1,0}(\mu^{-1}(\xi)/G, \underline{I})$ を示せばよい．$X, Y \in \mathfrak{X}(\mu^{-1}(\xi)) \otimes_{\mathbb{R}} \mathbb{C}$ を $\underline{X}, \underline{Y}$ の水平持ち上げとする．このとき，各 $p \in \mu^{-1}(\xi)$ に対して $X_p, Y_p \in T'_p M \cap (H_p \otimes \mathbb{C})$ である．I は積分可能であるから，各 $p \in \mu^{-1}(\xi)$ に対して $[X, Y]_p \in T'_p M$ である．一方，分布 $\{T_p\mu^{-1}(\xi) \mid p \in \mu^{-1}(\xi)\}$ も包合的であるから，各 $p \in \mu^{-1}(\xi)$ に対して $[X, Y]_p \in T_p\mu^{-1}(\xi) \otimes \mathbb{C}$ である．したがって，各 $p \in \mu^{-1}(\xi)$ に対して

$$[X, Y]_p \in T'_p M \cap (T_p\mu^{-1}(\xi) \otimes \mathbb{C}) = T'_p M \cap (H_p \otimes \mathbb{C})$$

が成り立つ．さらに，$\pi_*([X, Y]) = [\pi_*(X), \pi_*(Y)] = [\underline{X}, \underline{Y}]$ であるから，$[\underline{X}, \underline{Y}] \in \mathfrak{X}^{1,0}(\mu^{-1}(\xi)/G, \underline{I})$ を得る．すなわち $\underline{I}$ は積分可能である． □

注意 10.3.6 $(\mu^{-1}(\xi)/G, \underline{I}, \underline{\omega})$ を (M, ω, I) の G による **Kähler 商** (Kähler quotient) という．

10.4 トーリック多様体

この節では，代表的な Kähler 商の例としてトーリック多様体を紹介する．T^n を n 次元トーラス，$\mathfrak{t}^n$ をその Lie 環とする．$\mathfrak{t}^n$ および $(\mathfrak{t}^n)^*$ の格子 $\mathfrak{t}^n_{\mathbb{Z}}, (\mathfrak{t}^n)^*_{\mathbb{Z}}$ を次で定める．

$$\mathfrak{t}^n_{\mathbb{Z}} = \mathrm{Ker}\{\mathrm{Exp}_{T^n} \colon \mathfrak{t}^n \to T^n\} \subset \mathfrak{t}^n,$$
$$(\mathfrak{t}^n)^*_{\mathbb{Z}} = \{p \in (\mathfrak{t}^n)^* \mid 任意の q \in \mathfrak{t}^n_{\mathbb{Z}} に対して \langle p, q \rangle \in \mathbb{Z}\} \subset (\mathfrak{t}^n)^*$$

ただし $\langle \cdot, \cdot \rangle \colon (\mathfrak{t}^n)^* \times \mathfrak{t}^n \to \mathbb{R}$ を自然なペアリングとする．$(\mathfrak{t}^n)^*$ 内の有界な多面体 Δ，および超平面 F_i をそれぞれ次で定める．

$$\Delta = \{p \in (\mathfrak{t}^n)^* \mid \langle p, q_i \rangle + h_i \geq 0, \ i = 1, \ldots, d\}, \tag{10.4}$$

$$F_i = \{p \in (\mathfrak{t}^n)^* \mid \langle p, q_i \rangle + h_i = 0\} \ (i = 1, \ldots, d) \tag{10.5}$$

ただし,各 $\Delta \cap F_i$ ($i = 1, \ldots, d$) は Δ の空でない $n-1$ 次元の面であるとする.また,Δ の頂点の集合を $\Delta(0)$ により表わす.また $v \in \Delta(0)$ に対して $I_v \subset \{1, \ldots, d\}$ を次で定める.

$$I_v = \{i \mid v \in F_i\} \tag{10.6}$$

定義 10.4.1 $(\mathfrak{t}^n)^*$ 内の有界な凸多面体 Δ が **Delzant 多面体** (Delzant polytope) であるとは次の条件を満たすことである.
(1) $i = 1, \ldots, d$ に対して $q_i \in \mathfrak{t}_{\mathbb{Z}}^n$ である.以後,各 $q_i \in \mathfrak{t}_{\mathbb{Z}}^n$ を原始的,すなわち $q_i = cq$, $q \in \mathfrak{t}_{\mathbb{Z}}^n$ ならば $c = \pm 1$ に限る,と仮定する.
(2) 各 $v \in \Delta(0)$ に対して,I_v は n 個の要素からなる.さらに,$\{q_i \mid i \in I_v\}$ は $\mathfrak{t}_{\mathbb{Z}}^n$ の $\mathbb{Z}$ 上の基底をなす.

以後,Delzant 多面体 Δ から,複素ベクトル空間のトーラスによるシンプレクティック商 $M(\Delta)$ を構成し,その性質を調べる.

$$T^d = \{\zeta = (\zeta_1, \ldots, \zeta_d) \in \mathbb{C}^d \mid |\zeta_i| = 1, \ i = 1, \ldots, d\}$$

とし,$\mathfrak{t}^d$ をその Lie 環とする.$e_1, \ldots, e_d \in \mathfrak{t}^d$ を

$$\mathrm{Exp}_{T^d}\Bigl(\sum_{i=1}^d t_i e_i\Bigr) = (e^{2\pi\sqrt{-1}t_1}, \ldots, e^{2\pi\sqrt{-1}t_d})$$

により定めると,$e_1, \ldots, e_d$ は格子 $\mathfrak{t}_{\mathbb{Z}}^d$ の $\mathbb{Z}$ 上の基底となる.$e^1, \ldots, e^d \in (\mathfrak{t}^d)^*$ を双対基底とすると,これらは双対格子 $(\mathfrak{t}^d)^*_{\mathbb{Z}}$ の $\mathbb{Z}$ 上の基底となる.

$\mathbb{R}$ 上の線型写像 $\pi \colon \mathfrak{t}^d \to \mathfrak{t}^n$ を $\pi(e_i) = q_i$ ($i = 1, \ldots, d$) を線型に拡張することにより定める.$\mathfrak{g} = \mathrm{Ker}\{\pi \colon \mathfrak{t}^d \to \mathfrak{t}^n\}$ として,$\iota \colon \mathfrak{g} \to \mathfrak{t}^d$ を埋め込みとする.このとき次の完全系列を得る.

$$\begin{array}{ccccccccc} 0 & \longrightarrow & \mathfrak{g} & \xrightarrow{\iota} & \mathfrak{t}^d & \xrightarrow{\pi} & \mathfrak{t}^n & \longrightarrow & 0, \\ 0 & \longleftarrow & \mathfrak{g}^* & \xleftarrow{\iota^*} & (\mathfrak{t}^d)^* & \xleftarrow{\pi^*} & (\mathfrak{t}^n)^* & \longleftarrow & 0 \end{array} \tag{10.7}$$

ただし,下段は上段の双対写像による完全系列である.(10.4) の h_i ($i = 1, \ldots, d$) を用いて $h \in (\mathfrak{t}^d)^*$, $\alpha \in \mathfrak{g}^*$ を次で定める.

$$h = \sum_{i=1}^{d} h_i e^i \in (\mathfrak{t}^d)^*, \qquad \alpha = \iota^* h \in \mathfrak{g}^*$$

Lie 群の準同型写像 $\widetilde{\pi}\colon T^d \to T^n$ を $\widetilde{\pi}(\mathrm{Exp}_{T^d} X) = \mathrm{Exp}_{T^n} \pi(X)$ により定める．さらに，T^d の部分群 G を

$$G = \mathrm{Ker}\{\widetilde{\pi}\colon T^d \to T^n\}$$

により定めると，$\mathfrak{g}$ は G の Lie 環となる．Δ が Delzant 多面体であることから G は連結，したがって T^d の部分トーラスである．さらに $T^n = T^d/G$ が成り立つ．

$\mathbb{C}^d$ 上の標準的なシンプレクティック構造を $\omega \in \Omega^2(\mathbb{C}^d)$ とする（例 10.3.4 参照）．T^d の $\mathbb{C}^d$ への作用を $z = (z_1, \ldots, z_d) \in \mathbb{C}^d, \zeta = (\zeta_1, \ldots, \zeta_d) \in T^d$ に対して $z\zeta = (z_1\zeta_1, \ldots, z_d\zeta_d)$ により定めると，この作用は ω を保つ．この T^d-作用は $\mathbb{C}^d$ への G-作用を誘導する．T^d-作用のモーメント写像 $\mu_{T^d}\colon \mathbb{C}^d \to (\mathfrak{t}^d)^*$，$G$-作用のモーメント写像 $\mu_G\colon \mathbb{C}^d \to \mathfrak{g}^*$ はそれぞれ次で与えられる．

$$\mu_{T^d}(z) = \pi \sum_{i=1}^{d} |z_i|^2 e^i \in (\mathfrak{t}^d)^*, \quad \mu_G(z) = \pi \sum_{i=1}^{d} |z_i|^2 \iota^* e^i \in \mathfrak{g}^*$$

頂点 $v \in \Delta(0)$ に対して $I_v = \{i \mid v \in F_i\}$ であった．また，

$$\mathbb{C}_v^d = \{z = (z_1, \ldots, z_d) \mid i \in \{1, \ldots, d\} \setminus I_v \text{ ならば } z_i \neq 0\}, \tag{10.8}$$

$$\mathbb{C}_\Delta^d = \bigcup_{v \in \Delta(0)} \mathbb{C}_v^d \tag{10.9}$$

とする．

補題 10.4.2 $z = (z_1, \ldots, z_d) \in \mu_G^{-1}(\alpha)$ をひとつ固定する．このとき次が成り立つ．
(1) $p \in \Delta \subset (\mathfrak{t}^n)^*$ で $\mu_{T^d}(z) - h = \pi^* p$ を満たすものがただひとつ存在する．さらに $z_i = 0$ であることと $p \in F_i$ であることは同値である．
(2) $z \in \mathbb{C}_v^d$ を満たす $v \in \Delta(0)$ が（少なくともひとつ）存在する．とくに $\mu_G^{-1}(\alpha) \subset \mathbb{C}_\Delta^d$ が成り立つ．

証明 (1) $\mu_G(z) = \alpha$ であるから $\mu_{T^d}(z) - h \in \mathrm{Ker}\,\iota^* = \mathrm{Im}\,\pi^*$ となる．$\pi^*\colon (\mathfrak{t}^n)^* \to (\mathfrak{t}^d)^*$ は単射であるから $p \in (\mathfrak{t}^n)^*$ で $\mu_{T^d}(z) - h = \pi^* p$ を満たすものがただひとつ存在する．$\langle \mu_{T^d}(z), e_i \rangle = \langle \pi^* p + h, e_i \rangle$ であるから

$\pi|z_i|^2 = \langle p, q_i \rangle + h_i$ を得る．したがって $p \in \Delta$ が従う．さらに $z_i = 0$ と $p \in F_i$ が同値であることも従う．

(2) (1) の $p \in \Delta$ に対して $I_p = \{i \mid p \in F_i\}$ とおく．このとき $v \in \Delta(0)$ で，$I_p \subset I_v$ を満たすものが存在する．(1) より $z_i = 0$ と $i \in I_p$ が同値であるから $z \in \mathbb{C}_v^d$ を得る． □

補題 10.4.3 任意の $v \in \Delta(0)$ に対して $\mathbb{C}_v^d$ への G-作用は自由である．

証明 $z = (z_1, \ldots, z_d) \in \mathbb{C}_v^d$ を固定する．ある $\zeta = (\zeta_1, \ldots, \zeta_d) \in G$ に対して $z\zeta = z$ が成り立つとする．$\zeta = (1, \ldots, 1)$ を示す．

$\zeta = \mathrm{Exp}_G X$, $X = \displaystyle\sum_{i=1}^{d} t_i e_i \in \mathfrak{g} \subset \mathfrak{t}^d$ と表わす．$i \notin I_v$ ならば $z_i \neq 0$ である．$z\zeta = z$ より $i \notin I_v$ ならば $\zeta_i = 1$，したがって $t_i \in \mathbb{Z}$ である．$\mathfrak{t}^n \ni 0 = \pi(X)$ $= \displaystyle\sum_{i=1}^{d} t_i q_i$ であるから，$\displaystyle\sum_{i \in I_v} t_i q_i = -\sum_{i \in \{1,\ldots,d\} \setminus I_v} t_i q_i \in \mathfrak{t}_{\mathbb{Z}}^n$ となる．$\{q_i \mid i \in I_v\}$ は $\mathfrak{t}_{\mathbb{Z}}^n$ の $\mathbb{Z}$ 上の基底であるから，$i \in I_v$ に対して $t_i \in \mathbb{Z}$ を得る．したがって $i = 1, \ldots, d$ に対して $t_i \in \mathbb{Z}$ となるから，$\zeta = \mathrm{Exp}_G \left(\displaystyle\sum_{i=1}^{d} t_i e_i\right) = (1, \ldots, 1)$ を得る． □

補題 10.4.2 と補題 10.4.3 より $\mu_G^{-1}(\alpha)$ への G-作用は自由である．定理 10.3.2 より，シンプレクティック商 $(\mu_G^{-1}(\alpha)/G, \underline{\omega})$ は微分可能多様体で，その次元は $2d - 2\dim G = 2n$ となる．さらに，T^d-作用は $\mu_G^{-1}(\alpha)$ を保つから，$T^n = T^d/G$ が $\mu_G^{-1}(\alpha)/G$ に $\underline{\omega}$ を保って作用する．

定義 10.4.4 Delzant 多面体 $\Delta \subset (\mathfrak{t}^n)^*$ の定める T^n-作用をもつ $2n$ 次元シンプレクティック多様体 $M(\Delta) = (\mu_G^{-1}(\alpha)/G, \underline{\omega})$ を**シンプレクティックトーリック多様体** (symplectic toric manifold) という．

$\mathbb{C}^d$ は標準的な複素構造 I および標準的なシンプレクティック構造 ω をもち，$(\mathbb{C}^d, I, \omega)$ は Kähler 多様体になる．また，G-作用は I, ω を保つ．したがって，命題 10.3.5 より，$\mu_G^{-1}(\alpha)/G$ は自然な複素構造 $\underline{I}$ をもち，$(\mu_G^{-1}(\alpha)/G, \underline{I}, \underline{\omega})$ は Kähler 多様体になる．

命題 10.4.5 写像 $\mu_{T^n} : M(\Delta) \to (\mathfrak{t}^n)^*$ を $\mu_{T^n}([z]) = (\pi^*)^{-1}(\mu_{T^d}(z) - h)$ により定める（左辺が well-defined であることは補題 10.4.2 より従う）．このと

き，次が成り立つ．

(1) μ_{T^n} は $M(\Delta)$ への T^n-作用のモーメント写像である．とくに，$M(\Delta)$ への T^n-作用はハミルトン作用である．

(2) $\mathrm{Im}\,\mu_{T^n} = \Delta$ が成り立つ．

(3) 各 $p \in \Delta$ に対して，$\mu_{T^n}^{-1}(p)$ はひとつの T^n-軌道からなる．とくに $M(\Delta)$ はコンパクトである．

証明 (1) $\rho\colon \mu_G^{-1}(\alpha) \to \mu_G^{-1}(\alpha)/G$ を自然な射影とする．$X \in \mathfrak{t}^n$ とする．$\pi(\widetilde{X}) = X$ を満たす $\widetilde{X} \in \mathfrak{t}^d$ をひとつ固定する．$\mu_G^{-1}(\alpha)$ 上で次が成り立つ．

$$\rho^*(i(X^\#)\underline{\omega}) = i(\widetilde{X}^\#)\omega = -d\langle \mu_{T^d}, \widetilde{X}\rangle = -d\langle \mu_{T^d} - h, \widetilde{X}\rangle$$
$$= -d\langle \pi^*(\mu_{T^n} \circ \rho), \widetilde{X}\rangle = -d\langle \mu_{T^n} \circ \rho, X\rangle = \rho^*(-d\langle \mu_{T^n}, X\rangle)$$

$\rho^*\colon \Omega^1(\mu_G^{-1}(\alpha)/G) \to \Omega^1(\mu_G^{-1}(\alpha))$ は単射だから $i(X^\#)\underline{\omega} = -d\langle \mu_{T^n}, X\rangle$ を得る．

(2) 補題 10.4.2 (1) より $\mathrm{Im}\,\mu_{T^n} \subset \Delta$ が成り立つ．

逆に $p \in \Delta$ に対して $\langle \pi^*p + h, e_i\rangle \geq 0$ ($i = 1, \ldots, d$) だから，$z = (z_1, \ldots, z_d) \in \mathbb{C}^d$ で $\langle \pi^*p + h, e_i\rangle = \pi|z_i|^2$ を満たすものが存在する．このとき $\mu_{T^d}(z) = \pi^*p + h \in (\mathfrak{t}^d)^*$ であるから，$\mu_G(z) = \alpha$ かつ $\mu_{T^n}([z]) = p$ を得る．したがって $\mathrm{Im}\,\mu_{T^n} \supset \Delta$ が成り立つ．

(3) $\mu_G(z) = \alpha$ かつ $\mu_{T^n}([z]) = p \in \Delta$ ならば $\mu_{T^d}(z) = \pi^*p + h$ である．$\mu_{T^d}^{-1}(\pi^*p + h)$ はひとつの T^d-軌道からなるから，$\mu_{T^n}^{-1}(p)$ もひとつの T^n-軌道からなる．Delzant 多面体は，その定義より有界である．したがって $M(\Delta) = \mu_{T^n}^{-1}(\Delta)$ はコンパクトである． □

注意 10.4.6 $2n$ 次元連結コンパクトシンプレクティック多様体 (M, ω) に n 次元トーラス T^n が効果的に作用しており，モーメント写像 $\mu\colon M \to \mathfrak{t}^n$ が存在するとする．このとき，$\Delta = \mathrm{Im}\,\mu$ は Delzant 多面体である．さらに，$M(\Delta)$ を定義 10.4.4 の意味でのシンプレクティックトーリック多様体とするとき，(M, ω) から $M(\Delta)$ への T^n-同変なシンプレクティック構造を保つ微分同相写像が存在する．これを **Delzant の定理** (Delzant theorem) という．証明は[16] を参照していただきたい．

T^d の複素化 $T^d_{\mathbb{C}}$ を次で定める．

$$T_{\mathbb{C}}^d = \{\zeta = (\zeta_1, \ldots, \zeta_d) \in \mathbb{C}^d \mid \zeta_i \neq 0, \ i = 1, \ldots, d\}$$

同様に G の複素化 $G_{\mathbb{C}}$ および $T^n = T^d/G$ の複素化 $T_{\mathbb{C}}^n = T_{\mathbb{C}}^d/G_{\mathbb{C}}$ も定まる. $\mathbb{C}^d$ への T^d-作用, G-作用は, それぞれ $T_{\mathbb{C}}^d$-作用, $G_{\mathbb{C}}$-作用に拡張される. $G_{\mathbb{C}}$ は非コンパクトであるから, $\mathbb{C}^d/G_{\mathbb{C}}$ は一般に Hausdorff 空間でない. ところが $\mathbb{C}_{\Delta}^d/G_{\mathbb{C}}$ は複素多様体であり, しかも $\mu_G^{-1}(\alpha)/G$ と微分同相である. 以後, これらのことを証明する.

補題 10.4.7 任意の $v \in \Delta(0)$ に対して次が成り立つ.
(1) $\mathbb{C}_v^d$ への $G_{\mathbb{C}}$-作用は自由である.
(2) $w \in \mathbb{C}^n$ を $w = (w_i)_{i \in I_v}$ により表わす. $\widetilde{\psi}_v \colon \mathbb{C}^n \times G_{\mathbb{C}} \to \mathbb{C}_v^d$ を次で定める.

$$\widetilde{\psi}_v(w, \zeta) = (z_1\zeta_1, \ldots, z_d\zeta_d), \quad \text{ただし } z_i = \begin{cases} w_i, & i \in I_v \text{ のとき} \\ 1, & i \notin I_v \text{ のとき} \end{cases}$$

このとき $\widetilde{\psi}_v$ は微分同相写像である. したがって, $\widetilde{\psi}_v$ が定める写像 $\psi_v \colon \mathbb{C}^n \to \mathbb{C}_v^d/G_{\mathbb{C}}$ は同相写像である.

証明 (1) 補題 10.4.3 の証明と同じ議論による.
(2) $\widetilde{\psi}_v$ が単射であることは補題 10.4.3 の証明と類似の議論による.

次に $\widetilde{\psi}_v$ が全射であることを示す. 任意の $z = (z_1, \ldots, z_d) \in \mathbb{C}_v^d$ を固定する. $i \notin I_v$ のとき $z_i \neq 0$ であるから $z_i = e^{2\pi\sqrt{-1}t_i}$ と表わされる. $\{q_i \mid i \in I_v\}$ は $\mathfrak{t}_{\mathbb{Z}}^n$ の $\mathbb{Z}$ 上の基底だから $\sum_{i \notin I_v} t_i q_i + \sum_{i \in I_v} t_i q_i = 0$ を満たす $t_i \in \mathbb{C} \ (i \in I_v)$ が存在する. $\pi\left(\sum_{i=1}^d t_i e_i\right) = 0$ だから $\sum_{i=1}^d t_i e_i \in \mathfrak{g} \otimes_{\mathbb{R}} \mathbb{C}$ である. $\zeta = \mathrm{Exp}_G\left(\sum_{i=1}^d t_i e_i\right) \in G_{\mathbb{C}}$ とする. $w = (w_i)_{i \in I_v}$ を $w_i = z_i e^{-2\pi\sqrt{-1}t_i}$ により定めると, $\widetilde{\psi}_v(w, \zeta) = z$ となる. したがって $\widetilde{\psi}_v$ は全射である.

以上より, $\widetilde{\psi}$ は全単射であるから, 逆写像が存在する. $\widetilde{\psi}_v$ は C^{∞} 級写像であり, 任意の $(w, \zeta) \in \mathbb{C}^n \times G_{\mathbb{C}}$ において $(\widetilde{\psi}_v)_{*(w,\zeta)} \colon T_w\mathbb{C}^n \times T_\zeta G_{\mathbb{C}} \to T_{\widetilde{\psi}_v(w,\zeta)}\mathbb{C}_v^d$ は同型写像であることが確かめられる. よって, 逆写像定理より $\widetilde{\psi}_v$ の逆写像も C^{∞} 級写像となる. したがって, $\widetilde{\psi}_v$ は微分同相写像である. □

補題 10.4.8 Δ を Delzant 多面体とする. 写像 $\Psi \colon \mu_G^{-1}(\alpha) \times \mathfrak{g} \to \mathbb{C}_{\Delta}^d$ を $\Psi(z, X) = z\mathrm{Exp}_G\sqrt{-1}X$ により定める. このとき Ψ は微分同相写像である.

証明 $z \in \mathbb{C}_\Delta^d$ を固定する．$l_z \colon \mathfrak{g} \to \mathbb{R}$ を次で定める．

$$l_z(X) = \langle \alpha, X \rangle + \frac{1}{4}|z\mathrm{Exp}_G\sqrt{-1}X|^2 \tag{10.10}$$

このとき，$t \in \mathbb{R}$ に対して次が成り立つ．

$$l_z(X+tY) = \langle \alpha, X+tY \rangle + \frac{1}{4}\sum_{i=1}^d |z_i|^2 e^{-4\pi\langle e^i, X+tY\rangle}, \tag{10.11}$$

$$\frac{d}{dt}l_z(X+tY) = \langle \alpha, Y \rangle - \pi \sum_{i=1}^d \langle e^i, Y\rangle |z_i|^2 e^{-4\pi\langle e^i, X+tY\rangle}, \tag{10.12}$$

$$\frac{d^2}{dt^2}l_z(X+tY) = 4\pi^2 \sum_{i=1}^d \langle e^i, Y\rangle^2 |z_i|^2 e^{-4\pi\langle e^i, X+tY\rangle} \tag{10.13}$$

(10.12) より

$$\frac{d}{dt}\Big|_{t=0} l_z(X+tY) = \langle \alpha - \mu_G(z\mathrm{Exp}_G\sqrt{-1}X), Y\rangle$$

であるから，l_z の臨界点集合を $Cr(l_z)$ で表わすとき，$X \in Cr(l_z)$ と $\mu_G(z\mathrm{Exp}_G\sqrt{-1}X) = \alpha$ が同値になる．$z\mathrm{Exp}_G\sqrt{-1}X \in \mathbb{C}_\Delta^d$ の第 i 成分を $(z\mathrm{Exp}_G\sqrt{-1}X)_i$ と表わすとき，(10.13) より次を得る．

$$\frac{d^2}{dt^2}\Big|_{t=0} l_z(X+tY) = 4\pi^2 \sum_{i=1}^d \langle e^i, Y\rangle^2 |(z\mathrm{Exp}_G\sqrt{-1}X)_i|^2$$
$$= g((Y^\#)_{z\mathrm{Exp}_G\sqrt{-1}X}, (Y^\#)_{z\mathrm{Exp}_G\sqrt{-1}X})$$

$\mathbb{C}_\Delta^d$ への G-作用は自由だから，$Y \ne 0$ であれば $(Y^\#)_{z\mathrm{Exp}_G\sqrt{-1}X} \ne 0$ である．よって l_z は $\mathfrak{g}$ 上で狭い意味で下に凸な関数である．

主張 10.4.9 l_z はただひとつの臨界点をもつ．

証明 l_z は $\mathfrak{g}$ 上で狭い意味で下に凸な関数であった．したがって，任意の $X \in \mathfrak{g} \setminus \{0\}$ に対して

$$\lim_{t \to \infty} l_z(tX) = +\infty \tag{10.14}$$

が成り立つことを示せばよい．補題 10.4.2 (2) より $z \in \mathbb{C}_v^d$ を満たす $v \in \Delta(0)$ が存在する．命題 10.4.5 (2) より $\mu_{T^n}([w]) = v$ を満たす $w = (w_1, \ldots, w_d) \in$

$\mu_G^{-1}(\alpha)$ が存在する．このとき，$w \in \mathbb{C}_v^d$ で，$w_i = 0$ と $i \in I_v$ が同値である．上と同様の議論により $l_w \colon \mathfrak{g} \to \mathbb{R}$ は $\mathfrak{g}$ 上で狭い意味で下に凸な関数で，$0 \in \mathfrak{g}$ は臨界点である．したがって，任意の $X \in \mathfrak{g} \setminus \{0\}$ に対して $\lim_{t \to \infty} l_w(tX) = +\infty$ が成り立つ．

$$l_w(tX) = t\langle \alpha, X \rangle + \frac{1}{4} \sum_{i \in \{1,\ldots,d\} \setminus I_v} |w_i|^2 e^{-4\pi t \langle e^i, X \rangle}$$

であるから，各 $X \in \mathfrak{g} \setminus \{0\}$ に対して，次の (a), (b) の少なくとも一方が成り立つ．

(a) $\langle \alpha, X \rangle > 0$．
(b) $i \in \{1, \ldots, d\} \setminus I_v$ で $\langle e^i, X \rangle < 0$ を満たすものが存在する．

一方，

$$l_z(tX) = t\langle \alpha, X \rangle + \frac{1}{4} \sum_{i=1}^d |z_i|^2 e^{-4\pi t \langle e^i, X \rangle}$$

であり，$i \in \{1, \ldots, d\} \setminus I_v$ ならば $z_i \neq 0$ である．各 $X \in \mathfrak{g} \setminus \{0\}$ に対して上の (a), (b) の少なくとも一方が成り立つから，(10.14) が示された． □

$\Psi \colon \mu_G^{-1}(\alpha) \times \mathfrak{g} \to \mathbb{C}_\Delta^d$ が全射であることを示す．任意の $z \in \mathbb{C}_\Delta^d$ を固定する．主張 10.4.9 より，l_z はただひとつの臨界点 $X_0 \in \mathfrak{g}$ をもつ．このとき $\mu_G(z \mathrm{Exp}_G \sqrt{-1} X_0) = \alpha$ であるから，$\Psi(z \mathrm{Exp}_G \sqrt{-1} X_0, -X_0) = z$ を得る．したがって，Ψ は全射である．

$\Psi \colon \mu_G^{-1}(\alpha) \times \mathfrak{g} \to \mathbb{C}_\Delta^d$ が単射であることを示す．$\Psi(z, X) = \Psi(w, Y)$ とする．このとき $\Psi(z, X - Y) = w$ が成り立つ．$z, w \in \mu_G^{-1}(\alpha)$ であるから，$0, X - Y \in \mathfrak{g}$ は l_z の臨界点となる．臨界点の一意性より，$0 = X - Y$ となり，$z = w$ が従う．したがって Ψ は単射である．

以上より $\Psi \colon \mu_G^{-1}(\alpha) \times \mathfrak{g} \to \mathbb{C}_\Delta^d$ は全単射である．したがって Ψ の逆写像が存在する．Ψ は C^∞ 級写像であり，また，任意の $(z, X) \in \mu_G^{-1}(\alpha) \times \mathfrak{g}$ において $\Psi_{*(z,X)} \colon T_z \mu_G^{-1}(\alpha) \times T_X \mathfrak{g} \to T_{\Psi(z,X)} \mathbb{C}_\Delta^d$ は同型写像であることが確かめられる．よって，逆写像定理より Ψ の逆写像も C^∞ 級写像である．したがって Ψ は微分同相写像である． □

補題 10.4.10 Δ が Delzant 多面体ならば，$\mathbb{C}_\Delta^d / G_\mathbb{C}$ は複素多様体である．

証明 まず，$\mathbb{C}^d_\Delta/G_\mathbb{C}$ は Hausdorff 空間であることを示す．$\widetilde{z},\widetilde{w} \in \mathbb{C}^d_\Delta$ で $\widetilde{z}G_\mathbb{C} \neq \widetilde{w}G_\mathbb{C}$ を満たすものを固定する．$\Psi^{-1}(\widetilde{z}) = (z,X)$，$\Psi^{-1}(\widetilde{w}) = (w,Y)$ とすると，$zG \neq wG$ となる．G はコンパクトであるから，$\mu_G^{-1}(\alpha)$ における G-不変な開近傍 $z \in U, v \in V$ で $U \cap V \neq \emptyset$ を満たすものが存在する．$\widetilde{U} = \Psi(U \times \mathfrak{g}), \widetilde{V} = \Psi(V \times \mathfrak{g})$ がそれぞれ $\widetilde{z},\widetilde{w}$ の $\mathbb{C}^d_\Delta$ における $G_\mathbb{C}$-不変な開近傍で $\widetilde{U} \cap \widetilde{V} \neq \emptyset$ を満たす．

$\{U_v = \mathbb{C}^d_v/G_\mathbb{C}\}_{v \in \Delta(0)}$ は $\mathbb{C}^d_\Delta/G_\mathbb{C}$ の開被覆である．補題 10.4.7 (2) より，$\phi_v = (\psi_v)^{-1}: U_v \to \mathbb{C}^n$ は同相写像である．これを局所座標とすると，座標変換が正則関数であることは容易に確かめられる． □

補題 10.4.2 (2) より $\mu_G^{-1}(\alpha) \subset \mathbb{C}^d_\Delta$ であった．

定理 10.4.11 Δ を Delzant 多面体とする．このとき，自然な埋め込み $\widetilde{i}: \mu_G^{-1}(\alpha) \to \mathbb{C}^d_\Delta$ の誘導する写像 $i: \mu_G^{-1}(\alpha)/G \to \mathbb{C}^d_\Delta/G_\mathbb{C}$ は微分同相写像である．

証明 補題 10.4.8 より i は全単射である．埋め込み $\widetilde{i}: \mu_G^{-1}(\alpha) \to \mathbb{C}^d_\Delta$ は C^∞ 級写像であるから，補題 10.4.7 より i も C^∞ 級写像であることがわかる．再び，補題 10.4.8 より，$\Psi^{-1}: \mathbb{C}^d_\Delta \to \mu_G^{-1}(\alpha) \times \mathfrak{g}$ と射影 $\mu_G^{-1}(\alpha) \times \mathfrak{g} \to \mu_G^{-1}(\alpha)$ との合成 $j: \mathbb{C}^d_\Delta \to \mu_G^{-1}(\alpha)$ も C^∞ 級写像である．よって i^{-1} も C^∞ 級写像である． □

$(\mu_G^{-1}(\alpha)/G, I, \omega)$ は $(\mathbb{C}^d, I, \omega)$ の G による Kähler 商であった．一方，補題 10.4.10 より，$\mathbb{C}^d_\Delta/G_\mathbb{C}$ は複素多様体である．定理 10.4.11 の写像 $i: \mu_G^{-1}(\alpha)/G \to \mathbb{C}^d_\Delta/G_\mathbb{C}$ は双正則写像であることが確かめられる．

例 10.4.12 $q_1, \ldots, q_n$ を $\mathfrak{t}^n_\mathbb{Z}$ の標準的な基底，$q_{n+1} = -q_1 - \cdots - q_n$ とする．また，$h_1 = \cdots = h_n = 0, h_{n+1} = t$ とする．$t > 0$ のとき，

$$\Delta = \{p \in (\mathfrak{t}^n)^* \mid \langle p, q_i \rangle + h_i \geq 0, \ i = 1, \ldots, n+1\}$$
$$= \{(x_1, \ldots, x_n) \in \mathbb{R}^n \mid x_i \geq 0 \ (i = 1, \ldots, n), \ x_1 + \cdots + x_n \leq t\}$$

は Delzant 多面体である．ただし，2 つめの等号は $q_1, \ldots, q_n$ の双対基底により $(\mathfrak{t}^n)^*$ と $\mathbb{R}^n$ を同一視した場合の表示である．

$e_1, \ldots, e_{n+1}$ を $\mathfrak{t}^{n+1}_\mathbb{Z}$ の標準的な基底，$e^1, \ldots, e^{n+1}$ を双対基底とする．

$\pi\colon \mathfrak{t}^{n+1} \to \mathfrak{t}^n$ を $\pi(e_i) = q_i$ $(i = 1, \ldots, n+1)$ により定める. このとき, $\mathfrak{g} = \mathrm{Ker}\,\pi$ は 1 次元で $X = e_1 + \cdots + e_n$ が基底となる. $\mathfrak{g}$ に対応する T^{n+1} の部分トーラス G は $U(1)$ と同型である.

$u \in \mathfrak{g}^*$ を $\langle u, X \rangle = 1$ により定める. $\iota\colon \mathfrak{g} \to \mathfrak{t}^{n+1}$ を自然な埋め込み, $\iota^*\colon (\mathfrak{t}^{n+1})^* \to \mathfrak{g}^*$ を双対写像とする. このとき $\iota^* e^i = u$ $(i = 1, \ldots, n+1)$ が成り立つ. また $h = \sum_{i=1}^{n+1} h_i e^i \in (\mathfrak{t}^{n+1})^*$, $\alpha = \iota^* h \in \mathfrak{g}^*$ とするとき, $\alpha = tu$ が成り立つ.

$(\mathbb{C}^{n+1}, \omega)$ への G-作用のモーメント写像 $\mu_G\colon \mathbb{C}^{n+1} \to \mathfrak{g}^*$ は, $z = (z_1, \ldots, z_{n+1}) \in \mathbb{C}^{n+1}$ と表わすとき, 次で与えられる.

$$\mu_G(z) = \pi \sum_{i=1}^{n+1} |z_i|^2 \iota^* e^i = \pi |z|^2 u$$

以上により, $(\mathbb{C}^{n+1}, \omega)$ への G-作用は, 例 10.3.4 における $(\mathbb{C}^n, \omega)$ への $U(1)$-作用において n を $n+1$ と読み替えたものと一致する. したがって, $t > 0$ のとき, シンプレクティックトーリック多様体 $M(\Delta) = (\mu_G^{-1}(\alpha)/G, \omega)$ は $(\mathbb{C}P^n, t\omega_{\mathrm{FS}})$ となる.

また, $\mathbb{C}^{n+1}_\Delta = \mathbb{C}^{n+1} \setminus \{0\}$ であるから, $\mathbb{C}^{n+1}_\Delta / G_\mathbb{C} = (\mathbb{C}^{n+1} \setminus \{0\})/\mathbb{C}^\times$ は通常の複素多様体としての $\mathbb{C}P^n$ の表示となる.

同一視 $i\colon \mu_G^{-1}(\alpha)/G \to \mathbb{C}^d_\Delta/G_\mathbb{C}$ において, $\mu_G^{-1}(\alpha)/G$ はシンプレクティック商であることはすでに説明した. 一方, $\mathbb{C}^d/G_\mathbb{C}$ は一般に Hausdorff 空間ではないが, $\mathbb{C}^d_\Delta/G_\mathbb{C}$ は複素多様体となる. 本書では $\mathbb{C}^d_\Delta$ を唐突に定義したが, 実は $\mathbb{C}^d_\Delta$ は**幾何学的不変式論** (geometric invariant theory) という代数幾何学における商空間の理論により説明される. また, 商空間 $\mathbb{C}^d_\Delta/G_\mathbb{C}$ は geometric invariant theory の頭文字をとって **GIT 商** (GIT quotient) と呼ばれる.

$\alpha = \iota^* h \in \mathfrak{g}^*$ が $\alpha \in \mathfrak{g}_\mathbb{Z}^*$ の場合に $G_\mathbb{C}$-作用は $\mathbb{C}^d$ 上の自明な正則直線束 $L = \mathbb{C}^d \times \mathbb{C}$ への作用に, 以下のように α に応じて持ち上げられる.

$$(z, v)\mathrm{Exp}_G X = (z \mathrm{Exp}_G X, v e^{2\pi \sqrt{-1} \langle \alpha, X \rangle})$$

$z \in \mathbb{C}^d$ が α-半安定であるとは, ある $k \in \mathbb{Z}_{>0}$ と $L^{\otimes k}$ の $G_\mathbb{C}$-不変な正則切断 s で, $s(z) \neq 0$ を満たすものが存在することと定義される. α-半安定点全体の集合は $G_\mathbb{C}$-作用で保たれている. α-半安定点 $z \in \mathbb{C}^d$ が α-安定であるとは,

z を通る $G_\mathbb{C}$-軌道が α-半安定点全体の集合の中で閉集合であり，かつ固定部分群が有限群となることである．$\mathbb{C}^d_\Delta$ は $\mathbb{C}^d$ への $G_\mathbb{C}$-作用の α-安定点（Δ が Delzant 多面体の場合には，α-半安定点と α-安定点は一致する）の集合に他ならない．

定理 10.4.11 は，ある状況の下で，シンプレクティック商と GIT 商が自然に同一視される，という一般的な定理に拡張される．定理 10.4.11 の証明において，補題 10.4.8 が重要であった．補題 10.4.8 の証明において，汎関数 $l_z : \mathfrak{g} \to \mathbb{R}$ の凸性が重要であった．本書では l_z を唐突に定義したが，その背景を少し説明する．自明な正則直線束 $L = \mathbb{C}^d \times \mathbb{C}$ 上の Hermite 計量を $\|(z,v)\|^2 = e^{-\pi|z|^2}|v|^2$ により定める．この標準接続を ∇ とするとき，定理 8.2.5 より $c_1(R^\nabla) = \omega$ が成り立つ．このとき次が成り立つ．

$$l_z(X) = \frac{-1}{2\pi} \log \frac{\|(z,v)\mathrm{Exp}_G\sqrt{-1}X\|}{\|(z,v)\|} + （定数）$$

この式から，l_z の 1 階微分としてモーメント写像が現れることや，l_z の凸性と z の α-安定性との関係などが説明される．汎関数 $l_z : \mathfrak{g} \to \mathbb{R}$ はシンプレクティック幾何における商空間と代数幾何における商空間を関連付ける重要な役割を果たしている．詳しいことは [7], [40], [41] などを参照していただきたい．

10.5　ゲージ理論におけるモーメント写像

前節では，トーリック多様体を通して，シンプレクティック幾何学における商空間と代数幾何学における商空間との対応関係を紹介した．この節では，この 2 つの商空間の対応関係は，接続全体の空間へのゲージ変換群の作用という無限次元の設定においては，平坦接続と正則ベクトル束との対応関係を示唆することを紹介する．

M をコンパクトで向き付けられた実 2 次元微分可能多様体とする．$\pi : E \to M$ を複素ベクトル束，h を E 上の Hermite 計量とする．$\mathcal{A}(E,h)$ を E 上の h を保つ接続全体とする．命題 2.4.5 (2) より，各 $\nabla \in \mathcal{A}(E,h)$ における $\mathcal{A}(E,h)$ の接空間 $T_\nabla \mathcal{A}(E,h)$ は $\Omega^1(\mathrm{End}_{\mathrm{skew}} E)$ である．$\mathcal{A}(E,h)$ 上のシンプレクティック形式 Ω を，$\xi, \eta \in \Omega^1(\mathrm{End}_{\mathrm{skew}} E) = T_\nabla \mathcal{A}(E,h)$ に対して

$$\Omega_\nabla(\xi, \eta) = \int_M \mathrm{Tr}(\xi \wedge \eta)$$

により定める．Ω は ∇ によらず一定だから，閉形式と考えられる．

(E, h) のゲージ変換群 $\mathcal{G}(E, h)$ の Lie 環 Lie $\mathcal{G}(E, h)$ は $\Omega^0(\text{End}_{\text{skew}} E)$ である．また，ペアリング $\langle \cdot, \cdot \rangle \colon \Omega^2(\text{End}_{\text{skew}} E) \times \Omega^0(\text{End}_{\text{skew}} E) \to \mathbb{R}$ を

$$\langle \Phi, X \rangle = \int_M \text{Tr}(\Phi X)$$

により定めると，$(\text{Lie}\,\mathcal{G}(E, h))^* = \Omega^2(\text{End}_{\text{skew}} E)$ とみなすことができる．

命題 2.4.5 (4) により，$\mathcal{G}(E, h)$ は $\mathcal{A}(E, h)$ に右から作用する．$\varphi \in \mathcal{G}(E, h)$ による右移動 $R_\varphi \colon \mathcal{A}(E, h) \to \mathcal{A}(E, h)$ は

$$R_\varphi(\nabla) = \varphi^* \nabla = \varphi^{-1} \circ \nabla \circ \varphi$$

である．このとき次が成り立つ．

命題 10.5.1 (1) $\mathcal{A}(E, h)$ への $\mathcal{G}(E, h)$-作用はシンプレクティック形式 Ω を保つ．
(2) $(\mathcal{A}(E, h), \Omega)$ への $\mathcal{G}(E, h)$-作用は Hamilton 作用である．モーメント写像 $\mu \colon \mathcal{A}(E, h) \to (\text{Lie}\,\mathcal{G}(E, h))^*$ は次で与えられる．

$$\mu(\nabla) = R^\nabla \in \Omega^2(\text{End}_{\text{skew}} E) = (\text{Lie}\,\mathcal{G}(E, h))^*$$

証明 (1) $\xi \in T_\nabla \mathcal{A}(E, h)$ に対して次が成り立つ．

$$R_{\varphi *}\xi = \frac{d}{dt}\Big|_{t=0} R_\varphi(\nabla + t\xi) = \frac{d}{dt}\Big|_{t=0} \varphi^{-1} \circ (\nabla + t\xi) \circ \varphi = \varphi^{-1} \circ \xi \circ \varphi$$

したがって，$\xi, \eta \in T_\nabla \mathcal{A}(E, h)$ に対して次が成り立つ．

$$(R_\varphi^* \Omega)_\nabla(\xi, \eta) = \Omega_{R_\varphi(\nabla)}(R_{\varphi *}\xi, R_{\varphi *}\eta) = \int_M \text{Tr}(R_{\varphi *}\xi \wedge R_{\varphi *}\eta)$$
$$= \int_M \text{Tr}((\varphi^{-1} \circ \xi \circ \varphi) \wedge (\varphi^{-1} \circ \eta \circ \varphi)) = \int_M \text{Tr}(\xi \wedge \eta) = \Omega_\nabla(\xi, \eta)$$

したがって $R_\varphi^* \Omega = \Omega$ を得る．
(2) まず，$X \in \text{Lie}\,\mathcal{G}(E, h)$ に対する基本ベクトル場 $X^\#$ を求める．$X^\#$ は $\mathcal{A}(E, h)$ 上のベクトル場だから，各 $\nabla \in \mathcal{A}(E, h)$ において $X_\nabla^\# \in T_\nabla \mathcal{A}(E, h)$ を求めればよい．各 $p \in M$ において $\text{End}(E_p)$ の元で h_p を保つもの全体のなす集合を $U(E_p)$ で表わす．$U(E_p)$ は Lie 群で，その指数関数を $\text{Exp}_{U(E_p)} \colon \text{End}_{\text{skew}}(E_p) \to U(E_p)$ により表わす．このとき，$\mathcal{G}(E, h)$ の指数

関数 $\mathrm{Exp}_{\mathcal{G}(E,h)}\colon \mathrm{Lie}\,\mathcal{G}(E,h) \to \mathcal{G}(E,h)$ は次で与えられる．

$$(\mathrm{Exp}_{\mathcal{G}(E,h)} X)_p = \mathrm{Exp}_{U(E_p)} X_p$$

したがって

$$\begin{aligned}\frac{d}{dt}\Big|_{t=0} R_{\mathrm{Exp}_{\mathcal{G}(E,h)} tX}(\nabla) &= \frac{d}{dt}\Big|_{t=0} (\mathrm{Exp}_{\mathcal{G}(E,h)} tX)^{-1} \circ \nabla \circ \mathrm{Exp}_{\mathcal{G}(E,h)} tX \\ &= \nabla \circ X - X \circ \nabla = d^\nabla X \in \Omega^1(\mathrm{End}_{\mathrm{skew}} E) = T_\nabla \mathcal{A}(E,h)\end{aligned}$$

となり，次を得る．

$$X_\nabla^\# = d^\nabla X \in T_\nabla \mathcal{A}(E,h)$$

また，命題 5.5.2 (2) より，$\eta \in T_\nabla \mathcal{A}(E,h)$ に対して次が成り立つ．

$$\frac{d}{dt}\Big|_{t=0} R^{\nabla+t\eta} = d^\nabla \eta \in \Omega^2(\mathrm{End}_{\mathrm{skew}} E) = (\mathrm{Lie}\,\mathcal{G}(E,h))^*$$

したがって，$\eta \in T_\nabla \mathcal{A}(E,h)$ に対して次を得る．

$$\begin{aligned}(i(X^\#)\Omega)_\nabla(\eta) &= \Omega_\nabla(d^\nabla X, \eta) \\ &= \int_M \mathrm{Tr}(d^\nabla X \wedge \eta) = \int_M d\mathrm{Tr}(X\eta) - \mathrm{Tr}(Xd^\nabla \eta) \\ &= -\int_M \mathrm{Tr}\Big(X \frac{d}{dt}\Big|_{t=0} R^{\nabla+t\eta}\Big) = -\frac{d}{dt}\Big|_{t=0} \langle R^{\nabla+t\eta}, X\rangle\end{aligned}$$

したがって $\mu\colon \mathcal{A}(E,h) \to (\mathrm{Lie}\,\mathcal{G}(E,h))^*$ を $\mu(\nabla) = R^\nabla$ と定めると，

$$i(X^\#)\Omega = -d\langle \mu, X\rangle$$

が成り立つ．また，命題 2.1.11 (3) より，$\varphi \in \mathcal{G}(E,h)$ に対して

$$\mu(R_\varphi(\nabla)) = R^{\varphi^*\nabla} = \varphi^{-1} \circ R^\nabla \circ \varphi = Ad_\varphi^\# \mu(\nabla)$$

が成り立つ．したがって $\mu(\nabla) = R^\nabla$ は $(\mathcal{A}(E,h),\Omega)$ への $\mathcal{G}(E,h)$-作用のモーメント写像である． $\square$

以後，簡単のために E を M 上の自明束と仮定する．命題 10.5.1 より，シンプレクティック商 $\mu^{-1}(0)/\mathcal{G}(E,h)$ は，曲率が 0 の接続，すなわち平坦接続のゲージ同値類の集合である（E が自明束でないときには，μ による 0 でな

い値の逆像を考えることが必要となる場合がある)．

さらに，M が複素構造をもつと仮定する．E 上の Dolbeault 作用素全体の集合を $\mathcal{B}(E)$ で表わす．各 $\bar{\partial} \in \mathcal{B}(E)$ に対して，組 $(E, \bar{\partial})$ は正則ベクトル束となる．すなわち，$\mathcal{B}(E)$ は E 上の正則ベクトル束としての構造全体の集合である．M は実 2 次元であるから，$\bar{\partial} \in \mathcal{B}(E)$ をひとつ固定するとき，$\mathcal{B}(E) = \bar{\partial} + \Omega^{0,1}(\mathrm{End}E)$ となる．$\Omega^{0,1}(\mathrm{End}E)$ は $\mathbb{C}$ 上のベクトル空間であるから，$\mathcal{B}(E)$ は複素構造 $I_\mathcal{B}$ をもつ．さらに $\mathcal{B}(E)$ にはゲージ変換群 $\mathcal{G}(E)$ (2.1 節参照) が作用している．

自然な写像 $\iota\colon \mathcal{A}(E,h) \to \mathcal{B}(E)$ を以下のように定義する．$\nabla \in \mathcal{A}(E,h)$ に対して，9.2 節と同様に $d^\nabla = \bar{\partial}^\nabla + \partial^\nabla$ と分解するときに，$\iota(d^\nabla) = \bar{\partial}^\nabla$ と定める．このとき，ι は全単射である．実際，$\bar{\partial} \in \mathcal{B}(E)$ に対して，$\iota^{-1}(\bar{\partial}) \in \mathcal{A}(E,h)$ は Hermite 正則ベクトル束 $(E, \bar{\partial}, h)$ の標準接続である．全単射 $\iota\colon \mathcal{A}(E,h) \to \mathcal{B}(E)$ により，$\mathcal{B}(E)$ の複素構造 $I_\mathcal{B}$ は $\mathcal{A}(E,h)$ の複素構造 $I_\mathcal{A}$ を定め，$(\mathcal{A}(E,h), \Omega, I_\mathcal{A})$ は無限次元 Kähler 多様体となる．さらに，ι により，$\mathcal{A}(E,h)$ への $\mathcal{G}(E)$-作用が定まるが，この作用は $I_\mathcal{A}$ を保つ．また，$\mathcal{G}(E)$ は $\mathcal{G}(E,h)$ の複素化と考えられ，$\mathcal{A}(E,h)$ への $\mathcal{G}(E)$-作用は $\mathcal{G}(E,h)$-作用の拡張である．したがって $(\mathcal{A}(E,h), \Omega, I_\mathcal{A})$ の $\mathcal{G}(E,h)$ による Kähler 商 $(\mu^{-1}(0)/\mathcal{G}(E,h), \underline{\Omega}, \underline{I_\mathcal{A}})$ が得られる．

以上は形式的な議論であって，$\mu^{-1}(0)$ への $\mathcal{G}(E,h)$-作用は自由でない，などの問題点がいくつかある．また，位相については何も言及していないが，$\mathcal{A}(E,h), \mathcal{G}(E,h)$ を完備化する必要がある．けれども，定理 10.4.11 の類似として，$\mu^{-1}(0)/\mathcal{G}(E,h)$ は $\mathcal{B}(E)$ のある稠密な部分集合の $\mathcal{G}(E)$ による商として表わされる，ということが示唆される．実際に，自然な全単射

$$i\colon \mu^{-1}(0)^{\mathrm{irr}}/\mathcal{G}(E,h) \to \mathcal{B}^{\mathrm{st}}(E)/\mathcal{G}(E) \tag{10.15}$$

が存在する．ここで，$\mu^{-1}(0)^{\mathrm{irr}}$ は (E,h) 上の既約 (irreducible) な平坦接続全体の集合である．接続が既約であるとは，階数が真に小さいベクトル束上の接続の直和として表わせない，ということである．したがって $\mu^{-1}(0)^{\mathrm{irr}}/\mathcal{G}(E,h)$ は (E,h) 上の既約平坦接続のゲージ同値類の集合である．また，$\mathcal{B}^{\mathrm{st}}$ は $(E, \bar{\partial})$ が安定ベクトル束となる E 上の Dolbeault 作用素全体の集合である．コンパクト 1 次元複素多様体 M 上の正則ベクトル束 $(E, \bar{\partial})$ が**安定ベクトル束** (stable vector bundle) であるとは，任意の部分正則ベクトル束 $F \subsetneq (E, \bar{\partial})$ が

slope$F <$ slope$E$ を満たすことである.ただし slope$E = \langle c_1(E), [M]\rangle/$rank$E$ である.したがって $\mathcal{B}^{\mathrm{st}}(E)/\mathcal{G}(E)$ は安定ベクトル束の同型類の集合である.

自然な全単射 (10.15) が存在するということは,(E, h) 上の既約平坦接続のゲージ同値類の集合という微分幾何的な対象と,安定ベクトル束の同型類の集合という複素幾何的な対象が 1 対 1 に対応することを意味する.別の言い方をすると,位相的に自明な安定ベクトル束には,標準接続が平坦であるような Hermite 計量がただひとつ存在することを意味する.この事実は 1960 年代に Narasimhan-Seshadri により証明された.その後,1980 年頃に Atiyah-Bott によってこの事実は上記のようにモーメント写像の枠組みで理解されることがわかった.この事実の一般化として,高次元のコンパクト Kähler 多様体上の安定ベクトル束の Hermite-Einstein 計量の存在問題が小林昭七,Hitchin により定式化され,Donaldson による部分的解決を経て,1980 年代後半に Uhlenbeck-Yau により解決された.この Hermite-Einstein 接続と安定ベクトル束の対応は,**小林-Hitchin 対応** (Kobayashi-Hitchin correspondence) と呼ばれ,さまざまな拡張がなされている.詳しいことは[22],[34] などを参照していただきたい.

この章ではシンプレクティック幾何において微分幾何と関連の深いものとして,モーメント写像の周辺の話題を紹介した.シンプレクティック幾何は近年急速に発展している分野で,他にも興味深いテーマが数多くある.これらについては[10],[35],[36] などを参照していただきたい.

第11章 多様体上の解析学

この章ではコンパクト多様体上の Dirac 作用素のさまざまな解析的な性質を調べる．応用として Hodge-de Rham-小平の定理の証明をする．

11.1 Clifford 束と Dirac 作用素

この節では Dirac 作用素を導入して，その基本的な性質を調べる．

定義 11.1.1 V を実 n 次元ベクトル空間，$(\cdot,\cdot)$ を V 上の内積とする．定義 1.4.1 と同様に $A(V) = \bigoplus_{k=0}^{\infty} V^{\otimes k}$ に自然に環構造を入れる．$J(V)$ を $\{u \otimes v + v \otimes u + 2(u,v) \mid u, v \in V\}$ で生成される $A(V)$ のイデアルとする．$\mathbb{R}$ 上の代数 $Cl(V) = A(V)/J(V)$ を **Clifford 代数** (Clifford algebra) という．

$e_1,\ldots,e_n$ を V の正規直交基底とする．このとき $Cl(V)$ の元として $i=1,\ldots,n$ に対して $e_i e_i = -1$，また $i \neq j$ のとき，$e_i e_j + e_j e_i = 0$ である．したがって，ベクトル空間として

$$Cl(V) = \mathrm{span}_{\mathbb{R}}\{e_{i_1} \ldots e_{i_k} \mid i_1 < \cdots < i_k\}$$

となる．$Cl(V)$ と $\Lambda^* V$ はベクトル空間として同型だが，環としては同型でない．

定義 11.1.2 (M,g) を Riemann 多様体とする．(S, h_S) を M 上の Hermite ベクトル束，∇^S を h_S を保つ接続とする．各 $p \in M$ における S のファイバー S_p が次の (1), (2) を満たす $Cl(T_p^* M)$ 上の加群であるとき，(S, h_S, ∇^S) を **Clifford 束** (Clifford bundle) という．

(1) $\xi \in T_p^*M$, $v_1, v_2 \in S_p$ に対して $h_S(\xi v_1, v_2) + h_S(v_1, \xi v_2) = 0$ が成り立つ．
(2) Levi-Civita 接続が定める T^*M の接続を ∇^{T^*M} とするとき，$s \in \Gamma(S)$, $X \in \mathfrak{X}(M), \phi \in \Omega^1(M)$ に対して $\nabla_X^S(\phi s) = (\nabla_X^{T^*M}\phi)s + \phi\nabla_X^S s$ が成り立つ．

注意 11.1.3 Clifford 積による縮約 $C^{cl} \colon \Gamma(T^*M) \otimes \Gamma(S) \to \Gamma(S)$ を $C^{cl}(\phi \otimes s) = \phi s$ と定めるとき，定義 11.1.2 (2) は次のように表わされる．
$(2)'$ Clifford 積による縮約 C^{cl} と共変微分 ∇_X は可換である．すなわち $(\nabla_X^S \circ C^{cl})(\phi \otimes s) = (C^{cl} \circ \nabla_X^{T^*M \otimes S})(\phi \otimes s)$ が成り立つ．

定義 11.1.4 (M, g) を Riemann 多様体とする．(S, h, ∇^S) を M 上の Clifford 束とする．このとき $D \colon \Gamma(S) \to \Gamma(S)$ を $Ds = C^{cl}(\nabla^S s)$ により定め，**Dirac 作用素** (Dirac operator) という（注意 11.1.10 参照）．

注意 11.1.5 $e_1, \ldots, e_n \in \Gamma(TM|_U)$ を M の開集合 U 上の（正規直交と限らない）枠場，$e^1, \ldots, e^n \in \Gamma(T^*M|_U)$ を双対枠場とするとき次が成り立つ．
$$Ds|_U = \sum_{i=1}^n e^i \nabla_{e_i}^S s$$
Einstein の表記法の濫用で $Ds|_U = e^i \nabla_{e_i}^S s$ のように和の記号を省略することもある．Clifford 束の定義として，ファイバー S_p を $Cl(T_pM)$ 上の加群とする文献もある．g による同型写像 $\iota_g \colon TM \to T^*M$ により TM と T^*M を同一視すると，本書の Clifford 束の定義と同値である．$Cl(T_pM)$ 上の加群とする定義のもとでは $Ds|_U = \sum_{i=1}^n \sum_{j=1}^n g^{ij} e_j \nabla_{e_i}^S s$ となる．

命題 11.1.6 (M, g) を Riemann 多様体とする．(S, h_S, ∇^S) を M 上の Clifford 束，$D \colon \Gamma(S) \to \Gamma(S)$ を Dirac 作用素とする．
(1) 任意の $s, t \in \Gamma(S)$ に対して次が成り立つ．
$$h_S(Ds, t) - h_S(s, Dt) = \mathrm{div}\, X \in C^\infty(M)$$
ただし X は $C^\infty(M)$ 上の線型写像 $\Omega^1(M) \ni \phi \mapsto h_S(\phi s, t) \in C^\infty(M)$ の定める M 上のベクトル場である（補題 1.4.7 (2) 参照）．
(2) さらに M がコンパクトで向き付け可能のとき次が成り立つ．
$$\int_M h_S(Ds, t)\mathrm{vol}_g = \int_M h_S(s, Dt)\mathrm{vol}_g$$

証明 (1) $e_1,\ldots,e_n \in \Gamma(TM|_U)$ を M の開集合 U 上の（正規直交と限らない）枠場，$e^1,\ldots,e^n \in \Gamma(T^*M|_U)$ を双対枠場とする．以下の表記は Einstein の表記法の濫用で和の記号を省略する．このとき U 上で次が成り立つ．

$$\begin{aligned}
-h_S(s,Dt) = -h_S(s,e^i \nabla^S_{e_i} t) &= h_S(e^i s, \nabla^S_{e_i} t) \\
&= e_i h_S(e^i s, t) - h_S(\nabla^S_{e_i}(e^i s), t) \\
&= e_i h_S(e^i s, t) - h_S((\nabla^{T^*M}_{e_i} e^i)s, t) - h_S(e^i \nabla^S_{e_i} s, t) \\
&= e_i \langle X, e^i \rangle - \langle X, \nabla^{T^*M}_{e_i} e^i \rangle - h_S(Ds, t) \\
&= \langle \nabla^{TM}_{e_i} X, e^i \rangle - h_S(Ds, t) \\
&= \mathrm{div}\, X - h_S(Ds, t)
\end{aligned}$$

(2) は (1) と定理 5.1.5 より従う． $\square$

次は Clifford 束に対する Weitzenböck 公式である．

命題 11.1.7 (M,g) を Riemann 多様体とする．(S,h,∇^S) を M 上の Clifford 束，$D\colon \Gamma(S) \to \Gamma(S)$ を Dirac 作用素とする．$\mathcal{K}^S\colon \Gamma(S) \to \Gamma(S)$ を

$$D^2 = (\nabla^S)^* \nabla^S + \mathcal{K}^S \colon \Gamma(S) \to \Gamma(S)$$

により定めるとき，$\mathcal{K}^S \in \Gamma(\mathrm{End}\, S)$ となる．さらに $R^{\nabla^S} \in \Omega^2(\mathrm{End}\, S)$ を ∇^S の曲率，$e_1,\ldots,e_n \in \Gamma(TM|_U)$ を M の開集合 U 上の TM の（正規直交と限らない）枠場，$e^1,\ldots,e^n \in \Gamma(T^*M|_U)$ を双対枠場とするとき，次が成り立つ．

$$\mathcal{K}^S|_U = \frac{1}{2} \sum_{i=1}^n \sum_{j=1}^n e^i e^j R^{\nabla^S}(e_i, e_j) \in \Gamma(\mathrm{End}(S|_U))$$

証明 $\nabla^{TM}_{e_i} e_k = \Gamma_{ik}^{\ j} e_j$ と表わすとき $\nabla^{T^*M}_{e_i} e^j = -\Gamma_{ik}^{\ j} e^k$ であった．このとき次が成り立つ．

$$\begin{aligned}
D^2|_U &= \sum_{i=1}^n \sum_{j=1}^n e^i \nabla^S_{e_i}(e^j \nabla^S_{e_j}) \\
&= \sum_{i=1}^n \sum_{j=1}^n \{e^i e^j \nabla^S_{e_i} \nabla^S_{e_j} + e^i(\nabla^{T^*M}_{e_i} e^j) \nabla^S_{e_j}\}
\end{aligned}$$

$$= \sum_{i=1}^{n}\sum_{j=1}^{n} e^i e^j \nabla_{e_i}^S \nabla_{e_j}^S - \sum_{i=1}^{n}\sum_{k=1}^{n} e^i e^k \nabla_{\nabla_{e_i}^{TM} e_k}^S$$

$$= \sum_{i=1}^{n}\sum_{j=1}^{n} e^i e^j (\nabla_{e_i}^S \nabla_{e_j}^S - \nabla_{\nabla_{e_i}^{TM} e_j}^S)$$

一方,主張 5.3.3 より次が成り立つ.

$$(\nabla^S)^* \nabla^S |_U = -\sum_{i=1}^{n}\sum_{j=1}^{n} g^{ij} (\nabla_{e_i}^S \nabla_{e_j}^S - \nabla_{\nabla_{e_i}^{TM} e_j}^S)$$

$(e^i e^j + g^{ij}) + (e^j e^i + g^{ji}) = 0$ に注意すると

$$D^2|_U - (\nabla^S)^* \nabla^S |_U = \sum_{i=1}^{n}\sum_{j=1}^{n} (e^i e^j + g^{ij})(\nabla_{e_i}^S \nabla_{e_j}^S - \nabla_{\nabla_{e_i}^{TM} e_j}^S)$$

$$= \sum_{i<j} (e^i e^j + g^{ij}) R^{\nabla^S}(e_i, e_j)$$

$$= \frac{1}{2}\sum_{i=1}^{n}\sum_{j=1}^{n} (e^i e^j + g^{ij}) R^{\nabla^S}(e_i, e_j)$$

$$= \frac{1}{2}\sum_{i=1}^{n}\sum_{j=1}^{n} e^i e^j R^{\nabla^S}(e_i, e_j)$$

を得る. □

以後 Clifford 束の例を調べる.

命題 11.1.8 (M, g) を Riemann 多様体, ∇^{TM} を Levi-Civita 接続とする. $\Lambda T^* M \otimes_{\mathbb{R}} \mathbb{C}$ 上の g の定める Hermite 計量を $h_{\Lambda T^* M}$ とする. (E, h_E) を M 上の Hermite ベクトル束, ∇^E を h_E を保つ接続とする.

$$(S, h_S, \nabla^S) = (\Lambda T^* M \otimes_{\mathbb{R}} \mathbb{C}, h_{\Lambda T^* M}, \nabla^{\Lambda T^* M}) \otimes (E, h_E, \nabla^E)$$

とし,各 $x \in M$ に対して $\xi \in T_x^* M$ の S_x への作用を次で定める.

$$c(\xi) = (\xi \wedge) - i(Cg_x^* \otimes \xi) \in \mathrm{End}(S_x)$$

このとき (S, h_S, ∇^S) は Clifford 束となる. さらに,この場合の Dirac 作用素 $D\colon \Gamma(S) \to \Gamma(S)$ は $D = d^{\nabla^E} + \delta^{\nabla^E}$ と表わされる.

証明 補題 5.2.3 (2) より，$\xi_1, \xi_2 \in T_x^* M$ に対して

$$i(Cg_x^* \otimes \xi_1)(\xi_2 \wedge) + (\xi_2 \wedge)i(Cg_x^* \otimes \xi_1) = g^*(\xi_1, \xi_2)\mathrm{id}_{S_x} \qquad (11.1)$$

が成り立つ．よって

$$\begin{aligned}
&c(\xi_1)c(\xi_2) + c(\xi_2)c(\xi_1) \\
&= \{(\xi_1 \wedge) - i(Cg_x^* \otimes \xi_1)\}\{(\xi_2 \wedge) - i(Cg_x^* \otimes \xi_2)\} \\
&\quad + \{(\xi_2 \wedge) - i(Cg_x^* \otimes \xi_2)\}\{(\xi_1 \wedge) - i(Cg_x^* \otimes \xi_1)\} \\
&= -\{i(Cg_x^* \otimes \xi_1)(\xi_2 \wedge) + (\xi_2 \wedge)i(Cg_x^* \otimes \xi_1)\} \\
&\quad - \{i(Cg_x^* \otimes \xi_2)(\xi_1 \wedge) + (\xi_1 \wedge)i(Cg_x^* \otimes \xi_2)\} \\
&= -2g^*(\xi_1, \xi_2)\mathrm{id}_{S_x}
\end{aligned}$$

となり，S_x は $Cl(T_x^* M)$ 上の加群となる．

補題 5.2.3 (1) に注意すると，任意の $\xi \in T_x^* M, v_1, v_2 \in S_x$ に対して次が成り立つ．

$$\begin{aligned}
h_S(c(\xi)v_1, v_2) &= h_S(\{(\xi \wedge) - i(Cg_x^* \otimes \xi)\}v_1, v_2) \\
&= h_S(v_1, \{i(Cg_x^* \otimes \xi) - (\xi \wedge)\}v_2) = -h_S(v_1, c(\xi)v_2)
\end{aligned}$$

また補題 5.1.4 より，任意の $s \in \Gamma(S), X \in \mathfrak{X}(M), \phi \in \Omega^1(M)$ に対して

$$\nabla_X^S(c(\phi)s) = c(\nabla_X^{T^*M}\phi)s + c(\phi)\nabla_X^S s$$

が成り立つ．さらに定理5.1.1と命題5.2.4より $D = d^{\nabla^E} + \delta^{\nabla^E}$ が従う． □

命題 11.1.9 (M, I, g) を m 次元 Kähler 多様体，∇^{TM} を Levi-Civita 接続とする．$0 \le p \le m$ を満たす整数 p を固定する．$\Lambda^{p,*}M = \bigoplus_q \Lambda^{p,q}M$ 上の g の定める Hermite 計量を $h_{\Lambda^{p,*}M}$ とする．(E, h_E) を M 上の正則 Hermite ベクトル束，∇^E を標準接続とする．

$$(S, h_S, \nabla^S) = (\Lambda^{p,*}M, h_{\Lambda^{p,*}M}, \nabla^{\Lambda^{p,*}M}) \otimes (E, h_E, \nabla^E)$$

とし，各 $x \in M$ に対して $\xi \in T_x^* M$ の S_x への作用を次で定める．

$$c(\xi) = \sqrt{2}\{(\xi^{0,1}\wedge) - i(Cg_x^* \otimes \xi^{1,0})\} \in \mathrm{End}(S_x)$$

このとき (S, h_S, ∇^S) は Clifford 束となる．ただし $T_x^*M \otimes_{\mathbb{R}} \mathbb{C} = \Lambda_x^{1,0} \oplus \Lambda_x^{0,1}$ に応じて $\xi = \xi^{1,0} + \xi^{0,1}$ と表わした．さらに，この場合の Dirac 作用素 $D\colon \Gamma(S) \to \Gamma(S)$ は $D = \sqrt{2}(\bar{\partial}^E + \bar{\partial}^{E\#})$ と表わされる．

証明 (11.1) より，

$$\frac{1}{2}\{c(\xi_1)c(\xi_2) + c(\xi_2)c(\xi_1)\}$$
$$= \{(\xi_1^{0,1}\wedge) - i(Cg_x^* \otimes \xi_1^{1,0})\}\{(\xi_2^{0,1}\wedge) - i(Cg_x^* \otimes \xi_2^{1,0})\}$$
$$\qquad + \{(\xi_2^{0,1}\wedge) - i(Cg_x^* \otimes \xi_2^{1,0})\}\{(\xi_1^{0,1}\wedge) - i(Cg_x^* \otimes \xi_1^{1,0})\}$$
$$= -\{i(Cg_x^* \otimes \xi_1^{1,0})(\xi_2^{0,1}\wedge) + (\xi_2^{0,1}\wedge)i(Cg_x^* \otimes \xi_1^{1,0})\}$$
$$\qquad - \{i(Cg_x^* \otimes \xi_2^{1,0})(\xi_1^{0,1}\wedge) + (\xi_1^{0,1}\wedge)i(Cg_x^* \otimes \xi_2^{1,0})\}$$
$$= -\{g^*(\xi_1^{0,1}, \xi_2^{1,0}) + g^*(\xi_2^{0,1}, \xi_1^{1,0})\}\mathrm{id}_{S_x}$$
$$= -g^*(\xi_1, \xi_2)\mathrm{id}_{S_x}$$

となり，S_x は $Cl(T_x^*M)$ 上の加群となる．

$\xi \in T_x^*M$ に対して $\overline{\xi^{0,1}} = \xi^{1,0}$ である．さらに補題 5.2.3 (1) に注意すると，任意の $v_1, v_2 \in S_x$ に対して次が成り立つ．

$$h_S(c(\xi)v_1, v_2) = h_S(\sqrt{2}\{(\xi^{0,1}\wedge) - i(Cg_x^* \otimes \xi^{1,0})\}v_1, v_2)$$
$$= h_S(v_1, \sqrt{2}\{i(Cg_x^* \otimes \overline{\xi^{0,1}}) - (\overline{\xi^{1,0}}\wedge)\}v_2)$$
$$= h_S(v_1, \sqrt{2}\{i(Cg_x^* \otimes \xi^{1,0}) - \xi^{0,1}\wedge)\}v_2) = -h_S(v_1, c(\xi)v_2)$$

また補題 5.1.4 より，任意の $s \in \Gamma(S)$, $X \in \mathfrak{X}(M)$, $\phi \in \Omega^1(M)$ に対して

$$\nabla_X^S(c(\phi)s) = c(\nabla_X^{T^*M}\phi)s + c(\phi)\nabla_X^S s$$

が成り立つ．(9.7), (9.9) と命題 9.2.3 より $D = \sqrt{2}(\bar{\partial}^E + \bar{\partial}^{E\#})$ が従う． □

注意 11.1.10 最も基本的な Clifford 束の例にスピノル束がある．詳しいことは[12], [15], [17], [44]などを参照していただきたい．スピノル束に対する Dirac 作用素が本来の意味での Dirac 作用素である．本書では一般化された Dirac 作用素のことを単に Dirac 作用素と呼んだ．

11.2　Sobolev 空間

まず $T^n = \mathbb{R}^n/2\pi\mathbb{Z}^n$ 上の Sobolev 空間について考える．体積要素は $\mathrm{vol} = \dfrac{1}{(2\pi)^n}dx^1 \wedge \cdots \wedge dx^n$ として，$\mathrm{Vol}(T^n) = 1$ と正規化しておく．$C^\infty(T^n)$ により $\mathbb{C}$ に値をとる T^n 上の C^∞ 級関数全体のなす空間を表わす．

定義 11.2.1　$f, g \in C^\infty(T^n)$ に対して内積 $(f, g)_{L^2}$ およびノルム $\|f\|_{L^2}$ を次で定める．

$$(f, g)_{L^2} = \int_{T^n} f\,\overline{g}\,\mathrm{vol}, \qquad \|f\|_{L^2} = \sqrt{(f, f)_{L^2}}$$

さらに，$C^\infty(T^n)$ の $\|\cdot\|_{L^2}$ による完備化を $L^2(T^n)$ で表わす．

内積 $(\cdot, \cdot)_{L^2}$ は $L^2(T^n)$ 上に拡張され，$L^2(T^n)$ は Hilbert 空間となる．このとき，次が知られている．

定理 11.2.2　$\{e^{\sqrt{-1}\nu\cdot x}\}_{\nu\in\mathbb{Z}^n}$ は $L^2(T^n)$ の正規直交基底となる．さらに，$f \in L^2(T^n)$ に対して $\widehat{f}(\nu) = (f, e^{\sqrt{-1}\nu\cdot x})_{L^2}$ とするとき，次が成り立つ．

$$\|f\|_{L^2}^2 = \sum_{\nu\in\mathbb{Z}^n} |\widehat{f}(\nu)|^2, \quad f(x) = \sum_{\nu\in\mathbb{Z}^n} \widehat{f}(\nu) e^{\sqrt{-1}\nu\cdot x}$$

以上の定理を認めて，話を進める．

定義 11.2.3　k を 0 以上の正整数とする．$f, g \in C^\infty(T^n)$ に対して内積 $(f, g)_{L_k^2}$ およびノルム $\|f\|_{L_k^2}$ を次で定める．

$$(f, g)_{L_k^2} = \sum_{\nu\in\mathbb{Z}^n} \widehat{f}(\nu)\overline{\widehat{g}(\nu)}(1 + |\nu|^2)^k, \qquad \|f\|_{L_k^2} = \sqrt{(f, f)_{L_k^2}}$$

さらに $C^\infty(T^n)$ の $\|\cdot\|_{L_k^2}$ による完備化を $L_k^2(T^n)$ で表わす．

以下 $\alpha = (\alpha_1, \ldots, \alpha_n) \in (\mathbb{Z}_{\geq 0})^n$, $\nu = (\nu_1, \ldots, \nu_n) \in \mathbb{Z}^n$ に対して

$$[\alpha] = \sum_{i=1}^n \alpha_i,\ \frac{\partial}{\partial x^\alpha} = \frac{\partial^{[\alpha]}}{\partial x_1^{\alpha_1}\ldots \partial x_n^{\alpha_n}},\ |\nu|^2 = \sum_{i=1}^n \nu_i^2,\ (\sqrt{-1}\nu)^\alpha = \prod_{i=1}^n (\sqrt{-1}\nu_i)^{\alpha_i}$$

とする．

補題 11.2.4 0 以上の整数 k を固定するとき，定数 $C_k > 0$ で次を満たすものが存在する：任意の $f \in C^\infty(T^n)$ に対して次が成り立つ．

$$C_k \|f\|_{L_k^2} \geq \sum_{[\alpha] \leq k} \Big\|\frac{\partial f}{\partial x^\alpha}\Big\|_{L^2} \geq (C_k)^{-1} \|f\|_{L_k^2}$$

証明 $\widehat{\dfrac{\partial f}{\partial x^\alpha}}(\nu) = \Big(\dfrac{\partial f}{\partial x^\alpha}, e^{\sqrt{-1}\nu\cdot x}\Big)_{L^2} = (-1)^{[\alpha]} \Big(f, \dfrac{\partial e^{\sqrt{-1}\nu\cdot x}}{\partial x^\alpha}\Big)_{L^2} = (\sqrt{-1}\nu)^\alpha \widehat{f}(\nu)$
より明らか． □

命題 11.2.5 0 以上の整数 k を固定するとき，次の (a), (b) は同値である．
 (a) $f \in L_k^2(T^n)$．
 (b) f は k 階弱微分可能である．すなわち，$[\alpha] \leq k$ を満たす任意の $\alpha \in (\mathbb{Z}_{\geq 0})^n$ に対して $f_\alpha \in L^2(T^n)$ で次を満たすものが存在する：任意の $\phi \in C^\infty(T^n)$ に対して次が成り立つ．

$$(f_\alpha, \phi)_{L^2} = (-1)^{[\alpha]} \Big(f, \frac{\partial \phi}{\partial x^\alpha}\Big)_{L^2}$$

証明 (a) $\Rightarrow$ (b)：$f \in L_k^2(T^n)$ とする．$L_k^2(T^n)$ の定義より $\{g_l\}_{l=1}^\infty \subset C^\infty(T^n)$ で f に L_k^2-収束するものが存在する．このとき，補題 11.2.4 より，$[\alpha] \leq k$ を満たす任意の $\alpha \in (\mathbb{Z}_{\geq 0})^n$ に対して $\Big\{\dfrac{\partial g_l}{\partial x^\alpha}\Big\}_{l=1}^\infty$ は L^2-位相で Cauchy 列となり，ある f_α に L^2-収束する．このとき次を得る．

$$(f_\alpha, \phi)_{L^2} = \lim_{l\to\infty}\Big(\frac{\partial g_l}{\partial x^\alpha}, \phi\Big)_{L^2} = \lim_{l\to\infty}(-1)^{[\alpha]}\Big(g_l, \frac{\partial \phi}{\partial x^\alpha}\Big)_{L^2} = (-1)^{[\alpha]}\Big(f, \frac{\partial \phi}{\partial x^\alpha}\Big)_{L^2}$$

(b) $\Rightarrow$ (a)：f は k 階弱微分可能であるとする．このとき，任意の $[\alpha] \leq k$ に対して $(f_\alpha, e^{\sqrt{-1}\nu\cdot x})_{L^2} = (-1)^{[\alpha]} \Big(f, \dfrac{\partial e^{\sqrt{-1}\nu\cdot x}}{\partial x^\alpha}\Big)_{L^2} = (\sqrt{-1}\nu)^\alpha \widehat{f}(\nu)$ であるから $\infty > \|f_\alpha\|_{L^2} = \sum_{\nu \in \mathbb{Z}^n} |\widehat{f}(\nu)|^2 |\nu^\alpha|^2$ を得る．したがって次を得る．

$$\sum_{\nu \in \mathbb{Z}^n} |\widehat{f}(\nu)|^2 (1+|\nu|^2)^k < \infty$$

$l = 1, 2, \ldots$ に対して $g_l = \sum_{|\nu| \leq l} \widehat{f}(\nu) e^{\sqrt{-1}\nu\cdot x}$ と定める．このとき $g_l \in C^\infty(T^n)$ であり，$\{g_l\}_{l=1}^\infty$ は f に L_k^2-収束する．したがって $f \in L_k^2(T^n)$ を得る． □

$k = 1, 2, \ldots$ に対して，$C^k(T^n)$ により $\mathbb{C}$ に値をとる T^n 上の C^k 級関数全体のなす空間を表わす．

定義 11.2.6　$f \in C^k(T^n)$ に対して
$$\|f\|_{C^k} = \sum_{[\alpha] \le k} \sup_{x \in T^n} \left| \frac{\partial f}{\partial x^\alpha}(x) \right|$$
と定める．このノルムにより $C^k(T^n)$ に位相を定める．

定理 11.2.7（**Sobolev の埋め込み定理** (Sobolev embedding theorem)）
0 以上の整数 k, l が $k - \dfrac{n}{2} > l$ を満たすとき，埋め込み $L_k^2(T^n) \hookrightarrow C^l(T^n)$ は連続である．

証明　$k - l > \dfrac{n}{2}$ だから $\infty > \displaystyle\sum_{\nu \in \mathbb{Z}^n} (1 + |\nu|^2)^{l-k}$ ($= C^2$ とおく) である．このとき $f \in L_k^2(T^n)$ に対して次が成り立つ．

$$\sum_{\nu \in \mathbb{Z}^n} |\widehat{f}(\nu)|(1+|\nu|^2)^{\frac{l}{2}} = \sum_{\nu \in \mathbb{Z}^n} \{|\widehat{f}(\nu)|(1+|\nu|^2)^{\frac{k}{2}}\}\{(1+|\nu|^2)^{\frac{l-k}{2}}\}$$
$$\le \left\{ \sum_{\nu \in \mathbb{Z}^n} |\widehat{f}(\nu)|^2 (1+|\nu|^2)^k \right\}^{\frac{1}{2}} \left\{ \sum_{\nu \in \mathbb{Z}^n} (1+|\nu|^2)^{l-k} \right\}^{\frac{1}{2}}$$
$$\le C \|f\|_{L_k^2}$$

したがって $[\alpha] \le l$ のとき次を得る．

$$\sum_{\nu \in \mathbb{Z}^n} |(\sqrt{-1}\nu)^\alpha \widehat{f}(\nu)| \le \sum_{\nu \in \mathbb{Z}^n} |\widehat{f}(\nu)|(1+|\nu|^2)^{\frac{l}{2}} \le C \|f\|_{L_k^2} \tag{11.2}$$

よって $[\alpha] \le l$ のとき $f_\alpha = \displaystyle\sum_{\nu \in \mathbb{Z}^n} (\sqrt{-1}\nu)^\alpha \widehat{f}(\nu) e^{\sqrt{-1}\nu \cdot x}$ と定めると，右辺は一様収束であり，$f_\alpha \in C^0(T^n)$ となる．ただし $\alpha = (0, \ldots, 0)$ のとき $f = f_\alpha$ である．

$p = 1, 2, \ldots$ に対して $g_p = \displaystyle\sum_{|\nu| \le p} \widehat{f}(\nu) e^{\sqrt{-1}\nu \cdot x}$ と定めると，$[\alpha] \le l$ のとき $\left\{ \dfrac{\partial g_p}{\partial x^\alpha} = \displaystyle\sum_{|\nu| \le p} (\sqrt{-1}\nu)^\alpha \widehat{f}(\nu) e^{\sqrt{-1}\nu \cdot x} \right\}$ は f_α に一様収束する．したがって $f \in C^l(T^n)$ であり $f_\alpha = \dfrac{\partial f}{\partial x^\alpha}$ となることがわかる．さらに (11.2) より $\|f\|_{C^l} \le C \|f\|_{L_k^2}$ を得る．　□

定理 11.2.8（**Rellich の定理** (Rellich theorem)）　0 以上の整数 k, l が $k > l$ を満たすとき，埋め込み $L_k^2(T^n) \hookrightarrow L_l^2(T^n)$ はコンパクトである．すなわち $L_k^2(T^n)$ の有界な点列 $\{f_i\}_{i=1}^\infty$ は L_l^2-収束する部分列をもつ．

証明 ある定数 $C>0$ が存在して，任意の $i=1,2,\ldots$ に対して $\|f_i\|_{L^2_k} \leq C$ とする．このとき，任意の $i=1,2,\ldots,\nu\in\mathbb{Z}^n$ に対して $|\widehat{f_i}(\nu)| \leq C$ である．よって対角線論法により，ある部分列 $\{f_{i_p}\}_{p=1}^\infty$ で，任意の $\nu\in\mathbb{Z}^n$ に対して $\{\widehat{f_{i_p}}(\nu)\}_{p=1}^\infty \subset \mathbb{C}$ が Cauchy 列であるものが存在する．

任意の $\varepsilon>0$ を固定する．このとき，ある定数 $M>0$ で，$|\nu|>M$ ならば $(1+|\nu|^2)^{l-k} \leq \dfrac{\varepsilon}{4C^2}$ を満たすものが存在する．さらに，ある定数 $N>0$ で，$p,q \geq N$ ならば $\displaystyle\sum_{|\nu|\leq M} |\widehat{f_{i_p}}(\nu) - \widehat{f_{i_q}}(\nu)|^2 (1+|\nu|^2)^l \leq \varepsilon$ を満たすものが存在する．このとき，任意の $p,q \geq N$ に対して

$$\|f_{i_p} - f_{i_q}\|_{L^2_l}^2$$
$$= \sum_{|\nu|\leq M} |\widehat{f_{i_p}}(\nu) - \widehat{f_{i_q}}(\nu)|^2 (1+|\nu|^2)^l + \sum_{|\nu|>M} |\widehat{f_{i_p}}(\nu) - \widehat{f_{i_q}}(\nu)|^2 (1+|\nu|^2)^l$$
$$\leq \varepsilon + \sum_{|\nu|>M} |\widehat{f_{i_p}}(\nu) - \widehat{f_{i_q}}(\nu)|^2 (1+|\nu|^2)^k (1+|\nu|^2)^{l-k}$$
$$\leq \varepsilon + \frac{\varepsilon}{4C^2} \|f_{i_p} - f_{i_q}\|_{L^2_k}^2$$
$$\leq 2\varepsilon$$

を得る．したがって $\{f_{i_p}\}_{p=1}^\infty$ は $L^2_l(T^n)$ において Cauchy 列である． □

(M,g) をコンパクト n 次元 Riemann 多様体とする．以後，$C^\infty(M)$ により M 上の $\mathbb{C}$ に値をとる C^∞ 級関数全体のなす空間を表わす．$\{U_\alpha, \varphi_\alpha\}_{\alpha\in A}$ を M の座標近傍による開被覆とする．ただし，A を有限集合とする．必要なら局所座標 U_α, φ_α をとり直して，$\varphi_\alpha(U_\alpha)$ を T^n の可縮な開集合としてよい．

$\{\rho_\alpha^2\}_{\alpha\in A}$ を開被覆 $\{U_\alpha\}_{\alpha\in A}$ に従属した 1 の分解とする．$f,g \in C^\infty(M)$ に対して

$$(f,g)_{L^2_k(M)} = \sum_{\alpha\in A} ((\rho_\alpha f)\circ \varphi_\alpha^{-1}, (\rho_\alpha g)\circ \varphi_\alpha^{-1})_{L^2_k(\varphi_\alpha(U_\alpha))},$$
$$\|f\|_{L^2_k(M)} = \sqrt{(f,f)_{L^2_k(M)}}$$

とおく．誤解の生じない場合は，しばしば $\|f\|_{L^2_k(M)}$ を単に $\|f\|_{L^2_k}$ と表わす．さらに $C^\infty(M)$ のノルム $\|\cdot\|_{L^2_k(M)}$ による完備化は Hilbert 空間となり，これを $L^2_k(M)$ で表わす．

ノルム $\|\cdot\|_{L^2_k(M)}$ は開被覆 $\{U_\alpha, \varphi_\alpha\}_{\alpha\in A}$ および 1 の分解 $\{\rho_\alpha^2\}_{\alpha\in A}$ によっている．別の開被覆 $\{U'_\beta, \varphi'_\beta\}_{\beta\in B}$ および 1 の分解 $\{(\rho'_\beta)^2\}_{\beta\in B}$ から定まるノル

ムを $\|\cdot\|'_{L^2_k(M)}$ で表わす．このとき $f \in C^\infty(M)$ によらない定数 $C > 0$ で

$$C^{-1}\|f\|_{L^2_k(M)} \le \|f\|'_{L^2_k(M)} \le C\|f\|_{L^2_k(M)}$$

を満たすものが存在することが容易に確かめられる．したがって $L^2_k(M)$ は本質的に開被覆 $\{U_\alpha, \varphi_\alpha\}_{\alpha \in A}$ および 1 の分解 $\{\rho_\alpha^2\}_{\alpha \in A}$ のとり方によらない．

さらに (S, h_S) を (M, g) 上の Hermite ベクトル束とする．各 $\alpha \in A$ に対して $S|_{U_\alpha}$ の正規直交枠 $e_1^\alpha, \ldots, e_r^\alpha \in \Gamma(S|_{U_\alpha})$ を固定する．任意の $s, t \in \Gamma(S)$ に対して，$s|_{U_\alpha} = \sum_{i=1}^r s_\alpha^i e_i^\alpha$, $t|_{U_\alpha} = \sum_{i=1}^r t_\alpha^i e_i^\alpha$ と表わすとき，

$$\begin{aligned}(s, t)_{L^2_k(S)} &= \sum_{\alpha \in A} \sum_{i=1}^r ((\rho_\alpha s_\alpha^i) \circ \varphi_\alpha^{-1}, (\rho_\alpha t_\alpha^i) \circ \varphi_\alpha^{-1})_{L^2_k(\varphi_\alpha(U_\alpha))}, \\ \|s\|_{L^2_k(S)} &= \sqrt{(s, s)_{L^2_k(S)}}\end{aligned} \tag{11.3}$$

とおく．誤解の生じない場合は，しばしば $\|s\|_{L^2_k(S)}$ を単に $\|s\|_{L^2_k}$ と表わす．さらに $\Gamma(S)$ のノルム $\|\cdot\|_{L^2_k(S)}$ による完備化は Hilbert 空間となり，$L^2_k(S)$ で表わす．$L^2_k(S)$ は本質的に開被覆 $\{U_\alpha, \varphi_\alpha\}_{\alpha \in A}$，1 の分解 $\{\rho_\alpha^2\}_{\alpha \in A}$ および $S|_{U_\alpha}$ の自明化のとり方によらないことが，$L^2_k(M)$ の場合と同様に確かめられる．

定義 11.2.9 任意の $s, t \in \Gamma(S)$ に対して，内積 $(s, t)_{L^2(S)}$ およびノルム $\|s\|_{L^2(S)}$ を次で定める．

$$(s, t)_{L^2(S)} = \int_M h_S(s, t) \mathrm{vol}_g, \quad \|s\|_{L^2(S)} = \sqrt{(s, s)_{L^2(S)}}$$

一般に $\|s\|_{L^2(S)} \ne \|s\|_{L^2_0(S)}$ であるが，$s \in \Gamma(S)$ によらない定数 $C' > 0$ で

$$(C')^{-1}\|s\|_{L^2(S)} \le \|f\|_{L^2_0(S)} \le C'\|s\|_{L^2(S)}$$

を満たすものが存在することが容易に確かめられる．したがって $\Gamma(S)$ のノルム $\|\cdot\|_{L^2(S)}$ による完備化を $L^2(S)$ で表わすとき，$L^2(S)$ は $L^2_0(S)$ と位相空間として等しい．

S の C^l 級切断全体のなす空間を $C^l(S)$ により表わす．$s \in C^l(S)$ が $s|_{U_\alpha} = \sum_{i=1}^r s_\alpha^i e_i^\alpha$ と表わされるとき，ノルム $\|s\|_{C^l(S)}$ を次で定める．

$$\|s\|_{C^l(S)} = \sup_{\alpha, i} \|(\rho_\alpha^2 s_\alpha^i) \circ \varphi_\alpha^{-1}\|_{C^l(\varphi_\alpha(U_\alpha))}$$

ノルム $\|\cdot\|_{L^2_k(S)}$, $\|\cdot\|_{C^l(S)}$ の定義から，定理 11.2.7 と定理 11.2.8 は $L^2_k(S)$ の場合に一般化されることがただちにわかる．

定理 11.2.10（Sobolev の埋め込み定理） (M, g) をコンパクト n 次元 Riemann 多様体，(S, h_S) を (M, g) 上の Hermite ベクトル束とする．0 以上の整数 k, l が $k - \dfrac{n}{2} > l$ を満たすとき，埋め込み $L^2_k(S) \hookrightarrow C^l(S)$ は連続である．

定理 11.2.11（Rellich の定理） (M, g) をコンパクト n 次元 Riemann 多様体，(S, h_S) を (M, g) 上の Hermite ベクトル束とする．0 以上の整数 k, l が $k > l$ を満たすとき，埋め込み $L^2_k(S) \hookrightarrow L^2_l(S)$ はコンパクトである．すなわち $L^2_k(S)$ の有界な点列 $\{s_i\}_{i=1}^\infty$ は L^2_l 収束する部分列をもつ．

次の命題 11.2.12 および定理 11.2.14 の証明は [1] を参照していただきたい．いずれの証明も容易である．これらは定理 11.3.9 の証明に用いられる．

命題 11.2.12 X, Y を Hilbert 空間，$(\cdot, \cdot)_X$, $(\cdot, \cdot)_Y$ を内積とする．任意の有界線型作用素 $A: X \to Y$ に対して，有界線型作用素 $A^*: Y \to X$ で，任意の $x \in X, y \in Y$ に対して $(Ax, y)_Y = (x, A^* y)_X$ を満たすものがただひとつ存在する．

A^* を A の**共役作用素** (adjoint operator) という．

定義 11.2.13 X を Hilbert 空間，$(\cdot, \cdot)_X$ を内積とする．X 内の点列 $\{u_n\}_{n=1}^\infty$ が $u_\infty \in X$ に**弱収束** (weak convergence) するとは，任意の $v \in X$ に対して $\lim\limits_{n \to \infty}(u_n, v)_X = (u_\infty, v)_X$ が成り立つことである．また，弱収束に対して，ノルムの意味での収束を**強収束** (strong convergence) ということがある．

定理 11.2.14 Hilbert 空間内の有界な点列は弱収束する部分列を含む．

11.3　Dirac 作用素の解析的性質

(M, g) をコンパクト n 次元 Riemann 多様体，(S, h_S) を (M, g) 上の Hermite ベクトル束とする．$\{U_\alpha, \varphi_\alpha\}_{\alpha \in A}$ を M の座標近傍による有限な開被覆，

$\{\rho_\alpha^2\}_{\alpha \in A}$ を開被覆 $\{U_\alpha\}_{\alpha \in A}$ に従属した 1 の分解とする．$\varphi_\alpha(U_\alpha)$ を T^n の可縮な開集合とする．U_α 上の局所座標を $(x_\alpha^1, \ldots, x_\alpha^n)$, $g|_{U_\alpha} = g_{ij}^\alpha dx_\alpha^i \otimes dx_\alpha^j$ などと表わす．

各 $\alpha \in A$ に対して $S|_{U_\alpha}$ の正規直交枠 $e_1^\alpha, \ldots, e_r^\alpha \in \Gamma(S|_{U_\alpha})$ を固定する．この正規直交枠に関して $\nabla^S|_{U_\alpha} = d + \sum_{i=1}^r \Gamma_i^\alpha dx_\alpha^i$ と表わされるとする．また $s \in \Gamma(S)$ が $s|_{U_\alpha} = \sum_{i=1}^r s_\alpha^i e_i^\alpha$ と表わされるとき，$\dfrac{\partial s}{\partial x_\alpha^i} = \sum_{i=1}^r \dfrac{\partial s_\alpha^i}{\partial x_\alpha^i} e_i^\alpha \in \Gamma(S|_{U_\alpha})$ と定める．$s, t \in \Gamma(S)$ に対して，$(s,t)_{L_k^2(S)}, \|s\|_{L_k^2(S)}$ が (11.3) により定められていた．

定理 11.3.1 (楕円型評価) (M, g) をコンパクト Riemann 多様体とする．(S, h_S, ∇^S) を M 上の Clifford 束，$D\colon \Gamma(S) \to \Gamma(S)$ を Dirac 作用素とする．0 以上の整数 k を固定する．このとき，定数 $C_k = C_k(M, g, S, h_S, \nabla^S) > 0$ が存在して，任意の $s \in \Gamma(S)$ に対して次が成り立つ．

$$\|s\|_{L_{k+1}^2} \leq C_k(\|Ds\|_{L_k^2} + \|s\|_{L^2}) \tag{11.4}$$

証明 まず $k = 0$ の場合に証明する．命題 11.1.7 より次が成り立つ．

$$\|Ds\|_{L^2}^2 = \|\nabla^S s\|_{L^2}^2 + (\mathcal{K}^S s, s)_{L^2}$$

したがって $s \in \Gamma(S)$ によらない定数 $A_1 > 0$ で次を満たすものが存在する．

$$\|\nabla^S s\|_{L^2}^2 \leq A_1(\|Ds\|_{L^2}^2 + \|s\|_{L^2}^2) \tag{11.5}$$

このとき

$$\|\nabla^S s\|_{L^2}^2 = \int_M g_\alpha^{ij} h_S\Big(\dfrac{\partial s}{\partial x_\alpha^i} + \Gamma_i^\alpha s, \dfrac{\partial s}{\partial x_\alpha^j} + \Gamma_j^\alpha s\Big)\mathrm{vol}_g$$

であるから，$s \in \Gamma(S)$ によらない定数 $A_2, A_3 > 0$ で次を満たすものが存在する．

$$\|\nabla^S s\|_{L^2}^2 \geq A_2\|s\|_{L_1^2}^2 - A_3\|s\|_{L_1^2}\|s\|_{L^2} \tag{11.6}$$

(11.5), (11.6) より，$s \in \Gamma(S)$ によらない定数 $A_4 > 0$ で次を満たすものが存在する．

$$\|s\|_{L_1^2}^2 \leq A_4(\|Ds\|_{L^2}^2 + \|s\|_{L_1^2}\|s\|_{L^2})$$

$\|s\|_{L_1^2}\|s\|_{L^2} \leq \dfrac{1}{2A_4}\|s\|_{L_1^2}^2 + \dfrac{A_4}{2}\|s\|_{L^2}^2$ より，(11.4) の $k=0$ の場合が従う．

主張 11.3.2 $s \in \Gamma(S)$ によらない定数 $C_k' > 0$ で次を満たすものが存在する．

$$\|s\|_{L_{k+1}^2} \leq C_k'(\|Ds\|_{L_k^2} + \|s\|_{L_k^2}) \tag{11.7}$$

証明 k に関する数学的帰納法で示す．$k=0$ の場合はすでに示した．$k-1$ まで正しいと仮定して k の場合を示す．

$$\|s\|_{L_{k+1}^2} = \Big\|\sum_{\alpha \in A} \rho_\alpha^2 s\Big\|_{L_{k+1}^2} \leq \sum_{\alpha \in A} \|\rho_\alpha^2 s\|_{L_{k+1}^2} \tag{11.8}$$

$s \in \Gamma(S)$ によらない定数 $B_1 > 0$ で次を満たすものが存在する．

$$\|\rho_\alpha^2 s\|_{L_{k+1}^2} \leq B_1\Big(\|\rho_\alpha^2 s\|_{L^2} + \sum_i \Big\|\dfrac{\partial(\rho_\alpha^2 s)}{\partial x_\alpha^i}\Big\|_{L_k^2}\Big) \tag{11.9}$$

数学的帰納法の仮定より次が成り立つ．

$$\Big\|\dfrac{\partial(\rho_\alpha^2 s)}{\partial x_\alpha^i}\Big\|_{L_k^2} \leq C_{k-1}'\Big(\Big\|D\dfrac{\partial(\rho_\alpha^2 s)}{\partial x_\alpha^i}\Big\|_{L_{k-1}^2} + \Big\|\dfrac{\partial(\rho_\alpha^2 s)}{\partial x_\alpha^i}\Big\|_{L_{k-1}^2}\Big) \tag{11.10}$$

さらに

$$\Big\|D\dfrac{\partial(\rho_\alpha^2 s)}{\partial x_\alpha^i}\Big\|_{L_{k-1}^2} \leq \Big\|\dfrac{\partial(D(\rho_\alpha^2 s))}{\partial x_\alpha^i}\Big\|_{L_{k-1}^2} + \Big\|\Big[D, \dfrac{\partial}{\partial x_\alpha^i}\Big](\rho_\alpha^2 s)\Big\|_{L_{k-1}^2} \tag{11.11}$$

であるが，$\Big[D, \dfrac{\partial}{\partial x_\alpha^i}\Big]$ は 1 階の微分作用素である．したがって (11.10), (11.11) より，$s \in \Gamma(S)$ によらない定数 $B_2 > 0$ で次を満たすものが存在する．

$$\Big\|\dfrac{\partial(\rho_\alpha^2 s)}{\partial x_\alpha^i}\Big\|_{L_k^2} \leq B_2(\|D(\rho_\alpha^2 s)\|_{L_k^2} + \|\rho_\alpha^2 s\|_{L_k^2}) \tag{11.12}$$

(11.9), (11.12) より，$s \in \Gamma(S)$ によらない定数 $B_3, B_4 > 0$ で次を満たすものが存在する．

$$\|\rho_\alpha^2 s\|_{L_{k+1}^2} \leq B_3(\|D(\rho_\alpha^2 s)\|_{L_k^2} + \|\rho_\alpha^2 s\|_{L_k^2}) \leq B_4(\|Ds\|_{L_k^2} + \|s\|_{L_k^2}) \tag{11.13}$$

(11.8), (11.13) から主張 11.3.2 は従う. □

(11.4) を k に関する数学的帰納法により証明する. $k=0$ のときはすでに示した. $k-1$ まで正しいと仮定して k の場合を示す. 数学的帰納法の仮定より次が成り立つ.

$$\|s\|_{L^2_k} \leq C_{k-1}(\|Ds\|_{L^2_{k-1}} + \|s\|_{L^2})$$

これと (11.7) を合わせると, (11.4) の k の場合がただちに導かれる. □

次の補題は, 軟化作用素を導入するための準備である.

補題 11.3.3 $\psi \in L^1(\mathbb{R}^n), s \in L^2(\mathbb{R}^n)$ に対して

$$\psi * s(x) = \int_{\mathbb{R}^n} \psi(x-y)s(y)dy$$

とするとき, $\psi * s \in L^2(\mathbb{R}^n)$ であり, $\|\psi * s\|_{L^2} \leq \|\psi\|_{L^1}\|s\|_{L^2}$ が成り立つ.

証明 $|\psi(x-y)s(y)| = |\psi(x-y)|^{\frac{1}{2}}(|\psi(x-y)|^{\frac{1}{2}}|s(y)|)$ と分解して

$$|\psi * s(x)| \leq \Big\{\int_{\mathbb{R}^n} |\psi(x-y)|dy\Big\}^{\frac{1}{2}}\Big\{\int_{\mathbb{R}^n} |\psi(x-y)||s(y)|^2 dy\Big\}^{\frac{1}{2}}$$
$$= \|\psi\|_{L^1}^{\frac{1}{2}}\Big\{\int_{\mathbb{R}^n} |\psi(x-y)||s(y)|^2 dy\Big\}^{\frac{1}{2}}$$

となる. したがって

$$\|\psi * s\|_{L^2}^2 \leq \|\psi\|_{L^1}\int_{\mathbb{R}^n}\Big\{\int_{\mathbb{R}^n}|\psi(x-y)|dx\Big\}|s(y)|^2 dy = \|\psi\|_{L^1}^2\|s\|_{L^2}^2$$

を得る. □

注意 11.3.4 $\psi * s$ を ψ と s の**合成積** (convolution) という.

補題 11.3.5 関数 $\phi \in C_c^\infty(\mathbb{R}^n)$ は, 任意の $x \in \mathbb{R}^n$ に対して $\phi(x) \geq 0$, $\phi(-x) = \phi(x), |x| \geq 1$ ならば $\phi(x) = 0$ であり, $\int_{\mathbb{R}^n} \phi(x)dx = 1$ を満たすとする. $\varepsilon \in (0,1)$ に対して $\phi_\varepsilon(x) = \dfrac{1}{\varepsilon^n}\phi\Big(\dfrac{x}{\varepsilon}\Big)$ とおき, $F_\varepsilon: L^2(\mathbb{R}^n) \to L^2(\mathbb{R}^n)$ を

$$(F_\varepsilon s)(x) = \phi_\varepsilon * s(x) = \frac{1}{\varepsilon^n}\int_{\mathbb{R}^n}\phi\Big(\frac{x-y}{\varepsilon}\Big)s(y)dy$$

により定めるとき, 次が成り立つ.

(1) $\mathrm{Im} F_\varepsilon \subset C^\infty(\mathbb{R}^n)$.
(2) $F_\varepsilon \colon L^2(\mathbb{R}^n) \to L^2(\mathbb{R}^n)$ の作用素ノルムを $\|F_\varepsilon\| = \sup_{s \neq 0} \dfrac{\|F_\varepsilon s\|_{L^2}}{\|s\|_{L^2}}$ により定める．このとき $\varepsilon \in (0,1)$ に対して $\|F_\varepsilon\| \leq 1$.
(3) コンパクト台をもつ $t \in C_c^0(\mathbb{R}^n)$ に対して，$\varepsilon \to 0$ のとき $F_\varepsilon t$ は t に一様収束する．
(4) 任意の $s \in L^2(\mathbb{R}^n)$ に対して，$\varepsilon \to 0$ のとき $F_\varepsilon s$ は s に $L^2(\mathbb{R}^n)$ で強収束する．
(5) 任意の $s, t \in L^2(\mathbb{R}^n)$ に対して $(F_\varepsilon s, t)_{L^2} = (s, F_\varepsilon t)_{L^2}$.
(6) $B = \displaystyle\sum_{i=1}^n a^i(x) \dfrac{\partial}{\partial x^i} \colon C^\infty(\mathbb{R}^n) \to C^\infty(\mathbb{R}^n)$ を 1 階の微分作用素とする．$i = 1, \ldots, n$ に対して $\|a^i\|_{C^1(\mathbb{R}^n)}$ は有限であるとする．このとき $[B, F_\varepsilon] \colon L^2(\mathbb{R}^n) \to L^2(\mathbb{R}^n)$ は well-defined であり，かつ作用素ノルム $\|[B, F_\varepsilon]\|$ は $\varepsilon \in (0,1)$ に関して一様に有界である．

証明 (1) は明らか．
(2) 補題 11.3.3 より $\|F_\varepsilon\| \leq \|\phi_\varepsilon\|_{L^1} = 1$ である．
(3) x を固定して $z = \dfrac{x - y}{\varepsilon}$ と変数変換するとき

$$(F_\varepsilon t)(x) = \int_{\mathbb{R}^n} \frac{1}{\varepsilon^n} \phi\Big(\frac{x-y}{\varepsilon}\Big) t(y) dy = \int_{\mathbb{R}^n} \phi(z) t(x - \varepsilon z) dz$$

となる．一方，$t(x) = \displaystyle\int_{\mathbb{R}^n} \phi(z) t(x) dz$ であるから次が成り立つ．

$$\begin{aligned}|(F_\varepsilon t)(x) - t(x)| &\leq \int_{\mathbb{R}^n} \phi(z) |t(x - \varepsilon z) - t(x)| dz \\ &\leq \int_{\mathbb{R}^n} \phi(z) \xi(\varepsilon) dz = \xi(\varepsilon)\end{aligned}$$

ここで $\xi(\varepsilon) = \sup\limits_{|h| \leq \varepsilon, x \in \mathbb{R}^n} |t(x + h) - t(x)|$ である．$t \in C_c^0(\mathbb{R}^n)$ はコンパクト台をもつから一様連続である．よって $\varepsilon \to 0$ のとき $\xi(\varepsilon) \to 0$ となり，$F_\varepsilon t$ は t に一様収束することがわかる．
(4) 任意の $s \in L^2(\mathbb{R}^n), \delta > 0$ を固定する．このとき，コンパクト台をもつ $t \in C_c^0(\mathbb{R}^n)$ で $\|s - t\|_{L^2} < \delta$ を満たすものが存在する．$\varepsilon \to 0$ のとき $F_\varepsilon t$ は t に一様収束するから，$\varepsilon_0 > 0$ で $\varepsilon \in (0, \varepsilon_0)$ ならば $\|t - F_\varepsilon t\|_{L^2} < \delta$ を満たすものが存在する．このとき $\|F_\varepsilon t - F_\varepsilon s\|_{L^2} \leq \|s - t\|_{L^2} < \delta$ に注意すると，$\varepsilon \in (0, \varepsilon_0)$ ならば

$$\|s - F_\varepsilon s\|_{L^2} \leq \|s - t\|_{L^2} + \|t - F_\varepsilon t\|_{L^2} + \|F_\varepsilon t - F_\varepsilon s\|_{L^2} < 3\delta$$

となる．したがって $\varepsilon \to 0$ のとき $\|s - F_\varepsilon s\|_{L^2} \to 0$ が成り立つ．

(5) は $\phi(-x) = \phi(x)$ よりただちに従う．

(6) $B = a(x)\dfrac{\partial}{\partial x^i}$ のときに示せばよい．$s \in C^\infty(\mathbb{R}^n)$ とするとき，部分積分により次が成り立つ．

$$([B, F_\varepsilon]s)(x) = \frac{1}{\varepsilon^n} \int_{\mathbb{R}^n} \phi\Big(\frac{x-y}{\varepsilon}\Big) \frac{\partial a}{\partial x^i}(y) s(y) dy$$
$$+ \frac{1}{\varepsilon^{n+1}} \int_{\mathbb{R}^n} \{a(x) - a(y)\} \frac{\partial \phi}{\partial x^i}\Big(\frac{x-y}{\varepsilon}\Big) s(y) dy$$

したがって，$[B, F_\varepsilon]\colon L^2(\mathbb{R}^n) \to L^2(\mathbb{R}^n)$ を右辺により定義することができる．さらに

$$|([B, F_\varepsilon]s)(x)| \leq \frac{\|a\|_{C^1}}{\varepsilon^n} \int_{\mathbb{R}^n} \phi\Big(\frac{x-y}{\varepsilon}\Big) |s(y)| dy$$
$$+ \frac{\|a\|_{C^1}}{\varepsilon^n} \int_{\mathbb{R}^n} \Big|\frac{|x-y|}{\varepsilon} \frac{\partial \phi}{\partial x^i}\Big(\frac{x-y}{\varepsilon}\Big)\Big| |s(y)| dy$$

であるから，補題 11.3.3 より $\|[B, F_\varepsilon]\|$ は $\varepsilon \in (0, 1)$ に関して一様に有界であることがわかる． □

注意 11.3.6 $F_\varepsilon\colon L^2(\mathbb{R}^n) \to L^2(\mathbb{R}^n)$ を Friedrichs の**軟化作用素** (mollifier) という．

今までは $\mathbb{R}^n$ 上の軟化作用素を考えてきたが，次はコンパクト Riemann 多様体 (M, g) 上の軟化作用素を構成する．本節のはじめに定めた記号をそのまま用いる．さらに，各 $\alpha \in A$ に対して

$$\operatorname{supp}\rho_\alpha \subset V_\alpha \subset \overline{V_\alpha} \subset W_\alpha \subset \overline{W_\alpha} \subset U_\alpha$$

を満たす M の開集合 V_α, W_α を固定する．このとき，ある $\varepsilon_0 > 0$ が存在して，任意の $\varepsilon \in (0, \varepsilon_0)$, $\operatorname{supp} f \subset W_\alpha$ を満たす $f \in C^\infty(M)$ に対して $\operatorname{supp} F_\varepsilon(f \circ \varphi_\alpha^{-1}) \subset \varphi_\alpha(U_\alpha)$ が成り立つ．$s \in \Gamma(S)$ が $\operatorname{supp} s \subset W_\alpha$ を満たすとき，$s|_{U_\alpha} = \sum_{i=1}^r s_\alpha^i e_i^\alpha$ と表わせば，任意の $\varepsilon \in (0, \varepsilon_0)$ に対して $\operatorname{supp} F_\varepsilon(s_\alpha^i \circ \varphi_\alpha^{-1}) \subset \varphi_\alpha(U_\alpha)$ を満たす．そこで $\varepsilon \in (0, \varepsilon_0)$, $\operatorname{supp} s \subset W_\alpha$ を満たす $s \in \Gamma(S)$ に対して

$$F_\varepsilon^\alpha(s) = \sum_{i=1}^r \{F_\varepsilon(s_\alpha^i \circ \varphi_\alpha^{-1}) \circ \varphi_\alpha\} e_i^\alpha \in \Gamma(S)$$

と定める．ただし $F_\varepsilon^\alpha(s)$ は U_α の外では 0 として拡張することにより S の切断とみなす．

F_ε^α たちを貼り合わせて M 上の軟化作用素を構成する．任意の $\varepsilon \in (0, \varepsilon_0)$ に対して $F_\varepsilon^S \colon \Gamma(S) \to \Gamma(S)$ を次のように定める．

$$F_\varepsilon^S(s) = \sum_{\alpha \in A} F_\varepsilon^\alpha(\rho_\alpha^2 s)$$

このとき，補題 11.3.5 より次を得る．証明は単純な計算なので省略する．

補題 11.3.7 (1) 任意の $\varepsilon \in (0, \varepsilon_0)$ に対して $F_\varepsilon^S \colon \Gamma(S) \to \Gamma(S)$ は $F_\varepsilon^S \colon L^2(S) \to L^2(S)$ に連続に拡張される．また，$\mathrm{Im} F_\varepsilon^S \subset \Gamma(S)$ であり，作用素ノルム $\|F_\varepsilon^S\|$ は $\varepsilon \in (0, \varepsilon_0)$ に関して一様に有界である．
(2) 任意の $s \in L^2(S)$ に対して $\varepsilon \to 0$ のときに $F_\varepsilon s$ は s に $L^2(S)$ で強収束する．

次に $F_\varepsilon^S \colon L^2(S) \to L^2(S)$ の共役作用素の具体的な表示を与える．U_α 上の局所座標を $(x_\alpha^1, \ldots, x_\alpha^n)$ と表わしていた．正確には，$\varphi_\alpha(U_\alpha)$ 上の座標が $(x_\alpha^1, \ldots, x_\alpha^n)$ である．また，$g|_{U_\alpha} = g_{ij}^\alpha dx_\alpha^i \otimes dx_\alpha^j$ と表わす．$\psi_\alpha \in C^\infty(M)$ で，$\psi_\alpha|_{\overline{V_\alpha}} = 1$, $\mathrm{supp}\,\psi_\alpha \subset W_\alpha$ を満たすものをひとつ固定する．このとき，$\varepsilon \in (0, \varepsilon_0)$ に対して $G_\varepsilon^S \colon \Gamma(S) \to \Gamma(S)$ を次で定める．

$$G_\varepsilon^S(t) = \sum_{\alpha \in A} \frac{\rho_\alpha^2}{\sqrt{\det(g_{ij}^\alpha)}} F_\varepsilon^\alpha(\sqrt{\det(g_{ij}^\alpha)}\,\psi_\alpha t)$$

補題 11.3.8 (1) 任意の $\varepsilon \in (0, \varepsilon_0)$ に対して $G_\varepsilon^S \colon \Gamma(S) \to \Gamma(S)$ は $G_\varepsilon^S \colon L^2(S) \to L^2(S)$ に連続に拡張される．また，$\mathrm{Im} G_\varepsilon^S \subset \Gamma(S)$ であり，作用素ノルム $\|G_\varepsilon^S\|$ は $\varepsilon \in (0, \varepsilon_0)$ に関して一様に有界である．
(2) ある $\varepsilon_1 > 0$ が存在して，任意の $\varepsilon \in (0, \varepsilon_1)$, $s, t \in L^2(S)$ に対して $(F_\varepsilon^S s, t)_{L^2(S)} = (s, G_\varepsilon^S t)_{L^2(S)}$ が成り立つ．
(3) $B \colon \Gamma(S) \to \Gamma(S)$ を 1 階の微分作用素とする．このとき $[B, G_\varepsilon^S] \colon L^2(S) \to L^2(S)$ は well-defined であり，かつ $\|[B, G_\varepsilon^S]\|$ は $\varepsilon \in (0, \varepsilon_0)$ に関して一様に有界である．

証明 (1) と (3) は，補題 11.3.5 より単純な計算で示されるので，詳細は省略する．(2) を示す．ある $\varepsilon_1 > 0$ が存在して，任意の $\varepsilon \in (0, \varepsilon_1), s \in L^2(S)$ に対して $\mathrm{supp}\, F_\varepsilon^\alpha(\rho_\alpha^2 s) \subset V_\alpha$ を満たす．したがって，$\mathrm{vol}_g|_{U_\alpha} = \sqrt{\det(g_{ij}^\alpha)} dx_\alpha$ と表わすとき，

$$(F_\varepsilon^S s, t)_{L^2(S)} = \Big(\sum_{\alpha \in A} F_\varepsilon^\alpha(\rho_\alpha^2 s), t\Big)_{L^2(S)} = \sum_{\alpha \in A} (F_\varepsilon^\alpha(\rho_\alpha^2 s), \psi_\alpha t)_{L^2(S)}$$

$$= \sum_{\alpha \in A} \int_{U_\alpha} h_S(F_\varepsilon^\alpha(\rho_\alpha^2 s), \psi_\alpha t) \sqrt{\det(g_{ij}^\alpha)} dx_\alpha$$

$$= \sum_{\alpha \in A} \int_{U_\alpha} h_S(\rho_\alpha^2 s, F_\varepsilon^\alpha(\sqrt{\det(g_{ij}^\alpha)} \psi_\alpha t)) dx_\alpha$$

$$= \sum_{\alpha \in A} \int_{U_\alpha} h_S\left(s, \frac{\rho_\alpha^2}{\sqrt{\det(g_{ij}^\alpha)}} F_\varepsilon^\alpha(\sqrt{\det(g_{ij}^\alpha)} \psi_\alpha t)\right) \sqrt{\det(g_{ij}^\alpha)} dx_\alpha$$

$$= (s, G_\varepsilon^S t)_{L^2(S)}$$

を得る． □

定理 11.3.9（正則性 1） (M, g) をコンパクト Riemann 多様体，(S, h_S, ∇^S) を M 上の Clifford 束，$D\colon \Gamma(S) \to \Gamma(S)$ をその Dirac 作用素とする．$\xi \in L^2(S)$, $\eta \in L^2(S)$ が弱い意味で $D\xi = \eta$ であるとする．すなわち，任意の $s \in \Gamma(S)$ に対して $(\eta, s)_{L^2(S)} = (\xi, Ds)_{L^2(S)}$ が成り立つとする．このとき $\xi \in L_1^2(S)$ となる．

証明 $\varepsilon_1 > 0$ を補題 11.3.8 (2) における ε_1 とする．$\varepsilon \in (0, \varepsilon_1)$ に対して $\xi_\varepsilon = F_\varepsilon^S \xi$ とおくとき，任意の $s \in \Gamma(S)$ に対して次が成り立つ．

$$|(D\xi_\varepsilon, s)_{L^2(S)}| = |(\xi, G_\varepsilon^S Ds)_{L^2}|$$
$$= |(\xi, DG_\varepsilon^S s)_{L^2(S)} + (\xi, [G_\varepsilon^S, D]s)_{L^2(S)}|$$
$$\leq |(\eta, G_\varepsilon^S s)_{L^2(S)}| + |(\xi, [G_\varepsilon^S, D]s)_{L^2(S)}|$$
$$\leq \|\eta\|_{L^2(S)} \|G_\varepsilon^S\| \, \|s\|_{L^2(S)} + \|\xi\|_{L^2(S)} \|[G_\varepsilon^S, D]\| \, \|s\|_{L^2(S)}$$

したがって，補題 11.3.8 より，$s \in \Gamma(S)$, $\varepsilon \in (0, \varepsilon_1)$ によらない定数 $C_1 = C_1(\xi, \eta) > 0$ が存在して次を満たす．

$$|(D\xi_\varepsilon, s)_{L^2(S)}| \leq C_1 \|s\|_{L^2(S)}$$

ここで $s = D\xi_\varepsilon$ とおくと $\|D\xi_\varepsilon\|_{L^2(S)} \leq C_1$ を得る．補題 11.3.7 (2) と定理 11.3.1 より $\varepsilon \in (0, \varepsilon_1)$ によらない定数 $C_2 = C_2(\xi, \eta) > 0$ が存在して次を満たす．

$$\|\xi_\varepsilon\|_{L^2_1(S)} \leq C_2$$

定理 11.2.14 より，0 に収束する点列 $\{\varepsilon_j\}_{j=2}^\infty \subset (0, \varepsilon_1)$ で $\{\xi_{\varepsilon_j}\}_{j=2}^\infty$ が，ある $w \in L^2_1(S)$ に $L^2_1(S)$ で弱収束するものが存在する．一方，補題 11.3.7 (2) より，$\{\xi_{\varepsilon_j}\}_{j=1}^\infty$ は ξ に $L^2(S)$ で強収束する．命題 11.2.12 より，埋め込み写像 $i\colon L^2_1(S) \to L^2(S)$ の共役作用素 $i^*\colon L^2(S) \to L^2_1(S)$ が存在する．このとき，任意の $\eta \in L^2(S)$ に対して次が成り立つ．

$$\begin{aligned}(\xi, \eta)_{L^2(S)} &= \lim_{j\to\infty} (\xi_{\varepsilon_j}, \eta)_{L^2(S)} \\ &= \lim_{j\to\infty} (\xi_{\varepsilon_j}, i^*\eta)_{L^2_1(S)} = (w, i^*\eta)_{L^2_1(S)} = (w, \eta)_{L^2(S)}\end{aligned}$$

よって $\xi = w \in L^2_1(S)$ を得る． □

$k = 0, 1, 2, \ldots$ に対して Dirac 作用素 $D\colon \Gamma(S) \to \Gamma(S)$ は連続に $D_{k+1}\colon L^2_{k+1}(S) \to L^2_k(S)$ に拡張される．誤解の生じない場合は D_{k+1} もしばしば D と表わす．

定理 11.3.10（正則性 2） (M, g) をコンパクト Riemann 多様体，(S, h_S, ∇^S) を M 上の Clifford 束，$D\colon \Gamma(S) \to \Gamma(S)$ を Dirac 作用素とする．正の整数 k を固定する．$\xi \in L^2_1(S), \eta \in L^2_k(S)$ が $D\xi = \eta$ を満たすとする．このとき $\xi \in L^2_{k+1}(S)$ である．

証明 局所的に示せばよい．$x^1, \ldots, x^n$ を M の開集合 U 上の座標とする．また，$S|_U$ の正規直交枠による自明化の下で $\nabla^S|_U = d + \Gamma_i dx^i$ とする．$\phi \in C^\infty(M)$ で $\mathrm{supp}\,\phi \subset U$ を満たすものを固定する．このとき，ϕ の 1 階微分などを含んだなめらかな切断 $A \in \Gamma(\mathrm{End}\,S)$ が存在して $D(\phi\xi) = \phi D\xi + A\xi$ と表わされる．

以下 k についての数学的帰納法で示す．

まず $k = 1$ の場合を示す．$\xi, \eta \in L^2_1(S)$ が $D\xi = \eta$ を満たすとする．このとき $D(\phi\xi) = \phi\eta + A\xi \in L^2_1(S)$ となる．$\mathrm{supp}\,\phi \subset U$ であり，$S|_U$ の局所自明化を固定しているから $\dfrac{\partial}{\partial x^i}(\phi\xi), \dfrac{\partial}{\partial x^i}D(\phi\xi)$ などが定義されるが，

$\frac{\partial}{\partial x^i} D(\phi\xi) \in L^2(S)$ を得る．また $\left[D, \frac{\partial}{\partial x^i}\right]$ は $\Gamma(S|_U)$ に作用する 1 階の作用素であるから $\left[D, \frac{\partial}{\partial x^i}\right](\phi\xi) \in L^2(S)$ である．

このとき，弱い意味で次が成り立つ．

$$D\frac{\partial}{\partial x^i}(\phi\xi) = \frac{\partial}{\partial x^i}D(\phi\xi) + \left[D, \frac{\partial}{\partial x^i}\right](\phi\xi) \in L^2(S) \tag{11.14}$$

実際，$s, t \in \Gamma(S)$ が $\operatorname{supp} t \subset U$ を満たすとする．$\operatorname{vol}_g|_U = \sqrt{G}dx$ と表わすとき，次が成り立つ．

$$\int_U h_S\left(\frac{\partial}{\partial x^i}t, Ds\right)\sqrt{G}dx$$
$$= -\int_U h_S\left(Dt, \frac{\partial}{\partial x^i}(\sqrt{G}s)\right)dx + \int_U h_S\left(\left[D, \frac{\partial}{\partial x^i}\right]t, s\right)\sqrt{G}dx \tag{11.15}$$

$\left[D, \frac{\partial}{\partial x^i}\right]$ は 1 階の微分作用素だから，(11.15) は $t \in L_1^2(S)$ のときも成り立つ．一方，$D(\phi\xi) \in L_1^2(S)$ であるから，

$$-\int_U h_S\left(D(\phi\xi), \frac{\partial}{\partial x^i}(\sqrt{G}s)\right)dx = \int_U h_S\left(\frac{\partial}{\partial x^i}D(\phi\xi), s\right)\sqrt{G}dx \tag{11.16}$$

が成り立つ．(11.15) において $t = \phi\xi \in L_1^2(S)$ とおき，(11.16) と合わせると，任意の $s \in \Gamma(S)$ に対して次が成り立つ．

$$\int_U h_S\left(\frac{\partial}{\partial x^i}(\phi\xi), Ds\right)\sqrt{G}dx = \int_U h_S\left(\frac{\partial}{\partial x^i}D(\phi\xi) + \left[D, \frac{\partial}{\partial x^i}\right](\phi\xi), s\right)\sqrt{G}dx$$

これは弱い意味で (11.14) が成り立つことを意味する．

したがって，定理 11.3.9 より $\frac{\partial}{\partial x^i}(\phi\xi) \in L_1^2(S)$ を得る．よって $\phi\xi \in L_2^2(S)$ となる．$U = U_\alpha, \phi = \rho_\alpha^2$ とすれば $\xi = \sum_{\alpha \in A} \rho_\alpha^2 \xi \in L_2^2(S)$ を得る．

$k-1$ まで定理が成立すると仮定して $k(\geq 2)$ の場合を示す．$\xi \in L_1^2(S)$, $\eta \in L_k^2(S)$ が $D\xi = \eta$ を満たすとする．このとき，数学的帰納法の仮定により $\xi \in L_k^2(S)$ である．したがって $D(\phi\xi) = \phi\eta + A\xi \in L_k^2(S)$ を得る．よって $\frac{\partial}{\partial x^i}D(\phi\xi) \in L_{k-1}^2(S)$ となる．また $\left[D, \frac{\partial}{\partial x^i}\right]$ は $\Gamma(S|_U)$ に作用する 1 階の作用素であるから $\left[D, \frac{\partial}{\partial x^i}\right](\phi\xi) \in L_{k-1}^2(S)$ である．$k \geq 2$ であるから次が成り立つ．

$$D\frac{\partial}{\partial x^i}(\phi\xi) = \frac{\partial}{\partial x^i}D(\phi\xi) + \left[D, \frac{\partial}{\partial x^i}\right](\phi\xi) \in L_{k-1}^2(S)$$

したがって，数学的帰納法の仮定より $\frac{\partial}{\partial x^i}(\phi\xi) \in L^2_k(S)$ を得る．よって $\phi\xi \in L^2_{k+1}(S)$ となる．$U = U_\alpha$, $\phi = \rho_\alpha^2$ とすれば $\xi = \sum_{\alpha \in A} \rho_\alpha^2 \xi \in L^2_{k+1}(S)$ を得る． □

定理 11.3.11 (M,g) をコンパクト Riemann 多様体，(S, h_S, ∇^S) を M 上の Clifford 束とする．0 以上の整数 k を固定する．$D_{k+1}: L^2_{k+1}(S) \to L^2_k(S)$ を Dirac 作用素とする．このとき次が成り立つ．
(1) $\mathrm{Ker}D_{k+1} \subset \Gamma(S)$ である．したがって $\mathrm{Ker}D_{k+1} = \mathrm{Ker}\{D: \Gamma(S) \to \Gamma(S)\}$ である．また $\mathrm{Ker}D$ は有限次元である．
(2) $\mathrm{Im}D_{k+1}$ は $L^2_k(S)$ の閉集合である．
(3) $L^2_k(S) = \mathrm{Im}D_{k+1} \oplus \mathrm{Ker}D$．しかも右辺は L^2-内積に関して直交分解である．

証明 (1) 任意の $s \in \mathrm{Ker}D_{k+1}$ を固定する．0 以上の任意の整数 l に対して $Ds = 0 \in L^2_l(S)$ であるから，定理 11.3.10 より $s \in L^2_{l+1}(S)$ を得る．定理 11.2.10 より $s \in \bigcap_{l=1}^\infty L^2_{l+1}(S) = \Gamma(S)$ を得る．

$\{s_i\}_{i=1}^\infty \subset \mathrm{Ker}D$ で任意の $i = 1, 2, \ldots$ に対して $\|s_i\|_{L^2} = 1$ を満たすものをとる．このとき定理 11.3.1 より，任意の $i = 1, 2, \ldots$ に対して次が成り立つ．

$$\|s_i\|_{L^2_1} \leq C_1(\|Ds_i\|_{L^2} + \|s_i\|_{L^2}) = C_1$$

埋め込み $L^2_1(S) \hookrightarrow L^2(S)$ はコンパクトだから，$\{s_i\}_{i=1}^\infty \subset \mathrm{Ker}D$ は $L^2(S)$ で収束する部分列を必ずもつ．したがって $\mathrm{Ker}D$ は有限次元である．
(2) $V_{k+1} = \{s \in L^2_{k+1}(S) \mid \text{任意の } t \in \mathrm{Ker}D \text{ に対して } (s,t)_{L^2} = 0\}$ とする．

主張 11.3.12 定数 $C'_k > 0$ が存在して，任意の $s \in V_{k+1}$ に対して次が成り立つ．

$$\|s\|_{L^2_{k+1}} \leq C'_k \|Ds\|_{L^2_k}$$

証明 結論を否定する．すなわち，$\{s_i\}_{i=1}^\infty \subset V_{k+1}$ で，任意の $i = 1, 2, \ldots$ に対して $\|s_i\|_{L^2_{k+1}} = 1$ であり，さらに $\lim_{i \to \infty} \|D_{k+1}s_i\|_{L^2_k} = 0$ を満たすものが存在すると仮定する．このとき $\{D_{k+1}s_i\}_{i=1}^\infty$ は $L^2_k(S)$ で Cauchy 列である．また，埋め込み $L^2_{k+1}(S) \hookrightarrow L^2(S)$ はコンパクトだから，必要なら部分列をとることにより $\{s_i\}_{i=1}^\infty$ は $L^2(S)$ で Cauchy 列であると仮定してよい．このとき定理 11.3.1 より次が成り立つ．

$$\|s_i - s_j\|_{L^2_{k+1}} \leq C_k(\|D_{k+1}(s_i - s_j)\|_{L^2_k} + \|s_i - s_j\|_{L^2})$$

したがって $\{s_i\}_{i=1}^\infty$ は $L^2_{k+1}(S)$ で Cauchy 列となり, ある $s_\infty \in L^2_{k+1}(S)$ に $L^2_{k+1}(S)$ で強収束する. 任意の $i = 1, 2, \ldots$ に対して $\|s_i\|_{L^2_{k+1}} = 1$ であったから, $\|s_\infty\|_{L^2_{k+1}} = 1$ を得る. とくに $s_\infty \neq 0$ である.

一方, 任意の $t \in \mathrm{Ker} D$ に対して $(s_\infty, t)_{L^2} = \lim_{i \to \infty} (s_i, t)_{L^2} = 0$ より $s_\infty \in V_{k+1}$ となる. さらに $D_{k+1} s_\infty = \lim_{i \to \infty} D_{k+1} s_i = 0$ であるから, $s_\infty \in V_{k+1} \cap \mathrm{Ker} D = \{0\}$ を得る. これは $s_\infty \neq 0$ に矛盾する. □

$\mathrm{Im} D_{k+1}$ の $L^2_k(S)$ における閉包を $\overline{\mathrm{Im} D_{k+1}}$ で表わす. 任意の $t \in \overline{\mathrm{Im} D_{k+1}}$ を固定する. このとき $\{s_i\}_{i=1}^\infty \subset V_{k+1}$ で $\{D_{k+1} s_i\}_{i=1}^\infty$ が t に $L^2_k(S)$ で強収束するものが存在する. さらに主張 11.3.12 より次が成り立つ.

$$\|s_i - s_j\|_{L^2_{k+1}} \leq C'_k \|D_{k+1} s_i - D_{k+1} s_j\|_{L^2_k}$$

したがって $\{s_i\}_{i=1}^\infty$ は $L^2_{k+1}(S)$ で Cauchy 列であり, ある $u \in L^2_{k+1}(S)$ に $L^2_{k+1}(S)$ で強収束する. このとき $D_{k+1} u = \lim_{i \to \infty} D_{k+1} s_i = t$ であるから $t \in \mathrm{Im} D_{k+1}$ を得る. したがって $\mathrm{Im} D_{k+1} = \overline{\mathrm{Im} D_{k+1}}$ となる.

(3) $W = \{t \in L^2_k(S) \mid$ 任意の $s \in L^2_{k+1}(S)$ に対して $(t, D_{k+1} s)_{L^2} = 0\}$ とおく. このとき L^2-内積に関する直交分解 $L^2_k(S) = \overline{\mathrm{Im} D_{k+1}} \oplus W$ が成り立つが, (2) より $\mathrm{Im} D_{k+1} = \overline{\mathrm{Im} D_{k+1}}$ であった. よって $L^2_k(S) = \mathrm{Im} D_{k+1} \oplus W$ が成り立つ. したがって $W = \mathrm{Ker} D$ を示せばよい. ところが, W の定義より $t \in W$ ならば弱い意味で $Dt = 0$ である. したがって, 定理 11.3.9, 定理 11.3.10 より $t \in \Gamma(S)$ かつ $t \in \mathrm{Ker} D$ となる. すなわち $W \subset \mathrm{Ker} D$ を得る. 一方, $\mathrm{Ker} D \subset W$ は明らかだから $W = \mathrm{Ker} D$ を得る. □

11.4　Hodge-de Rham-小平の定理の証明

この節では Hodge-de Rham-小平の定理を Dirac 複体と呼ばれる一般化された枠組みの下で証明する. 証明には, 前節までに準備した Dirac 作用素の解析的な性質が本質的に用いられる.

定義 11.4.1　(M, g) を向き付けられたコンパクトな Riemann 多様体とする. 各 $p = 0, 1, \ldots, m$ に対して (S^p, h_{S^p}) を M 上の Hermite ベクトル束, ∇^{S^p} を h_{S^p}

を保つ接続とする．各 $p = 0, 1, \ldots, m-1$ に対して $d\colon \Gamma(S^p) \to \Gamma(S^{p+1})$ が定められており，$d \circ d = 0$ を満たすとする．$d\colon \Gamma(S^p) \to \Gamma(S^{p+1})$ の形式的随伴作用素を $\delta\colon \Gamma(S^{p+1}) \to \Gamma(S^p)$ で表わす．すなわち，任意の $s \in \Gamma(S^p), t \in \Gamma(S^{p+1})$ に対して，
$$(ds, t)_{L^2(S^{p+1})} = (s, \delta t)_{L^2(S^p)}$$
が成り立つとする．$(S, h_S, \nabla^S) = \bigoplus_{p=0}^{m}(S^p, h_{S^p}, \nabla^{S^p})$ が $D = d + \delta$ を Dirac 作用素とする Clifford 束となるとき，複体
$$\Gamma(S^0) \xrightarrow{d} \Gamma(S^1) \xrightarrow{d} \Gamma(S^2) \xrightarrow{d} \ldots \xrightarrow{d} \Gamma(S^m)$$
を **Dirac 複体** (Dirac complex) という．

定義 11.4.1 の設定の下で，Dirac 複体のコホモロジー群
$$H^p(M; S) = \frac{\mathrm{Ker}\{d\colon \Gamma(S^p) \to \Gamma(S^{p+1})\}}{\mathrm{Im}\{d\colon \Gamma(S^{p-1}) \to \Gamma(S^p)\}}$$
が定義される．また $\Delta^S\colon \Gamma(S^p) \to \Gamma(S^p)$ を $\Delta^S = d\delta + \delta d$ と定める．$d^2 = 0$ より $\delta^2 = 0$ となり，$\Delta^S = D^2$ が導かれる．$\mathcal{H}(M, S^p) = \{\phi \in \Gamma(S^p) \mid \Delta^S \phi = 0\}$ と定める．

定理 11.4.2（Hodge-de Rham-小平の定理） 定義 11.4.1 の設定の下で次が成り立つ．
(1) $\mathcal{H}(M, S^p)$ は有限次元ベクトル空間である．
(2) $\Gamma(S^p) = \mathcal{H}(M, S^p) \oplus \Delta^S \Gamma(S^p)$．
(3) $\Delta^S \Gamma(S^p) = d\Gamma(S^{p-1}) \oplus \delta\Gamma(S^{p+1})$．
(4) $\mathrm{Ker}\{d\colon \Gamma(S^p) \to \Gamma(S^{p+1})\} = \mathcal{H}(M, S^p) \oplus d\Gamma(S^{p-1})$．
(5) $H^p(M; S) \cong \mathcal{H}(M, S^p)$．

証明 (1) $s \in \Gamma(S)$ が $Ds = 0$ ならば $\Delta^S s = D(Ds) = 0$ を満たす．逆に $\Delta^S s = 0$ のとき $0 = (\Delta^S s, s)_{L^2} = (Ds, Ds)_{L^2}$ より $Ds = 0$ を満たす．よって
$$\mathrm{Ker} D = \mathrm{Ker}\{\Delta^S\colon \Gamma(S) \to \Gamma(S)\} = \bigoplus_p \mathcal{H}(M, S^p)$$
を得る．定理 11.3.11 (1) より $\mathrm{Ker} D$ は有限次元であるから，各 $\mathcal{H}(M, S^p)$ は有限次元である．

(2) 任意の $s \in \Gamma(S)$ に対して，定理 11.3.11 (3) より，ある $t \in L^2_{k+1}(S)$, $u \in \mathrm{Ker}D$ で $s = D_{k+1}t + u$ を満たすものが一意的に存在する．このとき $D_{k+1}t = s - u \in \Gamma(S)$ であるから，定理 11.3.10 より，$t \in \Gamma(S)$ を得る．したがって $\Gamma(S) = \mathrm{Ker}D \oplus D\Gamma(S)$ となり，さらに次が成り立つ．

$$\Gamma(S) = \mathrm{Ker}D \oplus D(\mathrm{Ker}D \oplus D\Gamma(S)) = \mathrm{Ker}D \oplus D^2\Gamma(S)$$

$\Delta^S = D^2$ は $\Gamma(S^p)$ を保つから $\Gamma(S^p) = \mathcal{H}(M, S^p) \oplus \Delta^S\Gamma(S^p)$ を得る．

(3) $d^2 = 0$ より $d\Gamma(S^{p-1})$ と $\delta\Gamma(S^{p+1})$ は L^2-内積に関して直交するから，$d\Gamma(S^{p-1}) + \delta\Gamma(S^{p+1}) = d\Gamma(S^{p-1}) \oplus \delta\Gamma(S^{p+1})$ となる．よって

$$\Delta^S\Gamma(S^p) = D(D\Gamma(S^p)) \subset d\Gamma(S^{p-1}) \oplus \delta\Gamma(S^{p+1})$$

を得る．一方，$d\Delta^S = \Delta^S d$ に注意すると

$$d\Gamma(S^{p-1}) = d\{\Delta^S\Gamma(S^{p-1}) \oplus \mathcal{H}(M, S^{p-1})\}$$
$$\subset d\Delta^S\Gamma(S^{p-1}) = \Delta^S d\Gamma(S^{p-1}) \subset \Delta^S\Gamma(S^p)$$

を得る．同様に $\delta\Delta^S = \Delta^S\delta$ であるから $\delta\Gamma(S^{p+1}) \subset \Delta^S\Gamma(S^p)$ を得る．したがって $\Delta^S\Gamma(S^p) = d\Gamma(S^{p-1}) \oplus \delta\Gamma(S^{p+1})$ を得る．

(4) $\mathrm{Ker}\{d\colon \Gamma(S^p) \to \Gamma(S^{p+1})\} \supset \mathcal{H}(M, S^p) \oplus d\Gamma(S^{p-1})$ は明らかだから，逆向きの包含関係を示せばよい．$s \in \mathrm{Ker}\{d\colon \Gamma(S^p) \to \Gamma(S^{p+1})\}$ とする．(2), (3) より $s = t + du + \delta v$, $t \in \mathcal{H}(M, S^p)$, $u \in \Gamma(S^{p-1})$, $v \in \Gamma(S^{p+1})$ と表わされる．$ds = 0$ より $d\delta v = 0$ となる．$0 = (v, d\delta v)_{L^2} = (\delta v, \delta v)_{L^2}$ であるから $\delta v = 0$ を得る．したがって $\mathrm{Ker}\{d\colon \Gamma(S^p) \to \Gamma(S^{p+1})\} \subset \mathcal{H}(M, S^p) \oplus d\Gamma(S^{p-1})$ を得る．

(5) は (4) よりただちに従う． □

注意 11.4.3 (M, g) をコンパクトで向き付けられた n 次元 Riemann 多様体，∇^{TM} を Levi-Civita 接続とする．$\Lambda T^*M \otimes_{\mathbb{R}} \mathbb{C}$ 上の g の定める Hermite 計量を $h_{\Lambda T^*M}$ とする．(E, h_E) を M 上の Hermite ベクトル束，∇^E を h_E を保つ接続とする．このとき，命題 11.1.8 より，

$$(S, h_S, \nabla^S) = (\Lambda T^*M \otimes_{\mathbb{R}} \mathbb{C}, h_{\Lambda T^*M}, \nabla^{\Lambda T^*M}) \otimes (E, h_E, \nabla^E)$$

は $D = d^{\nabla^E} + \delta^{\nabla^E}$ を Dirac 作用素とする Clifford 束の構造をもつ．

11.4 Hodge-de Rham-小平の定理の証明 | 267

さらに ∇^E が平坦接続,すなわち $R^{\nabla^E} = 0$ を満たすとき, $d^{\nabla^E} \circ d^{\nabla^E} = 0$ が成り立つから,複体

$$\Omega^0(E) \xrightarrow{d^{\nabla^E}} \Omega^1(E) \xrightarrow{d^{\nabla^E}} \cdots \xrightarrow{d^{\nabla^E}} \Omega^n(E)$$

は Dirac 複体となる.したがって,この場合には定理 11.4.2 が適用できる.とくに (E, h_E, ∇^E) が階数 1 の自明束の場合が定理 5.2.13 である.

注意 11.4.4 (M, g, I) をコンパクト m 次元 Kähler 多様体, ∇^{TM} を Levi-Civita 接続とする. $0 \leq p \leq m$ を満たす整数 p を固定する. $\Lambda^{p,*}M = \bigoplus_q \Lambda^{p,q}M$ 上の g の定める Hermite 計量を $h_{\Lambda^{p,*}M}$ とする. (E, h_E) を M 上の正則 Hermite ベクトル束, ∇^E を標準接続とする.このとき,命題 11.1.9 より,

$$(S, h_S, \nabla^S) = (\Lambda^{p,*}M, h_{\Lambda^{p,*}M}, \nabla^{\Lambda^{p,*}M}) \otimes (E, h_E, \nabla^E)$$

は $D = \sqrt{2}(\bar{\partial}^E + \bar{\partial}^{\#E})$ を Dirac 作用素とする Clifford 束の構造をもつ. $\bar{\partial}^E \circ \bar{\partial}^E = 0$ であるから,Dolbeault 複体

$$\Omega^{p,0}(E) \xrightarrow{\bar{\partial}^E} \Omega^{p,1}(E) \xrightarrow{\bar{\partial}^E} \cdots \xrightarrow{\bar{\partial}^E} \Omega^{p,m}(E)$$

は Dirac 複体となり,定理 11.4.2 が適用できる.よって定理 8.4.9 が (M, I, g) が Kähler 多様体の場合に証明された.とくに (E, h_E, ∇^E) が階数 1 の自明束の場合が,定理 8.4.5 で (M, I, g) が Kähler 多様体の場合である.

(M, I) が一般のコンパクト複素多様体で, g が単に I-不変な計量の場合は, (S, h_S, ∇^S) は Clliford 束とはならない.けれども,楕円型評価,正則性などが成り立つことは Dirac 作用素の場合と類似の議論で示すことができる.これらのことから,定理 8.4.9 が一般のコンパクト複素多様体の場合に示される.

Hilbert 空間(一般に Banach 空間)の間の有界線形作用素 $T: V_0 \to V_1$ は,像が閉で核と余核が有限次元になるとき,**Fredholm 作用素** (Fredholm operator) という.Fredholm 作用素 T を,Fredholm 作用素であるという性質を保ったまま変形すると,一般には $\dim \operatorname{Ker} T$ や $\dim \operatorname{Coker} T$ は変形に応じて不連続に変化するが,その差 $\dim \operatorname{Ker} T - \dim \operatorname{Coker} T$ は一定であることが知られている.したがって $\operatorname{ind} T = \dim \operatorname{Ker} T - \dim \operatorname{Coker} T$ は Fredholm 作用素 T にとって重要な不変量であり,これを T の**指数** (index) という.

定義 11.4.1 の設定の下で

$$(S^+, h_{S^+}, \nabla^{S^+}) = \bigoplus_{p：偶数} (S^p, h_{S^p}, \nabla^{S^p})$$

$$(S^-, h_{S^-}, \nabla^{S^-}) = \bigoplus_{p：奇数} (S^p, h_{S^p}, \nabla^{S^p})$$

とすると，定理 11.3.11 より $D_{k+1}: L^2_{k+1}(S^+) \to L^2_k(S^-)$ は Fredholm 作用素である．Dirac 作用素の定義には多様体 M の Riemann 計量やベクトル束 S の Hermite 計量を必要とするが，上で述べた Fredholm 作用素の指数の性質より，Dirac 作用素の指数はこれらの計量によらない．そこで Dirac 作用素の指数は M や S の位相的なデータで表わせるか，という問が生じる．この問に肯定的な答えを与えるのが **Atiyah-Singer の指数定理** (Atiyah-Singer index theorem) である．Atiyah-Singer の指数定理とは，多様体 M 上の関数空間の間の Fredholm 作用素 $T: V_0 \to V_1$ の指数を M および T の定める位相的なデータで表わす定理である．この定理の帰結として，Dirac 作用素の指数を M の接束や S の特性類により記述することができる．多様体上の幾何と解析を結びつけるこの定理は，20 世紀の大域解析の最高峰のひとつで，その後の多様体上での非線型解析の基礎となっている．詳しいことは[12], [15], [17], [33], [44] などを参照していただきたい．

参考書

本書を執筆する際に，全般にわたって[11] を参考にさせていただいた．また，第 1 章については[5], [13], [14] を，第 2 章から第 5 章については[3], [8], [28] を，第 6, 7 章については[32] を，第 8, 9 章については[27] を，第 10 章については[16], [20] を，第 11 章については[44], [45] を参考にさせていただいた．

[1] 岡本久・中村周, 『関数解析』, 岩波書店, 2006.
[2] 落合卓四郎, 『微分幾何入門 上，下』, 東京大学出版会, 1991, 1993.
[3] 加須栄篤, 『リーマン幾何学』, 培風館, 2001.
[4] 酒井隆, 『リーマン幾何学』, 裳華房, 1992.
[5] 坪井俊, 『幾何学 I 多様体入門』, 東京大学出版会, 2005.
[6] 坪井俊, 『幾何学 III 微分形式』, 東京大学出版会, 2008.
[7] 中島啓, 『非線型問題と複素幾何学』, 岩波書店, 2008.
[8] 西川青季, 『幾何学的変分問題』, 岩波書店, 2006.
[9] 深谷賢治, 『ゲージ理論とトポロジー』, シュプリンガー・フェアラーク東京, 1995.
[10] 深谷賢治, 『シンプレクティック幾何学』, 岩波書店, 2008.
[11] 二木昭人, 『微分幾何講義』, サイエンス社, 2003.
[12] 古田幹雄, 『指数定理』, 岩波書店, 2008.
[13] 松本幸夫, 『多様体の基礎』, 東京大学出版会, 1998.
[14] 森田茂之, 『微分形式の幾何学』, 岩波書店, 2005.
[15] 吉田朋好, 『ディラック作用素の指数定理』, 共立出版, 1998.
[16] Audin, M., *Torus Actions on Symplectic Manifolds*, Birkhäuser, 2004.
[17] Berline, N., Getzler, E. and Vergne, M., *Heat Kernels and Dirac Operators*, Springer, 1992.
[18] Besse, A., *Einstein Manifolds*, Springer, 1987.
[19] Bott, R. and Tu, L., *Differential Forms in Algebraic Topology*, Springer, 1982 (ボット−トゥー, 『微分形式と代数トポロジー』, 三村護訳, シュプリンガー・フェアラーク東京, 1996).
[20] Cannas da Silva, A., *Lectures on Symplectic Geometry*, Springer, 2001.
[21] Colding, T. and Minicozzi II W., *A Course in Minimal Surfaces*, Amer. Math. Soc., 2011.
[22] Donaldson, S. and Kronheimer, P., *Geometry of 4-manifolds*, Oxford Univ. Press, 1990.

[23] Fulton, W., *Introduction to Toric Varieties*, Princeton Univ. Press, 1993.
[24] Gallot, S., Hullin, D. and Lafontaine, J., *Riemannian Geometry*, Springer, 2004.
[25] Griffiths, P. and Harris, J., *Principles of Algebraic Geometry*, Wiley, 1978.
[26] Helgason, S., *Differential Geometry, Lie Groups, and Symmetric Spaces*, Amer. Math. Soc., 2001.
[27] Huybrechts, D., *Complex Geometry*, Universitext, Springer, 2005.
[28] Jost, J., *Riemannian Geometry and Geometric Analysis*, Springer, 2008.
[29] Joyce, D., *Compact Manifolds with Special Holonomy*, Oxford Univ. Press, 2000.
[30] Joyce, D., *Riemannian Holonomy Groups and Calibrated Geometry*, Oxford Univ. Press, 2007.
[31] Kirwan, F., *Cohomology of Quotients in Symplectic and Algebraic Geometry*, Princeton Univ. Press, 1984.
[32] Kobayashi, S. and Nomizu, K., *Foundations of Differential Geometry I, II*, Wiley, 1963, 1969.
[33] Lawson, H. B. and Michelsohn, M. L., *Spin Geometry*, Princeton Univ. Press, 1989.
[34] Lübke, M. and Teleman, A., *Kobayashi-Hitchin Correspondence*, World Scientific, 1995.
[35] McDuff, D. and Salamon, D., *Introduction to Symplectic Topology*, Oxford Univ. Press, 1998.
[36] McDuff, D. and Salamon, D., *J-holomorphic Curves and Symplectic Topology*, Amer. Math. Soc., 2004.
[37] Milnor, J., *Morse Theory*, Princeton Univ. Press, 1963 (ミルナー, 『モース理論』, 志賀浩二訳, 吉岡書店, 1983).
[38] Milnor, J. and Stasheff, J., *Characteristic Classes*, Princeton Univ. Press, 1974 (ミルナー–スタシェフ, 『特性類講義』, 佐伯修・佐久間一浩訳, シュプリンガー・フェアラーク東京, 1995).
[39] Morgan, J., *The Seiberg-Witten Equations and Applications to the Topology of Smooth Four-Manifolds*, Princeton Univ. Press, 1996 (モーガン, 『サイバーグ・ウィッテン理論とトポロジー』, 二木昭人訳, 培風館, 1998).
[40] Mumford, D., Fogarty, J. and Kirwan, F., *Geometric Invariant Theory*, Springer, 1994.
[41] Nakajima, H., *Hilbert Scheme of Points on Surfaces*, Amer. Math. Soc., 1999.
[42] Nicolaescu, L., *Notes on Seiberg-Witten Theory*, Amer. Math. Soc., 2000.
[43] Petersen, P., *Riemannian Geometry*, Springer, 2006.
[44] Roe, J., *Elliptic Operators, Topology and Asymptotic Methods*, Longman, 1998.

[45] Warner, F., *Foundations of Differentiable Manifolds and Lie Groups*, Springer, 1983.

索引

ア 行

I-不変 (I-invariant) 190
Einstein 多様体 (Einstein manifold) 63
Einstein の規約 (Einstein summation convention) 51
Hadamard-Cartan の定理 (Hadamard-Cartan theorem) 100
Atiyah-Singer の指数定理 (Atiyah-Singer index theorem) 268
安定ベクトル束 (stable vector bundle) 240
1 の分解 (partition of unity) 25
1 パラメータ部分群 (one parameter subgroup) 138
1 パラメータ変換群 (one-parameter group of transformations) 28
Weil 準同型写像 (Weil homomorphism) 168
運動量写像 (moment map, momentum mapping) 217
(曲線の) エネルギー (energy) 95
エネルギー (energy) 123
Hermite 計量 (Hermitian metric) 48
Hermite ベクトル束 (Hermitian vector bundle) 48
Euler 形式 (Euler form) 177
Euler 数 (Euler number) 93
Euler 類 (Euler class) 177

カ 行

外積代数 (exterior algebra) 16
外微分 (exterior differentiation) 21
概複素構造 (almost complex structure) 182, 189
概複素多様体 (almost complex manifold) 189
開部分多様体 (open submanifold) 4
Gauss 曲率 (Gauss curvature) 68
Gauss の方程式 (Gauss equation) 67, 127
Gauss の補題 (Gauss lemma) 79
Gauss-Bonnet の定理（局所版）(Gauss-Bonnet theorem) 90
Gauss-Bonnet の定理（大域版）(Gauss-Bonnet theorem) 94
型作用素 (shape operator) 65
括弧積 (bracket) 8
Calabi-Yau 多様体 (Calabi-Yau manifold) 163
Cartan の公式 (Cartan's formula) 31
還元できる (reducible) 158
完全形式 (exact form) 24
完全積分可能 (completely integrable) 33
完備 (complete) 81
幾何学的不変式論 (geometric invariant theory) 236
基本 2 形式 (fundamental 2-form) 190
基本ベクトル場 (fundamental vector field) 143
キャリブレーション (calibration) 165
(φ に) キャリブレートされた部分多様体 ((φ-)calibrated submanifold) 165
球面 (sphere) 7
強収束 (strong convergence) 253
共変外微分 (exterior covariant differentiation) 36
共変微分 (covariant derivative) 34
共役作用素 (adjoint operator) 253
極小埋め込み (minimal embedding) 130

極小曲面 (minimal surface) 68
極小はめ込み (minimal immersion) 130
極小部分多様体 (minimal submanifold) 130
局所座標 (local coordinate) 3
局所自明化 (local trivialization) 9, 144
局所正則自明化 (local holomorphic trivialization) 184
曲率 (curvature) 37, 151
Killing ベクトル場 (Killing vector field) 119
区分的 C^∞ 級曲線 (piecewise smooth curve) 52
Grassmann 代数 (Grassmann algebra) 16
Green の公式 (Green formula) 108
Christoffel 記号 (Christoffel symbol) 55
Clifford 束 (Clifford bundle) 242
Clifford 代数 (Clifford algebra) 242
形式的随伴作用素 (formally adjoint operator) 111
ゲージ変換 (gauge transformation) 39, 49
―――群 (gauge transformation group) 39, 48
Kähler-Einstein 計量 (Kähler-Einstein metric) 210
Kähler-Einstein 多様体 (Kähler-Einstein manifold) 210
Kähler 形式 (Kähler form) 196
Kähler 計量 (Kähler metric) 196
Kähler 商 (quotient) 227
Kähler 多様体 (Kähler manifold) 162, 196
効果的 (effective) 143
合成積 (convolution) 256
構造群 (structure group) 144
交代形式 (alternating form) 17
勾配ベクトル場 (gradient vector field) 114
小平-Serre の双対定理 (Kodaira-Serre duality theorem) 193, 195
小平-中野の消滅定理 (Kodaira-Nakano vanishing theorem) 208

Codazzi の方程式 (Codazzi equation) 67
固定部分群 (isotropy subgroup) 143
小林-Hitchin 対応 (Kobayashi-Hitchin correspondence) 241

サ 行

座標近傍系 (local coordinate system) 3
GIT 商 (GIT quotient) 236
G_2 多様体 (G_2-manifold) 164
C^∞ 級関数 (C^∞-function) 3
C^∞ 級写像 (C^∞-map) 4
C^∞ 級多様体 (C^∞-manifold) 3
四元数ケーラー多様体 (quaternionic Kähler manifold) 164
自己双対接続 (self-dual connection) 133
指数 (index) 267
指数写像 (exponential map) 77, 140
自然直線束 (tautological line bundle) 188
実ベクトル束 (real vector bundle) 9
自明束 (trivial bundle) 11
弱収束 (weak convergence) 253
自由 (free) 143
縮小 (reduction) 158
縮約 (contraction) 14
主 G 束 (principal G-bundle) 144
主束 (principal bundle) 144
(Lie 環の) 準同型写像 (homomorphism) 138
(Lie 群の) 準同型写像 (homomorphism) 138
商束 (quotient bundle) 11
上半空間 (upper half-plane) 89
Synge の定理 (Synge theorem) 98
シンプレクティック簡約 (symplectic reduction) 223
シンプレクティック構造 (symplectic structure) 213
シンプレクティック商 (symplectic quotient) 223
シンプレクティック多様体 (symplectic manifold) 213

シンプレクティックトーリック多様体
　　(symplectic toric manifold)　230
シンプレクティックベクトル空間
　　(symplectic vector space)　212
垂直部分空間 (vertical subspace)　148
随伴表現 (adjoint representation)　142
水平曲線 (horizontal curve)　159
水平部分空間 (horizontal subspace)
　　148
水平持ち上げ (horizontal lift)　152, 156
スカラー曲率 (scalar curvature)　62
Stokes の定理 (Stokes theorem)　27
$Spin(7)$ 多様体 ($Spin(7)$-manifold)　165
（正則直線束が）正 (positive)　208
正規座標 (normal coordinate)　78
制限ホロノミー群 (restricted holonomy group)　157
正則関数 (holomorphic function)　180
正則座標近傍系 (holomorphic coordinate system)　180
正則写像 (holomorphic map)　180
正則接束 (holomorphic tangent bundle)　182
正則切断 (holomorphic section)　185
正則値 (regular value)　7
正則点 (regular point)　6
正則ベクトル束 (holomorphic vector bundle)　183
正則余接束 (holomorphic cotangent bundle)　182
正則枠場 (holomorphic frame field)　184
積分可能 (integrable)　189
積分曲線 (integral curve)　27
（ベクトル束の）接続 (connection)　34
（主束上の）接続 (connection)　148
　　（局所）――形式 ((local) connection form)　36
　　――形式 (connection form)　148
接束 (tangent bundle)　7
切断 (section)　9
接ベクトル (tangent vector)　4
全 Chern 類 (total Chern class)　171
全 Pontrjagin 類 (total Pontrjagin class)　174

双曲空間 (hyperbolic space)　87
双曲計量 (hyperbolic metric)　87
双正則写像 (biholomorphic map)　180
双対ベクトル束 (dual vector bundle)　12
測地線 (geodesic)　75
Sobolev の埋め込み定理 (Sobolev embedding theorem)　250, 253

タ　行

第 1 基本形式 (first fundamental form)　65
第 1 Chern 形式 (1st Chern form)　39
第 1 Chern 類 (1st Chern class)　39
第 1 変分公式 (first variational formula)　95, 123
第 k Chern 形式 (k-th Chern form)　171
第 k Chern 類 (k-th Chern class)　171
第 k Pontrjagin 形式 (k-th Pontrjagin form)　174
第 k Pontrjagin 類 (k-th Pontrjagin class)　174
対称形式 (symmetric form)　17
体積 (volume)　54
　　――要素 (volume element)　54
第 2 基本形式 (second fundamental form)　65, 126
第 2 変分公式 (second variational formula)　96
多重線型写像 (multilinear map)　17
Darboux の定理 (Darboux theorem)　215
単位法ベクトル場 (unit normal vector field)　64
断面曲率 (sectional curvature)　62
Chern-Weil 理論 (Chern-Weil theory)　167
調和形式 (harmonic form)　114
調和写像 (harmonic map)　124
直線束 (line bundle)　9
直和 (direct sum)　14
直径 (diameter)　97
直交群 (orthogonal group)　141
$\partial\bar\partial$ の補題 ($\partial\bar\partial$-lemma)　207

Dirac 作用素 (Dirac operator) 243
Dirac 複体 (Dirac complex) 265
Delzant 多面体 (Delzant polytope) 228
Delzant の定理 (Delzant theorem) 231
テンション場 (tension field) 124
テンソル積 (tensor product) 14
テンソル場 (tensor field) 30
等長写像 (isometry) 52
等長的 (isometric) 52
――はめ込み (isometric immersion) 126
等長変換 (isometry) 52
――群 (isometry group) 52
同伴するベクトル束 (associated vector bundle) 145
同変 (equivariant) 144
特殊直交群 (special orthogonal group) 141
特殊ユニタリ群 (special unitary group) 142
特殊 Lagrange 部分多様体 (special Lagrangian submanifold) 166
トーション (torsion) 55
de Rham コホモロジー群 (de Rham cohomology group) 25
Dolbeault コホモロジー群 (Dolbeault cohomology group) 183, 185
Dolbeault 作用素 (Dolbeault operator) 185
トレース (trace) 111

ナ 行

Nijenhuis テンソル (Nijenhuis tensor) 190
内部積 (interior product) 31
長さ (length) 52
軟化作用素 (mollifier) 258
Newlander-Nirenberg の定理 (Newlander-Nirenberg theorem) 190

ハ 行

ハイパーケーラー多様体 (hyperkähler manifold) 163

発散 (divergence) 106
――定理 (divergence theorem) 106
Hamilton 作用 (Hamiltonian action) 217
Hamilton ベクトル場 (Hamiltonian vector field) 215
反自己双対接続 (anti-self-dual connection) 133
反正則接束 (anti-holomorphic tangent bundle) 182
反正則余接束 (anti-holomorphic cotangent bundle) 182
Bianchi の恒等式 (Bianchi identity) 44, 153
Bianchi の第 1 恒等式 (first Bianchi identity) 55, 60
Bianchi の第 2 恒等式 (second Bianchi identity) 56, 60
引き戻し (pull-back) 15, 155
(交代形式が) 非退化 (non-degenerate) 212
左移動 (left translation) 137
左作用 (left action) 143
左不変ベクトル場 (left invariant vector field) 137
微分 (differentiation) 6, 21
――可能多様体 (differentiable manifold) 3
――形式 (differential form) 19
――同相写像 (diffeomorphism) 4
――表現 (differential representation) 142
(Lie 群の) 表現 (representation) 142
標準 1 形式 (canonical 1-form) 55
標準接続 (canonical connection) 186
標準束 (canonical line bundle) 184
ファイバー (fiber) 9, 144
複素構造 (complex structure) 190
複素射影空間 (complex projective space) 181
複素多様体 (complex manifold) 180, 190
複素部分多様体 (complex submanifold) 181

複素ベクトル束 (complex vector bundle)　9
Fubini-Study 計量 (Fubini-Study metric)　196
部分束 (subbundle)　158
部分多様体 (submanifold)　4
部分ベクトル束 (subbundle)　11
不変多項式 (invariant polynomial)　167
Fredholm 作用素 (Fredholm operator)　267
フロー (flow)　28
Frobenius の定理 (Frobenius theorem)　33
分布 (distribution)　32
平均曲率 (mean curvature)　68
―― ベクトル場 (mean curvature vector field)　130
閉形式 (closed form)　24
平行移動 (parallel transport)　46
平坦 (flat)　64
ベクトル束 (vector bundle)　8
ベクトル場 (vector field)　7
Berger の定理 (Berger theorem)　160
変換関数 (transition function)　9, 144
変分 (variation)　95, 123
―― ベクトル場 (variational vector field)　95, 123
Poisson 括弧積 (Poisson bracket)　216
Poincaré の双対定理 (Poincaré duality theorem)　115
Whitney 和 (Whitney sum)　14
包合的 (involutive)　33
星型作用素 (star operator)　112
Hodge-de Rham-小平の定理 (Hodge-de Rham-Kodaira theorem)　115, 192, 195, 265
Hodge 分解 (Hodge decomposition)　206
Hopf 多様体 (Hopf manifold)　206
Hopf-Rinow の定理 (Hopf-Rinow theorem)　81
Bochner の定理 (Bochner theorem)　119, 120
ホロノミー群 (holonomy group)　157

ホロノミー部分束 (holonomy subbundle)　160

マ 行

Myers の定理 (Myers theorem)　97
Marsden-Weinstein 簡約 (Marsden-Weinstein reduction)　224
右移動 (right translation)　137, 143
右から作用する (act from the right)　50, 143
右作用 (right action)　50, 143
向き付け可能 (orientable)　25, 177
向き付けられた超曲面 (oriented hypersurface)　64
モジュライ空間 (moduli space)　133
モーメント写像 (moment map, momentum mapping)　217

ヤ 行

Yang-Mills 接続 (Yang-Mills connection)　132
Yang-Mills 汎関数 (Yang-Mills functional)　131
Euclid 空間 (Euclidean space)　64
Euclid 計量 (Euclidean metric)　64
ユニタリ群 (unitary group)　142
余随伴軌道 (coadjoint orbit)　220
余随伴作用 (coadjoint action)　217
余接束 (cotangent bundle)　19

ラ 行

Lagrange 部分空間 (Lagrangian subspace)　213
Lagrange 部分多様体 (Lagrangian submanifold)　213
ラプラシアン (Laplacian)　113
Laplace 作用素 (Laplace operator)　113
Lie 括弧積 (Lie bracket)　138
Lie 環 (Lie algebra)　138
(Lie 群の) Lie 環 (Lie algebra)　138
Lie 群 (Lie group)　137
Lie 微分 (Lie derivative)　29
Riemann 計量 (Riemannian metric)　51

Riemann 対称空間 (Riemannian symmetric space)　161
Riemann 多様体 (Riemannian manifold)　51
Ricci 曲率 (Ricci curvature)　62
Ricci 形式 (Ricci form)　200
Ricci 平坦 (Ricci-flat)　165
Lichnerowicz-小畠の定理 (Lichnerowicz-Obata theorem)　121
例外ホロノミー (exceptional holonomy)　165

Levi-Civita 接続 (Levi-Civita connection)　58
Rellich の定理 (Rellich theorem)　250, 253
Lorentz 計量 (Lorentzian metric)　86

ワ 行

Weitzenböck の公式 (Weitzenböck formula)　116
枠束 (frame bundle)　148, 158
枠場 (frame field)　10

著者略歴

今野 宏(こんの・ひろし)
1964年　生まれる．
1992年　東京大学大学院理学系研究科博士課程修了．
　　　　東京大学大学院数理科学研究科准教授を経て，
現　在　明治大学理工学部数学科教授．博士（理学）．

微分幾何学　　　　　　　　　　　　大学数学の世界①
2013年10月24日　初　版
2023年 6月20日　第4刷

[検印廃止]

著　者　今野　宏
発行所　一般財団法人 東京大学出版会
　　　　代表者 吉見俊哉
　　　　153-0041 東京都目黒区駒場 4-5-29
　　　　電話 03-6407-1069　Fax 03-6407-1991
　　　　振替 00160-6-59964
印刷所　三美印刷株式会社
製本所　牧製本印刷株式会社

ⓒ2013 Hiroshi Konno
ISBN 978-4-13-062971-3 Printed in Japan

[JCOPY]〈出版者著作権管理機構 委託出版物〉
本書の無断複写は著作権法上での例外を除き禁じられています．複写される場合は，そのつど事前に，出版者著作権管理機構（電話 03-5244-5088, FAX 03-5244-5089, e-mail: info@jcopy.or.jp）の許諾を得てください．

大学数学の入門 1 代数学 I　群と環	桂 利行	A5/1600 円	
大学数学の入門 2 代数学 II　環上の加群	桂 利行	A5/2400 円	
大学数学の入門 3 代数学 III　体とガロア理論	桂 利行	A5/2400 円	
大学数学の入門 4 幾何学 I　多様体入門	坪井 俊	A5/2600 円	
大学数学の入門 5 幾何学 II　ホモロジー入門	坪井 俊	A5/3500 円	
大学数学の入門 6 幾何学 III　微分形式	坪井 俊	A5/2600 円	
大学数学の入門 7 線形代数の世界　抽象数学の入り口	斎藤 毅	A5/2800 円	
大学数学の入門 8 集合と位相	斎藤 毅	A5/2800 円	
大学数学の入門 9 数値解析入門	齊藤宣一	A5/3000 円	
大学数学の入門 10 常微分方程式	坂井秀隆	A5/3400 円	
大学数学の世界 2 数理ファイナンス	楠岡・長山	A5/3200 円	

ここに表示された価格は**本体価格**です．御購入の際には消費税が加算されますので御了承下さい．